热处理节能减排技术

金荣植 编著

机械工业出版社

本书全面系统地介绍了热处理节能减排技术，既有节能减排机理，又有应用实例和效果。本书主要内容包括：节能热处理工艺，热处理设备的节能与改造，节能的热处理材料，热处理节能的管理措施，热处理生产的污染源，热处理污染的预防，热处理污染的治理，热处理节能减排法律法规、政策和标准。本书注重实用性、科学性、先进性和可操作性，用大量的典型实例介绍了先进的热处理节能减排技术方法，具有很高的参考价值。

本书可供热处理生产与设备制造的工程技术人员、工人、管理人员阅读使用，也可供相关专业在校师生、科研单位人员，以及从事节能减排和能源管理的政府机关人员参考。

图书在版编目（CIP）数据

热处理节能减排技术/金荣植编著. —北京：机械工业出版社，2016.2
ISBN 978-7-111-52952-1

Ⅰ.①热⋯　Ⅱ.①金⋯　Ⅲ.①热处理-节能-技术　Ⅳ.①TG15

中国版本图书馆 CIP 数据核字（2016）第 027279 号

机械工业出版社（北京市百万庄大街 22 号　邮政编码 100037）
策划编辑：陈保华　责任编辑：陈保华　肖新军
责任校对：刘怡丹　封面设计：马精明
责任印制：李　洋
北京华正印刷有限公司印刷
2016 年 3 月第 1 版第 1 次印刷
169mm×239mm·20.5 印张·397 千字
0001—3000 册
标准书号：ISBN 978-7-111-52952-1
定价：59.00 元

前　言

在机械制造工业中，热处理是耗能最多的工艺之一，往往导致生产成本偏高，同时又是环境污染大户，热处理生产过程中排出、产生大量废气、废水、废渣和粉尘等，造成环境污染。

20世纪80年代以来，我国热处理行业高速发展，据中国热处理行业协会不完全统计，到"十二五"末，全行业共有热处理加工厂、点10000多个，热处理生产设备20多万台，装机总容量约2000万kW，年耗电总量200多亿kW·h。热处理行业从业人员约30万人，热处理加工企业人均劳动生产率达26万元/人·年……到"十二五"末热处理工序综合平均单位能耗减少到500kW·h/t，但仍高于20世纪70年代世界先进水平（300~450kW·h/t）。热处理年排放废水约1000万t，排放废气达5000亿m^3，排放各种固体废物几万吨，对作业场所和周围环境、大气、水质等产生污染。热处理的高能耗和高污染已成为难以承受之重。

究其原因：一是认识不到位，还没有完全适应新形势的要求，有的企业仍认为节能减排是对经济效益"做减法"；二是发展模式依然粗放，一些落后技术、装备仍在使用；三是政策机制不完善，管理差；四是基础工作薄弱，节能环保标准不完善，有的标准缺失，有的标准没有及时修订；五是执法能力偏弱，节能减排计量、统计、监测工作有待加强。

如何做到取得经济效益的同时兼顾承担起社会义务，依法依规控制减少排放污染，是每一个热处理企业面临的严峻问题，同时也要充分认识到，高能耗、高污染、低质量、低效益的热处理企业是没有发展前途的。

当前，加强热处理的节能减排已是当务之急，节能重在专业化，要有效利用能源，减排首先要防患于未然，降低和避免热处理生产的污染。21世纪的热处理技术正向"精密、节能、清洁"方向发展，针对现有热处理生产的现状，要重视对清洁热处理生产技术的研究与应用，强化对热处理生产中出现污染环节的管理，重视陈旧设备的节能减排技术改造与更新，采用高效节能环保先进的热处理设备和工艺，努力使热处理从污染型生产变为清洁型生产，实现经济效益、社会效益和环境效益三统一。

美国热处理行业 2020 年目标是：能耗减少 80%，工艺周期缩短 50%，生产成本降低 75%，热处理实现零畸变和最低的质量分散度，加热炉使用寿命增加 9 倍，加热炉价格降低 50%，实现生产的零污染。这些都使我们认识到热处理节能减排的潜力是巨大的。

近几年来随着国家对节能减排工作的日益高度重视，国内已经出版了许多有关节能减排、能源管理方面的书籍，但是有关热处理节能减排技术方面的专业书籍很少。因此，编写一本系统介绍实用、先进的热处理节能减排技术方面的书籍就很有必要。

本书作者根据三十多年来一线生产所积累的实践经验，并参阅国内外有关热处理节能减排方面的新技术、新工艺、新方法、新标准，从节能减排工艺、节能环保设备、节能环保材料和节能减排管理等方面，全面系统地介绍热处理节能减排的实用技术。

由于作者水平有限，书中难免存在不足之处，恳请广大读者和专家批评斧正。

金荣植

目　　录

第1章 绪 论

改革开放以来，我国工业高速发展，但工业领域的高耗能行业消费占比偏高。资料显示，自 1996 年以来，我国工业领域能耗占全社会总能耗的比重始终保持在 70% 左右，而发达国家仅为 30% 左右。

导致我国工业生产能耗过高的原因在于能源利用水平不高。部分企业生产管理不善、污染治理等相关基础设施滞后、工艺装备落后，导致资源利用率不高，使大量资源、能源不是转化为产品，而是变成"三废"排放到环境中，使环境遭受到严重的污染和破坏。

热处理行业是耗能大户，用电量占机械制造业的 20% ~ 30%，导致成本偏高。热处理过程中产生的大量废气、废水和废渣，如果不加以处理，将造成环境污染。因而热处理生产中的节能和环保日益受到各有关方面的高度重视。

我国是一个能源短缺的国家，但又是世界上第二能源消耗大国，1997 年我国颁布了《中华人民共和国节约能源法》，并于 2007 年进行了修订。鉴于环境保护的重要性和我国环境污染问题的严重性，我国在 1979 年颁布了《中华人民共和国环境保护法（试行）》，在 1989 年正式颁布了《中华人民共和国环境保护法》，并于 2014 年进行了修订。节能减排是建设资源节约型、环境友好型社会的必然选择，努力建立节能、环保的热处理生产体系，也是我国工业化进程中的必然做法。

1.1 我国热处理用能与环境状况

1. 一次与二次能源

在自然界中天然存在的、没有经过加工或转换的能源称为一次能源（自然能源），如煤炭、石油、天然气、核能、太阳能、风能、地热、水力等。由一次能源加工转换而成的能源产品，一般称为二次能源，如电力、煤气、蒸汽及各种石油制品（汽油、柴油、液化气等）等。在工矿企业中，往往把水和压缩空气也称为（动力）能源。

2. 能源现状

我国天然气等优质能源少，能源仍以煤炭为主。2003 年我国一次能源（主要是化石能源，如煤炭、石油和天然气）消费总量已达 17.5 亿 tec（tec 为当量煤吨数），我国成为仅次于美国的世界第二大能源消费大国。如果按目前能源消费增长的趋势测算，2020 年我国能源消费需求量要达到 40 亿 tec。如此巨大的需求，在煤炭、石油、天然气、电力供应上，对能源结构、能源环境、能源安全等方面都会带来严重问题。

3. 热处理及其能源消耗状况

20 世纪 70 年代末欧洲热处理单位能耗就已达到 400kW·h/t 以下，日本达到 323kW·h/t。我国同期的热处理单位能耗是 1200 ~ 1300kW·h/t，专业化调整后的 20 世纪 90 年代，平均单位能耗下降到 1000kW·h/t，专业热处理厂达到 800kW·h/t。到"十二五"末期，我国热处理工序综合平均单位能耗减少到 500kW·h/t，仍高于 20 世纪 70 年代末的欧洲、美国和日本水平。表 1-1 为国内外热处理能源技术概况及热处理平均单位电耗。

表 1-1　国内外热处理能源技术概况

国家或地区	能耗/(kW·h/t)	热效率	能源结构
欧洲	<400	40% ~ 50%	煤、石油、电,天然气占 20% ~ 30%
美国	350 ~ 450	43% ~ 48%	煤、石油、电,天然气占 20% ~ 30%
日本	<300	49.8%	煤、石油、天然气、重柴油,燃料占 36.1%
中国	500	≈29%	煤、电为主,电能占 70% 以上

从能源结构看，迄今，我国热处理设备的能源类型仍以电能为主，全国热处理行业中现有加热设备总装机容量为 2000 万 kW，年耗电总量 200 多亿 kW·h。电能属于二次能源，能源利用率相对较低。而西方国家以一次能源为主，能源利用率较高。所以加强热处理节能减排、合理调整能源结构势在必行。

4. 热处理对环境的污染

热处理主要是通过对金属零件进行加热、保温和冷却三个工艺过程来实现改变零件材料的组织，以达到满足零件性能要求、发挥金属材料潜力的目的。在热处理过程中，存在着资源和能源的输入以及相关产品及副产品的输出问题，从而导致对大气、水体、土壤及生态环境的影响。图 1-1 为热处理对环境的影响。

热处理生产过程中排出、产生的废气、废水、废渣、粉尘、噪声和电磁辐射对作业场所和周围环境（大气、水质等）产生污染。对环境影响最大的是空气与水的污染，空气污染主要来源于化学热处理（全国每年向空气中排放千万立方米数量级的 CO_2、残 NH_3、C_mH_n、烟尘、炭黑等），以及淬火油的使用（每年消耗淬火油几万吨，其中有几千吨在淬火过程中会转化为烟尘、C_mH_n 气体和炭黑等）。全国万余台盐浴炉年消耗中性盐几万吨，其他活性盐几千吨，每年挥发的中性盐几千吨，活性盐几百吨。热处理干法喷砂每年要产生万余吨 SiO_2 等粉

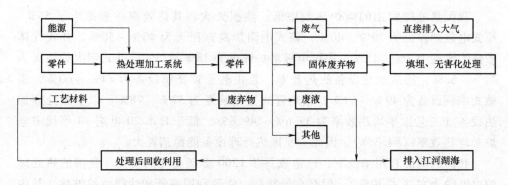

图 1-1 热处理对环境的影响

尘。大量废盐渣若未经无害化处理而随意倾倒和填埋，将造成水体和地下水污染。大量热处理生产废液及数万吨老化淬火油若未经无害化处理而随意倾倒，也将造成水体和地下水污染。有报道称，矿物油对地下水污染长达 100 年之久，仅 $0.1\mu g/g$ 的矿物油就能降低海水中小虾的寿命达 20%。因此，热处理节能减排问题直接影响着生态环境及人们的生活质量，开发与应用节能环保的热处理技术是我国热处理发展的主要方向。

1.2 我国热处理生产节能的必要性

节能是节约能源的简称。能源包括电能、煤、油料、燃气、蒸汽、压缩空气等。因此，节能不只是节电。节能狭义地讲，是指节约煤炭、石油、电力及天然气等能源，广义地讲，是指除狭义节能内容之外的节能方法，如节约原材料，提高产品质量和生产率，以及提高能源利用率等。挖掘节能的潜力是实现热处理节能降耗的重要措施。

我国机械行业产品消费的能源，一般为全国总能源消耗的 70% 左右，而热处理行业又是其中用电大户，其用电量占机械制造业的 20% ~30%。在大中型汽车、拖拉机，以及标准紧固件、轴承和机床制造企业，热处理电耗占企业用电总量的 1/4 以上，而在工模具制造、汽车配件生产企业，热处理电耗更要占到企业用电总量的 1/2 以上。我国机械制造厂热处理用电费用约占热处理生产成本的 30% ~40%。我国电加热热处理炉约占热处理炉总数的 70%。电作为二次能源，在我国主要依靠煤炭发电获得，煤炭占能源消费结构中 70%，这种能源结构一是造成当前的严重污染，据统计，我国 CO_2 排放总量的 1/3 来自电力（特别是煤电）行业；二是煤炭作为不可再生资源，其长期无节制的消耗对能源可持续供应能力构成潜在威胁，我国年能耗约 14.2 亿 t 标煤，占世界第二位，煤炭消耗巨大；三是有效能源利用率低下。

我国热处理常用的电炉热效率低，热损失大，其热效率一般都小于55%，箱式电阻炉淬火为30%~40%，箱式电阻炉高温回火为40%~50%，井式气体渗碳炉渗碳为7%~15%，中温电极浴炉淬火为18%~25%，井式回火炉回火为40%~60%。感应加热设备的热效率：老式电子管高频设备为44%~60%，机械式中频设备为49%~69%，晶闸管式变频装置为57%~78%。以上热处理加热设备（工艺）平均热效率为35.6%~49.6%，低于日本20世纪70年代末电炉平均热效率（54.3%），因此，我国热处理设备能源消耗大。

我国的能源利用率低下，已造成每年1200多亿美元的损失。我国的热处理炉以电炉为主（占70%），但存在能耗高、能源利用率低和性能差的弊病。其主要原因有：①热处理设备陈旧，约占设备总量50%的老三样电炉（箱式、井式及盐浴炉）仍在使用，这些设备能耗大，污染严重。部分新制造的热处理炉（在950℃时）表面温升超过50℃。②工艺保守，沿袭传统热处理工艺的约占90%，而使用节能新技术的约占10%。③热处理工艺装备笨重，消耗大量的能源。④大量的余热、废热未得到回收利用。⑤设备管理落后，设备的负载率和利用率低。⑥重数量，轻质量，导致产品质量低，合格率不高，返修率和废品率较高。⑦热处理设备的冷却系统大多采用水冷，导致水资源的浪费。⑧少无氧化热处理设备普及程度低，资源与能源浪费严重。工件在空气中加热的氧化烧损为金属本身重量的3%，造成资源的严重浪费，热处理行业少无氧化加热的比重平均只有30%，与工业发达国家的80%~90%相差甚远，每年因热处理氧化烧损和脱碳浪费的优质钢材达百万吨以上，造成资源、能源等方面的巨大浪费。

据中国热处理行业协会不完全统计，"十二五"末期，到2015年底，我国有各类热处理加工厂、点10000多个，全行业热处理生产设备20多万台，装机总容量约2000万kW，每年耗电总量达200多亿kW·h，消耗燃油100多万吨，天然气和液化气约400亿m^3（标态），淬火油10多万吨，总计每年耗能4000多万吨标准煤，排放二氧化碳约8000万t/年。

鉴于我国的能源资源有限，而热处理行业又是耗能大户，节约用能已成为热处理行业的头等大事。当前节能已上升为国家战略性的长期能源政策。节能是我国可持续发展的一项长远发展战略，是我国的基本国策。热处理生产节能完全符合国家能源政策，所以必须予以高度重视，并在生产中认真实施。

作为热处理企业，能耗的高低直接反映在产品的成本和价值上，直接影响到产品的竞争力，关系到企业的发展与生存。所以热处理节能是降低能耗与生产成本的必要措施。

节能与减排密切相关，肯定地说，节能就是减排。例如每节约1kW·h，就相当于节省了0.4kg煤的能耗和4L净水，同时还减少了1kg的CO_2和0.03kg的SO_2的排放。热处理节能既可以减少能源消耗，又可以减少污染排放。

1.3 我国热处理生产节能的潜力

我国热处理生产节能具有巨大的空间和潜力。目前我国热处理用能明显存在问题,能源转化与利用技术落后,生产过程余热浪费大,节能与科学用能的研究和指导薄弱。与国际先进水平相比,我国热处理能源利用率普遍偏低,单位产品能耗有较大差距。有专家曾估计,通过改进节能技术来降低单位产品能耗的潜力大致在 15% ~20% 。

热处理是我国装备制造业中四大基础工艺之一,同时又是高能耗、高污染的"双高企业"。近 30 多年来,通过开发、推广应用节能热处理工艺和设备技术,不断完善热处理厂(车间)的生产组织和管理,以及坚持不懈地在全行业推广专业化生产,我国热处理行业的节能取得明显成效,热处理平均单位能耗已经从 20 世纪 70 年代末的 $1200 ~1300kW \cdot h/t$,下降到目前的 $500kW \cdot h/t$,但与工业发达国家的水平相比,还存在着相当大的差距。因此,热处理行业的节能潜力巨大。

当前,我国热处理仍存在设备陈旧、工艺保守、管理落后、装备笨重,以及能源利用率低等状况。加上各部门和企业对节能重要性的认识存在差距,生产和能源管理不利,节能工作的进展较为不平衡,热处理的节能仍有很大潜力。

热处理节能是一项综合课题,对此只要从管理、工艺、操作、设备等多方面入手,就一定能够挖掘更大的节能潜力。科学管理和合理使用能源是发挥节能技术、实施有效措施的基础,合理组织生产的节能潜力也是巨大的。加强管理节能效果显著,欧盟认为可节能 15% 。应用高效节能热处理工艺的节能潜力巨大。采用高效节能的热处理设备技术,如采用红外辐射涂料涂层,用于轻质砖和纤维的复合炉衬可节能 50% 左右,用于燃烧炉可节能 10% ~30% ,升温时间减少 20% ~40% ,减轻热处理工装夹具可减少热量损失 10% ~15% 。

信息化管理和先进的自动化控制技术在热处理行业有 10% ~15% 的节能潜力。我国少无氧化热处理设备普及程度低,资源浪费严重,通过提高热处理质量从而减少钢材消耗具有巨大的节能潜力。

美国 2020 年热处理第一目标是能源消耗减少 80% ,可见热处理节能潜力巨大。

介于我国热处理节能潜力巨大,中国热处理行业协会制订的"十二五"热处理行业节能规划,首先要求规模以上热处理企业"十二五"末平均单位能耗由原来的 $600kW \cdot h/t$ 降低到 $450kW \cdot h/t$ 。

1.4 热处理生产的污染类型及对环境的影响

热处理生产过程中容易产生"三废"污染,研究热处理生产污染原因、污染类型等，对热处理污染的防治十分必要。

1.4.1 热处理污染原因

热处理对环境的污染，与其落后的装备、工艺和管理方法密切相关。20 世纪 50 年代我国从苏联引进的三四十年代水平的热处理技术与设备，如采用有毒性盐（$BaCl_2$、$NaNO_2$、KNO_3 等）甚至剧毒性盐（KCN、NaCN 等）的盐浴炉，至今仍有不少企业还在使用。而目前清洁热处理装备和工艺所占比重很小，大中型企业比重大，而民营、乡镇热处理厂良莠不齐，不少企业投入少，长期以来仍然使用传统的高污染、高消耗的热处理工艺及设备，加上对污染管理的缺失，导致热处理生产污染严重。

"控（制）性（能）"不如"控（制）形（状）"，重"冷（加工）"轻"热（加工）"的传统观念使热处理污染治理工作进展缓慢。国内热处理产值"按斤论价"，在制件产值链中一般仅占 1% ～2%。因此，大多数企业不愿意积极投入资金改善污染与环境。

"污染转移"现象严重，当前热处理生产污染已由大城市向城乡接合部以及欠发达地区转移。部分企业单纯追求经济利益而忽视环境保护，如对锉刀和手工锯条等工具热处理使用氰盐浴渗碳或碳氮共渗，并且随意倾倒剧毒的废盐渣和排放其废水。

自主创新意识不强，能力不足，清洁热处理新技术发展缺乏后劲。科研成果及产业化速度不能满足节能减排技术改造发展的需要。专业化水平低，不利于热处理污染的防治。

有法不依，执法不严，管理体制不能适应环保工作的需要。

1.4.2 热处理污染物种类及对环境的影响

热处理污染来源包含热处理的加热、淬火冷却、清洗、表面清理等各个过程。热处理生产过程中产生、排出的废水、废气、废渣、粉尘、噪声和电磁辐射，使作业场所及周围环境、大气、水体等产生污染。热处理污染物种类及对环境的影响见表 1-2。

表 1-2　热处理污染物种类及对环境的影响

污染物类型	主要污染物	工艺过程及用途	污染来源	对环境的影响
废气	CO、CO_2、SiO_2、NO_x 和烟尘等	退火、正火等燃料炉的热源	煤的燃烧	污染大气，产生温室效应、酸雨
		退火、正火、淬火、化学热处理等燃料炉的热源	煤气、液化气和油的燃烧	

（续）

污染物类型	主要污染物	工艺过程及用途	污染来源	对环境的影响
废气	CO_2、CO、NH_3、HCN、NO_x 等	保护加热和气体化学热处理的可控气氛	甲醇、丙酮、煤油、丙烷、丁烷、煤气、天然气、氨等燃烧或分解	污染大气，尤其 NH_3、HCN 等有毒有害气体严重污染大气
	CO、C_mH_n、烟尘、油蒸气等	淬火或回火介质用油	淬火或回火	污染大气
	Ba^{2+}、NO^-、Cl^-、CN^- 等	加热或化学热处理等盐浴	$BaCl_2$、$NaCN$、KCN 和尿素等加热蒸气	有毒有害盐蒸气污染大气
固体废物	NO_2^-、废水等	等温、分级淬火和回火等低温盐浴	硝酸盐、亚硝酸盐等废盐及盐渣	严重污染水体、地下水和土壤
	Ba^{2+}、NO^-、Cl^-、CN^- 等	加热或化学热处理等盐浴	钡盐、氰盐等废盐及盐渣	
水污染	盐（碱）硝酸盐的蒸气及废水	工件的淬火冷却	碳酸钠、氢氧化钠、氯化钙、硝酸盐等水溶性介质	腐蚀性，刺激性，有毒有害，污染水体及地下水
	含淬火油废水	油中淬火	老化淬火油报废	污染水体及地下水，生态毒性高
	含 $NaOH$、亚硝酸盐、HCl、$FeSO_4$、Cl^-、苯、三氯乙烷、石油溶剂废水	清洗、脱脂、酸洗、发黑（发蓝处理）等	氢氧化钠、盐酸、亚硝酸盐、苯等	刺激性，腐蚀性，污染水体及地下水
粉尘污染	SiO_2、金属氧化物等粉尘，以及固体渗剂产生的（碳）粉尘	工件表面清理及强化，以及固体渗碳剂使用	喷砂和喷丸，固体渗碳	大气飘尘，污染大气，产生硅肺病
噪声污染	噪声，可达 90 ~ 120dB	一些产生高噪声设备的工作	空气压缩机、真空泵、燃料炉的燃烧器、喷丸机和喷砂机、通风机、中频发电机、起重机、气动机构等	影响环境，噪声使人烦躁、不安，影响听力
电磁辐射	电磁辐射	感应热处理	高频、中频及工频、超音频设备工作时产生的电磁辐射	如高频辐射的电场强度 >20V/m，磁场强度 >5A/m 时将对人体伤害，尤其长期接触

1.5 热处理生产节能的主要途径

热处理节能的本质就是在严格执行工艺、实现产品性能要求的基础上，消耗最少的能源，提高能源利用率和热效率。

一方面，热处理生产应从工艺、设备、材料和管理等方面提高热处理的节能技术水平；另一方面，完善相关法律法规及技术标准十分重要。热处理节能可以从以下四个方面采取措施：①改进热处理工艺和改换热处理方法，采用节能热处理工艺与方法；②改进热处理设备，采用节能环保热处理设备；③采用节能新材料；④改进生产组织与技术管理，实施有效的节能管理。

1. 热处理节能工艺措施

在节能措施中应优先采用节能工艺措施。由于节能工艺容易实现，在不需要大的投资情况下，即可获得明显的节能效果。热处理节能工艺措施可以从以下几个方面加以考虑：采用节能的热处理工艺参数、加速化学热处理过程、改变加热方式、利用前道工序的余热等。其详细内容可参见第 2 章。

2. 热处理设备的节能措施

热处理加热设备是消耗能源的主要方面，热处理设备对于热处理生产的能源有效利用至关重要。其详细内容可参见第 3 章。

3. 热处理节能材料

热处理生产首先应选用先进的节能材料，这不但可以缩短工艺周期，简化工序，节省材料，提高产品质量，而且可以节能减排，降低成本，提高生产率。其详细内容可参见第 4 章。

4. 热处理能源管理

热处理节能应重点考虑的是改善能源管理，因为只有在完善管理的基础上，才能充分发挥先进节能技术的作用。其详细内容可参见第 5 章。

5. 美国 2020 年热处理节能目标与措施

美国热处理技术 2020 年发展路线图中，2020 年要达到的第一目标就是节能80%，由此可见提高能源利用率的受重视程度。其他目标中的缩短工艺周期、提高炉衬耐火隔热材料性能、减少炉壁厚度也都是为了降低能源消耗。在其路线图中提出的与能源有关的开发项目见表 1-3。

表 1-3　美国热处理技术 2020 年发展路线图中有关能源开发项目

序号	项　　目	备　　注
1	开发回收低级热的经济方法	废热的收集和利用，例如工业热和烟道废热
2	高效热传导的加热技术和设备	例如能提高传热速度的等离子加热

（续）

序号	项　　目	备　　注
3	高温热回收技术	
4	进一步开发可提高热效率的富氧燃烧技术	例如流体薄膜技术
5	收集热处理设备能源利用底线数据	用于确立未来节能标准数值
6	回收加热炉气氛的方法	
7	积累热、电与热处理协调的先进技术	
8	开发高温气体循环系统	改善加热炉效率,例如冲击加热法
9	局部加热和表面淬火的节能新技术	
10	热处理设备设计的标准化	实现其通用性和降低设计费用

6. 日本热处理未来发展路线

在日本,热处理企业的产品80%用于汽车行业、建设机械行业和一般机械行业,其中50%左右用于汽车行业,因此汽车行业的发展变化对热处理企业影响较大。到2050年,预测混合动力车会比现在增加30%,电动汽车和燃料电池汽车也会比现在增加30%。

日本热处理技术协会在2010年制定了金属热处理未来发展路线。其特点一是划出4条主线领域来讨论今后的发展:①表面热处理和表面改性;②推动革新新材料开发的热处理技术;③能源的高效利用和环境协调;④热处理企业。二是根据未来的时间段分为今后3～5年内的近期发展路线和10年后的长期发展路线。

表1-4为日本热处理未来发展路线主要内容。

表1-4　日本热处理未来发展路线主要内容

项　　目	内　　容
表面热处理和表面改性(重点在于节能减排热处理技术研发)	渗碳和渗氮热处理:要求消减CO_2、降低生产成本、降低设备制造费用、研发节能环保设备(如无公害盐浴炉、排出废气的回收再利用)、开发新钢种(如适合于高温渗碳的钢种、低廉渗氮钢、减少畸变钢)。提高产品质量的重点对象
	高频感应热处理及其用钢:开发高频感应淬火调质的在线自动控制设备,开发多频电源和复杂形状零件的在线对应技术,以及硬化和畸变的在线控制等技术;高频感应调质生产线;复合高频感应热处理技术,如渗碳＋高频感应热处理、渗氮＋高频感应热处理技术;高频感应热处理钢,如适合于高频感应热处理、成分简单、经济性好的钢种
	表面镀层和喷丸等复合表面处理:开发大型化和低成本的物理气相沉积(PVD)设备,降低设备成本;开发减少排放的化学气相沉积(CVD)设备;开发薄膜基底类金刚石薄膜DLC材料和中间层材料;研究复杂零件的均质喷丸技术、深层内残余应力和组织的控制,研究表层组织结构的控制和附加表层功能性

(续)

项　目	内　容
推动革新材料开发的热处理技术（主要为节省资源、节能、高强度、高寿命、高韧性、最终适合进行热处理的新材料）	节省资源：重点开发水冷淬火和高频感应淬火用钢种；B（硼）钢的开发。加速开发低或无 Cr、Mo 的新钢种
	节能技术：重视开发省略退火和回火钢种以及可利用锻造余热进行热处理的钢种；加速开发非调质钢，同时开发高温渗碳用钢，特别是 Al-N 系、Nb 系和 Ti 系微粒控制的钢种；开发高温渗碳中晶粒难以长大的热处理工艺，开发真空渗碳钢种，以及热处理数值模拟和工艺优化及连续冷却转变图-等温转变图精确评价等技术
	高强度长寿命钢：普及节省资源型高强度钢；超细晶粒高强度钢；高频感应淬火钢；高韧性渗氮钢；普及微量夹杂物洁净钢；氢环境下长寿命钢
	强度-韧性匹配钢（组织控制）：晶粒细化（取代马氏体和贝氏体钢的组织细化后的碳钢）、（低合金钢和非调质钢）析出强化和奥氏体化（产生 TRIP 效果）利用
节能减排-环境协调型热处理技术（将节能、降低成本和消减 CO$_2$ 排放量作为今后热处理技术的发展方向）	高强度、小型轻量化、高性能和新材料的对应技术：重点发展热处理高强度新技术、喷丸技术、PVD、激光淬火、高频感应淬火等技术和新材料技术；开发并采用真空渗碳与高压气淬技术，减少畸变并使畸变均匀，降低成本。降低真空渗碳与渗氮设备费用
	提高精度，提高生产率和降低生产成本：深入开发计算机模拟技术，如用于渗碳淬火、真空渗碳、真空渗氮、低温渗氮、氮碳共渗、气体淬火、调质和激光淬火等计算机模拟的应用。10 年后，普及热处理计算机模拟技术；继续发展真空渗碳后的高压气淬技术。10 年后将水冷强烈淬火技术用于连续生产线
	热处理设备的发展：真空技术和利用锻造余热的热量进行锻造-热处理的连续生产。开发具有新型传感器、测量仪器的新设备。发展真空渗碳、真空渗氮、高温渗碳、氮碳共渗、多级高频感应淬火设备；各种 CVD、PVD、DLC 表面处理设备被广泛应用于工具、模具等处理。开发大规模 PVD 和 PCVD 设备，并降低其设备成本

7. 热处理行业建议引进和推广节能项目

中国热处理行业协会在"十三五"发展规划中重点推广的节能与清洁生产先进技术与装备见表 1-5。

表 1-5　"十三五"热处理行业节能规划中建议引进和推广项目内容

序号	项　目	序号	项　目
1	余热回收技术	6	真空离子氮化炉
2	多用炉用气的循环使用技术	7	高效清洗设备
3	高压气淬真空炉	8	油烟收集和净化系统
4	真空渗碳炉及自动生产线	9	计算机在线控制的大功率固态电源感应加热设备
5	控制气氛多用炉	10	"以水代油"淬火冷却技术

1.6　热处理污染的预防和治理

在热处理过程中排出的废气、废水、废渣等，会使作业场所和周围环境受到污染，并会直接危害人体健康和生态环境。因此，必须采取措施进行预防和治理，从制造工艺、过程处理、废物排放等环节加以控制。

减少与避免热处理对环境污染的措施有预防和治理两大类，预防应为第一位，治理为第二位。相对于热处理污染治理而言，热处理污染的预防更为重要。这是因为：第一，热处理污染治理设施投资大，运行费用高，使热处理生产成本上升，经济效益降低，企业积极性不高；第二，热处理污染治理有时不是"彻底的"处理，而是污染物转移，如烟气脱硫、除尘形成大量废渣，废水集中处理产生大量污泥等，所以不能根除污染，甚至造成二次污染；第三，热处理污染治理未涉及资源的有效利用，不能制止自然资源的浪费，而热处理污染的预防却摒弃了这些弊端，力求把废物消灭在产生之前。预防是根本，其内含是广泛采用清洁热处理技术、装备与材料。清洁热处理技术、装备与材料应该是对环境没有污染的。

热处理污染的防治，必须避免走"先污染，后治理"的老路，遵循"预防为主，防治结合"的原则，从源头开始控制，使污染物尽可能不产生或少产生。对此，热处理生产优先采用清洁热处理技术、装备及材料，达到清洁热处理生产的目的。采用清洁热处理技术和对热处理"三废"的有效治理也是热处理技术发展的主要方向之一。

同时必须注意到，防治热处理生产污染不仅是为了操作环境的改善与达到标准要求，还必须与大环境保护融合在一起，以使防治热处理污染环境的重要性更为突出。

1.6.1　对现有热处理污染源进行治理

对现有热处理污染源进行治理，使其对环境的污染降到最低限度。

1）对现有热处理生产中的污染物进行有效治理，达标后排放。欧盟、美国等组织或国家严格规定废气排放标准，只有经处理达标后才能排放，超标时即自动报警，从而避免有害废气的严重污染。

对热处理生产过程中的无害化处理是清洁热处理的重要内容。

2）落实环保标准。认真贯彻落实 GB 15735《金属热处理生产过程安全、卫生要求》、JB 8434《热处理环境保护技术要求》等多项环保标准，了解热处理污染分类和来源，然后采取有效的措施。

3）淘汰和杜绝严重污染环境的热处理工艺、装备和生产方式。例如，逐步淘汰 $BaCl_2$ 加热盐浴和杜绝采用剧毒氰盐的液体渗碳和碳氮共渗工艺，淘汰直接采用固体煤做燃料的反射炉等。

4）限制目前尚不能被淘汰但对环境有污染的热处理工艺、装备及材料的使用，并对其进行改造。例如，对目前工具热处理用 $BaCl_2$ 加热盐浴炉实行封闭生产，使其对环境的影响降到最低限度；对盐浴有害固体物进行无害化处理和回收利用。

5）提倡"循环经济"。资源循环利用是治理热处理污染的一项重要措施，如化学热处理时从炉内排出的废气的处理和回用，各种设备冷却系统废热的回用，各种淬火冷却介质老化后的再生处理，废清洗液的处理和油、水回用等。

6）加强环保体制建设，完善环保管理机制，增加环保管理力度，建立严格的奖惩制度。

1.6.2　研发和推广应用清洁热处理技术

目前，应用和发展清洁热处理技术已经成为普遍共识。清洁无害化的技术得到发展，如真空、离子、可控气氛、激光等热处理新技术已经进入生产应用阶段。清洁将成为衡量热处理技术先进性的重要指标。清洁热处理强调从制造工艺、过程处理、废物排放等环节都是清洁与环保的。

采用清洁热处理生产替代落后的、污染环境的热处理生产是贯彻"预防为主，防治结合"方针的最根本、最有效的措施。

（1）清洁热处理技术措施

1）加热能源的选择。首先应采用清洁能源。目前情况下，开发和推广节电新技术是热处理炉实现节能减排的重要举措。燃料炉优先选用天然气作为燃料，不仅产生污染少，而且综合利用率高（60%～65%），远高于电的综合热效率（约30%）。

2）加热方法。优先选用接触电阻加热、感应加热，以及激光和电子、离子、太阳能等高能束加热方法，因其速度快，效率高，对环境污染小，属于清洁热处理加热技术。

3）加热介质的选择。在 H_2 和惰性气体（如 Ar、He、N_2）中加热金属可保持金属光亮表面，这些气体都是清洁的加热介质。真空加热具有避免金属氧化和废气排放等许多优越性，因此真空更是清洁的加热介质。

4）淬火冷却介质的选择。美国好富顿开发的以植物油为基础加入添加剂的生态天然淬火油，如 Bio Quench 700 植物油基生态淬火油，除冷却性能比矿物油优越外，还能够生物降解80%～100%，且使用寿命长，可以认为是比较清洁的冷却介质。

金属在密封真空炉中加热，随后在强惰性气体流（He、N_2、Ar）中冷却，无污染，这些气体是典型的清洁的淬火冷却介质。

水是最廉价的淬火冷却介质。以水和空气作为介质，通过计算机模拟确定水、空（气）比进行调节，获得理想的冷却曲线，可取代油和硝盐等，现已成功地应用于热处理生产中，是极有前途的清洁淬火技术。

5）清洗方法。美国开发的"超临界液体 CO_2 清洗法"，欧洲和日本开发的"真空脱脂法"以及先进的超声波（真空）清洗都是清洁的清洗方法。

（2）研究开发热处理新工艺替代传统的热处理工艺 在加强热处理理论研究的基础上，对传统的热处理工艺进行创新，可以达到节能减排效果。

（3）先进的清洁节能热处理技术与装备 如真空热处理技术与装备，可控气氛热处理技术与装备，离子热处理技术与装备，感应热处理技术与装备，高能束与表面改性（表面淬火、重熔、涂层），金属镀层（刷镀、热喷镀、离子镀）等，都是清洁热处理技术与装备。

（4）研发推广热处理模拟与智能化技术 它是摆脱依赖于人工凭经验的"技艺型"，向知识密集型的工程技术转化，实现机械产品的精密、可靠、节能、环保和低成本的发展有效之路。

（5）热处理专业化、规模化生产 热处理专业化、规模化生产是提高质量、充分利用能源、减少环境污染、降低成本的先进的生产组织形式。国外已有成熟经验，通常是，专业化程度高，生产规模化，技术先进，管理现代化，则节能减排效果显著。发达国家热处理生产专业化程度已达到80%，而我国仅为20%。

（6）坚持产学研结合，提高高新技术的开发能力和加快产业化进程 美国为实现2020年热处理技术发展路线图的两项重要措施是"建立热处理技术发展中心"和"鼓励、组织全行业参与研发工作"。

在我国，上海交通大学和北京机电研究所组建的"中国机械工业联合会先进热处理与表面改性工程技术研究中心"、中国热处理学会与广东顺德世创集团联合创办的"热处理工程中心"等，在化学热处理智能控制技术、数字化清洁淬火技术、真空渗碳技术、热处理油净化技术等清洁热处理技术开发方面已取得了明显的成绩。

（7）提高设备制造水平，为热处理生产提供清洁节能的热处理装备 如采用计算机控制的真空热处理炉、密封箱式炉、连续式渗碳炉及感应热处理设备等基本立足于国内生产、供应市场。

（8）理顺管理体制，实现污染防治工作的全面和全过程管理 完善相关法律、法规和行业标准，并加强宣传和执法力度；将污染防治工作纳入有关部门工作考核的重点；建立严密的监控制度。对一味追求经济利益，不重视环保，并对环境产生严重污染的企业主要经营者给予严惩，对在环保工作中有突出贡献的单位和个人给予奖励。

1.6.3 进行清洁热处理生产

清洁热处理的概念来源于清洁生产，它是指通过生产过程全方位的控制，最大限度地保护自然环境，充分利用自然资源。清洁生产是与过去传统的以末端处理为主的污染防治完全不同的新概念，是在清洁工艺、无废（物）、少废（物）工艺基础上发展起来的。清洁生产是指以节能、降耗、减少污染为目标，以管理、技术为手段，实施工业生产全过程控制污染，使污染的产生量、排放量最小化的一种综合性措施。目的是提高污染防治效果，降低污染防治费用，消除或减少生产对人体健康和环境的影响。

"清洁生产"还有其他提法，如欧洲一些国家所提的"少废无废工艺"，日本所提的"无害工艺"，美国所提的"废物最少化"或"减（少）废（物）技术"等。

（1）清洁热处理生产的内容

1）自然资源和能源利用的最大合理化。即以最少的原材料和能源消耗，生产尽可能多的产品。对于热处理企业来说，在生产中应最大限度地做到：①节约能源；②利用可再生能源；③利用清洁能源；④实施各种节能技术和措施；⑤节约原材料；⑥利用无毒和无害化原材料；⑦减少使用稀有原材料；⑧现场循环利用物料。

2）经济效益最大化。即通过不断提高生产率，降低生产成本，增加产品附加值，以获取尽可能大的经济效益。要实现经济效益最大化，热处理企业在生产中应最大限度地做到：①减少原材料和能源的使用；②采用高效生产技术和工艺；③减少副产品；④降低物料和能源损耗；⑤提高产品质量；⑥合理安排生产进度；⑦培养高素质人才；⑧完善企业管理制度。

3）对公众和环境的危害最小化。即把生产活动对环境的负面影响减至最小。为此，热处理企业在生产中应最大限度地做到：①减少有毒有害物的使用；②采用少废（物）和无废（物）生产技术和工艺；③减少生产过程中的危险因素；④现场循环利用废物；⑤采用可降解和易处置的原材料；⑥合理利用产品功能；⑦延长产品寿命。

（2）热处理行业清洁生产技术推行方案　2010年工业和信息化部在《关于印发聚氯乙烯等17个重点行业清洁生产技术推行方案的通知》（工信部节［2010］104号）中推出了《热处理行业清洁生产技术推行方案》，见表1-6。表1-6所列生产技术在热处理行业推广应用后，到2015年共节约电能近20亿 kW·h。

表1-6　热处理行业清洁生产技术推行方案

推广技术名称	应用前景分析
可控气氛热处理技术	1）减少油烟排放：如在全行业推广普及，年减少油烟排放约1亿 m^3 2）节能：如在全行业推广普及，年节电10亿 kW·h 3）节材：3%～5% 4）目前全行业普及约5%

（续）

推广技术名称	应用前景分析
加热炉全纤维炉衬技术	1）目前我国热处理行业 70% 是电加热炉，其中 80% 以上仍采用耐火砖作为保温材料，若在全行业内推广普及全纤维保温材料，可实现全行业节能 10%，即年节电 20 亿 kW·h 2）目前全行业普及率约 20%
高效节能型空气换热器	1）目前热处理企业大多数使用水冷换热器，若推广普及可节约用水 300 万 t/年，节电 1.8 亿 kW·h/年 2）目前全行业普及率约 3%
IGBT 晶体管感应加热电源技术	1）感应加热约占全行业产能的 20%。目前全国热处理企业中还有 60% 的企业仍在使用老式电子管电源和中频发电机电源。新型 IGBT 电源比老式电子管和中频发电机电源节能 30%～40%。若在全行业内普及 IGBT 电源可实现全行业节电 2% 的效果，即年节电 4 亿 kW·h 2）目前全行业普及率约 5%
计算机精密控制系统	1）目前热处理企业中大量的设备仍在使用接触式控制系统，由于控制精度不高，在加热过程中造成很大的能源浪费。若在全行业推广普及 PID 控制技术，可实现全行业节能 5% 的效果，即年节电 10 亿 kW·h 2）目前全行业普及率约 5%
化学热处理催渗技术	1）化学热处理是应用广泛的常规热处理工艺，但在实际应用中存在着工艺周期长、耗能高的现象（有的工件需在 920℃ 的高温下保温达 100h）。采用催渗技术可缩短工艺周期 30%，可节能 20%。若在全行业内推广普及可实现行业节能 6%，即年节电 12 亿 kW·h 2）目前全行业普及率约 1%
多功能淬火冷却系统	1）大型工件在油中淬火时产生大量的油烟，并存在着安全隐患。此项技术可有效地减少有害气体的排放，杜绝火灾发生，并达到节能减排效果，减少有害气体排放 90%，综合节能 5% 2）目前全行业普及率不足 1%
真空清洗技术	1）热处理过程中，淬火和回火年产生油烟约 3.2 亿 m^3，如在全行业推广真空清洗技术，可以减少油烟排放量 50%（约 1.6 亿 m^3/年） 2）目前全行业普及率约 1%
真空热处理技术	1）高效：工艺时间减少 50% 2）优质：减少返工和废品的效果明显，产品一次交检合格率达到 99% 以上（而其他热处理技术一次交检合格率低于 90%） 3）节能：一次交检合格率提高 8%，可实现全行业总能耗节约 5%。按 2008 年全行业电耗 200 亿 kW·h 计算，年节电 10 亿 kW·h 4）节材：可实现无氧化脱碳的效果，因而可以免除热处理加工后的精加工，节省钢材 3%～5%。从而达到提高产品使用寿命和节材效果 5）无污染：可实现热处理过程的零排放 6）据统计分析：全行业可采用该技术加工的占行业总加工量的 20%，目前普及率约 2%

（3）热处理生产节能减排技术结构图　见图 1-2。

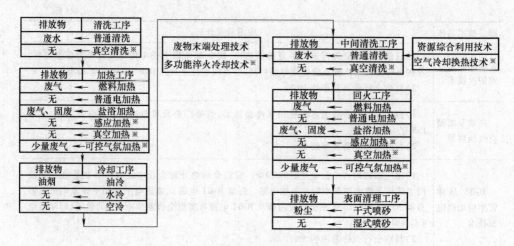

图 1-2　热处理生产节能减排技术结构图

注：※表示清洁热处理技术。

（4）美国热处理技术 2020 年发展路线图中有关环境研发项目　美国热处理技术 2020 年发展路线图中提出了 70 余个研发项目，其中有关环境研发项目见表 1-7。

表 1-7　美国热处理技术 2020 年发展路线图中有关环境研发项目

序号	项　　目	备　　注
1	减少 CO、CO_2 和 NO_x 的燃烧技术和后处理技术	
2	清洗液的消除、减少和回收利用，废油或其他淬火冷却介质的管理以及废料的再生利用	
3	代替盐和油淬火的廉价方法	例如用水和惰性气体
4	用于低、中合金钢件的廉价气冷淬火技术	例如节约用氢的淬火技术
5	自废气流中提出副产燃料	例如燃烧排放的气体利用
6	可完全清除工件油迹的高效清洗技术等	

第 2 章　节能热处理工艺

2.1　概论

采用节能的热处理工艺是一项不投资或少投资就可获得显著节能效果的技术措施。热处理工艺的制订必须实现产品的图样技术要求，能充分发挥材料的潜力，工艺简单易行，能源与辅料消耗少，经济效果好。

通过热处理工艺优化和创新，达到节能的目的，是现代热处理节能最有效手段之一。热处理工艺优化就是在保证获得所需性能的前提下，充分挖掘热处理时的节能潜力，通过改变加热温度、保温时间及冷却方式等工艺参数，达到节能、缩短生产周期、提高生产能力、获得最大经济效益的目的。

目前，热处理能耗大小已成为衡量热处理工艺先进性的一个十分重要的指标。感应淬火、激光淬火、电子束淬火、流态粒子淬火，以及离子渗氮，真空渗碳等，属于先进、节能热处理工艺。

从节能观点看，尽可能限制盐浴热处理和在空气介质中进行的热处理，而应扩大在真空中、可控气氛中的热处理。由于工件整体加热的能耗比表面加热大，应扩大表面加热处理（如感应热处理、火焰淬火、接触电阻加热淬火），尽可能扩大高能量密度热处理（如激光束、电子束、离子注入热处理）的应用范围。其他如利用锻造余热热处理，降低淬火温度，缩短保温时间，用等温淬火取代淬火、回火等，也都能显著降低能耗。

化学热处理工艺周期长，能耗大，成本高。目前，缩短化学热处理过程主要有化学催渗方法与物理加速方法。物理加速方法包括离子热处理、高温热处理、真空热处理、流态粒子热处理、感应热处理、微波热处理等；化学催渗方法包括加入催渗剂、电解气相催渗等。

表 2-1 为热处理加热工艺的主要节能途径。

美国热处理技术 2020 年发展路线图中有关节能工艺的研发项目如下：①改善感应、磁场、炉内加热回火、时效工艺的减少质量分散度和缩短工艺周期项目；②1010℃以上的（低压真空）高温渗碳；③缩短渗氮周期的工艺；④高效

表 2-1　热处理加热工艺的主要节能途径

序号		途 径
1	重新确定工艺参数	缩短加热时间。如合理计算时间、采取提高炉温的快速加热等
		降低加热温度。如采取亚温淬火、亚温正火、采取不均奥氏体化淬火、采取铁素体状态化学热处理等
2	加速化学热处理过程	采用催渗技术、提高热扩渗温度、采用离子热处理、应用感应热处理、采用流态粒子热处理、应用微波加热等
3	改变加热方式	用局部加热代替整体加热、用表面淬火代替渗碳淬火、用正火代替调质处理、采取感应淬火后的自回火等
4	利用余热	利用锻造余热热处理、利用铸造余热热处理、利用轧后余热热处理等

的表面改性工艺；⑤代替表面淬火的高效生产方法；⑥可替代渗碳的工艺，如强烈淬火。

2.2　缩短热处理加热时间方法

热处理加热温度和加热保温时间是一般热处理最重要的工艺参数。在保证工件质量的前提下，若能将加热时间缩短，则是一个明显的节能措施。

近年来，国内外的热处理工作者对钢的淬火加热时间做了大量的试验工作，通常认为钢件加热到预定的温度后，就完成了必要的组织转变和扩散，不需要继续保温很长时间。这样，加热时间将会缩短很多，既减少了钢在高温下的氧化脱碳、减少钢材损耗，又节省了大量能源。

1）不均匀奥氏体化淬火。传统的观点认为，钢件的淬火加热必须完成透烧过程，而且达到规定的奥氏体化温度后还需保持一定时间，使钢中碳化物和合金元素充分溶解，并在奥氏体均匀后才能淬火冷却，以获得理想的力学性能。近代研究指出，碳素钢和低合金结构钢在奥氏体化温度下，其碳化物溶解和均匀化过程很快，即使在奥氏体不均匀状态下淬火，也可以得到满意的力学性能，见表2-2。

表 2-2　$\phi20mm$ 钢棒（45 钢）在 830℃保持不同时间淬火和 550℃回火后的力学性能

加热时间 /min	R_{eL} /MPa	R_m /MPa	A （%）	Z （%）	a_k /（MJ/m²）	备注
8	829	926	16.6	56.6	1.02	"零"保温
12	824	902	17.0	60.8	1.07	短时保温
20	831	920	17.2	59.1	0.90	传统工艺

注：R_{eL}——（下）屈服强度，R_m——抗拉强度，A——伸长率，Z——断面收缩率，a_k——冲击韧度，下同。

对于高碳、高铬的合金工具钢、高速钢，由于其中有大量难溶于奥氏体的碳化物，奥氏体的均匀化需要较长时间。这些钢的热导率也小，为避免表面与心部产生较大温差，导致畸变与开裂，应适当延长加热保温时间。

2）缩短加热时间的途径有：①采取"零"保温淬火、正火及调质方法；②快速加热缩短时间；③减少和取消一些不必要的预热、分段加热的工艺过程；④尽量不采用随炉升温加热方式；⑤减少工装夹具和料盘的重量，使工件本身的加热时间缩短；⑥提高设备利用率，尽可能采用连续生产方式，使工件基本上保持在炉体稳定蓄热期间工作；⑦对工艺周期长的化学热处理采用催渗方法；⑧充分利用感应、激光束、电子束等快速加热方式，缩短加热时间。

需要注意的是，缩短加热时间应根据钢种、工件尺寸、装炉量等情况通过实验确定，经优化后的工艺参数一旦确定后要认真执行，只有这样才能取得显著的节能效果。

2.2.1 "零"保温热处理工艺及其应用实例

1. "零"保温淬火

"零"保温淬火，即工件达到淬火温度后不需保温，立即冷却处理的热处理工艺。与传统的保温淬火工艺相比，省去了工件透烧和奥氏体均匀化所需要的保温时间，可降低能耗 20% ~ 30%，不仅提高了生产效率，而且可减少或消除工件在保温过程中产生的氧化、脱碳、畸变等缺陷。实践证明，35Cr、45Cr 和42CrMo 等调质钢采用"零"保温淬火工艺，均能达到装机服役条件。

碳素钢和低合金结构钢在加热到 Ac_1 或 Ac_3 以上时，奥氏体的均匀化过程和珠光体中碳化物溶解都比较快。当钢件尺寸属于薄件（在中温范围内，加热至工艺温度的瞬间，表面与心部的温差小于表面温度的 10% 的工件）范围时，在计算加热时间时无须考虑保温，即实现"零"保温淬火。如表 2-3 所示 45 钢工件直径或厚度不大于 100mm 时，在空气炉中加热，其表面和心部的温度几乎是同时达到工艺温度的。有资料进一步证实，直径小于 $\phi300mm$ 的碳钢及合金钢工件在空气炉中加热时，计算与实测均证明，工件表面到达工艺温度时，工件即已透烧，无须再额外附加透烧时间。与采用大加热系数 α 的传统生产工艺（$t = \alpha D$）相比，可缩短淬火加热时间 20% ~ 25%。

表 2-3 空气炉加热时不同直径的 45 钢工件表面与心部的到温时间

（单位：min）

工件直径	700℃加热		840℃加热		920℃加热	
/mm	表面	心部	表面	心部	表面	心部
32	20	22	18	18	17	17
50	36	36	24	30	24	24
60	40	42	29	30	24	26

（续）

工件直径 /mm	700℃加热		840℃加热		920℃加热	
	表面	心部	表面	心部	表面	心部
70	54	56	40	42	36	36
80	62	64	50	52	38	40
90	70	70	—	—	50	54
100	80	82	64	64	46	50

相关理论分析及试验结果表明，结构钢淬火加热采用"零"保温是完全可行的。特别是45、45Mn2碳素结构钢或单元素合金结构钢，采用"零"保温工艺可以保证其力学性能要求；45、35CrMo、GCr15等结构钢工件，采用"零"保温加热比传统加热可节约加热时间50%左右，总节约电能10%～15%，提高工效20%～30%，同时"零"保温淬火工艺有助于细化晶粒，提高材料的强度。

2. "零"保温正火

生产实践表明，对于稀土球墨铸铁等材料，采取"零"保温正火，不仅可以缩短加热时间，而且可以满足零件的性能要求。

3. "零"保温调质

有的工件，如45钢零件，淬火及高温回火均采用"零"保温工艺，既缩短了工艺周期，节省了能源，又达到了产品技术要求。

4. "零"保温热处理工艺应用实例

"零"保温热处理工艺应用实例见表2-4。

表2-4 "零"保温热处理工艺应用实例

工件及技术条件	工艺与内容	节能效果
锥齿轮，φ32.93mm（外径）/φ10mm（内径）×20mm，45钢，要求调质硬度220～250HBW，齿部高频感应淬火硬度40～46HRC	1）原工艺流程及问题。锻坯→正火→粗车削→调质→机加工→高频感应淬火→磨削内孔。因其工序多，能耗大，成本高，生产效率低，极易产生淬火裂纹 2）"零"保温淬火工艺。取消正火、调质和高频感应淬火工序，采取"零"保温淬火工艺。即采用箱式电阻炉（840±10）℃加热，保温2min，水淬油冷；（320±10）℃保温1h回火	因取消了正火和调质工序，以及高频感应淬火工序，与原工艺相比，节能30%以上，成本降低近30%，且避免了齿轮产生淬火裂纹，降低了废品率
曲轴，材料为稀土镁球墨铸铁，要求强化热处理	1）原工艺及问题。采用正火＋高温回火。正火冷却采用喷雾冷却，原工艺周期长，能耗高，成本高 2）"零"保温正火、不回火工艺。因使用海南低锰生铁，采用箱式电阻炉加热，新工艺为：（940±10）℃加热后空冷 3）检验结果。R_m为700～900MPa，A为2.4%～5.7%，硬度为229～290HBW，均达到QT700-2和QT800-2的水平	每支曲轴可节电4.4kW·h，10年来生产曲轴超过100万根，节电近300万kW·h。之后采用铁型覆砂铸造工艺，即利用铸造余热正火工艺，取消常规正火工序，每根曲轴可节电9.37kW·h，年节电近200万kW·h

（续）

工件及技术条件	工艺与内容	节能效果
造纸机传动轴，$\phi 32\text{mm} \times 1020\text{mm}$，45钢，要求调质处理	1）原调质工艺。840℃×60min淬火；600℃×120min回火，硬度215~245HBW 2）"零"保温调质工艺（新工艺）。（870±10）℃×0min淬火；（680±10）℃×0min回火。显微组织为细的回火索氏体，硬度215~235HBW，完全满足技术要求	两年多来，采用新工艺处理了多批传动轴，质量稳定，且畸变较小。与常规的保温调质工艺相比，新工艺节电效果显著，降低了热处理成本

2.2.2 减小加热时间计算系数方法及其应用实例

一般在计算淬火加热时间的公式 $t = \alpha D$ 中，D 为工件直径或有效厚度，α 为加热系数，所计算出的时间既包括加热时间，又包括保温时间，因此一般工具书所提供的数据比较保守，如在 800~900℃ 加热时，一般 α 取 1.0~1.2，即每 1mm 直径（或有效厚度）取 1min。考虑到钢奥氏体化加热不需要均匀化，而且可实施"零"保温，则在 700℃ 加热时，α 值可降到 0.6~0.8；840℃ 加热时，$\alpha = 0.5~0.65$；920℃ 加热时，$\alpha = 0.4~0.55$，即可以满足要求。由于加热时间缩短，故可节约能源。

高碳钢在盐浴炉中加热时，加热时间由 48s/mm 减少到 14s/mm，可缩短加热时间 2/3 以上。

1. 从节能角度考虑的加热时间计算法

在进行加热时间计算时，常将工件按断面大小分为厚（壁）件和薄（壁）件。划分厚薄件的依据是毕氏准数 β_i，即

$$\beta_i = \frac{\alpha}{\lambda} s$$

式中　α——炉料表面的供热系数 $[\text{W}/(\text{m}^2 \cdot \text{℃})]$；

　　　λ——热导率 $[\text{W}/(\text{m}^2 \cdot \text{℃})]$；

　　　s——炉料的厚度（mm）。

一般认为 $\beta_i < 0.25$ 为薄件，也有认为 $\beta_i < 0.5$ 为薄件。对钢而言，如 $\beta_i < 0.5$，薄件的厚度极限可达 280mm。因此，绝大部分钢材和工件都可以认为是薄件。对于薄件，可以认为表面到温后，表面和心部的温度基本一致，也就是说无须考虑均温时间。总加热时间的计算就变为

$$t_加 = t_升 + t_保$$

薄件可以根据斯太尔理论公式计算炉料升温时间 $t_升$。其简化式为

$$t_升 = (\rho c / \alpha_\Sigma) \ln[(T_终 - T_始)/(T_炉 - T_终)] \times V/S$$

式中　ρ——工件的密度（$\times 10^3 \text{kg/m}^3$）；

c——工件的平均比热容 [J/(kg·K)];

α_Σ——平均总供热系数;

$T_{终}$——工件出炉时的温度 (K);

$T_{始}$——工件进炉的温度 (K);

$T_{炉}$——炉温 (K);

V——工件体积 (m³);

S——工件受热表面积 (m²)。

如果设几何指数 $W = \dfrac{V}{S}$,综合物理因素 (或称加热系数) $K = (\rho c / \alpha_\Sigma) \ln$ $[(T_{终} - T_{始})/(T_{炉} - T_{终})]$,则

$$t_{升} = KW$$

对于考虑保温时间在内的总加热时间应为

$$t_{加} = KW + t_{保}$$

综合物理因素 K 与被加热工件的形状 (K_s)、表面状态 (K_h)、尺寸 (K_d)、加热介质 (K_g)、加热炉次 (K_c) 等因素有关。故上式可写成

$$t_{加} = K_s K_h K_d K_g K_c W + t_{保}$$

这些系数的数值范围可参照表 2-5。对于形状和尺寸不同的工件,W 值的计算也是一个较为烦琐的问题。表 2-6 所列为经过简化处理后的各种典型形状工件的 W 值。

表 2-5　影响加热时间的各物理因素系数

系数	K_s					K_g		K_c	K_h			K_d
条件	圆柱	板	管			盐浴炉 (800~900℃)	空气炉 (800~900℃)	在稳定加热状态下	空气	可控气氛	真空	薄件
			厚壁 ($\delta/D \geqslant 1/4$)	薄壁 ($l/D > 20$)	薄壁 ($\delta/D < 1/4, l/D < 20$)							
取值	1	1~1.2	1.4	1.4	1~1.2	1	3.5~4	1	1~1.2	1.1~1.3	1~5	1

注:δ——管壁厚度,D——外径,l——长度,下同。

表 2-6　各种典型形状工件的 W 的简化处理值

工件形状	圆柱	板	管
W 值	$D/8 \sim D/4$ 或 $0.167D \sim 0.25D$	$B/6 \sim B/2$ 或 $0.167B \sim 0.5B$	$\delta/4 \sim \delta/2$ 或 $0.25\delta \sim 0.5\delta$

注:B——板厚,下同。

将上列系数综合整理,并通过试验与修正,可得出在空气炉和盐浴炉中加热钢件时的 K 值范围 (见表 2-7),以达到既保证工件热处理质量,又可以节省能源的目的。

表 2-7　在空气炉和盐浴炉加热钢件时的 *K* 值

炉型		盐浴炉	空气炉
工件形状	圆柱	0.7	3.5
	板	0.7	4
	薄壁管($\delta/D < 1/4, l/D < 20$)	0.7	4
	厚壁管($\delta/D \geqslant 1/4$)	1.0	5

与 $t_升$ 比较，$t_保$ 是一个较短的时间，其取决于钢的成分、组织状态和物理性质。对于碳素钢和部分合金结构钢，$t_保$ 可以为零；对合金工具钢、高速钢、高铬模具钢和其他高合金钢，可根据碳化物溶解和固溶体的均匀化要求来具体考虑。为了简化计算，也可采取适当增大 *K* 值的方式。

表 2-8 所列为综合上述 *K* 和 *W* 值范围而得出的加热时间计算表。

表 2-8　钢件加热时间计算表

炉型与计算值	零件形状	柱状零件	板状零件	薄壁管零件 ($\delta/D < 1/4, l/D < 20$)	厚壁管零件 ($\delta/D \geqslant 1/4$)
盐浴炉	$K/(\min/\mathrm{mm})$	0.7	0.7	0.7	1.0
	W/mm	$(0.167 \sim 0.26)D$	$(0.167 \sim 0.5)B$	$(0.25 \sim 0.5)\delta$	$(0.25 \sim 0.5)\delta$
	$KW/\min$	$(0.117 \sim 0.175)D$	$(0.117 \sim 0.35)B$	$(0.175 \sim 0.35)\delta$	$(0.25 \sim 0.5)\delta$
空气炉	$K/(\min/\mathrm{mm})$	3.5	4	4	4
	W/mm	$(0.165 \sim 0.25)D$	$(0.167 \sim 0.5)B$	$(0.25 \sim 0.5)\delta$	$(0.25 \sim 0.5)\delta$
	$KW/\min$	$(0.6 \sim 0.9)D$	$(0.6 \sim 2)B$	$(1 \sim 2)\delta$	$(1.25 \sim 2.5)\delta$
备注		l/D 值大取上限，否则取下限	l/B 值大取上限，否则取下限	l/δ 值大取上限，否则取下限	l/δ 值大取上限，否则取下限

2. 加热时间的节能计算法应用实例

表 2-9 为加热时间的节能计算法应用实例。

表 2-9　加热时间的节能计算法应用实例

工件及技术条件	工艺与内容	节能效果
热轧圆钢，三种规格分别为 $\phi25\mathrm{mm}$、$\phi100\mathrm{mm}$、$\phi200\mathrm{mm}$，均为 45 钢，要求淬火处理	对三种 45 钢圆钢进行不同加热保温时间的试验。当规定加热温度为 850℃ 时，心部温度达到 840℃ 即可进行淬火冷却，完全能够保证材料的力学性能。对此，将加热时间计算式 $t = \alpha D$ 中的加热系数 α 由通常的 1.0 ~ 1.2min/mm 降低到 0.6min/mm。按此规律确定出 700℃ 加热时，$\alpha = 0.6 \sim 0.8$min/mm；840℃ 加热时，$\alpha = 0.5 \sim 0.65$min/mm；920℃ 加热时，$\alpha = 0.4 \sim 0.55$min/mm。事实上，当 $\alpha > 0.4$min/mm 时，钢件淬火后的性能即无明显差别	通过工艺试验，缩短加热时间近 40%，可节约大量能源，提高生产效率，显著降低生产成本

(续)

工件及技术条件	工艺与内容	节能效果
汽车后桥半轴套管,45钢,要求淬火、回火处理	1)原工艺及问题。加热保温时间按传统公式 $t_{总} = \alpha KD$ 计算,45钢在空气炉中加热到 800~900℃ 时,α 推荐为 1.0~1.8min/mm,加热保温时间长,能耗高,淬火裂纹件多 2)新工艺。将加热系数由 1min/mm 降低为 0.6min/mm,半轴淬火裂纹减少 2/3	新工艺使加热保温时间缩短40%,显著降低了能源消耗
轴头,轴颈 $\phi114 \sim \phi200mm$ 不等,长度 835mm,45钢,热处理要求:调质硬度 197~229HBW	(1)调质工艺 采用75kW箱式电阻炉。淬火温度为820℃,淬水;回火温度为570℃,空冷 (2)淬火加热时间的计算 1)传统计算法。按 $t = \alpha D$ 法计算,加热系数取值 $\alpha = 1min/mm$,$D = 200mm$。加热时间 $t = \alpha D = 1min/mm \times 200mm = 200min$ 2)节能法。按 $t = KW$ 法计算,加热时间 $t = KW = 0.78min/mm \times D = 0.78min/mm \times 200mm = 156min$ 3)检验结果。试样力学性能 R_m 为 700MPa,R_{eL} 为 445MPa,A 为 19.2%,Z 为 50%,a_k 为 60J/cm²,调质硬度为 210~225HBW,力学性能均达到技术要求	按节能法和传统计算法计算加热时间分别为156min和200min,按节能法可比传统计算法节能22%

2.2.3 缩短加热时间的"369节能法则"

大连圣洁热处理公司通过十几年的研究、试验,总结出用于热处理加热时保温时间的简单计算法则——"369节能法则"。实际生产表明,该法则的实施有助于节约能源,降低生产成本,提高产品质量和生产效率。表2-10为热处理加热保温时间的"369节能法则"。

表2-10 热处理加热保温时间的"369节能法则"

适用设备	369节能法则
空气炉中加热淬火"369节能法则"	碳素钢和低合金钢(45、T7、T8 等)的"369节能法则":其加热保温时间仅需传统保温时间($t = K\alpha D$)的30% 例如采用箱式电阻炉加热 $\phi60mm$ 的45钢工件,其淬火保温时间共需 60min × 30% = 18min
	合金结构钢(40Cr、40MnB、35CrMo 等)的"369节能法则":其加热保温时间可以是原来传统保温时间($t = K\alpha D$)的60% 例如采用电阻炉加热 $\phi100mm$ 的中碳合金结构钢工件,其淬火保温时间为100min × 60% = 60min
	高合金工具钢(9SiCr、CrWMn、Cr12MoV、W6Mo5Cr4V2 等)的"369节能法则":其加热保温时间是原来传统保温时间($t = K\alpha D$)的90%
	特殊性能钢(不锈钢、耐热钢、耐磨钢等)的"369节能法则":可按照合金工具钢的公式计算,即以传统公式($t = K\alpha D$)计算的加热保温时间 ×90% 作为保温时间

（续）

适用设备	369 节能法则
空气炉中加热淬火"369 节能法则"	工件的预热 + 淬火的"369 节能法则"： 1）对于大型工件（有效直径≥1m）调质处理的预热保温时间的"369 节能法则"：$t_1 = 3D$；$t_2 = 6D$；$t_3 = 9D$。式中：t_1 为第一次预热时间（h）；t_2 为第二次预热时间（h）；t_3 为最终保温时间（h）；D 为工件的有效厚度（m） 2）对于空气炉加热的中、小零件（有效尺寸≤500mm），预热和加热时的保温时间也可按"369 节能法则"计算
真空炉加热保温法"369 节能法则"	真空加热保温的"369 节能法则 1"：装炉量在 100 ~ 200kg，工件有效尺寸 100mm 左右时，按下式计算：$t_1 = t_2 = t_3 = 0.4\text{min/kg} \times G + 1\text{min/mm} \times D$。式中：$G$ 为装炉工件净重量（kg）；D 为工件有效厚度（mm）；t_1、t_2、t_3 意义同上，单位：min
	真空加热保温的"369 节能法则 2"：工件尺寸基本相同，摆放整齐，并留有一定空隙（摆放空隙 <D）时，按下式计算：当 $G \leq 300\text{kg}$ 时，$t_1 = t_2 = t_3 = 30\text{min} + 1\text{min/mm} \times D$；当 $G = 301 ~ 600\text{kg}$ 时，$t_1 = t_2 = t_3 = (30 ~ 60)\text{min} + 1\text{min/mm} \times D$；当 $G \geq 901\text{kg}$ 时，$t_1 = t_2 = t_3 = 90\text{min} + 1\text{min/mm} \times D$。式中：$G$ 为装炉总重量（kg），包括工件、料筐、料架及料盘的所有重量；D 为工件有效直径（mm） 1）在实际生产过程中，对于畸变要求严格的工模具，第一次预热时间应取上限值，第二次预热时间取中限值，最终热处理时间取下限值 2）对于普通合金结构钢工件或畸变要求不太严格的工件，第一次预热时间可以取下限值，而在最终加热时取上限值 3）对于一次只装炉一件的大型工件，第一次与第二次预热时间可以取下限，最终加热时，根据实际要求取中限或上限值
密封箱式多用炉加热保温"369 节能法则"	可按真空炉"369 节能法则"中的下限选取，即：当 $G = 301 ~ 600\text{kg}$ 时，$t_1 = t_2 = t_3 = 30\text{min} + 1\text{min/mm} \times D$；当 $G = 601 ~ 900\text{kg}$ 时，$t_1 = t_2 = t_3 = 60\text{min} + 1\text{min/mm} \times D$；当 $G \geq 901\text{kg}$ 时，$t_1 = t_2 = t_3 = 90\text{min} + 1\text{min/mm} \times D$。式中 G、D 符号意义同真空加热保温的"369 节能法则 2"

2.2.4 提高炉温的快速加热方法及其应用实例

1）在可能的条件下提高炉温，可大大加快工件表面升温速度，从而缩短工件的加热时间。图 2-1 所示为钢件在不同炉温的炉子中加热时表面达到规定温度的时间，有把炉温从 900℃提高到 925℃时使钢件加热时间从 2h 缩短到 0.5h 的数据，因此该方法节能效果显著。

生产实践证明，只要将淬火温度、回火温度或渗碳温度比常用温度提高几十摄氏度，就可以明显缩短加热时间。由于快速加

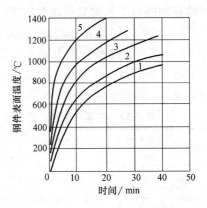

图 2-1　100mm 厚钢板在不同炉温下加热时的表面温度随时间的变化

1—1000℃　2—1100℃　3—1200℃

4—1300℃　5—1400℃

热时，形核多，而加热时间短，钢材晶粒来不及长大，所以实际上快速加热总是得到晶粒度更为细小的组织。由表 2-11 可见，提高温度不仅能显著缩短加热时间，也完全能保证零件的性能要求。

表 2-11　45 钢、40Cr 钢快速加热后的力学性能

钢种	热处理方法	加热时间 /min	R_m /MPa	R_{eL} /MPa	A （%）	Z （%）	a_k /(J/cm²)
45 钢	845℃加热碱水淬火 580℃回火 2h	20	770	520	23.5	65	153
	880℃加热碱水淬火 580℃回火 2h	4.5	775	520	24.5	65	157
40Cr 钢	830℃加热油中淬火 620℃回火 2h	20	806	640	17.8	66.6	—
	870℃加热油中淬火 620℃回火 2h	10	840	690	19.8	60	—

德国 Ipsen 公司用传感器控制或计算机模拟实现了可控制快速回火，即提高回火温度，采取短时保温或"零"保温方法。例如在 190℃回火 10min 可代替 160℃回火 2h，而在 300℃回火则无须保温，即"零"保温。

2）提高加热温度对于缩短化学热处理周期也是十分有利的。有资料介绍，将渗碳温度从 920℃提高到 950℃，渗碳时间可以缩短，并可节约 20% 的能源；如果将渗碳温度提高到 980～1010℃，可使渗碳时间缩短 40% ～50%。

3）盐浴炉加热速度比箱式炉快 4 倍，同时又因盐浴炉不易氧化脱碳，加热温度均匀，温度也易控制，有时可以作为快速加热的设备。

以表 2-12 中所列的中碳合金结构钢制齿轮（模数 3.5～5mm）为例，盐浴炉快速加热时工艺参数的选择如下：预热温度在 150～180℃；加热温度在 950～970℃；加热时间为 25～28s；盐浴的容积要求为工件直径至少要小于盐浴炉直径 50mm；淬火冷却介质为 w（NaCl）＝5% ～10% 水溶液，盐水中停留时间按工件有效厚度计算，既要使工件表面盐脱落掉，又要保证工件的淬火硬度要求，一般淬火 4～6s 后油冷。

表 2-12　中碳结构钢、合金结构钢小模数齿轮盐浴快速加热与冷却参数

牌号	齿轮模数 /mm	齿数	预热温度 /℃	盐炉加热温度/℃	加热时间 /min	冷却方式	水中停留时间/s	回火温度 /℃	硬度 HRC
40Cr	4	77	150～180	980～1000	28～31	水淬-油冷	5.8～6.8	240～260	45～48
42CrMo	（轴）	17		950～970	20～22		4～5	250	48～50
42CrMo	（轴）	17		950	22～30		5～6	250	46～48
42CrMo	5（轴）	17	200	970～990	20～22		3.9～4.5	240～260	
40Cr	3.5	—	250～280	970	18～18.5		6	250	48

盐浴快速加热淬火后的齿轮寿命普遍提高 3~5 倍。齿轮内孔的畸变完全可以控制在公差范围之内。

4)（高温）快速加热淬火。预先将炉温升至高于淬火所需的温度，然后将工件装炉并停止供热（电）。当炉温下降到淬火温度时，开始供热（电）并控制温度，工件透烧后取出淬火。快速加热淬火时炉温约比淬火温度高出 100~200℃。当原始炉温为 950~1000℃ 时，工件在不同介质中的加热系数见表 2-13。

表 2-13　快速加热淬火时的加热系数　（min/mm）

加热介质　钢种	气体介质炉	盐浴炉
碳素钢	0.5~0.6	0.18~0.20
合金钢	0.5~0.6	0.18~0.20

（高温）快速加热淬火法适用于低、中碳的碳素钢及低合金钢。例如，16Mn 钢制手拉起重机吊钩采用快速加热淬火工艺，克服了原工艺周期长、工件硬度偏低的缺点。

5)提高炉温的快速加热方法应用实例见表 2-14。

表 2-14　提高炉温的快速加热方法应用实例

工件及技术条件	工艺与内容	节能效果
吊钩，16Mn 钢，要求淬火强韧化处理	1)原工艺及问题。原采用 920℃ 盐浴炉加热淬火，加热系数 30s/mm，在质量分数 10% 盐水中淬火；160℃×90min 回火处理。处理后吊钩淬硬层深度浅（6~7mm），心部硬度低（42~44HRC），且生产周期长，耗能高 2)高温短时加热淬火工艺（新工艺）。将淬火加热温度从原工艺的 920℃ 提高至 960~980℃，加热系数为 3.5~5s/mm。经检验，淬硬层深度和心部硬度均显著提高，分别达到 8~12mm 和 42~48HRC	1)经新工艺处理后，产品质量稳定，一次合格率和工效均有显著提高，吊钩经过 50 次超负荷 25% 吊重物试验，均未发现永久变形 2)新工艺不仅提高了产品质量，而且缩短加热时间 80%，故显著降低了能耗
弧齿锥齿轮，18CrMnNiMoA 钢，要求淬火处理	1)原工艺及问题。淬火工艺为 830℃×45min，油淬；低温回火 200℃。热处理后齿轮内花键畸变大，合格率低，返修能耗加大 2)高温短时加热淬火工艺（新工艺）。400℃ 预热 1h，装入花键芯轴后于 980℃ 盐炉中加热 3.25min，油淬；200℃ 回火。热处理后齿轮内花键畸变减小，硬度与组织合格，合格率提高	采用新工艺后，齿轮畸变合格率提高，返修品减少，能耗降低

2.2.5　高温快速化学热处理及其应用实例

1. 高温快速渗碳及其应用实例

目前，渗碳热处理广泛应用于汽车、拖拉机、工程机械、矿山、船舶及宇航等多行业。传统气体渗碳热处理工艺周期长、能耗高。因此，渗碳是热处理行业节能降耗突破口之一。从降低成本和环保来看，对渗碳技术的要求是提高生产效率、节省能源和工艺材料。对部分要求深层渗碳工件在设备使用温度允许及所用钢种奥氏体晶粒不长大条件下，采用高温渗碳工艺，如在 1010~1050℃ 施行高温渗碳，可比在 930℃ 常规渗碳工艺时间缩短 1/3~1/2，因此显著降低能耗和生产成本。

随着要求的渗碳层深度的增加，高温渗碳所节省的时间越加明显。表 2-15 为高温渗碳所节省的时间与层深的关系。

表 2-15　高温渗碳所节省的时间与层深的关系

要求的渗碳层深度/mm	处理时间缩短率(%)	备　注
0.7±0.1	<35	若将直接淬火温度提高至 950℃，则可节省时间 45%
1.05±0.15	35~39	
1.60±0.2	46~54	

（1）高温渗碳缩短时间机理　渗碳淬火的经济性主要取决于加热工件的能耗，其主要影响因素是渗碳的时间，而形成渗碳层所需的时间取决于碳在工件中的扩散速度。根据哈里斯（F. E. Harris）扩散定律，扩散主要是由温度和浓度梯度这两个参数所决定的。对于温度和时间对渗层深度的影响，温度的影响要远大于时间的影响。钢的渗碳就是在奥氏体状态下碳原子从钢表面向内层的扩散过程。其速度快慢取决于温度的高低。哈里斯（F. E. Harris）依据碳在奥氏体中的扩散推算出钢的渗碳层深度 δ（mm）和温度 T（K）与渗碳时间 t（h）的关系为

$$\delta = 660 \cdot \exp[-8287/T] \cdot \sqrt{t}$$

在给定温度 T 下，则 $\delta = K\sqrt{t}$。式中，K 为与渗碳温度相关的系数。不同渗碳温度下的 K 计算值列于表 2-16。

表 2-16　不同渗碳温度下的 K 值

渗碳温度/℃	875	900	925	950	980	1000	1020	1050
K 计算值	0.4837	0.5641	0.654	0.7530	0.8856	0.9826	1.087	1.2566

由表 2-16 的计算值可以推算 925℃ 渗碳和 1000℃ 渗碳，在达到相同的渗层深度，如 2.0mm 的情况下，其相应的渗碳时间分别为 9.4h 和 4.2h，即 1000℃ 渗碳时间可减少 50% 以上。

AISI 1018［相当于 w(C) 为 0.18% 碳钢］、AISI 1022［相当于 w(C) 为 0.22% 碳钢］、AISI 4615［相当于 w(C) 为 0.15% 的 NiMoV 钢］、AISI 8620（相当于 20CrNiMo 钢）在 925℃、980℃ 和 1040℃ 分别渗碳 1h、3h 和 1h、3h、7.5h

以及 1h、3h、4h 的晶粒度变化（见表 2-17）表明，碳素结构钢的晶粒度粗化较为明显，含 Mo、V 的合金结构钢晶粒度粗化尚不显著。为此，高温渗碳时应选用本质细晶粒钢，或含 Mo、V、Ti 和 Nb 的合金钢，国产含 Nb 的齿轮用钢如 20CrMoNb 和 20Cr2Ni2MoNb 钢可应用于高温渗碳。

表 2-17　几种钢在不同渗碳温度和时间下晶粒度变化

牌号	原始晶粒度	925℃		980℃			1040℃		
		1h	3h	1h	3h	7.5h	1h	3h	4h
AISI 1018	6~7	—	—	—	—	5~7	—	—	3
AISI 1022	6	—	—	—	—	7	—	—	4~6
AISI 4615	8	8	8	8	8	5~7	8	8	5~7
AISI 8620	8	7	7	7	7	5~7	4~7	3~7	5~7

18ХГТ、12ХН3А 和 20Х（相当于 18CrMnTi、12CrNi3A 和 20Cr 钢）在 920℃渗碳 15h 和 1000℃渗碳 8h 缓冷至室温 +850℃油淬 +180℃回火的力学性能表明，相应高温渗碳后的性能并不比常规渗碳差，甚至有超过的数值出现。

（2）高温渗碳设备　可选择的设备有真空渗碳炉、盐浴炉、流态粒子炉及高温可控气氛多用炉等。

（3）高温渗碳工艺应用实例　见表 2-18。

表 2-18　高温渗碳工艺应用实例

工件及技术条件	工艺与内容	节能效果
齿轮轴，20CrNi2Mo 钢，渗碳层深度要求 2.0~2.5mm	1）设备。高温渗碳采用 QS6110-H 型高温可控气氛多用炉，其最高使用温度为 1200℃，装炉量为 600kg 2）传统渗碳工艺。采用的可控气氛多用炉的最高使用温度为 950℃，传统渗碳温度为 900℃，总工艺时间为 26h 3）高温渗碳工艺。高温渗碳工艺如图 2-2 所示。总工艺时间为 15h	与传统渗碳工艺（26h）相比，高温渗碳工艺（15h）周期缩短 40% 以上，节能 30%~50%，提高设备生产能力 30% 以上，同时也减少了渗碳剂的消耗
风力发电机增速器输出齿轮和水泥磨减速器输入齿轮轴，材料分别为 18CrNiMo7-6 和 20CrNi2Mo 钢，渗碳淬火有效硬化层深要求为 2.4~3.0mm（550HV），齿面硬度 58~63HRC，齿面碳化物 1~3 级	1）渗碳设备。采用 WZST 双室高温低压渗碳炉，其最高加热温度 1320℃，冷却室具有气冷与油冷两种功能 2）高温渗碳工艺（新工艺）。渗碳温度选择 980℃，渗碳气体采用乙炔与氮气，充气压力 1000Pa，渗碳后进行气冷，然后进行二次加热（850℃）油冷 3）检验结果。有效硬化层深度均达到 2.7mm 左右，渗层表面获得弥散分布的颗粒状碳化物，表面碳含量平均 0.8%（质量分数），奥氏体晶粒度 8 级左右	采用传统工艺渗碳温度（如 930℃）时需要耗时 25h，采用新工艺渗碳时仅需 12.8h，缩短渗碳时间近 50%，因此新工艺节能效果显著

（续）

工件及技术条件	工艺与内容	节 能 效 果
挖掘机履带轴，$\phi60\sim\phi153mm$，长度 $146\sim300mm$，重量 $1.7\sim8.7kg/$件，20MnCr5 钢，要求渗碳层深 $2\sim5mm$（550HV）	1）原工艺。采用井式渗碳炉（有效加热区 $\phi700mm\times1100mm$，装炉量 600kg）进行气体渗碳，980℃渗碳需要 44h 2）高温渗碳工艺。采用 Ipsen 公司 TF-2-25-GR 型双加热室多用炉（有效加热区 $1520mm\times1220mm\times610mm$），装炉量 1600kg。1015℃渗碳，强渗 1011min，碳势 $w(C)$ 为 1.35%，扩散 208min，碳势 $w(C)$ 为 0.85%，渗碳周期 23h，渗层深度 4mm	与 980℃渗碳相比，1015℃高温渗碳可节约时间 48%，相应节省了电能
东风载货汽车行星轮轴，20CrMnTi 钢，渗碳淬火有效硬化层深度要求为 $1.4\sim1.7mm$	1）原渗碳工艺及问题。采用传统工艺，渗碳温度 935℃，渗碳时间 14.5h，自多用炉生产线购置调试后基本上已经定型。其缺点是强渗与扩散时间长，渗碳效率低 2）高温渗碳工艺。调整后工艺如图 2-3 所示。调整后的工艺为：渗碳温度从原工艺的 935℃提高到 950℃，强渗期碳势（C_p）$w(C)$ 从原工艺的 1.25% 提高到 1.50%，扩散期碳势（C_p）$w(C)$ 从原工艺的 0.85% 提高到 1.00%，渗碳时间 8h	高温渗碳整个热处理周期缩短了近 6.5h。共处理行星轮轴 14 炉次，节约能耗 9810 元；节约辅料 230 元，总计降低热处理成本 10040 元

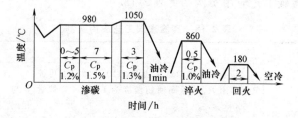

图 2-2　20CrNi2Mo 钢齿轮轴的高温渗碳工艺

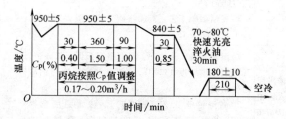

图 2-3　行星轮轴调整后渗碳工艺

2. 高温快速渗氮及其应用实例

与渗碳相比，渗氮工艺周期要长得多。例如要获得 0.6mm 深的渗氮层深度，在 520℃需要 $70\sim80h$，而渗碳处理保温 6h 便可获得 1.0mm 以上的渗层。因此，缩短渗氮过程对节能、提高生产效率就显得尤为重要。

（1）高温快速渗氮机理　以提高表面硬度和强度为目的的常规气体渗氮的工艺温度一般在 520℃ 左右，而高温渗氮是指采用更高的工艺温度（一般在 540～580℃）。在相同的氨分解率下，提高温度可以提高钢件表面吸附氮原子的能力和氮原子的扩散系数，因而提高了渗氮速度，相应降低了能耗。高温渗氮的最高工艺温度一般根据零件畸变情况和预备热处理温度（调质处理时的回火温度）进行选择。

（2）高温渗氮优点　①提高氮原子在 γ' 相和 γ 相的扩散速度，大幅度缩短渗氮时间，提高渗氮效率；②可以降低能耗；③降低因渗氮时间过长造成表面硬度下降的倾向。

（3）高温快速渗氮工艺及效果　$(560～580)℃×(2～4)h$，氨分解率40%～50%，可获得 6～15μm 化合物层。

对于更高温度（如650℃）的渗氮，为防止氮化物晶粒变粗、硬度下降，必须采用 V、Ti 等形成稳定合金氮化物的合金钢种，即快速渗氮钢。含钛快速渗氮钢的两段渗氮工艺为：$620℃×5h$；$750℃×2h$，氨分解率可通过调整气体流量控制。

（4）高温快速渗氮工艺应用实例　见表2-19。

表2-19　高温快速渗氮工艺应用实例

工件及技术条件	工艺与内容	节能效果
大型风电增速器内齿圈，$\phi 2300mm×420mm$（外径×齿宽度），模数 16mm，42CrMo 钢，要求渗氮层深度≥0.6mm	1）常规工艺及问题。其气体渗氮工艺为 520℃×75h，氨分解率 30%～50%。渗氮层深度可达到 0.61mm。常规渗氮周期长，能耗大，成本高 2）高温渗氮工艺。预备热处理为调质，回火温度 580℃。高温渗氮工艺为：550℃×38h，氨分解率 30%～50% 3）检验结果。渗氮层深度 0.60mm，表面硬度 630HV。齿圈节圆跳动量、基准轴向圆跳动量均在 0.04mm 范围内，符合技术要求	与常规工艺相比，采用高温渗氮工艺，达到相同的渗氮层深度，渗氮时间可节省近 50%，大幅度降低了电能和 NH_3 的消耗，并显著提高了生产效率

2.2.6　真空化学热处理及其应用实例

真空化学热处理在负压的气相介质中进行。由于在真空状态下工件表面净化，以及采用较高的温度，既有利于表面吸附，又有利于加速扩散过程，因而大大提高了渗入元素的渗速。如真空渗碳可提高生产效率 1～2 倍；在 $133.3×(10^{-2}～10^{-1})$ Pa 真空度下渗铝、渗铬，渗速可提高 10 倍以上。目前，真空化学热处理是热处理节能降耗的重要工艺之一。

（1）真空化学热处理优点　①无氧化，无脱碳，工件表面质量好，可省去后续的清洗工序，节约成本超过 50%；②工件畸变小，可减少后续加工；③节省能源，与可控气氛相比，不需可燃气体的气源，由于真空炉热效率较高，可实现快速升温和快速降温；④生产成本低，耗电少，能耗为常规气体渗碳的50%；⑤工艺稳定，产品质量高，可有效避免非马氏体组织等缺陷。

（2）真空渗碳工艺　低压真空渗碳工艺有一段式、脉冲式和摆动式。采用计算机模拟辅助控制的真空渗碳工艺，用较短的处理时间和较少的渗碳气体消耗，保证取得良好的渗碳质量效果。低压真空渗碳后进行惰性气体的高压气淬，节省了淬火油，且工件畸变小，可节省后续机加工费用，降低生产成本。

真空渗碳温度为900~1100℃。渗碳介质主要有甲烷、丙烷、乙炔、氮气＋丙烷等。炉内压力与渗碳气流量：采用一段式气体渗碳工艺，以甲烷作渗碳气体时，炉内压力为26.6~46.6kPa；以丙烷作渗碳气体时，炉内压力为13.3~23.3kPa。采用脉冲式气体渗碳工艺时，渗碳气的压力为19.95kPa。

常规渗碳热处理周期较长，尤其对渗碳层深的工件。低压真空渗碳易于实现1000~1050℃的高温渗碳，从而提高渗碳速度，因此可以大大缩短工艺周期，一般缩短工艺时间近50%，同时渗碳气体消耗量也大大降低。

（3）真空（脉冲）渗氮　先将炉罐抽真空，真空度达到1.33Pa，再加热到渗氮温度，通 NH_3 至50~70kPa，保持2~10min，继续抽到5~10kPa，反复进行，直到渗氮层深达到要求。渗氮介质有 NH_3、$NH_3 + N_2$ 等，渗氮温度510~570℃。

38CrMoAl钢真空渗氮（530℃或555℃）10h，约与普通气体渗氮（540℃）33h具有相近的渗层深度，即真空渗氮具有更快的渗氮速度，从而节约能源。

目前，真空渗氮多用于工模具热处理等，不仅大幅度提高了工模具寿命，而且显著缩短了渗氮周期，节省了能源和渗氮气体消耗。

（4）低压真空渗碳工艺应用实例　见表2-20。

表 2-20　低压真空渗碳工艺应用实例

工件及技术条件	工艺与内容	节能效果
载货汽车曲轴凸轮轴，材料为27MC钢（质量分数为：0.25%~0.29% C，1.0%~1.4% Mn，1.0%~1.3% Cr），要求渗碳热处理	1）工艺特点。与传统的可控气氛渗碳方式不同，低压真空渗碳采用渗碳和扩散以脉冲方式交替进行，渗碳通丙烷，扩散通 N_2。每个脉冲循环的时间由Infracard工艺软件计算得出。炉内压力控制在0.1~0.2kPa，控制渗碳温度 <1000℃ 2）设备。采用法国ECM公司的低压真空渗碳炉，有单室真空渗碳炉、周期式的两室低压真空渗碳炉 3）低压真空渗碳加压气淬工艺。渗碳温度970℃，渗碳与扩散时间分别为24min和396min，总时间420min，渗碳与扩散脉冲次数均为12次，采用0.4kPa氮气淬火 4）检验结果。表面与心部硬度分别为64HRC和410HV，渗层深度1.97mm，渗层极限偏差 ±0.1mm	真空渗碳总时间为7h，而可控气氛渗碳时需要16h以上，可缩短周期50%以上，因而节能效果显著

2.2.7 微波渗碳技术及其应用

微波处理对吸收微波的物质具有高效均匀的加热作用,可为实现材料的某些性能提供一个特殊有力的手段。微波加热速度快、能耗低,设备维修费用少,生产废品率低,比电热辐射加热可降低30%的成本。

2004年美国Dana Corp公司研究人员发现,如果在金属零件周围形成等离子体,就可以使其充分吸收微波辐射。高度吸收微波(达95%)后等离子体可在数秒钟内达到1200℃高温。吸收了微波的等离子体迅速把热传送给被处理零件,使其达到工艺温度。微波大气等离子加工系统可以达到1300℃/s加热速度,并可根据不同金属、零件形状和尺寸在一定范围内进行调节。微波加热设备的外层有保温层。能约束气态等离子体的陶瓷装置如图2-4所示,此陶瓷体能被微波穿透,并可经受高温。

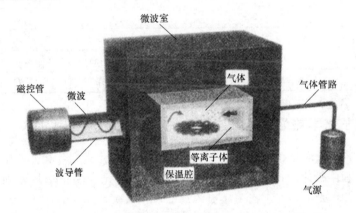

图2-4 金属零件热处理用微波大气等离子加工系统示意

该公司开发的Atmoplsa微波大气等离子加工技术,可使热处理工艺实现快速加热、更精确控制加热和达到更高温度,从而缩短工艺周期和减少能耗。由美国Dana Corp公司和德国ALD公司合作开发、已商品化的微波渗碳技术还可以控制残留奥氏体量、获得细晶粒组织。用AISI 8620钢(相当于20CrNiMo钢)齿轮进行的渗碳试验表明,微波渗碳的周期和渗层深度都比真空渗碳的效果好(见表2-21)。

(1)微波渗碳工艺过程 把齿轮装入加工室中,通入氩气,用特殊方法激发等离子,使温度迅速升高。当齿轮温度达到930℃时,向加工室内通入乙炔气体(作为供碳源)。调节微波功率,使温度保持在固定范围。乙炔在等离子体内易裂解,调整乙炔量、微波能量和维持等离子体的装置尺寸可使在一定体积内的沉积碳量得到精确控制。将渗碳温度提高到980℃可进一步加速渗碳,缩短渗碳周期。齿轮经规定时间渗碳处理后,施行淬火和回火。

（2）微波渗碳与传统气体渗碳及真空渗碳结果　AISI 8620 钢齿轮渗碳结果比较见表 2-21。通过表 2-21 可知，与传统气体渗碳相比，微波渗碳在渗碳层深度增加 20% 的情况下，渗碳时间仍可缩短 20% 以上；与真空渗碳工艺相比，在渗碳时间接近相同情况下，渗碳层深度仍可以增加 20%，降低生产成本 30% 以上。因此，微波渗碳技术节能效果显著。

表 2-21　AISI 8620 钢齿轮渗碳结果比较

工艺	传统气体渗碳	真空渗碳	微波渗碳
总渗碳时间	142min 强渗 + 110min 扩散 + 20min 降温	渗碳段时间 205min	112min 强渗 + 80min 扩散 + 20min 降温
有效硬化层深度	约 0.9mm	约 0.9mm	约 1.14mm
金相组织（残留奥氏体，体积分数）			
齿角金相组织	15% ~ 30%	10% ~ 15%	5% ~ 20%
齿面金相组织	10% ~ 20%	5% ~ 15%	5% ~ 20%
ASTME112—1996 晶粒等级（比较法）			
渗层	8 ~ 10(22.5 ~ 11.2μm)	8 ~ 9(22.5 ~ 15.9μm)	10 ~ 12(11.2 ~ 5.6μm)
心部	8 ~ 9(22.5 ~ 15.9μm)	9 ~ 10(15.9 ~ 11.2μm)	10 ~ 12(11.2 ~ 5.6μm)

2.2.8　离子化学热处理及其应用实例

离子化学热处理是在低于一个大气压的含有欲渗元素的气相介质中，利用工件（阴极）和阳极之间产生辉光放电同时渗入欲渗元素的化学热处理工艺。其包括离子渗氮、离子渗碳、离子碳氮共渗、离子氮碳共渗、离子渗硫等。

（1）离子化学热处理高渗速机理　由于离子化学热处理是在真空中加热，并有高能离子的轰击，不仅使工件表面接受离子动能温度升高，而且使工件表面洁净与活化，再加上含有渗入元素的活性气体，由于热分解与电离的双重作用，并在直流电场的作用下，短时间内就在工件表面附近的空间形成高的渗入元素离子浓度区，从而加速了化学元素向工件的渗入与扩散，比一般热扩散渗速快。

（2）离子化学热处理的优点　①由于在真空中加热，工件不氧化、不脱碳，并具有明显的脱气效果，所处理工件表面质量好，力学性能高；②渗入气氛为低压，故节约气体消耗（达 70% ~ 90%）；③在真空中渗剂不氧化，活性强，故渗速快，节省能源，可节能 30% 以上；④工件在真空中加热，其表面清洁、活化，故对渗入元素吸附、扩散快，可节约时间 50% 左右；⑤由于热处理畸变小，故可减少后续机械加工余量，从而降低成本；⑥无污染、环保。

（3）离子渗氮　离子渗氮只有普通气体渗氮时间的 1/4 ~ 1/2，因而可节省电能 50% ~ 75%，而 NH_3 消耗量仅为其 5% ~ 20%。因此，离子渗氮是一种高效节能、清洁的热处理工艺，现已广泛应用于汽车、机械制造、精密仪器、模具等行业。目前，用离子渗氮取代传统气体渗氮已成为一种趋势。

用于离子渗氮的介质有 $N_2 + H_2$、NH_3 及氨分解气。氨分解气可视为 $\varphi(N_2)$ 25% + $\varphi(H_2)$75% 的混合气。炉压可在 133~1066Pa 的范围内调节。离子渗氮温度一般低于 590℃，工件畸变小。离子渗氮时间一般为 4~20h。常用电压 500~700V，电流密度 0.5~5mA/cm²。

（4）离子渗碳 离子渗碳的最大优点是渗碳效率高，其渗碳效率可达 55%，一般也有 20%~30%，而真空渗碳不到 20%，气体渗碳则在 10%~20%。

离子渗碳的渗碳剂主要采用 CH_4（甲烷）、C_3H_8（丙烷）和 C_2H_2（乙炔）等，以 H_2 或 N_2 稀释，渗碳剂与稀释气之比约为 1:10。离子渗碳时，工作炉压在 133~532Pa 调节，通以 500~1000V 直流电，电流密度 0.2~2.5mA/cm²，离子渗碳温度通常在 900~960℃。

与传统气体渗碳相比，离子渗碳可缩短处理时间 50% 以上，可减少 90% 的渗碳气体消耗。例如 880℃ 离子渗氮 1h，就可以获得 0.6mm 深的硬化层，同常规气体渗碳相比，可缩短约 50% 的时间。表 2-22 为 20CrMnTi 钢不同渗碳方法主要技术指标的对比。

表 2-22　20CrMnTi 钢不同渗碳方法主要技术指标的对比

项目	在离子渗氮炉中进行离子渗碳	气体渗碳	真空渗碳	有外热源的离子渗碳
渗碳速度（920~940℃，渗层 1mm）/h	1.5~2	≥8	4.0	3.5
渗碳效率（扩散渗入碳量/渗剂耗碳量）（%）	>55	5~20	47	55
直接耗电量/(kW·h/kg)	0.6~0.8	2.4	1.5	1.1
耗气量（以炉内气压为准）/L	5~15	≥760	150~575	15~20
生产成本比值（气体渗碳为1）	0.3	1	0.8	0.5

（5）高温离子渗碳 高温渗碳和离子渗碳均能提高渗碳速度，若同时使用两者，无疑将大幅度缩短渗碳周期（尤其是深层渗碳周期），同时还能发挥离子渗碳的无氧化脱碳、节能及无污染等特点。例如高温离子渗碳及循环处理复合工艺可大幅度缩短生产周期，其生产周期仅为气体渗碳周期的 1/4~1/3，并细化晶粒，消除混晶，改善渗层及心部组织。

（6）循环变温离子渗氮 其工艺特点是，对碳钢渗氮处理后，渗氮层中含有 ε、γ'、α" 相，N 原子在 ε、γ' 相中的扩散速度远小于在 α 相中，表面形成的 ε 相阻碍了 N 原子扩散，周期性的渗氮+时效可使 ε→α" + Fe₃C，形成 α" 通道和若干缺陷界面，有利于提高 N 的扩散速度。图 2-5 为循环离子渗氮工艺。

45 钢经过如图 2-5 所示的工艺渗氮后，当心部硬度下限值约为 230HBW，且

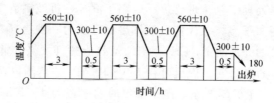

图 2-5　循环离子渗氮工艺

硬度约260HBW处对应深度为0.7mm时，仅需13h。为了达到同等效果，普通二段式、三段式渗氮一般需要60h以上。

（7）离子化学热处理工艺应用实例　见表2-23。

表 2-23　离子化学热处理工艺应用实例

工件及技术条件	工艺与内容	节能效果
2G77188型轴承,外径为630mm,每套轴承装有110个滚柱,该滚柱为圆台形,高度60.6mm,1/3高度处的直径为48.6mm,20Cr2Ni4A钢,要求渗碳层深度4.0～4.5mm	1)原工艺及问题。原采用930℃气体渗碳工艺,渗碳工艺周期长达80～100h,能耗大,成本高,畸变大 2)高温离子渗碳工艺。采用离子渗碳炉,渗碳剂主要是CH₄、C₃H₈等,并通入H₂或N₂稀释。其工艺过程如下:1050℃的真空条件下离子渗碳18h;进行循环热处理,其工艺曲线如图2-6所示 3)检验结果。滚柱表面硬度61～63HRC,渗碳层深度4.2mm,无晶界氧化,表面硬度>62.5HRC	在获得同样的渗碳层深度条件下,原工艺周期为80～100h,而离子渗碳工艺周期为20h,仅为普通气体渗碳工艺周期的1/4,因此高温离子渗碳工艺显著降低了能耗
齿轮,40Cr钢,预备热处理采用调质,最终热处理要求渗氮处理	1)常规离子渗氮工艺。采用50kW钟罩式离子渗氮炉,离子渗氮工艺为550℃×18h,炉压466Pa,NH₃用量400mL/min,可获得渗氮层深0.30mm、表面硬度715HV0.2 2)氨气预备热处理离子渗氮工艺(新工艺)。NH₃过滤使用φ200mm×900mm铁罐,内装有变色硅胶,氨气分解装置是将不锈钢螺形管置于2kW的电炉中制成的,NH₃通过其中即可干燥或分解。除渗氮时间外,设备、炉压与氨用量同上 3)检验结果。在获得同样0.30mm层深时,用硅胶过滤一次、二次和二次+加热分解的时间/硬度分别为14.0h/691HV0.2、12.5h/681HV0.2和6.0h/693HV0.2	采用新工艺后,显著加快渗氮过程,缩短工艺周期1/3～2/3,从而节省了电能和NH₃消耗
重载齿轮轴,20Cr2Ni4钢,要求渗碳淬火处理	1)原渗碳工艺。采用60kW井式气体渗碳炉,装炉量为120kg,采用常规气体渗碳工艺 2)离子渗碳工艺。离子渗碳采用(30+60)kW离子渗碳炉,装炉量为120kg,其离子渗碳工艺如图2-7所示,离子渗碳温度为945℃	原工艺采用气体渗碳,成本约为0.87元/kg,而离子渗碳成本约为0.48元/kg,与气体渗碳工艺相比,离子渗碳可降低成本近50%

（续）

工件及技术条件	工艺与内容	节能效果
5Ni12Mn5Cr3Mo 钢零件，要求渗氮处理	1）气体渗氮工艺。采用二段式渗氮法，(560 ± 5)℃×24h，氨分解率 50%～60%；(600±5)℃× 24h，氨分解率 70%～80%。渗氮层深度可达 0.12～ 0.14mm，零件外圆胀量 0.06～0.085mm。外圆预留磨削量在直径方向为 0.04～0.05mm，最后所能保留的渗氮层也不超过 0.08mm，难以满足设计要求。原工艺不仅时间长(48h)，而且工件畸变大，增加磨削量和材料费用 2）离子渗氮及检验结果。(580±10)℃×20h，电压 850V，电流 8.4A，真空度 530Pa。供氨量 0.15m³/h。零件经离子渗氮后，渗氮层深度 0.13～0.135mm，渗层表面硬度 728HV，外圆胀量 0.015～0.03mm。零件畸变仅为气体渗氮的 1/3	与气体渗氮工艺相比，采用离子渗氮后不仅渗氮时间缩短了近 60%，显著降低了能耗，而且零件畸变显著减小，节省了磨削工时和材料费用

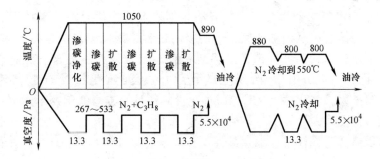

图 2-6　离子渗碳工艺曲线

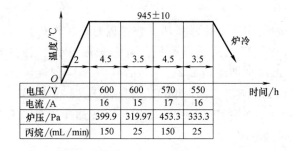

图 2-7　20Cr2Ni4 钢齿轮轴离子渗碳工艺曲线

2.2.9　热处理催渗技术及其应用实例

由于化学热处理过程一般持续时间较长，耗费大量能源，因此如何加速化学热处理过程，多年来一直是化学热处理研究的重要方向之一。化学热处理过程的加速，可以从加速化学热处理的基本过程来达到。其方法主要有两大类：物理催渗法和化学催渗法。催渗方法的生产应用，不仅显著缩短了工艺周期，而且节省了能源和工艺材料的消耗，提高了生产效率，降低了生产成本。

物理催渗法是利用改变温度、气压，或者利用电场、磁场及辐射，或者利用机械的弹性变形及弹性振荡等物理方法来加速渗剂的分解，活化工件表面，提高吸附和吸收能力，以及加速渗入元素的扩散等。

化学催渗法是在渗剂中加入一种或几种化学试剂或物质，促进渗剂的分解过程，去除工件表面氧化膜或阻碍渗入元素吸附和吸收的物质，加入的试剂或物质与工件的表面发生化学作用，活化工件表面，从而提高了渗入元素的渗入能力。

目前，常用化学催渗法包括洁净渗氮（如氯化铵催化渗氮、四氯化碳催化渗氮）、氧催化渗氮、表面预氧化渗氮、稀土催渗、BH 催渗及电解气相催渗法等。

1. 洁净渗氮法及其应用实例

（1）洁净渗氮法催渗剂与工艺方法　催渗剂的作用是能够破坏钢表面钝化膜、提高表面活性，从而加速氮原子的吸附过程，因此只能加速氮化的前阶段，对于渗层要求较深的渗氮（氮碳共渗）过程，则效果并不显著。目前常用的催渗剂有氯化铵（NH_4Cl）、四氯化碳（CCl_4）、四氯化钛（$TiCl_4$）等。其中 NH_4Cl 应用最多，氯化铵（NH_4Cl）催化渗氮法可用于渗氮钢及不锈钢、耐热钢等的渗氮处理。

洁净渗氮法：催渗剂在加热条件下分解生成 HCl 等物质，HCl 在含有微量水蒸气时，具有酸性，可轻微腐蚀工件表面，去除工件表面的钝化膜，对工件表面有强烈的"洁净"作用。因此，可以加速第一阶段的过程，在氨分解率相同的条件下，可节省 NH_3 消耗。

1）氯化铵（NH_4Cl）催化渗氮法。按炉罐容积加入 $0.4 \sim 0.5 kg/m^3$ 氯化铵，再加入 80 倍石英砂、氧化铝或滑石粉，放入炉罐底部。若将渗氮温度提高至 $600℃$，一般可使渗氮周期缩短 1/2，单位时间内 NH_3 消耗量可减少 50%。

氯化铵催化渗氮温度为 $500 \sim 600℃$。由于 NH_4Cl 在 $300℃$ 以上可以分解生成 $NH_3 + HCl$，其中 HCl 在渗氮过程中的作用与上述洁净渗氮法相同，可以加速第一阶段的过程并降低 NH_3 的消耗。

2）四氯化碳（CCl_4）催化渗氮法。在渗氮开始阶段 $1 \sim 2h$ 将 $50 \sim 100 mL$ 的 CCl_4 的蒸气与适量 NH_3 同时通入渗氮罐内，其在 $480℃$ 以上与 NH_3 反应生成 CH_4 和 HCl，其中 HCl 在渗氮过程中的作用与上述洁净渗氮法相同。渗氮温度 $500 \sim 600℃$。此法可节省 NH_3 约 50%。

（2）洁净渗氮法应用实例　见表 2-24。

表 2-24 洁净渗氮法应用实例

工件及技术条件	工艺与内容	节能效果
工件材料为 38CrMoAl、40Cr 和 18Cr2Ni4WA，要求渗氮处理	1）普通气体渗氮工艺。采用 RQ3-75-9 型井式炉,普通气体渗氮工艺见表 2-25。该工艺周期长,能耗高 2）NH_4Cl 催渗气体氮碳共渗工艺。采用 RQ3-75-9 型井式炉。用工业纯 NH_4Cl 做催渗剂,将 NH_4Cl 粉(一般按每立方米炉内容积加入 130～150g 氯化铵)溶于工业酒精。其催渗工艺:升温排气(0.5h,氨气 $1m^3/h$),渗氮(氨气 $0.5～0.61m^3/h$,酒精混合液 80 滴/min,560℃×10h,油冷) 3）检验结果。NH_4Cl 催渗气体氮碳共渗与普通气体渗氮后共渗层深度与硬度对比见表 2-25	与普通渗氮工艺相比,NH_4Cl 催渗气体氮碳共渗可节省时间 50% 左右,每炉节省电能约 225kW·h,同时节省 NH_3 消耗 $5m^3$ 左右

表 2-25 NH_4Cl 催渗气体氮碳共渗与普通气体渗氮结果对比

牌号	普通气体渗氮				NH_4Cl 催渗气体氮碳共渗			
	温度/℃	时间/h	渗氮层深度/mm	硬度 HV	温度/℃	时间/h	渗氮层深度/mm	硬度 HV
38CrMoAl	570±5 530±5	16 18	0.4～0.6	>1000	560±10	10～15	0.4～0.6	≥1000
40Cr	480±10 500±10	20 15～20	0.3～0.5	≥600	560±10	10	0.3～0.5	≥600
18Cr2Ni4WA	490±10	30	0.2～0.3	≥600	560±10	10	0.3～0.4	≥600

2. 氧催化渗氮、表面预氧化渗氮及其应用实例

在渗氮时,添加氧气、含氧气氛或预氧化可以明显提高渗氮速度,改善渗层性能。其原理是通入炉中的 NH_3 和热工件接触分解出活性氮原子,新生的活性氮原子吸附在工件表面,并向内扩散而进行渗氮。分解产生的氢与氧反应生成水蒸气,降低了气氛中氢的分压,促进 NH_3 的分解。由于氢分压的减少,氢分子对渗氮的阻碍作用降低了,促进了铁对氮原子的吸收。另外,由于氧的作用提高了表层固溶体中的氮含量,增加了固溶体的浓度梯度,从而增加了氮原子在钢中的扩散速度,同时加入的氧与铁表面发生作用生成 Fe_3O_4,Fe_3O_4 对 NH_3 的分解有催化作用,总体提高了气氛渗氮的能力,使渗氮速度加快。

（1）氧催化渗氮 在 NH_3 中加入少量氧可促使渗氮加速。例如,45CrV 钢在 520℃渗氮时,如在 100L 的 NH_3 中加入 4L 氧,则 4h 渗氮所得到的层深与普通渗氮 10h 所得到的层深相同,即渗氮速度提高了 2.5 倍。

（2）表面预氧化渗氮工艺 常规渗氮前,在无气氛保护情况下,将工件加热到 300～500℃保温一段时间。工件在表面残油被清除的同时,还被空气氧化生成一层薄的 Fe_3O_4 氧化膜 （$3Fe+2O_2 \rightarrow Fe_3O_4$）。在渗氮初期氧化膜还原成新生态的铁（$Fe_3O_4 + CO \rightarrow Fe + CO_2$），新生态的铁具有很强的表面活性，可以促使氮原子在工件表面吸附，并迅速向工件内部渗透扩散，从而获得较快的渗氮速度，达到快速渗氮的目的。

（3）氧催化渗氮、表面预氧化渗氮工艺应用实例　见表 2-26。

表 2-26　氧催化渗氮、表面预氧化渗氮工艺应用实例

工件及技术条件	工艺与内容	节能效果
弧齿锥齿轮、斜齿轮、螺杆、螺筒及轴类等。材料为 38CrMoAl、40Cr 和 42CrMo 钢，渗氮层深度要求为 0.4 ~ 0.6mm	1）原工艺及问题。采用二段式渗氮法，获得 0.4 ~ 0.6mm 层深最短需要保温 44h，故生产周期长，能耗大，且渗层脆性常超标 2）预氧化快速渗氮工艺。其工艺曲线如图 2-8 所示。加热至 300 ~ 350℃氧化 1.5h 之后应立即关闭排气孔，再通入 NH₃ 排出炉内空气。通过表 2-27 可以看出，与常规未氧化的渗氮工艺相比，采用预氧化渗氮处理后，提高渗氮速度约 50%	对 38CrMoAl、40Cr、42CrMo 钢等工件经预氧化快速渗氮处理后，金相组织和力学性能完全达到产品质量要求，渗氮保温时间较原工艺缩短 50% 以上
中速柴油机曲轴，材料为 QT800-2，技术要求：渗氮层深 ≥ 0.15mm，表面硬度≥350HV10	1）低温铁素体气体氮碳共渗。该工艺未经预氧化处理，渗剂为 NH₃ + CO₂，采用二段式渗氮法。一段渗氮：520℃ × 2h，氨分解率 30% ~ 40%；二段渗氮：570℃ × 3h，氨分解率 40% ~ 60%。结果为渗氮层深 0.15mm，表面硬度平均为 390HV10，弯曲畸变量 0.10mm 2）预氧化快速气体渗氮工艺。渗剂采用 NH₃，预氧化 300℃×1h，此段时间禁止通入 NH₃ 和 N₂，以获得氧化薄膜；480℃开始通入 NH₃ 和 N₂；采用二段式渗氮法：一段与二段的渗氮温度、时间、氨分解与低温铁素体气体氮碳共渗工艺相同。处理后渗氮层深 0.19mm，表面硬度平均为 405HV10，弯曲畸变量 0.19mm	与未经预氧化渗氮工艺相比，采用预氧化快速渗氮工艺后，其金相组织相近，未出现疏松组织；表面硬度提高，渗速提高 20% 以上，节省了能源和原料气消耗

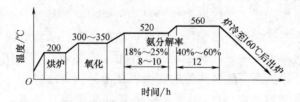

图 2-8　预氧化快速渗氮工艺曲线

3. 稀土催渗技术及其应用实例

传统气体渗碳及渗氮热处理，工艺周期长、效率低、能耗高。哈尔滨工业大学学者发明的稀土催渗技术，打破了传统渗碳工艺理论，在渗碳温度不降低情况下，稀土催渗可提高渗碳速度 20% 以上；在渗碳温度降低 40 ~ 60℃条件下，渗

表 2-27　预氧化与未氧化两段渗氮渗速的比较

项目 试样编号	材料	渗氮时间 /h	是否氧化	渗氮效果	
				渗层深度/mm	硬度 HV10
89-7-13	38CrMoAl	24	未氧化	0.28	986 ~ 991
89-7-14	40Cr	24	未氧化	0.24	510 ~ 519
95-11-1	38CrMoAl	24	氧化	0.46	1018 ~ 1064
95-12-2	42CrMo	24	氧化	0.60	575 ~ 595

碳速度不降低。因此，稀土催渗可以显著降低能耗，节能达 20% ~ 35%，同时可以减少工件畸变 $1/3 ~ 1/2$，还可以改善渗层金相组织并提高使用性能。

稀土催渗氮可有效提高渗氮速度，在同样温度下稀土渗氮可提高渗速 20% 左右；渗氮温度高出传统温度 10 ~ 20℃，渗氮速度可提高 60% 左右。

稀土催渗技术广泛应用于汽车、拖拉机、工程机械等零部件（如齿轮等），以及模具等的渗碳、碳氮共渗、渗氮及氮碳共渗等，已取得显著的经济效益。

（1）稀土催渗的基本原理　稀土是一种活性很强的元素，又是一种强效微合金元素。在化学热处理过程中使用稀土，其作用如下：

1）稀土促进渗剂分解。在还原性气氛中稀土可以有效地加强对渗剂的裂解作用，如提高 CH_4 及 CO 含量，升高炉气碳势，从而加速渗碳过程。

2）稀土清洁表面增加表面活性。稀土的活性比铁高，在炉气中稀土离子可以还原工件表面的氧化铁，生成新生态铁，起到清洁工件表面作用，有利于 C（或 N）原子的吸附。

3）稀土的渗入使晶格产生位错，形成新的缺陷，在一定条件下，产生柯氏气团。大量气团的产生导致 C（或 N）原子的动能增加，运动速度增大，提高 C（或 N）原子的扩散速度。

4）稀土渗入金属表面形成晶格畸变。由于稀土元素的原子半径比 Fe 原子半径大得多，大约40%，它的存在会引起其周围的原子晶格畸变。这种晶格畸变，一方面由于 C（或 N）间隙原子在畸变区的偏聚导致表面 C（或 N）浓度增高，加快 C（或 N）原子的扩散；另一方面由于晶体缺陷对原子扩散的通道作用，促使间隙原子沿着位错等缺陷快速扩散。

综合上述，在渗剂中加入稀土元素，通过工艺参数的合理调整，能显著提高渗速、缩短工艺周期。表 2-28 为稀土催渗碳效果。

表 2-28　稀土催渗碳的效果

工艺	保温时间/h	稀土催渗渗层厚度/mm	未催渗渗层厚度/mm	渗层增厚(%)
10 号钢 930℃渗碳	1	0.45	0.35	28.8
	3	0.95	0.70	35.7

（续）

工艺	保温时间/h	稀土催渗渗层厚度/mm	未催渗层厚度/mm	渗层增厚(%)
10号钢 930℃渗碳	5	1.35	1.10	22.7
	7	1.55	1.30	19.2
20CrMnTi钢 880℃渗碳	3	1.33	0.93	21.4
	5	1.84	1.49	23.3
	7	2.00	1.73	15.1

（2）稀土渗氮工艺特点　常见的稀土渗氮催渗剂是以稀土为主另加其他化学材料制成的（固体）催渗剂，在使用时只要将稀土催渗剂装在铁罐中，压上硅酸铝毡，随工件一起装入炉中即可。采用二段法或三段法工艺均能得到较好的催渗效果。与常规气体渗氮工艺相比，稀土渗氮可提高渗速20%以上。

（3）稀土催渗技术应用实例　见表2-29。

表2-29　稀土催渗技术应用实例

工件及技术条件	工艺与内容	节能效果
内燃机用活塞销，20Cr钢，要求渗碳处理	1）原工艺及问题。20Cr钢属于粗晶粒钢，920℃常规渗碳后因奥氏体晶粒粗大不能直接使用，需要经盐浴炉二次加热淬火，故耗电量大，而且生产周期长（三天） 2）稀土渗碳直接淬火工艺。采用75kW井式炉，每炉装900件，渗碳剂为煤油、稀土甲醇混合液，860～880℃渗碳后奥氏体晶粒度仍可保持6～7级，渗碳后直接淬火和回火，经磨削加工后过共析区仍有细小弥散碳化物，其耐磨性优于原工艺	由于稀土渗碳直接淬火工艺取消了二次加热淬火，节电50%以上，生产周期由原来的三天缩短至一天，且优质品率100%
风电增速器内齿圈，42CrMo钢，要求渗氮层深度≥0.5mm	1）常规渗氮工艺。齿圈渗氮温度为520℃，渗氮时间70h，氨分解率30%～50%。渗氮层深度达到0.542mm 2）稀土渗氮工艺。稀土渗氮温度为520℃，渗氮时间45h，氨分解率30%～50%，渗氮层深度达到0.547mm	稀土渗氮后齿圈的表面硬度平均可提高100HV，渗氮时间缩短25h，与常规渗氮工艺相比，渗氮时间可节省36%，提高生产效率30%以上
空压机曲轴，42CrMo钢，要求渗氮处理	1）稀土渗氮设备。采用RN6-280-6型井式气体渗氮炉 2）稀土渗氮工艺及效果。NH₃流量为2.3～2.6m³/h，炉压1.2～1.8kPa，稀土渗氮温度为540℃，渗氮6h后，渗氮层深度0.28mm；常规渗氮温度为520℃，渗氮16h后，渗氮层深度0.21mm	在获得相同渗氮层深度情况下，稀土渗氮工艺较常规渗氮工艺周期缩短10h，表面硬度提高30HV以上，生产效率提高160%，节能62.5%

（续）

工件及技术条件	工艺与内容	节能效果
"解放"牌载货汽车后桥从动弧齿锥齿轮，ϕ457mm×62mm，20CrMnTiH3钢，技术要求：渗碳淬火有效硬化层深1.70～2.10mm，表面与心部硬度分别为58～63HRC和35～45HRC，碳化物1～5级，马氏体及残留奥氏体1～5级	1）工艺路线。采用双排连续式渗碳炉，每盘装6件齿轮，其工艺路线：450～500℃预处理→880～900℃预热（1区）→920～925℃预渗碳（2区）→925～930℃渗碳（3区）→890～910℃扩散（4区）→840～850℃预冷（5区）→870℃保温室压床淬火→60～70℃清洗→180℃×6h回火→喷丸清理→交检 2）稀土快速渗碳工艺。原渗碳工艺与稀土快速渗碳工艺参数对比见表2-30。通过表2-30可以看出，采用稀土渗碳工艺后，推料周期由原工艺的38min缩短至30min，提高渗碳速度20%，同时降低了齿轮畸变，减少了表面非马氏体组织	表2-31为两种工艺实施前后单位物料及用电情况。按同比产品产量2000t/年计算，每年可降低能耗65万kW·h，节省电费45.5万元，同时减少渗碳剂的消耗

表 2-30 原渗碳工艺（未加稀土）与稀土快速渗碳工艺参数对比

加热区段	1	2	3	4	5
炉温/℃	880/880	920/920	930/930	900/890	860/860
设定碳势 $w(C)$（%）	—	1.05/1.25	1.20/1.30	1.05～1.10/1.00～1.05	0.95～1.00/0.95～1.00
甲醇/（mL/min）	20/0	20/20	20/20	25/20	30/0
稀土甲醇/（mL/min）	0/0	0/20	0/30	0/10	0/0
氮气/（m³/h）	1.2/2	1.4/2	1.6/2	1.8/2	2.0/3
丙烷气/（m³/h）	0/0	0.3/0.5	0.4/0.4	0/0.05	0/0
推料周期/min			38/30		

注：表中"/"前后数值分别为原渗碳工艺和稀土快速渗碳工艺参数。

表 2-31 两种工艺实施前后物料及用电情况

	消耗物	电能/kW·h	丙烷气/kg	甲醇/kg	稀土/L
原渗碳工艺	每公斤单耗	2.04	0.0065	0.038	0
	费用/元	1.43	0.041	0.145	0
稀土快速渗碳工艺	消耗物	电能/kW·h	丙烷气/kg	甲醇/kg	稀土/L
	每公斤单耗	1.73	0.0058	0.033	0.0004
	费用/元	1.21	0.037	0.128	200

4. BH 催渗技术及其应用实例

西安北恒热处理工程公司发明的 BH 催渗技术，是一项在不增加设备投资情况下，通过给热处理气氛中添加 BH 催渗剂并调整工艺，从而实现快速渗碳或碳氮共渗的新型节能工艺。

（1）BH 催渗剂催渗机理 BH 催渗剂从以下几个方面影响着渗碳过程：

1）对渗剂分解和碳原子活性的作用。BH 催渗剂中含有一组高效复合分解催化剂，它可以促使渗剂在较低温度（800℃）下分解，并增加碳原子的活性和数量，减少炭黑，提高渗剂产气量。

2）对气固相表面反应的影响。边界气膜层学说是近代气固相化学反应速度研究领域的新学说，它同样适用于渗碳化学热处理，渗碳时气氛中的有效成分与工件表面接触，在气相与固相间发生以下反应后，碳原子被工件吸收：

$$CO + H_2 \longrightarrow [C] + H_2O \uparrow$$
$$CH_4 \longrightarrow [C] + 2H_2 \uparrow$$
$$2CO \longrightarrow [C] + CO_2 \uparrow$$

碳原子渗入工件后，反应副产物——残余气体 CO_2、H_2、H_2O 会在工件表面不断累积，形成一个有效渗碳成分相对较低的中间气膜层，即边界气膜层。由于边界气膜层的存在，渗碳气氛中的活性成分（如 CO、CH_4 等）只有穿过工件气膜层后，才能达到工件表面和工件接触并参与渗碳。边界气膜层的存在阻碍了活性成分与工件的接触，降低了活性成分的实际有效渗碳浓度。

BH 催渗剂中有一种可以间歇性产生冲击波、破坏气膜层的物质，它可以增加活性成分，提高与工件表面的接触机会和渗碳有效反应概率。

3）对扩散的作用。BH 催渗剂中含有一种新的化学物质，它可以改变渗剂的分解过程，促使渗剂充分分解，并在分解过程中产生部分正 4 价碳离子（C^{4+}）。正 4 价碳离子（C^{4+}）体积（半径 $0.015\mu m$）只有碳原子体积（半径 $0.077\mu m$）的 1/135，因而活性高，扩散阻力小，扩散速度快，从而解决了影响渗速的关键问题。

（2）BH 催渗技术优点　①在同样温度条件下，可提高渗速 20% 以上；②在温度降低 40℃以上的条件下保持原工艺渗速不减，可减小工件畸变；③气氛活性高、炭黑少，工艺稳定性好；④可以细化组织，并减少晶界氧化和非马氏体组织；⑤对浅层渗层（≤0.60mm）和中、厚（≥4.0mm）渗层同样有效；⑥高效节能，无环境污染。

（3）BH 催渗技术应用实例　见表 2-32。

表 2-32　BH 催渗技术应用实例

工件及技术条件	工艺与内容	节能效果
HT1090 汽车后桥从动弧齿锥齿轮，ϕ380mm（外径）/ϕ234mm（内径）×50mm（厚度），20CrMnTi 钢，要求硬化层深 1.0~1.3mm，碳化物 1~5 级，马氏体、残留奥氏体 1~5 级，端面平面度公差 0.08（外缘）、0.15mm（内缘）	1）原工艺及问题。采用多用炉进行渗碳热处理，920℃渗碳、扩散，820℃直接淬火，渗碳周期 8h，表面硬度 58.5~60HRC，有效硬化层深 1.1~1.2mm，外缘平面度误差 >0.08mm，畸变超差 2）BH 催渗工艺。渗碳剂为丙酮和氮-甲醇气氛，880℃渗碳、扩散，820℃直接淬火，渗碳周期 7h。有效硬化层深平均 1.15mm，碳化物 2 级，马氏体与残留奥氏体 3 级，表面硬度 59~63HRC，畸变均小于技术要求	采用 BH 催渗工艺后，不仅渗碳周期缩短 1h，节省能源，而且降低渗碳温度 40℃，齿轮畸变明显减少，合格率提高

（续）

工件及技术条件	工艺与内容	节能效果
HM129848/HM129814 轴承零件，G20CrNiMo 钢，要求渗碳热处理	1）原工艺及问题。采用连续式渗碳炉。原渗碳工艺未加 BH 催渗剂，装炉量为 8 套/盘，节拍时间为43～45min。 2）BH 催渗快速渗碳工艺。装炉量由 8 套/盘提高到 10 套/盘，处理零件为 HM129848/HM129814 轴承零件，生产节拍时间缩短为 37min，HM129848 产品内圈渗碳工艺见表2-33	采用 BH 催渗快速渗碳工艺后，表层碳浓度提高，显微组织细小，一般为 2 级。与原渗碳工艺相比，生产周期缩短近 20%，每年节约能源 20 万元，产量提高 20%

表 2-33　原渗碳工艺（未加 BH）与 BH 催渗快速渗碳工艺对比

区段	一区	二区	三区	四区	五区
渗碳温度/℃	930/930	930/940	930/940	930/920	865/865
碳势 $w(C)$（%）	—	1.15/1.30	1.25/1.45	1.10/1.15	1.0/0.90
甲醇流量/(mL/min)	40/0	40/0	40/50	40/30	30/30
乙酸乙酯/(mL/min)	0/0	30/30	30/30	26/25	0/0

注：表中"/"前后数值分别为原渗碳工艺和 BH 催渗快速渗碳工艺参数。

5. 电解气相催渗渗氮及其应用实例

电解气相催渗渗氮是指以 NH_3 或 N_2 作为载气，将电解气体（催渗剂）带入渗氮罐内，以加速渗氮的一种工艺方法。其是提高氮活性，从而提高气氛氮势的一种快速渗氮方法。

（1）电解气相催渗渗氮机理　渗氮介质 NH_3 进入渗氮罐前，通过电解槽将电解液中所含的离子状态的催化元素（如 Cl、F、H、O、C、Ti 等）带入渗氮罐内，通过净化工件表面（去除氧化膜或钝化膜），促进 NH_3 分解或氮原子的吸收，或阻碍高价氮化物转变为低价氮化物，从而加速渗氮过程。

（2）优点　与常规气体渗氮相比，电解气相催渗可缩短时间 1/3～1/2，各种渗氮钢均可应用此法。只需添置一台密封电解槽（见图2-9）即可生产。渗氮过程的加速不只是催渗气相的作用，同时还由于此法获得的表面硬度较高，并且随着渗氮温度升高而使硬度降低的趋势比较平缓，故可提高温度进行渗氮，即在获得同样渗层深度条件下，可以缩短渗氮时间，因此节约了能源。

（3）配方与工艺

1）常用的弱碱性电解液配方。1g 海绵体 +8mL 盐酸 +32mL 甘油络合氢氧化钠饱和水溶液（pH 值大于或等于 10），再加 5g 的 NH_4Cl 饱和水溶液，水 120mL（pH 值为 8～9）。

2）酸性电解液配方。氯化钠 1600g + 盐酸 1800mL + 水 6000mL + 甘油

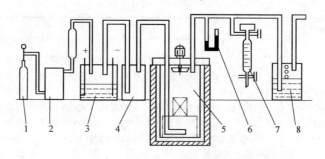

图 2-9　电解气相催渗渗氮装置示意

1—氨瓶　2—贮气罐　3—电解槽　4—冷凝罐
5—渗氮炉　6—压力计　7—氨分解率测定器　8—气泡瓶

400mL。溶液 pH 值约等于 1。

3）电解气相催渗工艺。该工艺与普通气体渗氮一样，也分为等温渗氮、二段渗氮或三段渗氮等，均可加速渗氮过程。电解气相催渗渗氮与普通气体渗氮的比较见表 2-34。通过表 2-34 可以看出，电解气相催渗渗氮工艺与普通气体渗氮工艺相比，可缩短生产周期 20% ~ 40%。

表 2-34　电解气相催渗渗氮与普通渗氮的比较

牌号	工艺名称	工艺参数			渗氮结果		
		温度 /℃	时间 /h	氨分解率 （%）	层深 /mm	硬度 HV10	脆性级别
38CrMoAl	普通气体渗氮	570	12	50 ~ 60	0.29	782	I
	电解气相催渗渗氮	570	12	50 ~ 60	0.35	927	I
30Cr2MoV	普通气体渗氮	570	12	50 ~ 60	0.26	725	I
	电解气相催渗渗氮	570	12	50 ~ 60	0.45	715	I
15Cr11MoV	普通气体渗氮	620	20	50 ~ 60	0.20	659	I
	电解气相催渗渗氮	620	20	50 ~ 60	0.36	791	I
34CrNi3Mo	普通气体渗氮	540	12	30 ~ 40	0.28	620	I
	电解气相催渗渗氮	540	12	30 ~ 40	0.39	548	I

（4）电解气相催渗渗氮工艺应用实例　见表 2-35。

6. 机械能助渗技术及其应用实例

机械能助渗也称化学温处理，其是我国首先开发的一项表面处理新技术。它是用运动的粉末粒子冲击被加热的工件表面，将机械能（动能）传给表面点阵原子，使其激活脱位，形成大量原子扩散所需的空位，降低了扩散激活能，将热扩渗的点阵扩散变为点阵缺陷扩散。该技术将机械能（动能）与热能（温度）

表 2-35　电解气相催渗渗氮工艺应用实例

工件及技术条件	工艺与内容	节 能 效 果
汽轮机主汽门阀杆、阀碟，均为 15Cr11MoV 钢，技术要求：渗氮后硬度 ≥ 650HV，渗氮层深度 ≥ 0.30mm，脆性 ≤ 3 级	1）原渗氮工艺及问题。采用普通两段渗氮工艺：（530 ± 10）℃ ×20h，氨分解率 25% ~ 30%；（600 ± 10）℃ ×37h，氨分解率 50% ~ 60%，渗氮工艺周期为 57h。该工艺周期长，能耗和成本高 2）电解气相催渗渗氮工艺。电解液配方（质量分数）：20% HCl + 80% H_2O，加 200g/L 的 NaCl；电解槽容积为氮化罐容积的 1%；电解电流 9 ~ 11A；载体气流量 0.2m^3/h；560℃ × 9h 条件下 NH_3 分解率为 50% ~ 60%；600℃ ×15h 情况下 NH_3 分解率为 70% ~ 80% 3）检验结果。渗氮层深度 0.4mm，硬度 1000HV0.1，脆性 < 3 级	与原工艺相比，渗氮时间由原工艺的 57h 缩短到现工艺的 24h，节省渗氮时间近 58%，同时也减少了 NH_3 的消耗

相结合，从而大幅度降低扩散温度（如由常规的 950 ~ 1050℃ 降低至新技术的 460 ~ 600℃），明显缩短扩散时间（如由常规的 4 ~ 10h 缩短到新技术的 1 ~ 4h），可降低耗能 1/2 ~ 3/4，故节能效果十分显著。

机械能助渗技术主要包括：机械能助渗锌、渗铝、渗硅、渗锰、锌铝共渗等。

（1）机械能助渗的机理

1）改变了传热方式。常规热处理在低温（低于 650℃）加热，主要靠传导方式传热。机械能助渗时，粉末粒子的流动将传热方式改变为固体粒子间流动接触传热，增加了传热速度，明显缩短了加热和透烧时间。

2）改变了扩散机制。机械能助渗对化学热处理的分解、吸附和扩散这三个阶段都有影响，其中对扩散过程影响最大，起主导作用。粉末粒子运动增加了渗剂各组元之间的接触机会，加速了它们之间的化学反应，增加了渗剂的活性和新生态渗入元素原子的浓度。运动粉末粒子冲击工件表面可去除表面氧化膜，净化表面，产生表面缺陷，有利于渗入原子的吸附，提高渗入元素的吸附浓度，从而提高了扩散速率，可以相应缩短扩渗时间。

（2）机械助渗特点　①由于处理温度低（460 ~ 600℃），时间短（1 ~ 4h），因此热处理畸变小，处理件可直接装配使用，减少了后续机械加工费用；②可节约筑炉用贵重的高合金钢，设备简单，投资少；③对零件的基材组织与性能影响很小，有利于提高产品质量；④可以实现渗金属（Zn、Al、Mn、Cu 等）、渗碳、渗氮等几乎所用常规化学热处理。

（3）设备　目前山东大学已经研制成功滚筒式机械能助渗箱式电阻炉（主要由箱式电阻炉、拖板及机械滚动装置组成）并应用于生产，该设备不仅生产效率高，而且能有效控制渗层厚度及表面质量，节能效果显著。目前已有直径

500mm 和长度 1.5m、3m、6m 滚筒式机械能助渗设备。

（4）机械能助渗技术及其应用效果　见表 2-36。

表 2-36　机械能助渗技术及其应用效果

技术名称	内　容	应用与效果
机械能助渗锌	1）机械能助渗锌。其加热温度为 360～430℃，渗锌时间 0.5～2h，与常规粉末渗锌相比，保温时间缩短为原来的 1/5～1/2，节能 50% 以上。机械能助渗锌层组织致密，一般为两层，表层为 $FeZn_4$，并含少量 Zn，总的 $w(Zn)$ 为 86%；内层有一定薄层，其 $w(Zn)$ 为 76%，可能是 Γ 相 2）技术优点。①耗锌量低。热镀锌国际上先进耗锌量为 6%～7%；机械能助渗锌只有 2%～4%。②渗层均匀性好，表面无结瘤等缺陷。机械能助渗锌厚度误差在 10% 以内。③耐蚀性好。④渗层结合强度好，用锤击试验，渗层无起皮，无剥落	机械能助渗锌成本仅为热镀锌的 1/2 以下，是代替热镀锌的理想工艺，可处理除丝、薄板外所有热镀锌件，特殊小件和形状复杂件，如紧固件、管接头、套筒、标准件，以及大型件（如输电线路构件、高速公路护栏）
机械能助渗铝	1）机械能助渗铝。它将渗铝温度由常规的粉末渗铝的 900～1050℃ 降低到 440～600℃。在 440℃×4h 下，20 钢可以得到 10～15μm 渗铝层；在 560～600℃ 渗速较快，在 580℃×4h 下，20 钢可得到 90～100μm 渗铝层。渗铝层 w(Al) 达 50% 以上，为 Fe_2Al_5 相 2）优点。渗铝比渗锌耐大气腐蚀性好，是代替热镀锌、固体渗铝、热镀铝的良好工艺。渗铝层由于耐高温抗氧化性好，在发电厂锅炉管试用，效果良好。可用于汽车的减振器、尾气管，以及热电偶、炉底板等	机械能助渗铝可将加热和保温时间由 8～20h 缩短到 1～4h 以内，能耗仅为常规渗铝的 1/5～1/3，节能效果十分显著。并可提高渗铝件的质量，设备投资和消耗减少。可以替代固体渗铝和热浸铝

（5）机械能助渗技术应用实例　见表 2-37。

表 2-37　机械能助渗技术应用实例

工件及技术条件	工艺与内容	节能效果
电厂及各类锅炉钢管，要求抗高温氧化性好，可在 780℃ 以下长期使用，要求进行表面渗铝处理	1）设备与工艺。采用滚筒式机械能助渗箱式电阻炉，渗铝工艺采用机械能助渗铝技术，可将渗铝温度由常规的粉末渗铝的 900～1050℃，降低到 440～600℃，扩渗时间由 4～10h 缩短到 1～4h 2）组织与性能。所得渗铝层主要由富铝的 Fe_2Al_5 相形成，渗层中铝含量高，具有良好的抗高温氧化性能和适宜的力学性能。渗层均匀、致密、孔隙率低，使渗铝层不易剥落	与常规高温（950～1100℃）渗铝工艺相比较，节约电能 60%～70%。与常规高温渗铝相比，由于机械能助渗铝温度低，相应减少了工件热处理畸变，以及热处理设备的维护费用
钻头，材料为 W6Mo5Cr4V2 高速钢，要求表面硬度 64～67HRC，要求进行表面碳氮共渗处理	1）常规工艺及问题。采用盐浴炉。低温预热 600～650℃，中温预热 800～850℃，高温加热淬火 1210～1230℃，540～560℃ 回火三次，常规工艺生产工序多，耗能大，有污染 2）机械能助渗设备及工艺。设备采用滚筒式机械能助渗箱式电阻炉，钻头表面处理工艺采用机械能助碳氮共渗，其工艺为 520℃×1h	表面硬度 1000HV0.1 左右，获得 30～40μm 扩散层，且无化合物层，钻头使用寿命提高 1 倍左右，节约能耗 60% 以上

2.2.10 快速回火方法及其应用实例

采用快速回火装置回火、淬火钢的高温快速回火及感应回火等方法，不仅可以达到常规回火效果，而且可以显著缩短回火时间，降低能耗，提高生产效率。

1. 采用快速回火装置回火方法

德国推出一种非等温快速回火的方法，其是通过在加热气氛和被处理零件之间采用高速对流、涌流等方式，设计更高效的热转换器促进加热，可以显著缩短回火时间。在190℃回火10min可代替160℃回火120min，节能效果显著。例如，汽车连接件用快速回火装置，零件回火周期仅为6~8min。

2. 淬火钢的高温快速回火工艺

淬火钢的高温快速回火，是指淬火后的钢件在Ac_1以上温度，根据工件的厚度代入经验公式计算出所需回火时间，几十秒或几百秒的回火可以达到按传统工艺在低温、中温和高温回火几小时的效果，节能效果显著。

（1）回火温度的选定 传统回火工艺分为三大类：低温、中温和高温回火。而高温快速回火法则没有以上三类之分，其选用的原则是，短时间的高温回火与长时间的低温回火要达到相同的组织结构和力学性能。依据生产上对钢件性能的需要在Ac_1以上某一温度，准确控制一定的回火时间，使其得到马氏体、托氏体和索氏体的组织，从而获得高的耐磨性、高的弹性极限和优良的综合力学性能。

（2）回火时间的确定 碳钢在不同温度回火时，无论低温、中温、高温回火，硬度的变化都是在极短时间内进行的，时间越长变化越缓慢，高温快速回火正是根据这一观点提出的。

回火时间可用如下经验公式计算：$T = K_s + A_s D$。式中，T为回火时间（s）；K_s为回火时间基数（s）；A_s为回火时间系数（s/mm）；D为工件有效厚度（mm）。

例如，45钢用高温快速回火时，温度为860℃，选用$K_s = 30s$，$A_s = 0.3s/mm$，$D = 10mm$，则$T = 30s + 0.3s/mm × 10mm = 33s$，即高温回火时间为33s，回火后硬度为52HRC。若用传统工艺回火，回火温度为200℃，回火时间3600s，回火后硬度为52HRC。

（3）应用实例 对40Cr、45及T10钢件采用高温箱式电阻炉加热回火，当炉温达到指定的温度后，根据所需力学性能（硬度）按表2-38所给数据来确定保温时间。

按照表2-38所给的数据和工件厚度，计算出高温快速回火的回火时间，经高温快速回火后就可以得出工件在不同时间回火后的力学性能，通过与传统回火工艺所得的力学性能对比，发现具有相近的力学性能。表2-39为40Cr钢不同方式回火后的力学性能比较。

表 2-38　高温快速回火法和传统工艺回火法的时间对照表

传统工艺回火		高温快速回火			
回火温度 /℃	回火时间/s	回火时间系数/(s/mm)		回火温度 /℃	回火时间 基数/s
		碳素钢	合金钢		
200		0.3	0.3		
250		1.5	1.5		
300		2.4	2.4		
350		3.1	3.1		
400		3.8	3.8		
450	3600	5.3	5.3	860	30
500		7	8		
550		9	11.3		
600		10	15.3		
650		12	17		

表 2-39　40Cr 钢不同方式回火后的力学性能比较

高温快速回火[1]			传统工艺回火[2]		
回火时间/ (s/mm)	硬度 HRC	a_k /(J/cm^2)	回火温度 /℃	硬度 HRC	a_k /(J/cm^2)
33	53	20	200	53	24
44	51	28	250	51	14
54	49	34	300	49	13
61	48	42	350	48	17
68	46	53	400	46	28
83	42	59	450	43	50
110	39	78	500	38	72
143	32	100	550	31	101
183	26	173	600	25	130
200	24	192	650	20	145

[1] 高温快速回火温度为 860℃。

[2] 传统工艺回火时间为 3600s。

　　高温快速回火法不产生回火脆性，省时、节电，但对高合金钢和大件回火暂不适用。

　　应用效果：对经纬纺织机上所用的罗拉，以及一些传动的轴类零件的回火采用高温快速回火工艺，综合效果非常好，不仅达到了产品质量要求，而且缩短了回火加热时间，节约了能源。

3. 快速回火方法

回火与淬火加热相比较，回火保温时间一般较长（数小时）。生产中采用积累相当数量淬火件后一起装入回火炉的方法解决工序节拍及设备利用率问题，而这又会引起淬火件的"置裂"。为缩短工艺周期，或用一次回火代替多次回火，常采用提高回火温度的方法，即快速回火法。

在保持等硬度的条件下，回火温度与回火时间呈下列关系

$$P = T(K + \lg t)$$

式中　P——回火参数；

T——回火温度（K）；

K——常数，仅与钢中碳含量有关，并呈线性关系，如图 2-10 所示；

t——回火时间（s）。

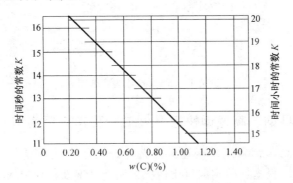

图 2-10　常数 K 与钢中碳含量的关系

在回火参数相同时，应用如图 2-11 所示的回火参数诺模图，能够迅速地求出在等硬度条件下的其他的回火温度和回火时间的组合。

例如，某中碳合金钢由图 2-10 知 $K=20$，在 550℃回火 10h，应用图 2-11 可求出在等硬度条件下其他的回火温度与回火时间的组合。其方法是：在图 2-11 上用直线连结 A（550℃）与 B（10h）点，直线 AB 与 P（回火参数）轴相交于 C 点；C 点即为 550℃×10h 的回火参数数值（$17.3×10^3$）。通过 C 点做一条直线，分别与温度轴和时间轴相交于 E 点和 F 点；应用 E 点和 F 点所对应的回火温度 600℃和时间 0.6h 进行回火，可得到与 550℃×10h 相同的回火效果，这就是快速回火方法。

但回火转变较复杂的钢种（如高速钢）的快速回火尚未获得良好解决。

快速回火方法，不仅解决了传统回火工艺易引起淬火件的"置裂"问题，缩短回火工艺周期，提高生产效率，而且降低了能耗。

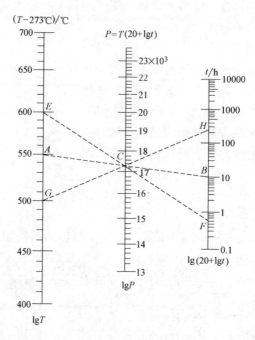

图 2-11 回火参数的诺模图

2.2.11 工模具钢、高速钢快速退火工艺及其应用实例

工模具钢、高速钢采用常规退火工艺生产时，工艺周期长，工序多，成本高，生产效率低。根据这些钢的材质情况、锻造情况及使用要求等，通过采用高温退火、调质球化工艺、循环快速退火工艺等，可以简化工序，缩短工艺周期，并满足硬度、显微组织等要求，从而达到节能、提高生产效率、降低成本的目的。表 2-40 为工模具钢、高速钢快速退火工艺应用实例。

表 2-40   工模具钢、高速钢快速退火工艺应用实例

工件及技术条件	工艺与内容	节能效果
高速钢,要求退火处理	1)原工艺。采用等温退火工艺（见图 2-12a），其是在 Ar_1 以下保温，由于温度较低，虽然保温时间长，但高速钢仍不能进行充分的再结晶和软化 2)新工艺。采用高温快速退火（见图 2-12b），在 Ar_1 以上，相变可瞬间完成，相变进行得很充分，进行了完全的再结晶，因而钢材充分软化。钢材切削效率提高 20%，工具寿命提高 15%~20%	新工艺保温时间大大缩短，冷却阶段的保温时间几乎为零，因而退火周期大大缩短，显著节省了能源。同时，提高了切削效率和工具寿命

（续）

工件及技术条件	工艺与内容	节能效果
W18Cr4V、W6Mo5Cr4V2、W9Mo3Cr4V 高速钢，要求退火处理	1）常规退火工艺。加热（840～860）℃×（2～3）h，然后以≤30℃/h 冷速冷却；或在 730℃×（5～6）h 等温，随炉冷却到 500～600℃出炉空冷，工艺周期很长，前者长达 20～40h，后者也达 10～25h 2）快速退火工艺。工件随炉升温至 600～650℃，以 20～40℃/h 继续升温至 Ac_1 +（10～20）℃并保温 0.1～0.3h，再以 40～60℃/h 降温至 780～800℃，然后按 30～40℃/h 降温至 600～650℃出炉空冷 3）循环快速退火工艺。W6Mo5Cr4V2 钢的工艺：$t_上$ ＝840℃，$t_下$ ＝680℃，经 3 次循环退火，可代替等温退火。钢棒直径为 20mm 时，加热时间 10min。该工艺用于毛坯预备热处理，不仅可以缩短加热时间，而且有利于消除淬火过热，防止晶粒长大和形成萘状断口，减少畸变，提高寿命	快速退火工艺可显著缩短周期，减少能耗，提高工具寿命 20%～30%；还可用于铸造毛坯、焊接毛坯和返修工具淬火前的退火处理
试样外形尺寸为 10mm×10mm×20mm，Cr12 模具钢，要求球化退火处理	1）常规退火工艺及问题。860℃×4h，随炉冷至 730℃并保温 6h，500℃出炉空冷，该工艺周期长，耗能高，且很难得到小粒度、分布均匀的碳化物组织，硬度高（230HBW） 2）快速预冷等温球化退火工艺（新工艺）。940℃×10min，油冷至 400℃，未发生马氏体转变前，迅速入炉加热至 730℃，并保温 1～1.5h 后出炉空冷。通过快速预冷增加过冷度，提高球化速度，球化效果好，硬度低（200HBW）	采用新工艺，不仅提高质量，而且可使退火时间缩短至传统工艺的 1/10～1/7，故节能效果显著
锻坯尺寸为 42mm×60mm，T10A 模具钢，要求球化退火处理	1）传统工艺及问题。加热 770℃×（2～4）h，随炉冷至 690℃并保温 4～6h，炉冷至 550℃空冷。该工艺球化退火时间长（15～18h），能耗大，成本高，且质量不稳定 2）调质球化工艺（新工艺）。淬火加热（790±10）℃×0.7h，出炉淬火，立即进行高温回火（690±10）℃×2h，出炉空冷 3）检验结果。球化组织更细小（珠光体 2～4 级），其力学性能更佳（硬度 207HBW，R_m 为 636MPa，R_{eL} 为 448MPa），可加工性更好	新工艺生产周期由原来 15～18h 缩短到 5～6h。与传统工艺相比，新工艺节电 50%，节约工时 60% 以上，同时提高了模具的退火质量

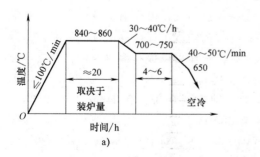

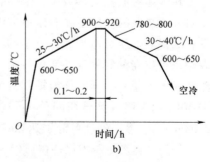

图 2-12　高速钢新旧退火工艺曲线

a）原工艺（Ю. А. Геддр 建议）　b）新退火工艺

2.2.12　增压快速渗碳、渗氮（氮碳共渗）工艺及其应用实例

渗碳（渗氮）速度与炉压有较大的关系，在化学热处理过程中，提高炉内压力，不仅可使炉气的机械能随着增加，提高工件表面活性碳（氮）原子的数量，而且还可以提高吸附速度，增大工件表面的吸附量，提高工件表面的碳（氮）浓度，同时也增大工件表面的碳（氮）原子向内部扩散速度，从而缩短渗碳（渗氮）生产周期。

（1）增压快速渗碳机理　要提高渗碳速度，需要提高碳原子在工件表面上的传递速度和其在工件内的扩散速度。一般情况下，当渗碳气氛中的碳传递系数较大时，渗碳层的增速取决于扩散速度。当渗碳气氛中的碳传递系数较小时，渗碳层的增速主要受碳传递系数大小的影响，另外还受工件所用材料的化学成分影响。提高碳传递系数的主要途径是升高温度，而在工件材料和渗碳温度一定的情况下，提高渗碳速度的主要途径为提高碳原子的吸附速度。

根据渗碳反应：

$$2CO \longrightarrow [C] + CO_2$$
$$CO + H_2 \longrightarrow [C] + H_2O$$

提高渗碳时的炉压，有利于使反应向生成活性碳原子的方向进行，从而可提高炉气碳势。根据兰格缪斯（Langmuir）的单分子层吸附理论可知，单位固体对气体的吸附速度应与固体表面空白面积分数及气体的压力成正比。提高炉压可提高吸附速度，主要是因为气体压力越大，碰撞到工件表面上的分子数就越多，吸附速度就越大，达到一定吸附量需要的时间就越短。因此，提高炉压，可提高碳原子的吸附速度和吸附量，提高碳传递系数和钢件表面的碳浓度。

（2）增压快速渗氮机理　增压快速渗氮是指渗氮炉通入 NH_3 后，使 NH_3 工作压力提高到 $300 \sim 5000kPa$，此时氨分解率降低，气氛活度提高，渗速快，渗层质量好，增压渗氮温度通常在 $500 \sim 600℃$。

在气体渗氮控制参数中，主要有温度、时间、流量及氨分解率、炉压等。炉压对气体渗氮的作用主要有以下方面：①提高炉内气压可以增加零件表面的吸附量；②提高炉压可增加气体分子的动能；③提高炉压可提高界面反应速率；④提高炉压可提高渗氮气氛的活度等。因此，提高炉压可以提高渗氮速度，升温与降温时间大大减少，同时保温期间的平均渗速提高，渗层硬度高。以 38CrMoAl 钢和 40Cr 钢为例，保温期间的平均渗速可分别达到 $0.03 \sim 0.04mm/h$ 和 $0.06 \sim 0.08mm/h$，渗层硬度可分别达 1000HV 和 600HV。

增压气体渗氮压力保持在 $0.05 \sim 0.1MPa$ 条件下，对 18Cr2Ni4WA 钢，$530℃ \times 16h$ 渗氮，渗层深度 0.52mm，$530℃ \times 18h$ 渗氮，渗层深度 0.65mm；对 38CrMoAl 钢，$500℃ \times 5h$（氨分解率 18% ~ 30%）+ $540℃ \times 26h$（氨分解率 30% ~ 60%）渗

氮，渗层深度 0.59mm。渗氮速度明显高于常压渗氮。

35CrMo 钢进行增压气体渗氮后发现，随着炉内压力的提高，氨分解率降低，NH_3 消耗量减少。正压 30~50kPa 渗氮与相同时间的常压渗氮相比，渗层深度提高 60% 以上，即渗氮速度显著提高。结合脉冲循环两段气体渗氮，在加压脉冲工艺状态下，炉气供氮能力较强。若以 530℃ ×1.5h + 580℃ ×3.5h 为一个工艺循环，35CrMo 钢经 15h（3 次循环），渗层深度可达 0.6mm。

（3）增压快速氮碳共渗工艺 随着炉压的增加，铁素体状态氮碳共渗渗层的表面硬度、化合物层和扩散厚度均有所增加，即提高了渗层深度，缩短了工艺周期。

（4）设备 增压气体渗氮是较为成熟的一种加速渗氮工艺。如采用 RN_5-KM 系列井式脉冲渗氮炉和 RNW-KM 系列卧式脉冲处理渗氮炉，渗氮上限压力不超过 0.05MPa，均可实现增压快速渗氮。但渗氮速度过快易形成网络氮化物。

（5）增压快速渗碳、渗氮工艺应用实例 见表 2-41。

表 2-41 增压快速渗碳、渗氮工艺应用实例

工件及技术条件	工艺与内容	节能效果
发动机摇臂轴，20 钢，要求渗碳层深度为 0.9~1.2mm	1）原工艺。原工艺如下图 a 所示，甲醇滴注量为 80 滴/min，煤油滴注量为 100 滴/min，炉压为 300Pa 2）新工艺（HG 法）。采用高炉压、高碳势。乙醇滴注量为 100 滴/min，煤油滴注量为 650 滴/min，炉压为 30kPa。新工艺如下图 b 所示。经二次加热淬火后，零件表面硬度全部达到 60HRC 以上。在达到同样渗碳层深度 1.2mm 时，原工艺与新工艺的渗碳时间分别为 9h45min 和 4h 	新工艺可缩短工艺周期近 60%，渗碳效率提高 2.5 倍。若以炉子功率 90kW 计算，则每炉降低电耗近 260kW·h，降低成本 40%
40Cr 钢，要求氮碳共渗处理	1）设备。采用改造后的 RN-120-7 型渗氮炉 2）常规气体渗氮工艺。预备热处理为调质。常规气体渗氮工艺为 500℃ ×40h，处理后的工件表面硬度 636HV0.1，渗氮层深 0.43mm 3）增压气体氮碳共渗工艺。预备热处理为调质，增压氮碳共渗介质选择 NH_3 + CO_2 混合气体，增压气体氮碳共渗如下图所示，处理后的工件表面硬度 576HV0.1，共渗层深 0.43mm 4）效果。用价格较便宜的 NH_3 + CO_2 混合气体代替价格较贵的甲酰胺作为氮碳共渗的工艺介质，降低了热处理费用	常规渗氮层深 0.43mm，须保温 40h，而增压气体氮碳共渗层深 0.43mm，却只须保温 2.5h。增压气体氮碳共渗与常规气体渗氮相比，在达到同样的渗层深度时，显著缩短工艺时间，每炉减少用电费约 1500 元

（续）

工件及技术条件	工艺与内容	节能效果
45钢，要求氮碳共渗	1) 设备。采用改造后的 RN-120-7 型渗氮炉，提高炉子密封性和炉温均匀性 2) 常规渗氮工艺。预备热处理为退火，常规气体氮碳共渗为 570℃×2.5h，常压，处理后表面硬度 365HV0.1，层深 0.23mm 3) 增压气体氮碳共渗工艺。预备热处理为退火，氮碳共渗介质采用 NH$_3$+CO$_2$ 混合气体，增压气体氮碳共渗为 570℃×2.5h，处理后表面硬度 456HV0.1，共渗层深 0.42mm	在相同工艺条件下，常压渗氮层深 0.23mm，而增压渗氮层深 0.42mm，增压渗氮提高渗速 45%，节约了能源和渗氮介质

2.2.13 低真空变压快速渗氮、氮碳共渗技术及其应用实例

低真空变压热处理技术是指在真空度为 $(1\sim2)\times10^4$Pa 的低真空下，通入中性气体（N$_2$）自动换气 2~3 次，再注入适量有机体或渗入介质，通过变（炉内）压（力）工艺去除炉内残余氧和水分，随后通入工作气体进行真空低压快速渗氮或氮碳共渗。

（1）技术机理　配制的抽真空装置，可迅速抽出炉内的空气及老化气氛，换气时间比常规缩短 60% 以上。在加热下的变压抽气不但对钢件表面有脱气和净化作用，提高了工件表面活性和对所渗元素的吸附力，而且由于在炉内低真空状态下，气体分子的平均自由度增加，扩散速度加快，一般可提高渗速 15% 以上。

工件入炉后，在无保护气氛的情况下，加热到 350~450℃ 保温一段时间，使其表面被空气氧化生成一层薄的氧化膜，该膜在渗氮气氛中会优先被还原成新生态铁。新生态铁具有很强的表面活性，可促使氮、碳原子在工件表面的吸附，实现催渗，一般可缩短周期 15% 以上。

排气阶段借助于抽真空系统，且在渗氮处理过程中气体渗剂为间断通入（每一个变压周期的供气时间所占比例约为 70%），可大幅度降低工艺材料（如 NH$_3$）的消耗，与常规渗氮相比可节约工艺材料 30% 左右。

综合上述，低真空变压快速渗氮技术可大幅度地缩短渗氮过程的换气、保温、降温等时间，从而减少渗剂消耗，节能达 30% 以上。故具有能耗低、成本低、质量好的优点。

（2）低真空变压快速化学热处理技术应用实例　见表 2-42 和表 2-43。

表 2-42　低真空变压快速气体渗氮工艺应用实例

齿轮名称	摩托车主驱动齿轮
技术条件	38CrMoAl 钢，技术要求：渗氮层深度 0.38~0.50mm，表层硬度 ≥90.5HR15N，表面脆性级别 ≤2 级，公法线畸变 <30μm，齿形齿向畸变 ≤30μm

（续）

设备	WLV-75 Ⅰ 型低真空变压多用炉，设备额定功率75kW，额定温度700℃，工作区尺寸 $\phi800mm \times 1200mm$，最大装炉量1200kg，极限真空度 $-0.08MPa$，炉温均匀性 $\pm3℃$
渗氮工艺流程	清洗→烘干→装炉→预氧化→排气→渗氮→降温→换气→出炉

工艺参数

预氧化		渗氮							满载（降温）			
温度 /℃	时间 /h	温度 /℃	时间 /h	NH₃ 流量 /L·h⁻¹		真空压力 /MPa		上限压力 保持时间 /s	每周期供 气时间 /min	温度 /℃	时间 /h	炉压 /MPa	NH₃ 流量 /L·h⁻¹
				前16h	后12h	上限	下限						

温度 /℃	时间 /h	温度 /℃	时间 /h	前16h	后12h	上限	下限	上限压力保持时间/s	每周期供气时间/min	温度/℃	时间/h	炉压/MPa	NH₃流量/L·h⁻¹
380	1.0	540±5	28.0	>2.2	>1.80	+0.02	-0.07	>28	4.0~5.0	<180	<5.0	+0.01	<0.5

齿轮渗氮 工艺曲线	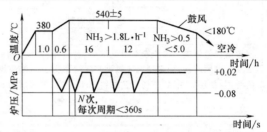

检验结果	各批齿轮渗氮检验结果见下表，各项检测项目均满足技术要求。该工艺处理时间28h，而采用普通气体渗氮工艺，渗氮层深度≥0.40mm，则需要70h，故可缩短时间60%，相应节省能源30%以上，减少 NH₃ 消耗约30%

检查项目	渗层 /mm	表层硬度 HR15N	表面脆性 /级	表面颜色	畸变	
					公法线/μm	齿形齿向/μm
实测值	0.40~0.42	91~92.5	≤1	银白色	<20	<30

表 2-43 低真空变压快速氮碳共渗工艺应用实例

齿轮名称	摩托车主驱动齿轮
技术条件	40Cr 钢，技术要求：白亮层深度≥10μm，表层硬度≥450HV0.3，表面疏松≤2 级；公法线畸变<30μm，齿形齿向畸变≤30μm
设备	采用 WLV-45 Ⅰ 型低真空变压表面处理多用炉，设备额定功率为45kW，装炉量400kg
渗氮工艺流程	清洗→烘干→装炉→预氧化→排气→氮碳共渗→鼓风降温→换气→出炉

工艺参数

预氧化		渗氮								满载（降温）			
温度 /℃	时间 /h	温度 /℃	时间 /h	NH₃ 流量 /L·h⁻¹		真空压力 /MPa		上限压力 保持时间 /s	每周期供 气时间 /min	温度 /℃	时间 /h	炉压 /MPa	NH₃ 流量 /L·h⁻¹
				NH₃	CO₂	上限	下限						

温度 /℃	时间 /h	温度 /℃	时间 /h	NH₃	CO₂	上限	下限	上限压力保持时间/s	每周期供气时间/min	温度/℃	时间/h	炉压/MPa	NH₃流量/L·h⁻¹
350	1.0	570±10	5.0	>1.80	<0.50	+0.02	-0.07	>30	2.5~3.0	<150	<3.0	+0.01	<0.3

（续）

		工艺参数										
预氧化		渗氮								满载（降温）		
温度/℃	时间/h	温度/℃	时间/h	NH₃ 流量/L·h⁻¹		真空压力/MPa		上限压力保持时间/s	每周期供气时间/min	温度/℃	时间/h	炉压/MPa	NH₃流量/L·h⁻¹
				NH₃	CO₂	上限	下限						

齿轮气体氮碳共渗工艺曲线	

检验结果	批量齿轮氮碳共渗检验结果见下表，各项检测项目均满足技术要求。经 5h 完成低真空变压氮碳共渗，而常规气体氮碳共渗则需 8h。大幅度降低工艺材料（如 NH₃、CO₂ 等）消耗，与常规炉相比，节约工艺材料 30% 左右，缩短时间 60%，相应节省能源 30% 以上

检查项目	白亮层/mm	表层硬度HV0.3	表面疏松/级	表面颜色	畸变	
					公法线/μm	齿形齿向/μm
实测值	0.15 ~ 0.20	550 ~ 600	1.0	银白色	<25	<30

2.2.14 快速深层离子渗氮工艺及其应用实例

对于深层（≥0.70mm）渗氮，若采用常规气体渗氮方法，则工艺周期长达 80 ~ 100h。采用离子渗氮工艺，在渗氮层较薄时，离子渗氮渗速快，工艺周期短，工艺过程易于控制，节能，但是，当渗氮层深达到一定深度后，氮原子通过渗氮层向内层的扩散速度大为减慢，深层离子渗氮的应用受到了限制。对此，可采用表 2-44 所列快速深层离子渗氮工艺，以缩短工艺周期，达到节能的目的。

表 2-44 为快速深层离子渗氮工艺应用实例。

表 2-44　快速深层离子渗氮工艺应用实例

工件及技术条件	工艺与内容	节能效果
石油钻机齿轮（或齿圈），齿轮工作条件为重负荷，25Cr2MoVA钢，要求渗氮深度≥0.70mm	1）深层离子渗氮设备与工艺。采用 LD-150A 型离子渗氮炉，装炉量约 500kg。在快速深层离子渗氮保温阶段的工艺参数为：温度 520℃，电流 35A、电压 650V。经不同时间快速深层离子渗氮后的渗层深度、表面硬度见下表： 表格： 零件名称 / 渗氮时间/h / 硬度 HV / 渗层深度/mm 内齿圈 / 30 / 798 / 0.75 ~ 0.80 外齿圈 / 30 / 696 / 0.75 ~ 0.80 外齿圈 / 20 / 771 / 0.90 ~ 1.00 外齿圈 / 22 / 885 / 0.68 锥齿轮 / 27 / 635 / 0.80 ~ 0.85 锥齿轮① / 60 / 633 / 0.72 ①为常规离子渗氮。 2）效果。经装车使用 1 年多检验，齿轮完好无损，故齿轮经深层渗氮处理可代替渗碳热处理	在深层渗氮条件下，快速深层离子渗氮渗速为常规离子渗氮渗速的 2 倍以上，缩短工艺周期 50% 以上，每炉可节电约 1350kW·h

2.2.15 加压脉冲快速气体渗氮工艺及其应用实例

1. 加压脉冲增速机理

1）增加炉压，氨分解率降低，气氛的活度提高。由于氨分解是体积增加过程，故随着炉压的提高，不利于 NH_3 的分解，在温度、流量等不变的情况下，随着炉压的提高，炉内氨分压 p_{NH3} 提高，氢分压 p_{H2} 降低，根据活度 α_n 与气氛中 p_{NH3} 与 p_{H2} 的关系式

$$\alpha_n = K p_{NH3}/p_{H2}^{3/2} \tag{1}$$

式中　K——常数。

从而提高炉气的活度 α_n。

2）增加炉压，提高氨分子通过边界层的流量。炉气中的氨分子通过扩散，穿过边界层，其扩散流量 J 应符合菲克第一定律：

$$J = -D\frac{dc}{dx} \tag{2}$$

式中　D——扩散系数（m^2/s）；

　　　c——扩散物质（组元）的质量浓度（原子数/m^3 或 kg/m^3）；

　　　x——扩散距离（m）；

　　　$\dfrac{dc}{dx}$——浓度梯度。

"－"号表示扩散方向为浓度梯度的反方向，即扩散组元由高浓度区向低浓度区扩散。

炉内压力的提高，气氛中氨分子浓度增加，使扩散流量 J 增加，提高了工件表面上的氨分子密度。

3）增加炉压，提高工件表面的吸附量。在一定的温度下，单位质量工件表面对气体的吸附量 x/m 与压力 p 的关系，可由弗伦德力希（Freundilich）方程表示。

$$\frac{x}{m} = Kp^n \tag{3}$$

式中　K、n——常数，$0 < n < 1$；

　　　m——工件质量。

可见，随着炉内压力的提高，工件表面对氨分子的吸附量随之增加。

4）增加炉压，提高界面反应速度。渗氮过程，可看作是催化反应，假如反应机理是氨分子与金属表面相碰撞，则

$$反应速度 = 碰撞频率 \times \exp\left(\frac{-E}{RT}\right) \tag{4}$$

式中　E——反应激活能；

R——气体常数；

T——绝对温度。

根据气体分子运动理论，在每平方厘米表面上气体分子碰撞的频率 f 为

$$f = Np(2\pi RTM)^{-1/2} \tag{5}$$

式中　N——常数，其值为 6.023×10^{23}；

　　　p——气体压力；

　　　M——分子量。

将式（5）代入式（4），则

$$\text{反应速度} = Np(2\pi RTM)^{-1/2} \exp\left(\frac{-E}{RT}\right) \tag{6}$$

可见界面反应速度与炉气压力成正比。

5）脉冲工艺方式促使边界层的破除。使工件表面能够经常接触新鲜炉气，从而提高界面效应及其渗层的均匀性。

2. 加压脉冲快速气体渗氮工艺

采用多功能气体渗氮炉，工作压力为（-0.1 ~ 0.1）MPa。图 2-13 为加压脉冲快速气体渗氮工艺（见图 2-13 中曲线 1）和恒压气体渗氮工艺（见图 2-13 中曲线 2），加压脉冲快速气体渗氮采用电磁阀控制脉冲工艺，其中 NH_3 流量和脉冲周期不变。与恒压气体渗氮相比，在 540℃ × 6h 渗氮条件下，采用加压脉冲快速气体渗氮工艺后，NH_3 分解率降低，NH_3 消耗量减少，渗层深度和表面硬度均有所提高，且硬度分布合理，渗速可以提高 40% 左右。

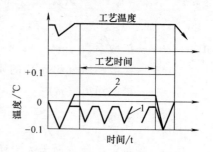

图 2-13　两种工艺方式示意
1—加压脉冲快速气体渗氮工艺曲线
2—恒压气体渗氮工艺曲线

3. 加压脉冲循环两段气体渗氮工艺

在加压工艺状态下，炉气供氮能力较强。在压力范围、供氮流量、脉冲周期等不变的情况下，以 530℃ × 1.5h + 580℃ × 3.5h 为一个工艺循环。不同循环次数的试验结果见表 2-45。由表 2-45 可见，渗氮速度明显提高，如 35CrMo 钢经 15h（3 次循环），渗层深度可达 0.6mm，而常规工艺需要 40h 以上。

表 2-45　加压脉冲循环两段渗氮试验结果

循环次数	工艺时间 /h	氨分解率 （%）	表面硬度 HV1		化合物层 /μm		渗层深度 /mm	
			38CrMoAl	35CrMo	38CrMoAl	35CrMo	38CrMoAl	35CrMo
1	5	40(530℃)	1051	713	8	21	0.25	0.3
2	10		916	713	13	19	0.34	0.46
3	15	69(580℃)	1051	636	16	25	0.42	0.60

4. 加压脉冲快速气体渗氮工艺应用实例

加压脉冲快速气体渗氮工艺应用实例见表2-46。

表2-46 加压脉冲快速气体渗氮工艺应用实例

工件及技术条件	工艺与内容	节能效果
38CrMoAl 钢、35CrMo 钢，要求渗氮处理	1）渗氮设备。采用多功能气体渗氮炉，炉膛尺寸ϕ320mm×800mm，工作压力为（-0.1~0.1）MPa，最高工作温度700℃，该设备由炉体、真空泵、排气筒、氨分解率测定计及工艺控制系统组成 2）渗氮新工艺。两钢种预备热处理均采用调质，38CrMoAl 钢、35CrMo 钢调质硬度分别34HRC和32HRC。渗氮采用NH₃，采用电磁阀控制脉冲工艺，渗氮工艺为540℃×6h，压力与氨分解率见表2-47。作为对比，该设备恒压渗氮工艺540℃×6h，压力与氨分解率见表2-47 3）检验结果。见表2-47	通过表2-47可见，与恒压气体渗氮相比，采用加压脉冲快速气体渗氮后，氨分解率降低，NH₃消耗量减少，两钢种渗氮速度提高近40%

表2-47 不同压力状态下的渗氮结果

序号	工艺方式	压力/kPa	氨分解率（%）	38CrMoAl				35CrMo			
				表面硬度HV1	化合物层/μm	渗层深度/mm	速率比※	表面硬度HV1	化合物层/μm	渗层深度/mm	速率比※
1	恒压	0.2	38	1051	无	0.19	1	636	6	0.26	1
2		4	34	1051	8	0.24	1.26	644	16	0.32	1.23
3		8	30	1290	17	0.28	1.47	742	14	0.36	1.38
4	脉冲	10~30	27	1270	17	0.27	1.42	812	16	0.38	1.46
5		30~50	25	1280	15	0.31	1.63	740	16	0.43	1.65

注：※为各工艺与工艺1（常压）所得渗层深度之比值，表征工艺效果的强弱。

2.2.16 流态粒子热处理技术及其应用实例

流态粒子热处理技术是以流态化工程为基础发展起来的一种高效节能的热处理技术。流态粒子热处理使用流态粒子炉，流态粒子炉又称流态床炉、浮动粒子炉。由于流态粒子炉是依靠粒子与工件进行热交换的，起动快，耗能少，少（无）污染，加热效率接近盐浴炉，可以进行（少）无氧化的淬火，故是替代盐浴炉的重要途径之一。其用于等温淬火，因温度均匀性好，所以工件畸变小，也可以进行流态粒子回火和退火，采用渗碳或渗氮气氛可实现快速化学热处理。

（1）流态粒子化学热处理机理 由于流态粒子炉传热速度快，流态粒子对工件表面不断进行冲刷作用，同时更新气氛，使渗入元素能更有效地传输给工件表面，且工件表面被粒子撞击得以活化，加上工件表面周围的气氛不断得到更新，所以大大加速了表面的吸附过程，从而使渗速得以成倍地提高。

流态粒子渗碳由于不易形成炭黑，所以允许提高气氛碳势，可显著加速化学热处理过程，在处理温度、周期时间相同条件下，流态粒子渗碳获得的渗层深度明显深于一般气体渗碳。

（2）流态粒子炉与流态粒子热处理的特点 见表2-48。

表 2-48　流态粒子炉与流态粒子热处理的特点

序号		特点
1	升温速度快、传递效率高、节能效果显著	当高温加热时,流态粒子炉的加热速度比普通热处理炉快3倍,一般炉型从室温升至900℃不超过1h,对一些大型、特大型炉不超过2h,升温耗电仅为同规格盐浴炉的1/5～1/6,能耗等于或少于除真空炉外的所有其他类型炉,例如用流态粒子炉热处理能耗为 280～380kW·h/t,而盐浴炉至少要 600kW·h/t,故比盐浴节电 50% 以上
2	用途广,多功能	流态粒子炉可在 0～1100℃范围内使用,能够满足金属零件加热、冷却、化学热处理及表面处理多种工艺要求,可用于金属零件的正火、退火、固溶处理、淬火、回火,以及等温和分级淬火等,如增加必要的附属装置和添加剂,还可进行渗碳、渗氮、碳氮共渗、氮碳共渗、渗硼、渗金属及表面清洗、发蓝处理等。同时,能够实现无氧化加热,是一种简易、经济的保护气氛炉
3	化学热处理渗速快、节能效果显著	例如,对要求渗层厚度为 0.10～0.20mm 的 H13 热作模具钢,用普通井式炉气体渗氮时,需要72h,而用流态粒子炉渗氮只需16h
4	温度均匀性好	一般在 ±2℃至±5℃以内,工件畸变小,可减少加工余量,处理成本低,约为一般气氛炉的1/2
5	可使用多种热源	既可直接电热,也可以利用电热元件加热,还可利用天然气或液化石油气作为燃料等

目前,我国及法国、英国、日本等国家均已有正式商品流态粒子炉出售。为适应大批量零件热处理生产的需要,我国已研制出许多连续式流态粒子热处理炉生产线。

流态粒子热处理技术适用于多品种、小批量及多工艺类型的热处理,可用于纺织、机床、航空等零件,以及电子器件、模具的生产。

（3）流态粒子热处理工艺及其节能效果

1）一般热处理。以人造石墨作为流动粒子,用于中温加热。例如,75kW流态粒子炉（ϕ350mm×450mm）,使用粒度为 0.282～0.613mm 人造石墨粒子,升温至800℃需要 20～30min,粒子消耗 2kg/h。采用表 2-49 中的加热系数处理除高速钢以外的各种工具钢小型工具,可以获得畸变小、表面光洁的效果,还可以避免盐浴加热时出现的腐蚀现象。与相同功率的盐浴炉加热相比,升温起动时间可缩短80%,节电73%;在保温阶段可节电34%。

表 2-49　小型工具在流态粒子炉的加热系数

钢种	单位断面厚度的加热时间/(s/mm)
高合金钢	20
合金工具钢	19
碳素钢	19

2）内燃烧流态粒子渗碳。利用空气和碳氢化合物（甲烷、丙烷气）的混合

气体，既作为热源，又作为流动气体和渗碳气氛，是一种既经济又节能的好方法。

内燃烧流态粒子渗碳具有如下优点：①升温块，1~2h可达渗碳（或碳氮共渗）温度，开炉停炉方便；②经950℃×2h的处理可获得1mm渗层，比一般气体渗碳深度提高4~5倍，显著缩短了渗碳时间；③可精确控制碳势，从而节省渗碳气体消耗；④采用975~1000℃渗碳时，丙烷气:空气 = (1:4.5)~(1:4)的规范，可以获得最佳效果。

3）流态粒子炉渗氮与节能效果。在流态粒子炉中通渗氮气氛，也可采用脉冲流态粒子炉渗氮，即在保温期使供NH₃量降低到加热时的10%~20%，流态粒子炉渗氮温度为500~600℃，通常可减少70%~80%的NH₃消耗，节能40%。

（4）流态粒子热处理技术应用实例 见表2-50。

表2-50 流态粒子热处理技术应用实例

工件及技术条件	工艺与内容	节能效果
工件材料为20CrMnTi和20Cr钢，要求碳氮共渗处理	1）高温碳氮共渗设备及工艺。采用TH-02-8型流态粒子炉进行高温碳氮共渗，共渗温度为920℃，石墨粒度为0.105~0.149mm，空气流量为10L/min，NH₃流量为20L/min，将质量分数为2%~3%的Na₂CO₃（或BaCO₃）和NH₄Cl催化剂装于分解器中，经920℃×4h碳氮共渗后，工件出炉油淬 2）效果。共渗层深度为0.7mm，比同温度下气体渗碳要快，工件表面含氮量0.3%~0.4%（质量分数），高于普通气体碳氮共渗含量约0.1%（质量分数），耐磨性高于渗碳	由于沸腾的石墨粒子的冲刷作用，净化了工件表面，使共渗速度快于井式炉，故节省了电能，而且工件的耐磨性、抗弯强度、塑性和接触疲劳极限均高于渗碳
滚珠丝杆螺母，要求淬火处理	1）原工艺及问题。滚珠丝杆螺母带有法兰盘，内有螺纹滚道，径向有多个小孔，结构比较复杂。以前用盐浴炉加热淬火，需熔盐升温，工件要堵孔、预热，中间要脱氧、捞渣，工件局部发生氧化，淬火后必须及时清洗除盐，导致硬度不均、畸变量大，开裂率达20%~30% 2）新工艺。采用流态粒子炉淬火后，解决了盐浴加热存在的问题，提高了产品加工精度，降低了废品率，产品合格率达98%以上	采用流态粒子炉淬火后，缩短升温时间(4/5)，减少操作工序(3/4)，提高效率3倍，能耗降低40%以上
纺织零件，要求渗碳热处理	采用石墨流态粒子炉用于渗碳淬火，将适量的催化剂BaCO₃加入石墨流态粒子炉，在930~950℃炉温中保温2~3h，渗碳层可达0.8~1.2mm	常规渗碳要获得0.8~1.2mm渗层深度，一般需5~6h，采用流态粒子炉及催化剂后渗碳时间可缩短至2~3h

2.2.17　低碳钢短时加热马氏体淬火技术及其应用实例

1. 用低碳钢马氏体淬火代替渗碳、碳氮共渗淬火

低碳马氏体也称板条马氏体、位错马氏体，其硬度为 45 ~ 50HRC，R_{eL} 为 1000 ~ 1300MPa，R_m 为 1200 ~ 1600MPa，具有很好的塑性（$A \geqslant 10\%$，$Z \geqslant 40\%$）、韧性（$KV_2 \geqslant 59J$），以及良好的可加工性、焊接性和热处理畸变小等优点。因此，低碳马氏体的应用日益广泛，成为发挥钢材强韧性潜力、节材、延长零件寿命的一个重要途径。

低碳马氏体钢（碳的质量分数 ≤ 0.25%）包括低碳碳素钢和低碳低合金结构钢。经短时加热进行低碳马氏体强烈淬火处理，可得到 80% 以上甚至 100% 强韧性较高的低碳马氏体组织，代替部分中碳钢调质处理或低碳钢渗碳、碳氮共渗、渗氮处理，可显著节约钢材、节省能源和资源，显著提高零部件的力学性能，延长零部件使用寿命。

（1）低碳马氏体理论　低碳马氏体具有较高的力学性能，其主要原因是：低碳马氏体的亚结构是高密度的位错，低碳马氏体的晶体结构为体心立方晶格，低碳马氏体板条及条状之间有明显残留奥氏体薄膜，低碳马氏体具有"自回火"特点等。

（2）低碳马氏体钢的选择　主要依据零部件的技术要求、使用状态和断面尺寸。力学性能要求较低、断面尺寸小（≤30mm）的零部件可选择淬透性低的 20、25、20Mn、20Mn2、20Cr 钢等；力学性能要求较高、断面尺寸较大（≤ 50mm）的零部件可选择淬透性较高的 20CrMnTi、20MnVB 及 20MnTiB 钢等。

（3）低碳马氏体工艺

1）淬火温度的选择。淬火加热温度为 $Ac_3 + (80 ~ 120)$℃，从淬火强化的效果考虑，适当提高淬火加热温度，有利于奥氏体的均匀化，细化晶粒，提高钢的淬透性，缩短加热时间。表 2-51 为低碳钢淬火加热温度范围。

表 2-51　低碳钢淬火加热温度范围

碳含量（质量分数）（%）	0.12 ~ 0.15	0.16 ~ 0.18	0.19 ~ 0.24
淬火加热温度/℃	950 ~ 980	920 ~ 940	900 ~ 920

2）加热时间的计算。①单件加热：可按公式 $t = \alpha D$ 进行计算，式中，t 为加热时间（s）；α 为加热系数（s/mm），炉温为 920℃时，$\alpha = 60s/mm$，960℃时，$\alpha = 30s/mm$，1000℃时，$\alpha = 15s/mm$；D 为工件的有效厚度（mm）。流水作业间隙时间以 1 ~ 2min 为佳。②成批连续生产加热时间：$t = \alpha D + t_1$。式中，t_1 为附加时间，一般装炉量小于 1kg 时，$t_1 = 0$；装炉量 1 ~ 3kg 时，$t_1 = 30s$；装炉量 3 ~ 5kg 时，$t_1 = 60s$；装炉量为 5 ~ 8kg 时，$t_1 = 90s$。

3）淬火冷却。采用碱液或盐液循环槽，激冷、深冷的强烈淬火冷却方法，低碳钢或低碳低合金钢在强烈淬火 [w（NaCl）为 5% ~ 10% 的溶液或 w（NaOH）为 5% ~ 10% 的溶液淬火，溶液温度≤40℃] 后可获得低碳马氏体，冷却时以工件冷透为止。而低碳中、高合金钢由于碳当量较高（碳的质量分数 > 0.45%），淬火冷却时应采用适当的冷却介质，如水-空气、水-油、油冷等。

4）回火。工件通常不回火，直接使用，除非断面特别不均，内应力太大时，才选用220℃以下回火。

（4）用低碳钢马氏体淬火代替渗碳、碳氮共渗淬火应用实例 见表2-52。

表 2-52　用低碳钢马氏体淬火代替渗碳、碳氮共渗淬火应用实例

工件及技术条件	工艺与内容	节能效果
轴承支柱，20 钢，要求渗碳热处理	1）原工艺及问题。采用渗碳淬火、回火处理，工序多，耗电量大 2）新工艺。现改为 920 ~ 940℃ 盐浴炉加热淬火，加热时间按 35 ~ 40s/mm 计算，淬入质量分数为 6% ~ 10% 盐水中，并经 180℃ ×2h 回火，硬度为 44 ~ 46HRC	用 20 低碳钢马氏体淬火代替 20 钢渗碳淬火、回火，可缩短工时 40%，节省电能，成本降低 20%，而且满足了技术要求
传动小轴，ϕ18.5mm × 110mm，20CrMo 钢，渗碳层深度要求为 0.8 ~ 1.0mm，表面硬度 50 ~ 55HRC	1）原工艺及问题。经 920℃ 气体渗碳，820 ~ 840℃ 淬油，200℃ 回火。原工艺周期长，能耗高，且小轴在使用中易发生断裂 2）低碳马氏体强韧化工艺（新工艺）。采用盐浴炉，920 ~ 930℃ 淬火加热后，立即淬入 w（NaCl）为 10% 的溶液中（液温 <50℃），再在油浴炉回火 3h。小轴硬度 45 ~ 48HRC，显微组织为细板条马氏体。小轴经 1116MPa 负荷试验后未发生断裂，而传统渗碳淬火件在 744MPa 负荷作用下即发生断裂	采用新工艺后，不仅提高了产品质量，而且简化了工序，降低了能耗和成本，提高了生产效率
GI3-1 型平头锁眼机压角，15 钢，要求渗碳淬火回火	1）原工艺。采用渗碳淬火、回火处理，R_m 为 947.66MPa，a_k 为 28.71J/cm²，安装调试中断裂比例高达 30% ~ 40% 2）低碳马氏体强韧化工艺。15 钢经 940℃ 盐浴炉加热，淬入 w（NaCl）为 10% 的水溶液中，180℃ ×（30 ~ 60）min 回火，获得低碳板条马氏体，硬度 35 ~ 40HRC，R_m 为 1156.4 ~ 1179.92MPa，a_k 为 55.66J/cm²	采用新工艺后，强韧性显著提高，合格率达到 100%，生产效率提高 3 倍，节电80%

2. 用低碳钢马氏体淬火代替中碳钢调质处理及其应用实例

用低碳低合金钢淬成低碳马氏体并进行回火后，得到强韧性较高的低碳马氏体组织，代替中碳钢调质处理，适用于制造一些零部件，如螺栓等，可显著缩短制造周期，降低制造成本，提高使用寿命。

表2-53为用低碳钢马氏体淬火代替中碳钢调质处理应用实例。

表 2-53　用低碳钢马氏体淬火代替中碳钢调质处理应用实例

工件及技术条件	工艺与内容	节能效果
钻杆锁紧接头，40Cr 钢，要求调质处理	1）原调质工艺及问题。原采用调质处理，即 850℃加热，油冷；500℃高温回火，油或水冷。原工艺工序多，耗能大，成本高，锁紧接头容易产生滑扣失效，使用寿命低 2）低碳马氏体淬火工艺。用 20Cr 低碳钢代替 40Cr 中碳钢，并进行高温短时马氏体淬火，即 920℃加热淬火，在 $w(NaCl)$ 为 10% 的水溶液中淬火，350℃回火，硬度为 37HRC，其强度、硬度、韧性和冲击韧度均比 40Cr 中碳钢调质的高，用 20Cr 可以取代 40Cr 制造锁扣，因而减少甚至可避免滑扣失效	由于 20Cr 低碳钢经马氏体淬火后，可显著提高钻杆锁紧接头使用寿命，并减少了工序，因此降低了能耗和成本
40CrMnTi 钢，要求调质处理	1）原调质工艺及问题。40CrMnTi 钢调质：880℃淬油，580℃回火。处理后硬度为 35HRC，R_m 为 1325MPa，R_{eH} 为 1209MPa，A 为 9%，Z 为 45%，KV_2 为 47J，易产生裂纹 2）低碳马氏体淬火工艺。采用 20CrMnTi 钢，920℃淬水，200℃回火，处理后硬度为 47HRC，R_m 为 2502MPa，R_{eH} 为 1208MPa，A 为 10%，Z 为 56%，KV_2 为 52J，无裂纹	采用低碳马氏体淬火不产生裂纹，并且力学性能提高，材料成本低，生产效率高
缸盖螺栓，45 钢，要求调质硬度 24～30HRC	1）原工艺及问题。采用 45 钢淬火时 12% 左右的螺栓常因发生纵向裂纹而报废，且螺纹易滑扣 2）高强度螺栓低碳马氏体淬火工艺。改用 20 钢经 910℃×12min 加热，淬入盐水，200℃×2h 回火，表面硬度 40～43HRC，心部硬度 30～35HRC，在最大装配旋紧扭力下，轴向延伸率≤0.09%，而调质状态 45 钢一般为 0.16%，20 钢马氏体淬火后寿命比 45 钢淬火后提高 35%～40%，热处理合格率 100%	采用 20 钢进行低碳马氏体淬火，避免了开裂，提高了力学性能，节省了能源和材料费用

2.2.18　感应穿透快速加热热处理技术及其应用实例

用 1～8kHz 频率的中频电流对均匀断面的钢管材、棒材和型材施行连续式穿透加热淬火和高温回火，以取代炉中加热调质，不仅设备简单，效率高，可在生产线上完成，而且节能效果显著。

（1）技术优点　①减少氧化脱碳，显著改善钢材的力学性能；②感应加热综合效率高达 66.7%，而普通电阻炉综合效率最高 40%；③缩短钢材热处理周期，与传统热处理工艺相比，可节约能源 40% 左右；④改善劳动条件，减少环境污染；⑤实现热处理过程机械化与自动化等。

（2）感应加热快速热处理节能的原因

1）感应直流直接加热减少热损失。感应加热是利用交变电源在金属内部产生的感应电流所转化的电阻热直接加热金属的。因此，感应电流直接加热时的热损失要低于传统的炉内介质加热。

2）感应加热能力强大，能够实现快速升温节约能源。感应加热通过振荡电路的感应圈，向被加热金属提供强大的电阻热能。通常，单位体积热源空间可提供的热能为 $40 \sim 80MJ/cm^3 \cdot s$，是传统油气燃料炉中辐射与传导加热的 100 倍以上。因此，感应加热时的加热速度可达 $100 \sim 200℃/s$，钢材的加热系数可以达到 $1 \sim 5s/mm$，实现了快速升温。

3）缩短钢材热处理周期节约能源。该技术利用快速升温提高处理温度来缩短保温时间，进而加速相变过程，达到传统热处理效果。生产实践证明，以温度换取保温时间的措施，对大部分钢材的正火、淬火、固溶、回火及退火处理是有效的。这样，采用该技术可以显著地缩短传统热处理工艺周期，节约大量能源。

表 2-54 为低合金钢不同加热方法的热处理工艺。从表 2-54 可以看出，感应加热热处理温度比传统工艺高 $50 \sim 100℃$；感应加热保温时间最长为 2min，传统加热为 $40 \sim 120min$。用温度换取保温时间缩短了热处理生产周期，又节约了能源。不同热处理的节能数据见表 2-55。

表 2-54 低合金钢不同加热方法的热处理工艺

工艺 加热方法	正火		淬火		固溶处理		回火	
	温度/℃	保温时间/min	温度/℃	保温时间/min	温度/℃	保温时间/min	温度/℃	保温时间/min
传统加热	1050 ~ 1100	100 ~ 120	850 ~ 880	40 ~ 60	1000 ~ 1050	40 ~ 60	600 ~ 650	100 ~ 120
感应加热	1100 ~ 1150	1 ~ 2	900 ~ 960	0.5 ~ 1.0	1100 ~ 1150	0.5 ~ 1.0	650 ~ 750	1 ~ 2

表 2-55 不同加热方法热处理工序的能源单耗与利用率

热处理工序	能源单耗（理论值）/ MJ·t⁻¹	感应加热			电阻炉加热			燃油炉加热		
		电能/kW·h·t⁻¹	热值/MJ·t⁻¹	利用率（%）	电能/kW·h·t⁻¹	热值/MJ·t⁻¹	利用率（%）	电能/kW·h·t⁻¹	热值/MJ·t⁻¹	利用率（%）
正火（1000 ~ 1100℃）	712	270	972	73.3	600	2160	32.9	898	3234	22.0
淬火（850 ~ 950℃）	670	250	900	74.4	575	2070	32.4	840	3024	22.1
回火（600 ~ 700℃）	502	160	576	87.2	321	1156	43.4	484	1743	43.4

注：表中数据均为平均值，感应加热温度取上限值，其他加热取下限值。

4）准确控制热处理温度，减少能源损失。感应加热时，钢材的热处理温度是通过加热功率与钢材测量温度闭环控制系统进行自动控制的。热处理温度能够

准确地控制在 ±5℃ 的范围内，并且能长期保持稳定。

准确控制钢材热处理温度、减少温度过高是钢材热处理节能的措施之一。按平均吨钢热处理能耗为 800kW·h 计算，若平均热处理温度为 800℃，则每吨钢每度温度能耗为 1kW·h。感应加热比传统加热进行热处理时，控温精度平均提高 15℃，则每吨钢采用感应加热热处理可节约能源 15kW·h。

5) 降低环境热损失，减少能耗。感应加热装置只在感应器内有少量绝热和绝缘材料，这部分耐火材料吸收的热能很少。感应加热装置损失的热能主要由感应器冷却水带出，带出的热量约占供应能源的 20%；约 70% 的热能用于加热钢材。因此，感应加热装置的环境热损失远低于传统的加热炉。这是感应加热热处理工艺节能的重要原因之一。

从表 2-55 中的数据可以看出，在钢材调质处理时，与其他两种加热方法相比，感应加热可降低能源单耗约 40%，能源利用率相应提高约 40% 以上。

（3）感应穿透加热频率的选择　钢（件）有效加热的临界频率与钢件尺寸的关系如图 2-14 所示。

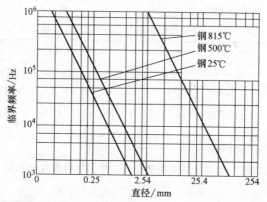

图 2-14　钢（件）有效加热的临界频率与钢件尺寸的关系

（4）感应穿透加热设备功率的选择　钢（件）穿透加热所需的功率密度见表 2-56。

表 2-56　钢（件）穿透加热所需的功率密度　（单位：W/cm²）

频率/Hz	加热温度/℃				
	150 ~ 425	425 ~ 760	760 ~ 980	980 ~ 1095	1095 ~ 1205
60	9	23	—	—	—
180	8	22	—	—	—
1000	6.2	18.6	77.5	155	217
3000	4.7	15.5	62.0	85.3	109
10000	3.1	12.4	46.5	69.8	85

注：此表是在设备频率适合、总工作频率正常情况下得出的数据，适用于断面尺寸为 12 ~ 50mm 工件的淬火和回火加热。

（5）设备　目前，国内生产的中频调质生产线已成功应用于石油机械、矿山煤炭机械、工程机械等行业的调质处理。中频调质生产线一般由中频感应加热系统、机械传动系统、校直淬火和回火保温系统、温度与硬度检测系统等组成，代替原有井式炉加热方式，使工件可以实现连续加热或调质与校直一次性完成。整套生产线由 PLC 自动控制。

现已有厚壁钢管、液压缸全自动调质生产线，以及矿用金属长梁调质生产线、不锈钢管生产线、石油机械类感应加热生产线等。具有显著的节能效果。

（6）感应穿透快速加热热处理技术应用实例　见表 2-57。

表 2-57　感应穿透快速加热热处理技术应用实例

工件及技术条件	工艺与内容	节能效果
奥氏体不锈钢热轧厚板，厚度为 30～50mm，材料为 0Cr18Ni10Ti 钢，要求固溶处理	1）感应处理装置。感应加热方式为纵向磁场加热。感应加热用电源为 2 台 500kW、1000Hz 的中频电源，最大输出功率为 900kW。钢板固溶处理采用长方形断面螺旋形感应器 2）感应加热固溶处理工艺。固溶处理温度应选择在 1000～1100℃。采用表面功率密度为 140～160W/cm² 加热时，钢板前进速度为 80～100mm/min，固溶处理平均升温速度为 5～6℃/s	当感应加热功率为 800kW、固溶温度为 1100℃ 时的生产能力约为 700kg/h。1100℃ 固溶处理时的单位能耗为 446～500kW·h/t
厚壁钢管，ϕ170mm × 6100mm × 47mm（壁厚），42CrMnMo 钢，要求感应调质处理	1）感应设备与感应器。在 1050kW/100V～280V 的卧式感应淬火机床上进行感应热处理。感应圈为单层结构，采用偏心异形铜管，并采用由高硅冷轧有取向的优质硅钢片制成的 Π 字形结构，以增加磁导率 2）感应加热工艺。采取连续式加热方式；感应淬火温度 890～930℃；淬火移动速度 190mm/min；感应回火温度 655～690℃；回火移动速度 165mm/min	调质后各项力学性能指标均满足标准要求。每只工件感应淬火与回火用电分别为 800kW·h 和 320kW·h
地质钻杆，钢管规格 ϕ71mm，长度 6500mm，壁厚 5.5mm，35CrMo 钢。回火后力学性能要求：$R_m \geqslant$ 950MPa，$R_{eL} \geqslant$ 850MPa，$A \geqslant 12\%$。处理后直线度误差 ≤ 0.7mm/m	1）中频感应加热调质工艺及设备。感应调质工艺为：淬火温度 850～950℃，回火温度 550～650℃。按 2t/h 产量设计，淬火加热中频功率为 650kW，回火加热中频功率为 350kW，加上辅助设备用电，供电变压器为 S11-1250kVA/10kV/0.4kV 2）检验结果。感应加热调质处理的力学性能明显优于普通电阻炉加热。R_m、R_{eL} 及 A 分别提高 5.1%～29.1%、15.1%～19.7% 和 11.5%～22.2%。感应加热调质处理钢管表面硬度差值在 2HRC 以内，感应加热调质钢管表面氧化脱碳轻微，质量优良	钢管感应调质处理能源消耗为 490～510kW·h/t，而电阻炉加热调质处理能源消耗高达 750～850kW·h/t。感应加热调质处理与传统加热调质处理相比，可节能 40% 左右
PC 钢棒，ϕ9.0mm，30MnSi 钢，感应热处理后的力学性能要求：$R_m \geqslant$ 1420MPa，$R_{eL} \geqslant 1275MPa$，$A \geqslant 7\%$，$Z \geqslant 2\%$	1）感应处理设备与工艺。采用 PC 钢棒感应热处理生产线，其主要部件是感应器，在感应器周围加装导磁体，可提高加热效率。采用 80m/min 的线速连续同步进行淬火和回火，生产能力 2.5t/h。加热速度：低温与高温阶段分别为 300～400℃/s 和 40～60℃/s；感应淬火温度（840±20）℃，喷水冷却；回火温度（450±10）℃，加热速度 100～150℃/s，喷水冷却 2）检验结果。晶粒度可达 11 级左右。力学性能均满足技术要求	与常规炉中加热淬火、回火相比，采用 PC 钢棒感应热处理生产线进行生产，可缩短加热时间 30% 以上，故节能效果显著

2.2.19　通电快速加热热处理技术及其应用实例

形状简单零件（如管件、棒件）直接通电快速加热热处理，即电阻加热热处理，是利用工件本身的电阻进行加热，在工件两端接一定电压，通电后工件由于其内在电阻发热而达到所要求的温度，随后进行热处理。所用装置如图 2-15 所示。该工艺适用于管件、棒件热处理，其优点是加热速度快，能大幅度地节约能源。由于加热时间短，工件氧化脱碳甚微。

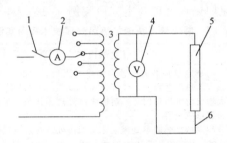

图 2-15　通电加热装置示意

1—开关　2—电流表　3—变压器　4—电压表　5—工件　6—导线

通电加热回火是指对淬火钢棒、线材等通电（工频电流）加热回火。通电加热回火后可使钢材在保持（或略有降低）塑性的前提下，提高钢的强度，并能减小回火脆性倾向。

通电加热回火时，加热速度很快（达 1000℃/s 以上），而后喷水冷却（1500～2000℃/s）。这一工艺的主要特点是生产效率高、设备简单、易于安排在自动化生产线中。该工艺适用于棒材、线材或调质件毛坯的回火处理。

通电快速加热热处理技术应用实例见表 2-58。

表 2-58　通电快速加热热处理技术应用实例

工件及技术条件	工艺与内容	节能效果
扭力轴，全长 1036mm，最细处直径 22mm，60Si2MnA 钢，技术要求：硬度 45～50HRC，表面脱碳层 <0.1mm	1）原工艺及问题。采用常规热处理淬火、回火后，因扭力轴细长，畸变大。因工序多，能耗大，成本高 2）直接通电快速加热淬火设备及工艺。采用与 RYD-25-8 型盐浴炉配套使用的盐浴变压器，其型号为 ZUDG-25。通电的工艺参数为：电压 9V（变压器选择 5 档），功率 21.25kW，加热时间 3min，达到 900～910℃油淬；回火 430℃×60min 3）检验结果。回火后硬度 47～48.5HRC，显微组织为回火托氏体＋少量铁素体，脱碳层 0.05～0.75mm，均满足技术要求。扭力轴中间杆部弯曲畸变≤3mm，小于井式盐浴炉和井式电阻炉加热淬火的畸变	一根扭力轴电阻加热淬火只需 1.1kW·h。与 70kW 井式电阻炉比较，每套扭力轴热处理可节电 2400kW·h

（续）

工件及技术条件	工艺与内容	节能效果
弹条扣件,材料为60Si2Mn、60Si2CrA 弹簧钢,要求淬火处理	1）设备。淬火加热设备为 JT-1 型电接触加热机；回火设备采用链式电炉,额定容量 140kVA 2）通电快速加热工艺。将一根 $\phi 13mm \times 432mm$ 的圆钢加热到 1040℃,耗时 9s,加热速度 115.6℃/s。该生产线要求每分钟加热 14 根。弹条加热到 1040℃,经 3 次冲压成 ω 形,在余热温度 850℃ 以上进入油槽淬火。60Si2Mn 钢回火温度为（545 ± 20）℃,60Si2CrA 钢为（580 ±20）℃,回火时间 40 ~ 50min,工件回火后直接入水中冷却 3）检验结果。回火后硬度为 41 ~ 46HRC,经 4.9kN 三次静压后,ω 形弹条前端永久变形 <1mm。60Si2Mn 钢弹条经 200 万次疲劳试验后无损坏；60Si2CrA 钢弹条经 500 万次疲劳试验后无损坏。其金相组织为均匀回火托氏体和索氏体	一根弹条加热耗电 0.1 ~ 0.15kW·h,回火耗电 0.1 ~ 0.15kW·h,合计 0.2 ~ 0.3kW·h,与常规热处理相比,能耗低,质量好
仪表零件,$\phi 0.2mm \times 40mm$,T9 钢,热处理技术要求：硬度 55 ~ 60HRC,直线度误差 0.55mm	1）通电加热装置。下图所示 1 ~ 7 分别为开关、电流表、互耦变压器（2 ~ 5kW）、电压表、淬火钢丝、淬火装置及导线。将钢丝夹持在淬火装置上,接在经过变压器降压的电路中；接通电源,钢丝发热至淬火温度,快速冷却即完成钢丝淬火 钢丝通电加热淬火装置由 3 部分组成。一是方形油盒,内装有煤油作为淬火冷却介质；二是钢丝的夹持、张紧机构,用于夹持钢丝并使之在加热与冷却过程处于张紧状态；三是支承翻转机构,用于支承夹持、张紧机构,并在钢丝加热后翻转进入煤油中淬火 2）通电加热淬火工艺。将变压器输出电压调到 15 ~ 17V；将成盘钢丝的一段单根夹持于两铜导体中间；接通开关 2 ~3s,钢丝被加热到 810℃ 左右断电后迅速淬入煤油中；于 170℃ 硝盐中回火 30min	热处理硬度 688 ~ 713HV（59 ~ 60HRC）,直线度误差 0.05mm,符合产品技术要求。本工艺属于快速加热淬火,比盐浴炉或井式电阻炉的生产效率高、能耗与成本低

2.3 降低加热温度方法

钢件采用较常规低的温度下加热处理,在许多情况下,可达到高温处理同样的有时甚至是更优的性能，并有较大的节能效果。这些方法有降低钢件奥氏体化温度，在奥氏体不均匀状态下淬火；在钢的 $\alpha + \gamma$ 两相区加热淬火和正火；用铁素体状态下的化学热处理代替奥氏体状态下的化学热处理等。

调质钢加热到相变点以上在较低的温度下淬火完全能达到规定性能。在某些情况下，经低温淬火的钢甚至具有较高的强度和韧性。实际上，45 钢、40Cr 钢在 800℃ 加热淬火后的强韧性即已达到峰值，而非在通常的 840～860℃。40Cr 钢经 800℃ 淬火 + 回火的调质处理，其弯曲疲劳强度即已达到峰值。而 40Cr 钢淬火回火后的断裂韧度的峰值经在 780～820℃ 加热淬火即可达到。因此，碳素钢和低合金结构钢的淬火加热不需要传统要求的 $Ac_3 + (30～50)$℃ 那样高的温度，其淬火加热保持时间也不需要像传统工艺规定的那么长。

1）亚温热处理。亚共析钢的常规淬火、正火以及完全退火的温度均在 $Ac_3 + (30～50)$℃ 范围。然而，人们已经发现：选择 $Ac_1～Ac_3$ 的温度范围进行（亚温）淬火、（亚温）正火时，可获得更好的强韧性效果，零件的氧化及畸变也由于加热温度的降低而减少。随着热处理温度的降低，加热时减小了功率需求，其能耗也相应降低。亚共析钢及球墨铸铁等的亚温淬火、亚温正火及亚温退火已成功应用于实际生产，并取得良好的节能效果。

通常认为，亚共析钢为获得优良性能必须加热到 Ac_3 以上温度。生产实践证实，钢在低于 Ac_3 的奥氏体 + 铁素体的两相区加热淬火（亚温淬火）也经常可以得到优异的性能，特别是低碳合金钢亚温淬火获得的铁素体 + 马氏体混合组织，可使强韧性实现良好配合。

2）碳氮共渗及氮碳共渗。某些大批量生产的零件（如汽车、拖拉机非重载的传动齿轮，纺织机械及自行车耐磨零件等），采用碳氮共渗代替渗碳，耐磨性提高 40%～60%，疲劳强度提高 50%～80%。碳氮共渗时间相当时，共渗温度（850℃）较渗碳温度可降低 70℃，还可减少热处理畸变，从而减小后续机械加工费用。

一些适合轻载条件下使用的模具、量具、刀具以及齿轮、曲轴等零件，采用氮碳共渗代替渗碳后，具有很高的硬度、疲劳强度和耐蚀能力，氮碳共渗温度（550～570℃）比渗碳（920℃）低 350～370℃，能耗和热处理畸变都大大降低。

3）中碳或中碳合金结构钢采用中、低温回火代替高温回火，可获得更高的多冲抗力。如 1t、6t、10t 锻锤锤杆（中碳合金钢制）用水淬后 450℃ 回火，代替原来油淬和 650℃ 回火，使用寿命提高了 4～24 倍，经济效益显著。W6Mo5Cr4V2 钢制 φ8mm 钻头，在淬火后采用 350℃ ×1h + 560℃ ×1h ×2 次回火，较 560℃ ×1h ×3 次回火的钻头切削寿命提高 40% 以上。提高产品质量，延长工件的使用寿命就是最大的节能。

4）高碳钢采用低温快速短时加热淬火，可减少奥氏体含量，有利于获得良

好强韧性配合的板条马氏体，不仅提高其韧性，而且还缩短加热时间。W18Cr4V
高速钢一般淬火温度为 1250 ~ 1300℃，当制作冲模时，采用 1190℃淬火，可使
其强韧性、耐磨性大大提高。

2.3.1 亚温热处理工艺及其应用实例

1. 亚温淬火及其应用实例

亚温淬火也称两相区加热淬火，它是亚共析钢在略低于 Ac_3 温度奥氏体化后
的淬火。亚温淬火温度范围是在 Ac_3 以下的双相区，即奥氏体 + 铁素体相区。由
于铁素体相的存在，经亚温淬火的工件具有较好的韧性和塑性，可以降低亚共析
钢淬火裂纹倾向。同时，因加热淬火温度降低，还可以相应节省能耗。

一般认为，亚温淬火后必须进行较高温度回火，才能充分发挥出强韧化效
果。一般可在 500 ~ 600℃范围回火。

亚温淬火可以提高许多结构钢的室温及低温韧性，降低钢的脆性转变温度，
抑制钢的可逆回火脆性。例如经 800℃亚温淬火并高温回火的 35CrMnSi 钢，在
抗拉强度 R_m 相同的情况下，比常规调质时的同钢种的室温冲击值提高了 1 倍左
右；35CrMo 钢亚温淬火可使其脆性转变温度降低 20 ~ 60℃；亚温淬火可抑制
35CrMnSi、40CrNi 等钢的可逆回火脆性。

（1）亚温淬火工艺

1）亚温淬火的加热温度。各种钢材均有对应于获得力学性能（包括硬度）
最佳配合的淬火温度，推荐的亚温淬火温度见表 2-59。一般认为亚温淬火温度
以略低于 Ac_3 为宜。

表 2-59　对各钢种推荐的亚温淬火温度

牌号	临界点/℃		亚温淬火温度 /℃
	Ac_1	Ac_3	
30CrMnSi	720	830	780 ~ 800
25CrNiMoV	—		不低于 Ac_3 以下 55
35CrMo	755	800	785
40Cr	743	782	770
42CrMo	730	780	765
45	724	780	780
60Si2Mn	—	—	Ac_3 以下 5 ~ 10
20,40,12CrMoV1	—	—	Ac_1 ~ Ac_3 之间,接近 Ac_3
20Cr3MoWV,15CrMo1V	—	—	Ac_1 ~ Ac_3 之间,接近 Ac_3

2）亚温淬火的加热时间。在保证组织充分转变的前提下，延长保温时间对

淬火效果无益，反而会增加能源的消耗。

3）亚温淬火加热。直接升温进入 $Ac_1 \sim Ac_3$ 两相区时，铁素体为未溶相，更有益于晶粒细化，故强韧化效果更好。

4）控制残留铁素体的数量。关于未溶铁素体的最佳含量，有不同的说法，如体积分数为 5% ~ 15%，以及 25% ~ 30%。但残留铁素体数量不宜过多。

5）亚温淬火后的回火。低于 200℃ 的回火不能发挥亚温淬火的强韧化效果。200℃ 以上温度回火时，随着回火温度升高，硬度下降，韧性明显上升。允许采用比常规淬火、回火温度较低的温度进行回火，从而使工件在获得相同的硬度下具有较好的韧性。

6）钢中碳含量对亚温淬火效果的影响。对 12CrNi3、25、35、35CrMo、40Cr、42CrMo 及 45 钢的研究表明，随着钢中碳含量的增加，亚温淬火效果逐渐减弱。

（2）亚温淬火应用实例　见表 2-60。

表 2-60　亚温淬火应用实例

工件及技术条件	工艺与内容	节能效果
客车底盘部件的万向节左右臂、万向节直臂拉杆（简称三臂），材料均为 40Cr 钢，调质硬度要求为 255 ~ 285HBW，表面无裂纹	1）原工艺及问题。原调质采用常规加热淬火，三臂均出现纵向裂纹，且成本较高 2）亚温淬火工艺（新工艺）。40Cr 钢三臂可以淬透、硬度分布均匀、不致淬裂的最佳淬火温度为 805 ~ 810℃；淬火采用水溶性淬火冷却介质；回火温度为 610 ~ 620℃。回火后塑性、韧性均较高，回火脆性小，开裂倾向减小，从而解决了三臂淬火开裂和成本高问题 3）产品合格率提高到 99.6%，生产效率提高 3 倍。经 2 万辆装车后跑车几十万公里无一损坏	由原来平均单台耗电 26kW·h 下降为 16kW·h，新工艺耗电降低近 40%。工装夹具钢材损耗由 3.5kg 下降到 2kg，仅此一项单车成本下降 14 元
轴承套圈冷辗芯辊，直径 $\phi15mm \sim \phi18mm$，长度 140mm，W6Mo5Cr4V2 钢，要求淬火处理	1）原工艺及问题。原采用盐浴炉，其淬火工艺为：800 ~ 850℃ 预热，1140 ~ 1200℃ 淬火，550 ~ 600℃ 回火 3 次或 4 次。处理后的芯辊平均使用寿命（辗扩套圈数量）为 300 件左右，99% 出现早期断裂，生产效率低，成本高 2）新工艺。先进行球化退火预备热处理：(860 ± 10)℃ ×3h，炉冷至 (750 ± 10)℃，并保温 4h，油冷。采用 1120 ~ 1130℃ 亚温淬火及 570 ~ 600℃ 回火 4 次，可获得细小均匀的下贝氏体组织，其耐磨性及综合性能良好	芯辊平均使用寿命提高约 33 倍。经济效益以 63-28/02 芯辊为例，每件成本为 86 元，按每条生产线月产量 10 万件计算，月节约成本 27807 元
电渣熔铸曲轴，材料为 45 钢，要求调质处理	1）原工艺及问题。原工艺先对曲轴毛坯进行正火处理。粗车削加工后，进行调质处理。原工艺生产周期长，能耗高，曲轴畸变较大 2）亚温处理工艺。760℃ ×1h，空冷 +760℃ ×0.5h，水冷 +400℃ ×1.5h，空冷 3）检验结果。经亚温处理后可获得很细密的显微组织，未溶铁素体分布均匀，索氏体中片状碳化物分布稠密。力学性能明显高于常规热处理。合格率提高了 2% ~5%	采用亚温处理后，不仅降低了工艺温度，减少了畸变，而且减少了工序，耗电量降低 15% ~ 25%，节省工时 10% ~ 20%

（续）

工件及技术条件	工艺与内容	节能效果
25t 液压汽车起重机用高强度螺栓，M24，40Cr 钢，要求淬火处理，硬度 30 ~ 40HRC，力学性能要求：$R_m \geqslant 1040MPa$，$R_{eL} \geqslant 940MPa$，$A \geqslant 10\%$，$Z \geqslant 42\%$，$a_k \geqslant 59J/cm^2$	1）原工艺及问题。淬火加热用盐浴炉，回火用箱式炉。淬火 840℃ × 12min，油冷；回火（450 ~ 470）℃ × 90min，水冷。原工艺不能同时保证强度和冲击韧度要求 2）亚温淬火工艺。40Cr 钢 Ac_3 为 782℃，亚温淬火工艺为：（770 ~ 780）℃ × 12min，回火为（470 ± 20）℃ × 90min，空冷 3）检验结果。硬度为 35 ~ 37HRC，R_m 为 1080 ~ 1180MPa，R_{eL} 为 980 ~ 1110MPa，A 为 15% ~ 17%，Z 为 57 ~ 63%，a_k 为 100 ~ 125J/cm^2，未发现裂纹，均满足技术要求	采用亚温处理后，不仅降低了工艺温度，减少畸变与能耗，而且提高了产品质量，降低了生产成本
凸轮轴止推片，45 钢，要求淬火后硬度 ≥ 50HRC，回火后硬度 40 ~ 45HRC	1）原工艺及问题。采用箱式炉加热到 810 ~ 830℃，在 $w(NaCl)$ 为 5% ~ 10% 的溶液中淬火，在薄壁处（有效厚度 6mm）出现淬火裂纹 2）亚温淬火工艺（新工艺）。淬火加热温度（780 ± 10）℃，其他工艺参数不变 3）检验结果。淬火后硬度在 50HRC 以上，满足了技术要求	共处理 12 万件，未发现裂纹，废品率由原来的 35% 降低为 0，新工艺提高了产品质量，减少了废品，也节省了能耗

2. 亚温退火、正火及其应用

（1）亚温退火 对于合金渗碳钢，为改善其切削加工性能，往往采用较长时间的等温退火。例如在完全奥氏体化以后，冷却至 600℃ 左右等温处理数小时，其硬度可降低至 160 ~ 200HBW。如果为不影响完全奥氏体化而采用亚温退火工艺，即加热至 $Ac_1 + 0.30（Ac_3 - Ac_1）$ 的温度等温处理，那么可获得细晶粒铁素体及球状碳化物，不仅可使切削加工性大为改善，并且可节约 33% ~ 50% 的加热时间，即相应降低了能耗。

（2）亚温正火 亚共析钢在 Ac_1 ~ Ac_3 温度加热，保温后空冷的热处理工艺，称为亚温正火。亚共析钢经热加工后，先共析相大小适中，分布均匀，只是由于珠光体片层间距较大，硬度较低。在此情况下，为了改善其切削加工性能，可进行亚温正火。该工艺还可以改善含有粒状贝氏体亚共析钢的强韧性，如15SiMnVTi 钢可进行 770℃ 的亚温正火处理。

在实际生产中，为了改善中碳合金钢的切削加工性能，传统的方法是采用调质或正火 + 高温回火工艺。处理后切削加工性能虽有所改善，但有时效果不够理想。对此，可采用亚温正火工艺，不仅可以显著改善切削加工性能，而且节约能源、降低成本，且对最终使用性能无影响。

亚温正火时，要获得理想的加工硬度，其关键是改善组织结构，通过控制加热温度，抑制碳化物对奥氏体的溶入量及奥氏体的均匀化，使奥氏体处于失稳状态，从而抑制冷却过程中粒状贝氏体的形成条件。例如，经常规正火＋高温回火的 30SiMn2MoVA 钢金相组织中碳化物弥散度大，并伴有粒状贝氏体。改用亚温正火工艺处理后，其碳化物弥散度减小，粒状贝氏体消除，切削加工性能明显改善，加工质量提高。

30SiMn2MoVA 钢亚温正火工艺：$(750 \pm 15)℃ \times 60min ＋$炉外坑冷；30CrNi3A 钢亚温正火工艺：$(760 \pm 10)℃ \times 60min ＋$空冷。

亚温正火要求：炉温均匀；对 30CrNi3A 钢出炉空冷时，要将其迅速均匀散开，自然冷却；对 30SiMn2MoVA 钢冷却时，要将其置入在加盖的铁筒中自然冷却，装入量要适宜。

亚温正火获得的细小晶粒结构与未溶铁素体各相组织间的合理配合，不但可改善工件的切削加工性能，并使其具有良好的综合力学性能，如表 2-61 所示。

表 2-61　亚温正火后的力学性能

牌号	工艺	硬度 HRC	R_{eL} /MPa	R_m /MPa	A （%）	Z （%）	a_K （J/cm²）
30SiMn2MoVA	765℃ ×30min ＋空冷	29 ~ 32	1118.1	1145.9	52.7	13.3	105.9
30CrNi3A		27 ~ 30	1030.5	1054.9	57.9	16.3	92.5

对于球墨铸铁，已经广泛采用部分奥氏体化或低碳奥氏体化正火，实质上也就是亚温正火。如部分奥氏体化正火可获得破碎铁素体，并且由于适当缩短保温时间，使奥氏体中碳含量降低，从而获得显著强韧化效果。

对于一般稀土-镁球墨铸铁而言，其升温部分奥氏体化正火，可获得破碎铁素体的加热温度范围是 810 ~ 870℃；降温部分奥氏体化的温度范围为 850 ~ 940℃。

2.3.2　用碳氮共渗代替薄层渗碳及其应用实例

在奥氏体状态下的渗碳，温度高（常用 900 ~ 930℃）、周期长、能耗高。在渗碳气氛中添加少量 NH_3，可使工件表面获得碳氮共渗层。氮的渗入还可以降低钢的临界温度，所以允许在较低温度（780 ~ 860℃）下进行碳氮共渗。以碳氮共渗代替薄层渗碳，当渗层深度在 1mm 以下时，时间能缩短 30% 左右，故可达到节能效果。由于温度低、时间短，工件渗碳后淬火畸变小，故可以减少机械加工余量，降低制造成本，同时还可以获得既耐磨而又不脆的化合物层，显著提高工件疲劳强度。

用碳氮共渗代替薄层渗碳应用实例见表 2-62。

表 2-62　用碳氮共渗代替薄层渗碳应用实例

工件及技术条件	工艺与内容	节能效果
东风11准高速内燃机车变速器齿轮，20CrMnTi钢，技术要求：碳氮共渗层深度 0.8～1.2mm，表面与心部硬度分别为 56～60HRC 和 35～45HRC；碳化物 1～4 级，马氏体与残留奥氏体 1～4 级，心部铁素体 1～2 级	1）原工艺及问题。采用常规气体渗碳工艺，渗碳温度 920℃，渗碳周期 16h，结果热处理畸变大，能耗大 2）新工艺。采用 75kW 井式气体渗碳炉。碳氮共渗工艺如下图所示，回火 260℃×4h。共渗剂采用甲醇、煤油和 NH₃。均温时碳势与氮势分别为 $w(C)=1.35\%$ 和 $w(N)=0.076\%$，强渗期碳势与氮势分别为 $w(C)=0.99\%$ 和 $w(N)=0.234\%$，扩散期碳势与氮势分别为 $w(C)=1.00\%$ 和 $w(N)=0.143\%$ （温度/℃ 曲线：780 排气，880 均温·强渗·扩散，840 降温·保温，820 油冷） | 排气	均温	强渗	扩散	降温	保温	
---	---	---	---	---	---	---
甲醇/(滴/min) 200	280	0	0	0	0	0
煤油/(滴/min) 60	80	180	120	120	80	60
NH₃/(m³/h) 0	0	0.1	0.25	0.25	0.15	0.15
时间/min —	180	150	30	90	180	30 | 3）检验结果。共渗层深度 1.20mm，表面与心部硬度分别为 58～60HRC 和 38～40HRC。碳化物 1 级，心部铁素体 1 级，马氏体与残留奥氏体 1 级；齿轮公法线畸变量比原渗碳工艺减小 43.7%，以上各项指标均满足技术要求	渗碳工艺周期由原工艺的 16h 缩短到新工艺的 11h，每炉可节省电费 78.75 元。同时，减少了齿轮畸变

2.3.3　铁素体状态下的化学热处理及其应用实例

由于氮在钢的铁素体中的扩散很慢，一般气体渗氮周期很长，要求 0.5～0.6mm 深度的渗层，通常需要 60～70h。在 650℃ 以下铁素体状态下进行的化学热处理（如氮碳共渗、硫氮碳共渗、氧氮碳共渗）渗速快，在许多低合金钢表面都会形成高硬度的 $\gamma'\text{-Fe}_4\text{N}$ 或 $\varepsilon\text{-Fe}_{2\sim3}\text{C}$ 化合物层，具有很好的减摩、耐磨和抗咬合作用。因为这些工艺都在钢的铁素体状态下进行，所以和渗氮一样，工件的畸变都很小。以铁素体状态下的氮碳共渗、硫氮碳共渗和氧氮碳共渗代替奥氏体状态下的化学热处理（如一般气体渗氮、薄层渗碳与碳氮共渗），可以把渗氮时间从 30～70h 缩短到 1.5～7h，其工艺周期明显缩短，节能效果显著。当零件的服役状态不是十分繁重时，铁素体状态下的化学热处理可提高许多汽车零件以及模具等的硬度、耐磨、抗咬合、抗疲劳性能，显著延长其使用寿命，且热处理畸变小。

（1）氮碳共渗　氮碳共渗是钢件在含氮、碳的介质中加热，在渗氮的同时，还有碳原子渗入的工艺过程。共渗温度通常为 540～570℃，时间 1～7h，共渗层深度在 0.5mm 以下。氮碳共渗包括气体氮碳共渗、离子氮碳共渗、液体氮碳共渗、固体氮碳共渗等。

（2）硫氮碳共渗　它是将工件置于同时含有 S、N、C 元素的渗剂中的化学热处理工艺。硫氮碳共渗工艺见表 2-63。

表 2-63　硫碳氮共渗工艺

方法	渗剂组成 （质量分数）	工艺参数		备注
		温度/℃	时间/h	
盐浴法	工作盐浴（基盐）由钾、钠、锂的氰酸盐与碳酸盐及少量的 K_2S 组成，用再生盐调节共渗盐浴成分	550 ~ 580	0.2 ~ 3	无污染，应用较广
气体法	体积分数：5% NH_3 + （0.02% ~ 2%） H_2S + C_3H_8（丙烷）与空气制得的载气（余量）	500 ~ 650	1 ~ 4	必要时加大碳当量小的煤油或苯的滴入量，以提高碳势
膏剂法	37% $ZnSO_4$ + 19% K_2SO_4（或 Na_2SO_4）+ 37% $Na_2S_2O_3$ + 7% KSCN，另加 14% H_2O	550 ~ 570	2 ~ 4	适用于单件、小批生产的大工件的局部表面强化
离子法	CS_2 + NH_3	500 ~ 650	1 ~ 4	可用含 S 的有机溶液代替 CS_2

滴注法硫氮碳共渗所采用的温度范围一般为 500 ~ 600℃，对于一般钢材，可采用如下两种配方：

1）将 1kg 三乙醇胺与 1kg 乙醇，溶解 20g 硫脲滴入炉内产生活性碳、硫、氮原子。由于三乙醇胺分解后产生的氮原子含量较低，因而还需通入一定量的 NH_3，加入乙醇是为了增加三乙醇胺的流动性，以便滴入炉内。也有不用三乙醇胺的，即将 1L 乙醇溶解 24g 硫脲（或 12mL 的 CS_2）滴入 35kW 井式渗碳炉内，再通入 0.15 ~ 0.3 m^3/h 的 NH_3。

2）完全滴注法的配方可用甲酰胺加入乙醇和硫脲。甲酰胺：乙醇 = 2.5∶1，混合后再加入质量分数为 1% 的硫脲。

一般应根据炉膛大小，工件渗层的表面积，工件材料的种类，经过试验后确定滴注量和 NH_3 的流量。

对于不同材料的硫氮碳共渗处理规范见表 2-64。

表 2-64　硫氮碳共渗处理规范

材料	处理温度 /℃	处理时间 /h	渗剂流量 （滴/min）	NH_3 流量 /（m^3/h）	去氢处理	
					温度/℃	时间/h
Cr17Ni2、20Cr13 钢	580 ~ 600	2 ~ 3	80 ~ 100	0.25 ~ 0.3	—	—
W18Cr4V、3Cr2W8V 钢	550 ~ 560	0.5 ~ 2	120 ~ 150	0.2	300	1.5
38CrMoAlA 钢	560	2	100 ~ 120	0.2 ~ 0.3	300	1.5
铁基粉末材料	570	2 ~ 3	100 ~ 120	0.2 ~ 0.3	—	—

（3）氧氮碳共渗 它是 O、N、C 三种元素同时渗入工件表面的热处理工艺。氧氮碳共渗剂可采用浓度为 $w($甲酰胺$)=30\%\sim50\%$ 的水溶液，采取滴入井式炉直接热分解的供气方式。刀具经表面除油、去锈和盐、碱，使之呈中性后，在回火温度下进行 $1\sim2h$ 处理，使表面形成深 $0.03\sim0.05mm$ 且呈蓝灰色的氧氮碳共渗层。该渗层具有较高硬度、无脆性、低粘屑和耐蚀的性能，使刀具获得高的耐用度和防锈能力。

（4）铁素体状态下的化学热处理应用实例 见表 2-65。

表 2-65 铁素体状态下的化学热处理应用实例

工件及技术条件	工艺与内容	节能效果
高速钢工模具，W18Cr4V 钢，要求表面离子硫氮碳共渗处理	1）离子硫氮碳共渗工艺。$(550\pm10)℃\times(15\sim30)$ min，NH_3 与混合蒸气的流量比为 $(20\sim30):1$（二硫化碳:酒精$=1:2$），炉压为 $266.6\sim533.3Pa$，电压为 $500\sim600V$，电流密度为 $2mA/cm^2$ 2）检验结果。离子硫氮碳共渗层深 $0.10\sim0.14mm$。高速钢经 $550℃\times3h$ 气体硫氮碳共渗后渗层深为 $0.04\sim0.06mm$	在获得相同渗层深度的条件下，离子硫氮碳共渗比气体硫氮碳共渗渗速提高了 1 倍左右，可缩短工艺周期近 50%，并减少畸变
易拉罐凸模，外径 $66.033mm$，内径 $47.8mm$，长度 $169.88mm$，6CrNiSiMnMoV 钢（CD 钢），要求离子硫氮碳共渗处理	1）共渗前预备热处理。先经 $890\sim910℃$ 加热淬火，然后进行 $490\sim510℃$ 回火处理。 2）共渗工艺。在 LD 型离子渗氮炉中进行共渗处理，其共渗工艺曲线如下图所示 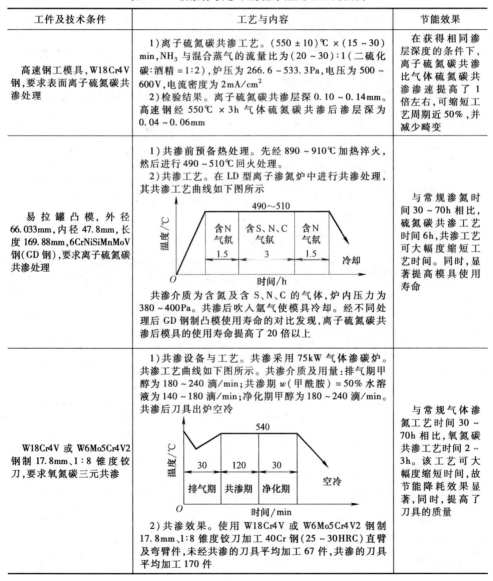 共渗介质为含氮及含 S、N、C 的气体，炉内压力为 $380\sim400Pa$。共渗后吹入氩气使模具冷却。经不同处理后 GD 钢制凸模使用寿命的对比发现，离子硫氮碳共渗后模具的使用寿命提高了 20 倍以上	与常规渗氮时间 $30\sim70h$ 相比，硫氮碳共渗工艺时间 6h，共渗工艺可大幅度缩短工艺时间。同时，显著提高模具使用寿命
W18Cr4V 或 W6Mo5Cr4V2 钢制 $17.8mm$、$1:8$ 锥度铰刀，要求氧氮碳三元共渗	1）共渗设备与工艺。共渗采用 75kW 气体渗碳炉。共渗工艺曲线如下图所示。共渗介质及用量：排气期甲醇 $180\sim240$ 滴/min；共渗期 $w($甲酰胺$)=50\%$ 水溶液为 $140\sim180$ 滴/min；净化期甲醇为 $180\sim240$ 滴/min。共渗后刀具出炉空冷 2）共渗效果。使用 W18Cr4V 或 W6Mo5Cr4V2 钢制 $17.8mm$、$1:8$ 锥度铰刀加工 40Cr 钢（$25\sim30HRC$）直臂及弯臂件，未经共渗的刀具平均加工 67 件，共渗的刀具平均加工 170 件	与常规气体渗氮工艺时间 $30\sim70h$ 相比，氧氮碳共渗工艺时间 $2\sim3h$。该工艺可大幅度缩短时间，故节能降耗效果显著，同时，提高了刀具的质量

2.3.4 QPQ盐浴复合处理技术及其应用实例

QPQ是英文 Quench（淬火）-Polish（抛光）-Quench（淬火）单词的字头，该技术的实质是低温盐浴渗氮＋盐浴氧化，或低温盐浴氮碳共渗＋盐浴氧化，是一种新型表面改性技术。其主要工艺包括对工件的清洗、预热、盐浴渗氮、氧化、抛光和二次氧化。

QPQ盐浴复合处理技术是渗氮（氮碳共渗）和氧化工序的复合；氮化物和氧化物的复合；高耐磨性与高耐蚀性的复合；热处理技术与防腐技术的复合。

（1）QPQ盐浴复合处理技术特点　见表2-66。

表2-66　QPQ盐浴复合处理技术特点

序号	特点	内容
1	良好的耐磨性、耐疲劳性能	经QPQ处理后，中碳钢耐磨性可达到常规淬火的30倍、低碳钢渗碳淬火的14倍、离子渗氮的2.8倍、镀硬铬的2.1倍。调质处理的45钢经QPQ盐浴复合处理后，疲劳强度提高了40%
2	大幅度节能	与常规热处理技术相比，QPQ技术处理温度低，保温时间短。与渗碳淬火相比，可节能50%以上
3	极好的耐蚀性	经QPQ处理后，中碳钢的耐蚀性比镀硬铬高20倍以上，远高于镀镍，达到铜镍铬三层复合镀的水平，甚至比某些不锈钢的耐蚀性还高
4	极小的工件畸变	经QPQ处理后，工件的尺寸和形状几乎没有变化。在最佳工艺状态下，工件尺寸的胀缩量仅为0.005mm。工件形状的变化也极小
5	可同时代替多道工序	经QPQ处理后，工件表面具有高耐蚀性、高耐磨性，因此做一次处理可同时替代表面硬化工序（如高频感应淬火、渗碳淬火、气体渗氮、离子渗氮等）和表面耐蚀工序（发黑、镀铬等）
6	无公害污染	该技术在大量生产条件下，各项环保指标均低于国家环保排放标准允许值

（2）QPQ处理工艺参数及效果　见表2-67。

表2-67　常用材料QPQ处理工艺参数及效果

牌号	预备热处理工艺	渗氮温度 /℃	渗氮时间 /h	表面硬度 HV	化合物层深 /μm
Q235、20、20Cr	—	570	0.5～4	500～700	15～20
45、40Cr	不处理或调质	570	2～4	500～700	12～20
T8、T10、T12					
38CrMoAl	调质	570	3～5	900～1000	9～15
3Cr2W8V	淬火	570	2～3	900～1000	6～10
4Cr5MoSiV1	淬火	570	3～5	950～1100	6～10

（续）

牌号	预备热处理工艺	渗氮温度/℃	渗氮时间/h	表面硬度 HV	化合物层深/μm
5CrMnMo	淬火	570	2~3	750~900	9~15
Cr12MoV	高温淬火	520	2~3	950~1100	6~15
W6Mo5Cr4V2（刀具）	淬火	550	0.5~1	1000~1200	—
W6Mo5Cr4V2（零件）		570	2~3	1200~1500	6~8
12Cr13、40Cr13	—	570	2~3	900~1000	6~10
53Cr21Mn9Ni4N	固溶	570	2~3	900~1100	3~8
HT200	—	570	2~3	500~600	总深100
QT500-7	—	570	2~3	500~700	总深100

（3）QPQ 技术应用 目前，广泛应用于汽车（如曲轴、凸轮轴、气门、扭转盘等）、摩托车等行业，以及机车、工程机械、轻化工机械、农业机械、仪器仪表和工模具等行业。QPQ 技术取代内燃机车缸套的镀硬铬工艺，消除了六价铬对环境的污染，提高产品的耐磨性和耐蚀性，并降低能源消耗。

（4）QPQ 技术应用实例 见表 2-68。

表 2-68　QPQ 技术应用实例

工件及技术条件	工艺与内容	节能效果
内燃机排气门为提高初期的磨合能力和耐蚀性，在其杆部加工后采用盐浴渗氮，即 QPQ 工艺	1）工艺。采用德国德克萨公司的 QPQ 工艺，即渗氮处理、氧化冷却、抛光以及发蓝处理。工件首先在 350℃空气炉中预热，然后在 580℃进行盐浴渗氮 90~120min，再于 330~400℃的 AB₁ 氧化盐浴中冷却 10~15min，最后清洗。QPQ工艺如下图所示 2）检验结果。几种材料在盐浴渗氮后的检验结果：	该工艺与镀铬相比，投资成本仅为镀铬成本的40%，能源成本为镀铬成本的45%，处理成本约为镀铬成本的63%。进、排气门杆部采用 QPQ 工艺处理后，比采用镀铬处理在同样的磨损条件下耐磨性提高1~1.5倍

牌号	盐浴渗氮时间/h	硬度 HV0.2	渗氮层深度/mm
5Cr21Mn9Ni4N	1.0	1100~1300	>0.03
2Cr21Ni12N	1.0	900~1100	>0.02
4Cr14Ni14W2Mo	1.0	>900	>0.03
4Cr9Si2	0.5	>1000	
4Cr10Si2Mo	0.5	>1000	0.04 左右
40Cr	0.5	>550	0.06 左右
4Cr10Si2Mo	2.0	1000~1200	0.03~0.036

（续）

工件及技术条件	工艺与内容	节能效果
M4～M12 规格内六角冲头，材料为 W8Co3N 超硬高速钢，要求表面硬化处理	1）淬火工艺。以 W6Mo5Cr4V2 钢作为对比，与 W8Co3N 钢两种钢材料热处理均为：1200～1220℃，（540～560）℃×1h 回火 3 次 2）QPQ 工艺及对比。W8Co3N 钢 QPQ 工艺为：540℃×（1～1.5）h 盐浴碳氮共渗。当被加工材料为 06Cr19Ni10 钢时，加工速度为 98 次/min；中国台湾地区产冲头（涂 TiN），其基体材料为 SKH9 钢（相当于 W6Mo5Cr4V2 钢），平均寿命 2.1 万件。内六角冲头经 QPQ 工艺处理后，与未经处理的相比平均寿命可提高 1 倍，达到 2 万件左右，可达到涂 TiN 同类产品的水平	QPQ 表面处理成本约为氮化钛涂层的 1/10～1/5，不仅降低了生产成本，而且提高了产品质量

2.3.5　化学镀 Ni-P 合金 + 时效和刷镀方法及其应用实例

1. 化学镀 Ni-P 合金 + 时效

在低于 100℃ 的镀液（含有镍盐和次磷酸盐等）中进行非电解镀 Ni-P，可获得的镀层中 $w(Ni)$ 为 90%～92%、$w(P)$ 为 8%～10%，表面硬度达 500～600HV，再经 300～400℃ 时效硬化处理后，可以消除镀层应力同时诱发析出 Ni_3P 相，显著改善耐磨性，表面硬度可提高到 900～1000HV，从而延长工件使用寿命。相对于钢的奥氏体化淬火和化学热处理工艺，对某些低载荷、耐磨性和减摩性要求高的制件，Ni-P 化学镀具有过程简单、成本低和节能显著的效果。

（1）技术特点　①具有高的硬度、耐磨和耐蚀性能；②镀层的厚度极其均匀，零件不畸变；③镀层与基体有良好的结合力，其结合力比电镀硬铬和离子镀的要高；④可以在形状复杂、尺寸要求精密的零件表面得到均匀的镀层，包括盲孔、深孔零件和长（度）（直）径比很大的管件；⑤工艺操作简单，不需要直流电源；⑥生产过程中废水少，镀液中使用的是以食品添加剂为主的络合剂，不添加铅、镉、汞、六价铬等有害物质。

（2）化学镀镍镀液的组成　主要有镍离子、络合剂、缓冲剂、加速剂、还原剂、稳定剂、湿润剂、光亮剂、去应力剂和 pH 调整剂等。

（3）化学镀 Ni-P 工艺过程　除锈→脱脂→水洗→酸洗→水洗→活化→化学镀 Ni-P 层→水洗→吹干→热处理 [低磷 $w(P)$ 为 4%～6% 化学镀 Ni-P 层经 400℃×1h 硬化处理]。

（4）化学镀 Ni-P 后热处理　低磷 [$w(P)$ 为 4%～6%] 沉积层经 400℃×1h 热处理后，Ni_3P 相从过饱和固溶体内析出，分布在镍固溶体基体上，硬度高，耐磨性好；高磷 [$w(P)$ 为 8.5%～10%] 沉积层经 600～700℃×1h 热处理后，镍固溶体分布在 Ni_3P 相基体内，硬度高，耐磨性好。

（5）应用 目前广泛用于航空、汽车、纺织机械、电子、石油化工等行业。在汽车工业中，主要用于提高气缸、活塞、活塞环、曲轴、发动机主轴等的耐磨性和硬度，以及零件的修复。

2. 刷镀方法

由于 Ni-P 化学镀有在镀槽上沉积 Ni、槽液不稳定的缺陷，近代化学镀出现了镀槽阳极保护法，利用刷镀的方法也可以克服槽液不稳定的缺陷。刷镀方法可用于大型零件的镀覆，节约镀液，降低加工成本。例如，采用刷镀方法，不仅可使模具寿命提高 4 倍，还可对磨损模具进行再修复处理。脉冲刷镀电源已成功地用于刷镀，镀层质量得到进一步提高。

（1）刷镀特点 见表 2-69。

表 2-69 刷镀工艺特点

序号	特 点
1	镀层结合强度高，在钛、铝、铜、铬、高合金钢等上具有很好的结合强度
2	设备为便携式或可移动式，体积小，重量轻，便于现场使用。该工艺既不需要镀槽，也不需要挂具，工装数量大为减少，节省用电和用水费用
3	可以进行槽镀（利用镀槽电镀的方法）困难或实现不了的局部电镀，例如对某些质量重、体积大的零件实行局部电镀和修复
4	生产效率高。电刷镀的速度是一般槽镀的 10～15 倍，辅助时间少，且可节约能源，是槽镀耗电量的几十分之一
5	操作安全，对环境污染小

（2）刷镀的原理与特点 刷镀，又称电刷镀、选择性电镀，它是在槽镀技术上发展起来的，其基本原理同电镀，也是电化学反应。图 2-16 是其工作过程的示意图。直流电源的正极通过导线与镀笔相连，负极通过导线与工件相连。当

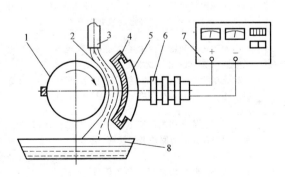

图 2-16 刷镀工作原理示意

1—工件 2—镀液 3—注液管 4—包套 5—阳极 6—镀笔 7—电源 8—集液槽

电流从镀笔流向工件时为正向电流，正向电流接通时发生电沉积；电流从工件流向镀笔时为反向电流，反向电流接通时工件表面发生溶解。电刷镀溶液中的金属离子的浓度要高得多，因此需要配制特殊的镀液。

（3）工艺流程　通常的工艺流程是：预处理→水洗→电解脱脂→水洗→活化→水洗→再活化→水洗→预镀（镀过渡层）→水洗→刷镀→水洗→镀后处理→水洗→干燥。

（4）应用范围　刷镀技术特别是在修旧利废、节约能源方面具有很大实用价值，如恢复磨损零件的尺寸精度与几何形状精度；填补零件表面的划伤沟槽与压痕（坑）；补救加工超差产品；强化零件表面；提高零件的耐高温性能；减小零件的摩擦因数；提高零件的耐蚀性；装饰零件表面等。

3. Ni-P 化学镀 + 时效和刷镀应用实例

Ni-P 化学镀 + 时效和刷镀应用实例见表 2-70。

表 2-70　Ni-P 化学镀 + 时效和刷镀应用实例

工件及技术条件	工艺与内容	节能效果
模具，3Cr2W8V 钢，要求对模具磨损部位采用化学镀 Ni-P 合金法进行修复	模具因热磨损超差，大部分磨损超差 <10μm，其深度不大于模具表面生成的热裂纹深度。经 4h 化学镀 Ni-P 修复，镀层厚度 12μm，再经 450℃×1h 时效处理，可获得光亮表面，与其基体结合牢固，具有较高硬度和良好抗热疲劳性能。当报废模具的热磨损尺寸不太大，热裂纹不太深时，用此项工艺修复失效模具效果良好	采用低温化学镀 Ni-P 合金法修复模具，具有显著的节能、节材效果
圆筒件拉深模，Cr12MoV 钢（前处理是球化退火和淬火、回火处理，硬度为 60 ~ 63HRC），要求化学镀 Ni-P	1）化学镀 Ni-P。酸性镀液基本成分及参数如下：氯化镍 28g/L，pH 值 5.5；乙酸钠 5g/L，镀液温度 85℃；次磷酸钠 10g/L，沉积时间 6h；柠檬酸钠 12g/L。镀后进行（380 ~ 400）℃×（2 ~ 3）h 的时效处理 2）镀层性能。拉深模经化学镀 Ni-P 合金处理后的硬度为 60 ~ 64HRC，摩擦因数低，磨损量小 3）拉深模经化学镀 Ni-P 合金后，使用寿命可达 9 万件，而未经化学镀 Ni-P 处理的只有 2 万件	化学镀 Ni-P 合金法，温度低，同其他热处理方法相比，耗能低
飞机零件，要求修复处理	1）原工艺及问题。原采用电镀工艺修复飞机零件，返工率达 50%，效率低，成本高 2）化学镀 Ni-P 合金法（新工艺）。化学镀 Ni-P 合金层深达 275 ~ 750μm，合格率提高到 90% 以上	新工艺合格率提高 40%，节省了能耗，降低了成本
紧固件，材料为奥氏体不锈钢，要求耐蚀性好	1）问题。原采用奥氏体不锈钢制造紧固件，但其在使用过程中存在应力腐蚀开裂问题 2）化学镀 Ni-P 合金法。化学镀 Ni-P 合金具有很好的耐蚀性。改用碳素钢制造紧固件，在表层镀上 25 ~ 50μm 厚的高磷化学镀镍层，既达到性能要求，又解决了应力腐蚀开裂问题	新工艺以价格低廉的碳素钢代替昂贵的奥氏体不锈钢，显著降低了制造成本

2.4 以局部加热代替整体加热方法

对一些有局部技术要求的零件（如耐磨的轮齿、轴径、轧辊辊径等），采用盐浴炉加热、感应加热、火焰加热等局部加热方式代替整体加热，可以实现各零件摩擦咬合部位之间的适当配合，提高零件使用寿命，并且因为是局部加热，所以能显著减小淬火畸变，降低能耗。

以表面加热淬火代替整体加热淬火，不仅可以提高零件表层的强度、硬度和耐磨性，而且表层与经过适当热处理的心部组织相配合，可使工件获得高的疲劳强度和强韧性。因为加热速度快，加热时间短，所以零件热处理畸变小，表面氧化脱碳极微，质量高，并且可以节省能源，降低成本。

例如以感应、火焰、激光、电子束、离子束、接触电阻等方法加热工件表面，然后通过喷液、浸液、自冷方式也可实现工件局部表面的淬硬，并且对不需要高硬度的部位可不必加热淬火，因此节能效果更为显著。

2.4.1 感应热处理及其应用实例

感应加热因为功率密度大，加热速度快，只需要加热淬硬的部分表面，没有附加介质的热量消耗，也没有热辐射损失，加热效率高（55% ~ 90%），所以节能效果显著。利用感应淬火代替一般整体加热淬火，可节约能量达70% ~ 80%。同时，进行感应热处理不需要贵重合金钢，可广泛应用于普通中碳、高碳钢，从而节约加工零件的材料费用。由于加热限于表面或局部，零件畸变小，因此可以减少机械加工余量，降低能耗。

感应淬火是利用中、高频率交流电的趋肤效应施行钢件的表面强化技术。由于在钢件表层加热，又可以有选择地进行局部表面淬火，更由于加热速度快，生产效率高，因此节能效果非常明显。有数据证实，每吨钢件感应淬火只需150kW·h左右电能。

（1）感应热处理的特点 与传统热处理相比，感应热处理的特点见表2-71。

表 2-71 感应热处理的特点

序号	特　　点
1	加热速度快，生产周期短。能够成倍提高加热设备的生产率，降低成本，提高工件的使用寿命
2	感应加热属于内热源直接加热，热损失小，加热时间短，效率高，节能。感应加热炉的效率可达60% ~ 70%，而电阻炉只有约40%
3	加热过程中，由于加热时间短，因此零件表面氧化脱碳少。感应加热毛坯氧化率仅为0.3% ~ 1%，而火焰加热的烧损率为3%

（续）

序号	特　　点
4	感应热处理对环境友好。散热少，极少产生烟气、粉尘，车间温度变化相对较小，可以改善车间环境和劳动条件
5	便于进行计算机操作，易实现自动化，可以实现在线生产及测试
6	感应热处理代替传统气体渗碳和碳氮共渗，不仅节约了电能，而且减少了排放
7	采用低淬透性钢代替部分含 Cr、Ni、Mo 钢材进行感应热处理，节省了零件合金元素 Cr、Ni、Mo 等，减少了零件原材料成本
8	感应淬火后零件表面的硬度高，心部保持较好的塑性和韧性，故冲击韧度、疲劳强度和耐磨性等有很大的提高

（2）感应淬火与传统热处理工艺的能耗比较　表 2-72 为高、中频感应淬火与传统化学热处理工艺的能耗比较。通过表 2-72 可以看出，感应淬火比传统化学热处理能耗显著降低。在某些情况用感应淬火代替化学热处理，可以节约大量的能源。

表 2-72　高、中频感应淬火与传统化学热处理工艺的能耗比较

工艺名称	每吨零件能耗/kW·h			
	最高	最低	平均	能耗比率
高频感应淬火	339	267	327	1.22
中频感应淬火	379	124	268	1
气体渗碳	1958	755	1324	4.95
气体碳氮共渗	1705	555	1078	4.02
气体渗氮	1540	451	993	3.7

目前，感应热处理主要用于汽车、拖拉机零部件等，当前我国汽车工业已有近 50% 的零部件采用感应淬火技术。表 2-73 为东风汽车集团公司汽车零件感应热处理与一般普通热处理的能耗及对零件疲劳寿命影响的对比。由表 2-73 可见，零件感应热处理能耗仅为一般普通热处理能耗的 1/4 ~ 1/3，而半轴感应淬火较调质处理的疲劳寿命能提高 3 ~ 7 倍，球头销中频感应淬火较渗碳淬火的疲劳寿命可提高 10 倍以上，万向节调质 + 中频感应淬火较普通调质处理的疲劳寿命可提高数十倍。

（3）感应热处理的节能途径

1）合理选择加热频率。例如，某零件的淬火区域 $\phi80mm \times 40mm$，淬硬层要求 2 ~ 5mm，淬火面积约 100cm²，用两种频率设备（200kHz 和 3kHz）对其进行感应淬火，耗电情况见表 2-74。由表 2-74 可知，在得到相同淬硬层的情况下，

表2-73 汽车零件感应热处理能耗和疲劳寿命

零件名称	工艺	热处理能耗/(kW·h/kg)	疲劳寿命(×10⁴)
半轴 40MnB	调质	1.203	9.0
	感应淬火+自回火	0.291	63.0
球头销 40MnB	渗碳淬火	2.97/车·件	8.3
	中频感应淬火	0.80/车·件	210
万向节 40MnB	调质	—	1.1~1.7
	调质+中频感应淬火	—	98.6~165

用 200kHz 高频感应淬火比 3kHz 中频感应淬火要多用 33%~48% 的电能。200kHz 高频是传导式加热,而 3kHz 中频是透入式加热。显然透入式加热是节能的加热方式。

表2-74 频率对感应淬火耗电量的影响

淬硬层深/mm	频率 200kHz		频率 3kHz	
	加热时间/s	耗能/(kW·h)	加热时间/s	耗能/(kW·h)
2	9	125	2.5	94
3	15	165	3.4	113
4	22	185	4.3	125
5	28	195	5.1	135

2)合理选择感应器结构。国外先进的专用感应器采用计算机模拟技术确定有效圈的主要结构。对于导磁体,据测试可节能 13%~37%,不仅可用于内孔、平面加热,也可用于外圈工件加热。美国 Fluxtrol 公司有可加工导磁体的感应器,又称强力感应器(Power Inductor)。

汽车起动机电枢轴要求进行高频表面淬火,淬火区域包括卡环槽、ϕ12.5mm 轴面、齿轮及滚花部分,表面硬度要求(558±41)HV,淬硬层深度要求(0.8±0.5)mm(光轴中部)。用单匝(数)和双匝(数)感应器分别对其高频感应淬火。其工艺参数及淬火结果见表2-75。从表2-75可知,双匝感应器与单匝感应器相比,淬火移动速度提高了1.6倍,淬火耗能减少了约44%。

表2-75 两种感应器的淬火工艺参数和淬火结果

感应器	工艺参数				输出功率/kW	移动速度/(mm/s)	加热时间/s	耗能/(kW/s)	淬硬层深/mm
	U_a/kV	U_k/kV	I_a/A	I_g/A					
单匝	12	6.5	1	0.2	11.05	7	10	110.5	0.6
双匝	10	7.2	1.3	0.3	15.9	18	3.9	62	0.6

注:1. U_a——阳极电压,U_k——槽路电压,I_a——阳极电流,I_g——栅极电流。
2. 输出功率 $P=1.7U_kI_a$。
3. 移动速度和加热时间均指零件的光轴部分(ϕ12.5mm×70mm)。

3）合理的感应淬火工艺。例如，风电轴承圈辊道感应淬火采用两只感应器加热：第一只是预热感应器，第二只是淬火加热感应器。由于加热迅速，冷却及时，热量内传较少，使得过渡层极薄，此淬硬层有相当大的残余压应力，从而大幅度提高轴承的接触疲劳强度和使用寿命。

其他钢的轴承圈感应淬火一般采用一只感应器加热淬火，淬硬层很难达到7mm，往往先用较低的速度对轴承圈滚道低速旋转一周进行预热，然后再进行加热淬火，一只直径1900mm双滚道的轴承圈淬火总时间为120min左右。由于热量大量内传，使得过渡层很厚。此时硬度曲线平缓下降，表面残余压应力下降，拉应力层加厚，使滚道的接触疲劳强度降低，轴承寿命降低。

两种淬火工艺方案的能量消耗也相差很大。从表 2-76 可以看出，采用两只感应器加热后，不仅生产效率提高了 2 倍，总耗能也节约了 40%。

表 2-76　轴承圈滚道两种感应淬火工艺的能量消耗对比

加热方式	预热功率/kW	加热功率/kW	总加热时间/h	总耗能/(kW·h)
两只感应器	50	50	0.67	66.7
一只感应器	55	55	2.0	110

（4）感应热处理应用实例　见表 2-77。

表 2-77　感应热处理应用实例

工件及技术条件	工艺与内容	节能效果
轧辊（见右图），Cr12MoV 钢，工件要求如右图所示，工作辊表面淬火后硬度要求≥60HRC，硬化层 560HV1 处深度达 2～3mm，全长弯曲度≤0.30mm	1）整体淬火工艺及问题。为减少畸变，在一次硬化处理前进行消除应力处理；采用盐浴炉进行淬火加热时，进行二次预热；采用分级淬火，最后在油中回火 2 次。虽采取上述复杂工艺措施控制轧辊畸变，但效果不佳，且能耗大，成本高 2）感应淬火工艺。选择 200kW 的 HKVC-120T 型超音频电源。频率选择 20Hz；加热功率密度为 0.6～2.0kW/cm²，采用连续式加热淬火方式；感应器为尺寸 φ26mm×8mm（内径×高度）的圆环感应器；电参数为直流电压 370V，直流电流 170A；移动速度 400mm/min。采用空冷，即移动加热时，环形喷气圈采用压缩空气，压力 0.4MPa。为减少工作辊淬火过程中畸变，采用一套专用导向套装置	1）采用常规热处理时，每件消耗电能约 50kW·h，而采用感应淬火工艺时，每件消耗电能仅 2 kW·h，节能 96% 2）感应淬火表面硬度 60～62HRC，560HV1 处的深度为 2.8mm，满足硬度和硬化层深度的技术要求。感应淬火后的弯曲畸变量 0.5mm，经校直处理后，可控制在 0.30mm 内，达到技术要求

（续）

工件及技术条件	工艺与内容	节能效果
滚珠丝杆，直径 ϕ90mm，长 4m，螺距 12mm，GCr15 钢，要求淬火回火后硬度 58～62HRC	1) 原工艺及问题。井式炉整体加热淬火→热校直→回火，校直时易断裂，废品率10%。工序多，能耗高，畸变大 　　2) 感应淬火工艺。采用 100kW 中频发电机，频率 2500Hz，感应淬火温度 880℃，淬火采用 $w(Na_2CO_3)$ 为 10% 的水溶液，低温回火后，对畸变大件进行校直处理 　　3) 效果。感应淬火后无裂纹，畸变量降低50%	感应淬火后，废品率降低至 2%，生产效率提高 50%，耗电量降低 50%，综合经济效益明显
摩托车发动机曲轴总成中曲柄销，ϕ30mm × 54mm，20CrMo 钢，技术要求：表面与心部硬度分别为 60～64HRC 和 30～45HRC，渗碳层深度 1.0～1.4mm，回火马氏体 1～4 级，碳化物 1～3 级，心部铁素体 1～4 级	1) 传统工艺。曲柄销经渗碳后，采用盐浴加热淬火：(850～870)℃×8min，淬入 $w(NaCl)$ 为 10%～15% 的水溶液，再进行 (160～180)℃×6h 低温回火处理 　　2) 感应加热工艺参数。采用连续生产的感应加热生产线，设备采用链传动进料系统，通过控制传动频率以调整工件进料速度和加热时间，传动频率 16Hz，传动速率 23.89mm/s，加热时间 2.26s/件。曲柄销感应加热工艺参数：功率 130kW，工作频率 1050Hz，淬火温度 880～900℃ 　　3) 检验结果。见表 2-78。通过表 2-78 可见，用感应加热透热淬火代替传统盐浴加热淬火，完全可以满足产品技术要求，硬度及表面马氏体组织比盐浴炉淬火更优，感应加热很好地避免了工件的氧化脱碳	按年产量 2940t 计算，每年节电费用 74970 元；年节省辅料 153909 元；维修费用 62800 元；人工费年减少 129168 元（由 6 人降低到 3 人），全年直接经济效益可达到 420847 元。同时减少了职业危害和"三废"产生

表 2-78　感应及盐浴加热淬火对比结果

工艺	回火表面硬度 HRC	回火心部硬度 HRC	碳化物 /级	渗碳层深度 /mm	马氏体 /级	铁素体 /级
感应淬火	60.0～62.0	41.0～42.0	2	1.25～1.4	2～3	2
盐浴淬火	60.0～61.5	40.0～41.5	2	1.25～1.4	2～3	2～3

2.4.2　渗碳后感应淬火和感应渗碳技术及其应用实例

1. 渗碳后感应淬火技术

它是工件在渗碳之后进行表面感应淬火的热处理工艺。其目的是为了更多地提高工件表面硬度、耐磨性与疲劳抗力，同时改善硬化层分布并减少零件的畸变与开裂，降低能耗。

例如，对于心部强度要求不高，而表面主要承受接触应力、磨损以及转矩或弯矩作用的 20Cr、20CrMnTi、20CrMnMoVB 等钢制作的齿轮，可在渗碳缓冷后进行高频或中频感应淬火，使淬火硬化层深度大于渗碳层深度，以便得到沿齿廓分布的硬化层，同时使轮齿心部也得到强化，并细化渗碳层及渗碳层附近区域的组织。因此，热处理后的齿轮具有较好的韧性，淬火畸变小，非硬化部位（如齿轮的轴孔、键槽等）不必预先做防渗处理，并解决了齿轮内孔畸变问题。以渗碳后感应淬火代替重新整体加热淬火，还节省了能源消耗。

由于感应淬火可只在要求高硬度的表面进行，对在渗碳后普通淬火时残留奥氏体较多的钢种（如18Cr2Ni4W、20Cr2Ni4A钢等），采用感应淬火时（因溶入奥氏体的碳化物数量不多），不仅可以起到减少残留奥氏体、提高表面硬度的作用，而且还可以减少工件热处理畸变。

2. 感应加热气体渗碳技术

与常规气体渗碳相比，利用高频（中频）感应加热直流放电进行渗碳，可显著缩短生产周期，故节能效果显著。例如，利用高频感应加热直流放电进行渗碳，可获得 0.35 ~ 0.45mm 渗碳层，渗层表面碳含量 0.9% ~ 1.05%（质量分数）。与常规气体渗碳相比，高频感应加热气体渗碳可缩短生产周期至原来的 1/10 ~ 1/2。

3. 渗碳后感应淬火及感应渗碳技术应用实例

渗碳后感应淬火及感应渗碳技术应用实例见表2-79。

表 2-79　渗碳后感应淬火及感应渗碳技术应用实例

工件及技术条件	工艺与内容	节能效果
美国约翰迪尔公司 Waterloo 拖拉机厂 55% 的拖拉机变速器齿轮，SAE8620 钢（相当于 20CrNiMo 钢），要求渗碳淬火处理	1）原工艺及问题。原 SAE8620 钢制齿轮采用渗碳后直接淬火工艺，不仅齿轮内花键畸变超差，而且工艺周期长，能耗大 2）渗碳后感应淬火工艺。改进后，采用 SAE1022 钢（相当于 22 钢）渗碳后进行感应淬火处理。齿轮的内花键可以在渗碳缓冷后用拉刀加工，然后进行感应淬火，解决了齿轮内花键热处理畸变问题	改进后，采用价格便宜的碳素结构钢（22 钢），虽然增加了热处理费用，但节约的含镍合金钢材料费用却远远高于所增加的热处理费用
减速机花键齿轮轴，渗碳淬火有效硬化层深度要求：轮齿与花键部位分别为 2.8 ~ 3.5mm 和 1.1 ~ 1.7mm。轮齿及花键部位：齿面与心部硬度分别为 57 ~ 61HRC 和 35 ~ 40HRC，齿/键同轴度误差 ≤ 1.0mm，齿面无磨削裂纹	1）差值渗碳法及问题。由于轮齿与花键部分法向模数分别为 20mm 和 6mm，有效硬化层深度要求不一样，因此进行两次渗碳。经上述工艺处理后，同轴度的畸变并无一定规律，且畸变量过大 2）新工艺。采用感应淬火工艺。淬火采用连续式，淬火冷却介质为水，移动速度 65mm/min，回火温度 330℃。电源频率 10kHz，负载电压 750 V，负载电流 168A，功率因数 0.95，适载功率 120 kW 3）检验结果。工件的花键部分经过感应淬火 + 回火后，花键表面硬度 43 ~ 45HRC，淬硬层深度 1.5 ~ 2.5mm，花键畸变量：径向 0.15 ~ 0.2mm，轴向 0.1 ~ 0.15mm。实际产品采用新工艺处理后，齿轮轴花键畸变较小，合格率达到了 100%	采用新工艺后，不仅齿轮轴畸变减少，成品合格率显著提高，而且生产效率提高近 30%，生产成本降低 37.5%

（续）

工件及技术条件	工艺与内容	节能效果
齿轮,要求渗碳热处理	在下图所示(图中 1～4 分别为油槽、液压缸、感应圈和齿轮)的中频感应加热装置中,将工件(齿轮)以 2～8kHz(50kW)中频电流加热到 1050～1080℃,同时通入渗碳气体(如天然气与吸热式气氛的混合气)。渗碳过程持续 40～45min,可以得到 0.8～1.2mm 深的渗层 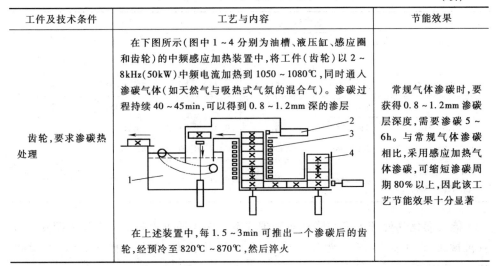 在上述装置中,每 1.5～3min 可推出一个渗碳后的齿轮,经预冷至 820℃～870℃,然后淬火	常规气体渗碳时,要获得 0.8～1.2mm 渗碳层深度,需要渗碳 5～6h。与常规气体渗碳相比,采用感应加热气体渗碳,可缩短渗碳周期 80% 以上,因此该工艺节能效果十分显著

2.4.3 高频感应渗氮工艺

利用高频电流感应加热渗氮原理：将工件放入用耐热陶瓷或石英玻璃制成的密闭渗氮罐中,然后置于多匝感应圈中,向容器中通入 NH_3 后,感应圈接通高频电流,在高频磁场作用下,产生感应高频电流加热工件。渗氮罐内的 NH_3 与工件接触,其本身的温度高于 NH_3 分解温度,高频感应加热 NH_3,使其分解为活性氮原子,此时进入氮的渗入过程,氮原子渗入工件与其合金元素形成氮化物。

在 500～560℃ 范围内利用高频电流感应加热,加速了 NH_3 分解,促进在氮化表面上形成大量的活性氮原子,由于加热速度快,加快了吸附过程,形成了大的氮浓度梯度,使开始阶段（几个小时）氮化过程加快了 2～3 倍。与普通气体渗氮相比,高频感应渗氮可缩短工艺周期 4/5～5/6,减少了 NH_3 消耗。

高频感应渗氮温度一般为 500～550℃,38CrMoAl 钢在 550℃ 高频渗氮 3h,可获得渗氮层深 0.22mm、表面硬度 1283HV 的效果。高频渗氮时间以 0.5～3h 为宜。

高频感应渗氮可采用频率 8～300kHz、加热功率密度 0.11kW/cm^2,渗氮结束断电后,工件自行冷却。

几种材料的高频感应渗氮工艺及效果见表 2-80。

2.4.4 用感应淬火代替渗碳淬火和碳氮共渗及其应用实例

感应热处理加热速度快、效率高、成本低、畸变小,而渗碳热处理周期长、成本高、畸变大。采用感应淬火来部分代替渗碳淬火,既可以提高零件的使用性

表 2-80　几种材料的高频感应渗氮工艺及效果

牌号	工艺参数			效果		
	渗氮温度 /℃	渗氮时间 /h	渗氮层深度 /mm	表面硬度 HV	脆性等级
38CrMoAl	520 ~ 540	3	0.29 ~ 0.30	1070 ~ 1100	I
20Cr13	520 ~ 540	2.5	0.14 ~ 0.16	710 ~ 900	I
Ni36CrTiAl	520 ~ 540	2	0.02 ~ 0.03	623	I
40Cr	520 ~ 540	3	0.18 ~ 0.20	582 ~ 621	I
07Cr15Ni7Mo2Al （PH15-7Mo）	520 ~ 560	2	0.07 ~ 0.09	986 ~ 1027	I ~ II

能又简化热处理工序和降低热处理成本, 同时还可以减少工件淬火畸变, 节省机械加工 (如磨削) 费用。感应淬火代替渗碳淬火和碳氮共渗可节电 40% ~ 50%。

对碳含量在 0.6% ~ 0.8% (质量分数) 的中高碳钢经高频感应淬火后的性能 (如静强度、疲劳强度、多次冲击抗力、残余应力等) 的系统研究表明, 用中高碳钢感应淬火部分代替渗碳淬火是完全可能的。原上海拖拉机厂等用低淬透性钢 (Ti 系列) 高频感应淬火代替 18CrMnTi 钢渗碳淬火制造拖拉机齿轮, 取得很好使用效果。

低淬透性钢零件采用深层感应淬火方法, 代替低合金钢的渗碳淬火, 可以大大缩短工艺周期, 节电 60%, 降低处理成本约 50%, 节约 Ni、Cr 等合金元素, 从而可取得较大的节材效果。同时, 通过对钢材淬透性能的控制, 以实现感应加热时获得均匀的表面硬化层, 对某些零件采用低淬透性钢和限制淬透性钢进行感应淬火能使零件获得优良的使用性能。

表 2-81 为东风汽车集团公司 60Ti 钢传动十字轴感应加热的性能试验结果。与 20MnVB 钢渗碳淬火十字轴性能比较, 60Ti 钢传动十字轴感应淬火的弯曲疲劳寿命、扭转疲劳寿命、静扭强度均有显著提高。

表 2-81　60Ti 钢传动十字轴感应加热的性能试验

钢种与工艺	弯曲疲劳寿命 （×10^6 次）	扭转疲劳寿命 （×10^4 次）	静扭强度 /N·m	磨损量 /×10^{-3} mm^2
20MnVB 钢,渗碳	1.855	8.9	9741	30
60Ti 钢,感应淬火	5.0	60.4	11321	29.9

用低淬透性钢 55Ti、60Ti、65Ti 及 70Ti 制作的齿轮, 经高频感应淬火后获得良好的力学性能, 可部分代替汽车、拖拉机承受较重负荷的渗碳淬火齿轮。

（1）低淬透性钢齿轮的感应淬火工艺参数

1）低淬透性钢齿轮感应加热频率的选择可参见表2-82。

2）淬火温度一般控制在830~850℃。功率密度一般采用0.3~0.5kW/cm²。

3）淬火冷却介质压力一般选择 7×10^5 Pa，单位面积流量<0.12L/cm²。

表2-82 低淬透性钢齿轮感应加热频率的选择

齿轮模数/mm	适合钢种	推荐频率/kHz
3~4	55Ti 钢	30~40
5~6	60Ti 钢	8
7~8	60Ti 钢	4
9~12	70Ti 钢	2.5

（2）应用与效果

1）GCr4 低淬透性轴承钢以感应淬火代替深层渗碳淬火可以制造铁路轴承套圈。这些材料生产成本低、价廉，而且以感应淬火代替渗碳淬火，可以大大缩短工艺周期，节能效果显著。

2）俄罗斯轧钢轴承套圈原用20X2H4A 钢（相当于20Cr2Ni4A 钢），要求渗碳层深5mm，由于渗碳时间需要180h，因此能源浪费严重。后改用高碳淬透性ШX4 钢，使用效果良好，节省了能源。

3）俄罗斯生产的载货汽车最终传动齿轮、万向节等零件（见表2-83），原采用渗碳与调质工艺处理，不仅生产周期长，能耗大，而且淬火畸变大。采用低淬透性钢进行感应淬火处理，不仅可以缩短周期，降低能耗，而且可以提高使用寿命。图2-17为不同钢号载货汽车后桥齿轮（模数6mm）的疲劳极限。由图2-17可以看出，采用低淬透性钢的感应淬火代替渗碳钢的渗碳淬火，齿轮疲劳极限得以提高。

表2-83 低淬透性钢齿轮、万向节在载重汽车上的应用

零件类型	钢种与工艺	
	原工艺	新工艺
后桥圆柱及锥齿轮	30XГT(30CrMnTi)、20XHM(20CrNiMo)、25XHM(25CrNiMo)等钢，渗碳	58(55ПП)或ППX4 钢,感应淬火
模数>5mm 的传动箱及变速器常用啮合圆柱齿轮	30XГT、20XHM、25XHM、15XГHTA(15CrMnNiTiA)等钢，渗碳	58(55ПП)或ППX4 钢,感应淬火
万向节	40X(40Cr)等钢，调质	47ГT 钢,感应淬火

4）经济效益：①提高零件使用寿命，减少备件；②代替渗碳或调质工序，大大缩短生产周期，从2~20h 缩短至0.5~3min，节省能源；③节省贵重的合

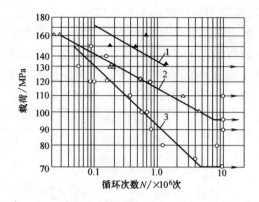

图 2-17　载货汽车后桥齿轮（模数 6mm）用不同钢种的疲劳极限

1—58（55ПП）钢感应淬火　2—20ХН4А 钢渗碳淬火　3—30ХГТ 钢渗碳淬火

金元素 Cr、Ni、Mo 等，降低材料成本。

（3）用感应淬火代替渗碳淬火及氮碳共渗应用实例　见表 2-84。

表 2-84　用感应淬火代替渗碳淬火及氮碳共渗应用实例

工件及技术条件	工艺与内容	节能效果
小四轮拖拉机前桥销轴，ϕ30.5mm × 187mm，20Cr 钢，要求渗碳层深度 1.0～1.6mm，表面硬度 50～58HRC，$R_m \geqslant 850MPa$，$R_{eL} \geqslant 550MPa$，$a_k \geqslant 60J/cm^2$	1）原工艺及问题。原工艺流程：渗碳→机加工→淬火→机加工。渗碳 930℃ ×（6～8）h，二次加热淬火。因生产周期长，能耗大，成本高，质量不稳定 2）新工艺。材料改为 40Cr 钢，采用调质＋高频感应淬火。高频设备采用 GP100-C3 和 GC10120 型淬火机床。高频感应加热电参数：电压 10～10.5V，电流 5～7A，栅极电流 1.3～2.1A；采用连续加热，加热时间 28～33s，喷水淬火 3）效果。淬硬层深度 1.75～2.25mm，硬度 50～58HRC，R_m 为 1000MPa，R_{eL} 为 800MP，a_k 为 60J/cm²，满足技术要求	1）40Cr 钢与 20Cr 钢价格相近，采用调质＋感应淬火代替渗碳＋二次淬火，按年产 10 万台计算，可节省 27.5 万元 2）采用新工艺后产品质量稳定提高
东方红 1002/1202 型履带式拖拉机变速器滑杆类零件，共有 7 种，均采用 20 钢，要求渗碳层深 0.50～1.00mm，表面硬度 ≥56HRC	1）原工艺及问题。共两类零件：通体光杆类和带 V 形槽类零件。渗碳淬火后在 ϕ6mm 孔出现裂纹，废品率高达 10% 2）新工艺与材料。改用 45 钢，局部中频感应淬火。通体光杆类零件感应淬火工艺：负载电压 480V，电流 75A，功率 30kW，移动速度 12mm/s；带 V 形槽类零件感应淬火工艺：功率 45kV，淬火采用聚乙烯醇水溶液 3）检验结果。通体光杆类零件淬硬层深 2.15～2.3mm，表面硬度 59～63HRC，马氏体 5 级，畸变量 < 0.5mm，无裂纹；带 V 形槽类零件淬硬层深 2.55～3.45mm，硬度 55～58HRC，平均畸变量 < 0.30mm，无裂纹	采用 45 钢感应淬火代替 20 钢渗碳淬火，不仅节能、快速、无污染，而且避免了 ϕ6mm 孔处的淬火裂纹，显著降低了废品率和成本，缩短了生产周期（由 3 天缩短为 1 天）

（续）

工件及技术条件	工艺与内容	节能效果
联合收割机内齿圈，ϕ315mm（外径）ϕ268.2mm（内径）×36mm（宽度），20CrMnMo钢，渗碳层深要求0.9～1.3mm，齿部硬度59～63HRC，端面平面度误差≤0.2mm，热处理后圆度误差≤0.3mm	1）原工艺及问题。原工艺流程：粗加工→渗碳后缓冷→精加工（包括车削外圆渗碳层）→二次加热淬火。齿圈畸变大，M值（圆棒跨齿距）超差，外圆表面硬度高，影响装配质量（钻削稳钉孔时硬度高） 2）感应淬火工艺。改用40Cr钢，齿圈技术要求改为：调质硬度269～289HBW，淬硬层深1～1.5mm，齿面硬度50～54HRC。因无大功率感应设备，采用GP100-C3型高频炉，高频感应淬火后齿面硬度53.5～56HRC，热处理畸变均满足技术要求	以感应淬火代替渗碳热处理，不仅减少了畸变，提高了齿圈合格率，而且降低了能耗和生产成本，提高了生产效率

2.4.5 超高频脉冲电流感应淬火及其应用实例

超高频脉冲电流感应淬火（又称超高频冲击淬火）是使用 20～30MHz 的高频脉冲电流，在功率密度为 10～30kW/cm^2 下，通过感应圈在 1～500ms 时间内使工件表面迅速加热到淬火温度，然后自冷淬火。淬硬层可以获得极其微细的针状马氏体组织，具有高的硬度、高的耐磨性及良好的耐蚀性。

（1）工艺优点 见表 2-85。

表 2-85 超高频脉冲电流感应淬火优点

序号	优点
1	由于高能密度加热，零件表面在极短时间（1～500ms）内迅速加热到淬火温度，能耗低
2	可获得硬化层深度只有 0.05～0.5mm，并通过自身激烈冷却而淬火，几乎没有畸变
3	由于加热速度快（10^4～10^6℃/s）、时间短，无氧化、无脱碳，表面光洁
4	高频脉冲电流感应淬火后，不需要回火，节省能源
5	可以获得高的硬度（900～1200HV）与强度，好的韧性与耐磨性，良好的耐蚀性
6	设备投资少，维修简单等

（2）应用与效果 超高频脉冲电流感应淬火主要用于小、薄的零件，如微型电动机轴、计算机部件、照相机快门、刀具、带锯等，应用实例如图 2-18 所示。其效果是：切削工具寿命提高 3～5 倍，带锯寿命提高 1～2 倍，打印机针头寿命提高 10 倍。

（3）设备 超高频脉冲电流感应淬火电源的主要部分是高频振荡器、脉冲电源发生器，设备

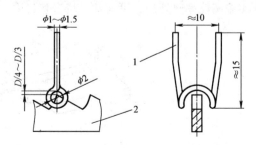

图 2-18 带锯刃部超高频脉冲电流感应淬火示意

1—感应器 2—带锯

的输出电压为 5.5 ~ 8.5V。现在国内已能生产此种设备电源。

（4）超高频脉冲电流感应淬火及其应用实例　见表 2-86。

表 2-86　超高频脉冲电流感应淬火及其应用实例

工件及技术条件	工艺与内容	节能效果
带锯大锯条，材料为高速钢，锯齿刃部要求硬度 65 ~ 67HRC	1）原工艺及问题。采用整体加热淬火＋中高温回火，齿部硬度低，耐磨性差，使用寿命低 2）感应器。用直径为 1 ~ 1.5mm、断面面积为 0.2 ~ 0.3mm² 的圆形或矩形纯铜管弯制而成，如图 2-18 所示。感应器内径 D 应按不同锯齿的大小而定，一般 D = 1 ~ 3mm，这里 D = 2mm 3）超高频脉冲电流感应淬火工艺及效果。将要淬火的锯齿刃部装入感应器中。锯齿尖部距离感应器内径上顶部 1/4D ~ 1/3D，使感应器尽可能接近锯齿的刃部，但绝对不能接触，锯齿刃部经脉冲淬火后，硬度达到 68HRC；随后经两次回火，最后锯齿刃部硬度达到 65 ~ 67HRC	与原工艺整体加热淬火＋中高温回火相比，超高频脉冲电流感应淬火工艺由于加热时间极短，故节能效果显著；并提高带锯质量和使用寿命
电动剃须刀片，刃部厚度 0.05 ~ 0.06mm，T12 钢，要求淬火处理	1）原工艺与效果。刀片采用整体加热淬火，硬度 700HV，使用寿命较短 2）新工艺与效果。刀片加热淬火设备采用 10kW 的高频脉冲电流感应淬火装置，刀片加热时间 6ms。经检验，刀片硬度大于 980HV，大幅度提高了刀片的使用寿命	与原工艺整体加热淬火相比，新工艺由于加热时间极短，仅为 6ms，故节能效果显著，且提高了使用寿命

2.4.6　高频感应电阻加热淬火及其应用实例

高频感应电阻加热淬火是把工件要淬硬的部分作为感应器导体回路的一部分，用高频电流对工件表面同时进行感应加热和电阻加热，然后切断电源自冷淬火。图 2-19 所示为高频感应电阻加热原理。与传统的高频感应加热相比，高频感应电阻加热能使工件表面加热电流更集中、密度更大、加热速度更快，因此具有节能效果。用这种方法加热，工件表面的功率密度是传统感应加热的数倍，可以对工件表面实施高能率热处理，可在部分场合替代渗碳或碳氮共渗处理。

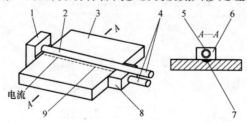

图 2-19　高频感应电阻加热原理

1、6、8—电触头　2、5—感应器　3—试样　4—高频电源　7—高频感应加热区　9—电流

（1）电参数 感应电源通常为 50 ~ 250kHz，功率为 70 ~ 200kW，加热时间为 6 ~ 14.5s。

（2）技术特点及应用

1）高频感应电阻加热淬火特点见表 2-87。

表 2-87 高频感应电阻加热淬火特点

序号	优点
1	能量密度高（8×10^3 ~ 2.3×10^5 W/cm²），加热速度快,节能,畸变小,淬硬层薄（0.35 ~ 1.0mm）
2	高频感应电阻加热淬火后可自行回火,故不需要淬火冷却介质,节省了回火工序能源,无须发黑
3	该工艺加热设备简单,操作方便,便于流水线作业
4	其投资费用是感应加热的 70%,而生产效率比感应淬火高一倍
5	可防止某些钢种产生淬火裂纹。另外,由于加热时间短,得到的显微组织有较大的弥散度,可获得更高的耐磨性和较高的冲击韧度

2）该技术可用于齿条、轴类的零件淬火和各种凸轮轴、气缸内表面的强化处理等。

（3）高频感应电阻加热淬火应用实例 见表 2-88。

表 2-88 高频感应电阻加热淬火应用实例

工件及技术条件	工艺与内容	节能效果
轿车配套的转向机用齿条（见图 2-20）,37CrS4 钢,调质后心部 R_m 为 780 ~ 930MPa,齿部淬火硬度 54 ~ 63HRC,硬化层深 0.1 ~ 1.0mm	1）设备。采用德国 EFD 公司 Conductive-HV 型导电淬火机,能量发生器为 80kW/250kHz。高频感应电阻加热装置及齿条结构如图 2-20 所示 2）高频感应电阻加热淬火工艺。淬火采用德润宝 w（BW）为 10% ~ 12% 的聚合物水溶液,其工艺流程:功率因数为 80% ~ 90%;第一至第三次加热与停止时间分别为 1/1.8s、（4 ~ 5）s/0.5s 和（5 ~ 6）s/0.5s;淬火喷液时间 10s;回火 180℃ ×4h 3）检验结果。硬化层深度在 0.25mm 以上,淬火裂纹废品率占 0.2% 左右,其他检验项目均符合技术要求	该工艺年处理 25 万件齿条,结果均达到技术要求。齿条淬火周期不到 25s,降低了能耗

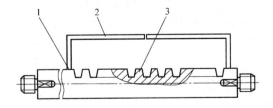

图 2-20 高频感应电阻加热装置及齿条结构

1—接触头 2—感应器 3—齿条齿部

2.4.7 火焰淬火及其应用实例

火焰淬火是应用氧乙炔气体或其他可燃气体（如天然气、液化石油气、丙烷气等）火焰对工件表面进行加热随后淬火冷却，使工件表面获得要求的硬度和一定的硬化层深度、心部保持原有组织的一种表面淬火方法。

火焰淬火是利用丰富而低廉的天然气（或液化石油气、丙烷气）作为加热燃料进行的表面热处理技术。由于能源利用比较合理（天然气是一次能源），可大大降低热处理成本。

（1）火焰淬火的优点 ①设备简单，投资少（仅为高频感应加热装置的 1/10~1/6），使用方便；②特别适用于大型、异形工件的局部表面淬火，成本低、生产效率高；③火焰加热温度高，加热快，所需加热时间短，最适合于处理硬化层较浅的零件；④火焰淬火工件表面清洁，少（无）氧化脱碳现象，同时畸变小。

（2）火焰淬火材料 为了使火焰淬火后的表面硬度大于 50HRC，必须采用碳含量在 0.30%（质量分数）以上碳素钢、各种合金结构钢、各种铸铁等，如 45、50、55、45CrV、42CrMo、50Mn、45Mn2、40Cr、40CrNi、40CrMo、5CrMnMo 钢等。

为了缩短模具制造周期，降低模具制造成本，国内外已经研发出火焰淬火专用钢，例如我国自行研制的 7CrSiMnMoV（CH）火焰淬火冷作模具钢，经氧乙炔焰加热到淬火温度后空冷即可达到淬硬（60HRC 以上）的目的，而且还能使模具制造周期缩短 10% 以上，制造成本降低 20% 以上，节省能源 80% 左右。国外的火焰淬火模具钢主要有日本的 SX4、SX5（Cr8MoV）、SX105V（7Cr5Mn3SiMoV）、GO5、HMD-1（Cr4MnSiMoV）、HMD-5 钢，以及瑞典的 AS-SAB 635 钢等。

（3）工艺 火焰淬火温度一般比炉中加热的普通淬火温度高 20~30℃，一般以火焰还原区顶端距工件表面 2~3mm 为好，喷嘴的移动速度在 50~150mm/min 选择。

1）常用钢铁材料的火焰淬火加热温度见表 2-89。

表 2-89 常用钢铁材料的火焰淬火加热温度

材料	淬火加热温度/℃
35、40、ZG270-500 钢	900~1020
45、50、ZG310-570、ZG340-640 钢	880~1000
50Mn、65Mn 钢	860~980
35CrMo、40Cr 钢	900~1020

（续）

材料	淬火加热温度/℃
35CrMnSi、42CrMo、40CrMnMo 钢	900～1020
T8A、T10A 钢	860～980
9SiCr、GCr15、9Cr 钢	900～1020
20Cr13、30Cr13、40Cr13 钢	1100～1200
灰铸铁、球墨铸铁	900～1000

2）喷嘴移动速度与淬硬层深度的关系见表2-90。

表2-90 喷嘴移动速度与淬硬层深度的关系

移动速度/（mm/min）	50	70	100	125	140	150	175
淬硬层深度/mm	8.0	6.5	4.8	3.0	2.6	1.6	0.6

（4）火焰淬火应用实例 见表2-91。

表2-91 火焰淬火应用实例

工件及技术条件	工艺与内容	节能效果
弹簧片冲模（凸模），7CrSiMnMoV 钢（CH 钢），要求火焰淬火	1）火焰淬火工艺。火焰淬火加热温度为 880～920℃，空冷后硬度为 60～65HRC；160～180℃×2h 回火 2 次。乙炔压力为 0.05～0.12MPa，氧气压力为 0.3～0.6MPa 2）效果。经火焰淬火和回火后，模具硬度为 59～62HRC，空冷热处理畸变量为 0.02～0.04mm。模具使用寿命可接近 80 万次	与常规电加热方式相比，采用火焰淬火后，可使模具制造周期缩短 10%以上，制造成本降低 20%，节省能源 80%左右
筒体扳手，20 钢，要求渗碳热处理	1）原工艺及问题。原采用 20 钢无缝钢管，两端头局部渗碳，920℃×（7～8）h，820℃淬入碱水，360℃回火。故工序多，耗能大，劳动强度大 2）新工艺。采用氧乙炔火焰将头部均匀地加热到 500～700℃，再将头部加热到 900～930℃，保温 40s，淬入 $w(NaCl)$ 为 5%～10%的盐水中，180～200℃回火，工件畸变小	用 20 低碳钢马氏体淬火代替渗碳淬火、回火，可显著节省电能和材料费用

2.4.8 激光淬火及其应用实例

应用高能激光束将金属材料表面加热到相变点以上，随着自身冷却，奥氏体转变成马氏体，使材料表面硬化，同时硬化层内残留有相当大的压应力，从而增加了表面疲劳强度。激光淬火又称激光相变硬化。

（1）激光淬火的特点 见表2-92。

表 2-92 激光淬火的特点

序号	特 点
1	加热速度快($10^4 \sim 10^9$℃/s),进入工件内部的热量少,由此带来热畸变小,畸变量为高频感应淬火的 1/10~1/3,故不需要后续机械加工(如磨削加工)和畸变校正,而能直接装配使用
2	自冷却方式,无需淬火液,节省淬火冷却介质消耗,是一种清洁热处理技术
3	表层耐磨性高,表层硬度比常规方法处理的高 5%~10%,淬火组织细小,硬化层深度约为 0.2~0.5mm
4	可直接将激光淬火安排在生产线上,以实现自动化生产
5	该技术为非接触式,可用于窄小的沟槽和底面的表面淬火
6	表面局部淬火不需回火,节省能源
7	凡其他热处理方法难以提高耐磨性的廉价材料,可用激光淬火提高其耐磨性能,节材

(2)激光淬火工艺参数 几种材料激光淬火工艺参数及效果见表 2-93。

表 2-93 几种材料激光淬火工艺参数及效果

牌号	功率密度 /(kW/cm²)	激光功率 /W	扫描速度 /(mm/s)	硬化层深度 /mm	硬度 HV
20	4.4	700	19	0.3	476.8
45	2	1000	14.7	0.45	770.8
T10	10	500	35	0.65	841
40Cr	3.2	1000	18	0.28~0.6	770~776
40CrNiMoA	2	1000	14.7	0.29	617.5
20CrMnTi	4.5	1000	25	0.32~0.39	462~535
GCr15	3.4	1200	19	0.45	941
9SiCr	2.3	1000	19	0.23~0.52	577~915
W18Cr4V	3.2	1000	15	0.52	927~1000

(3)应用与效果 激光淬火技术可用于各种导轨、大型齿轮、轴颈、气缸内壁、模具、减振器、摩擦轮、轧辊及滚轮零件等表面强化,以及发动机、模具修复处理等。

采用较高的能量密度,结合外部条件,可增厚激光淬火硬化层深度,应用 w(C)为 0.5% 的钢经激光淬火代替气体渗碳,可实现节能。

表 2-94 为某精轧机座减速器低速轴齿轮(φ2181mm × 520mm,法向模数 20mm,齿数 105)的不同加工方法的技术经济指标对比情况。与常规齿轮渗碳淬火及中频感应淬火相比,激光淬火不仅齿轮畸变小、加工余量小、耗能低,而且生产成本低。

表 2-94 不同加工方法的技术经济指标对比

项目	渗碳淬火	中频感应淬火	激光淬火
淬火装机容量/kVA	300	300	100
实际消耗功率/kW	250	100	60
齿轮材料	20CrMnTi	42CrMo	42CrMo
毛坯成本/元	约72000	约80000	约80000
淬火前齿厚加工余量/mm	2.1	0.9	0.05 ~ 0.08
淬火 + 超硬滚齿 + 磨齿时间/h	170	76	26.8
淬火 + 超硬滚齿 + 磨齿成本/元	109750	72280	10705
生产工艺	毛坯锻造 + 退火 + 粗车 + 精车 + 滚齿		
	+ 渗碳淬火 + 超硬滚齿 + 磨齿	+ 中频感应淬火 + 磨齿	+ 磨齿 + 激光淬火
淬火硬度 HRC	58 ~ 62	50 ~ 55	58 ~ 62
淬硬层深度/mm	2.2 ~ 2.8	2.2 ~ 2.8	0.8 ~ 1.2

（4）激光热处理应用实例 见表 2-95。

表 2-95 激光热处理应用实例

工件及技术条件	工艺与内容	节能效果
配油轴密封带,直径 ϕ220mm,筒体长 1100mm,壁厚 20mm,35CrMo 钢,外壁 85mm 长的一段需要强化处理	1)原工艺。整体调质预备热处理,然后进行渗氮处理,不仅工艺周期长,而且畸变量大 2)激光淬火工艺与效果。激光功率 2600W,光斑直径 5mm,扫描速度 4500mm/min,搭接率 25%,硬化层深度 0.5mm,硬度大于 680HV	1)激光淬火后径向尺寸变化 0.02 ~ 0.04mm,满足要求。经 100h 强化台架试验,表面无尺寸变化,耐磨性高 2)较常规渗氮相比,激光处理时间短,节省能源
475/482Q 型轻型高速汽油机用缸体,材料为 HT250,缸体内壁要求激光淬火处理	1)设备与工艺 选用 HJ-4A 型 2kW 的 CO_2 激光器和 RJR-Ⅱ型激光淬火机床。激光淬火参数:输出功率为 800W,扫描速度 20mm/s,光斑直径 3.0mm。淬火方式采用螺纹或网纹 2)检验结果。①缸体内壁表面硬度 550HV0.1,淬硬层深度≥0.25mm,淬硬带宽 2.5 ~ 3.0mm。②激光淬火后的缸体试样与镀铬环配对的磨损量较小,同时由于安庆环与激光淬火缸体配对时的磨损量小于日本镀铬环的磨损量,故可以采用安庆环代替日本活塞。③这对缸体与环进行 4 万 ~ 5 万 km 道路试验。发动机经过 300h 台阶强化试验后又进行装车试验,累计行驶 8 万多 km,工作正常	由于缸体经激光淬火后质量提高,其配合偶件可采用国产安庆环代替日本进口件,每年可节省资金 75 万元。用灰铸铁激光淬火代替合金铸铁常规淬火,每年可减少废品损失达 100 万元,激光成本为 19.97 万元,年经济效益 155.03 万元

101

2.4.9　电子束淬火及其应用实例

电子束淬火是利用高能电子束对工件表面加热淬火的表面强化热处理工艺。处理后的工件表面奥氏体晶粒极细，马氏体组织显著细化，硬度较常规工艺高 1~2HRC。

目前，利用电子束加热装置对零件进行表面或局部加热淬火，已经达到相当高的效率，而单位能耗比激光处理小得多。

（1）技术特点　表 2-96 为电子束淬火特点。

表 2-96　电子束淬火特点

序号	特　　点
1	加热速度极快($10^3 \sim 10^5$℃/s)，加热时间极短($10^{-3} \sim 10^{-1}$s)，零件畸变极小，不需要再进行精加工，降低了加工费用
2	因其能量转换率高(达 90% 以上)，故节能效果好，又由于采用斑点组合淬火图样，进行的是最小限度的加热，故其直接能源消耗与其他淬火方法相比是最小的，能耗为高频感应加热的 1/2
3	电子束淬火是在真空(0.1~1Pa)中进行，可自激冷淬火，无需冷却用油或水等，降低了成本，同时无氧化、无脱碳，表面质量高
4	因电子束的射程长，故零件局部淬火部分的形状不受限制
5	硬化层深较厚，可达 0.8~1.5mm
6	操作费用低，投资少，适用于生产线上

（2）应用　目前，该技术用于汽车零件如离合器凸轮、阀杆、轴类等，以及模具表面的强化处理，不仅提高了工件寿命，而且节省了能耗。

（3）设备与工艺　目前，电子束加速电压达 125kV，输出功率达 150kW，能量密度达 $10MW/m^2$。因此，电子束加热的深度和尺寸比激光加热的大。该项技术的工艺参数见表 2-97。

表 2-97　电子束加热工艺参数

光点的能量密度 /(kW/cm²)	入射角 (°)	聚焦点直径 / mm	扫描速度 /(mm/s)	作用时间 / s	淬火方式
30~120	25~30	≤2	10~500	≤1	自身淬火

（4）电子束淬火应用实例　见表 2-98。

2.4.10　接触电阻加热淬火及其应用实例

接触电阻加热淬火是利用通以低的电压（2~5V）、大的电流（80~800A）的电极与工件表面间的接触电阻发生的热量加热工件表面，同时又利用工件本身

表 2-98 电子束淬火应用实例

工件及技术条件	工艺与内容	节能效果
热变形模具,Cr12钢,要求表面淬火回火处理	1)预备热处理。1050℃加热淬火,180℃回火处理 2)电子束淬火设备与工艺参数。采用10kW的电子束加热装置。电压150kW,电流56mA,电子束直径ϕ2mm,扫描速度50~200mm/s,作用时间0.05~0.1s,冷却速度(2~6)×10^4℃/s 3)检验结果。模具表面硬度为880HV,热影响区硬度为780HV,基体硬度为650HV;硬化层深度0.1~0.2mm;表层组织为细小马氏体+残留奥氏体+δ-铁素体+碳化物,热影响区组织为马氏体+残留奥氏体+碳化物,基体组织为回火马氏体+碳化物	由于该工艺处理时间极短(0.05~0.1s),故节能效果显著
42CrMo钢工件,要求表面淬火处理	1)电子束淬火工艺。加速电压60kV,聚焦电流500mA,扫描速度10.47mm/s,真空室真空度1.33×10^{-1}Pa,功率900~1800kW,束电流15~30mA 2)效果。硬化层深0.35~1.55mm,淬火宽度2.4~5.0mm,硬度627~690HV	该工艺处理时间极短,故显著节省能源

的热传导冷却，达到表面局部淬火（自行冷却淬火）的工艺。手工操作时硬化层深度为0.07~0.13mm，机械操作时则为0.2~0.3mm，硬度为50~62HRC。接触电阻加热装置示意如图2-21所示。

手工操作时接触电极一般用炭棒或纯铜，机械淬火设备则常用2个或4个纯铜滚轮（ϕ50~ϕ80mm）。轮缘花纹有直线形、S形、鱼鳞形或锯齿形，滚轮以1.5~3.0m/min线速度移动，加在滚轮上的压力为40~60N。变

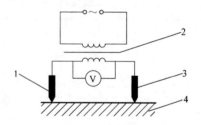

图 2-21 接触电阻加热装置示意
1、3—纯铜滚轮电极 2—变压器
4—工件（如机床导轨）

压器用自耦变压器，常用电压2~3V，电流400~600A，加在电极上的压力为39~59N。

（1）技术特点 该技术使用加热设备简单，操作灵活，工件畸变小，由于淬火冷却采用自行冷却淬火方式，因此节省了淬火冷却介质，淬火后不需要回火，节省了能源。接触电阻加热淬火能够提高工件表面硬度和耐磨性、抗擦伤能力，但淬硬层较薄。

（2）应用与效果 该技术适用于各类工件的小批生产及设备维修，如各种机床的导轨淬火与维修，工模具、曲轴、气缸套等复杂工件的表面淬火。

将渗硫剂涂敷于机床导轨，进行电接触表面渗硫淬火，从导轨使用4~5年的情况表明，这一技术更能提高耐磨与抗擦伤能力。

（3）接触电阻加热淬火应用实例　见表 2-99。

表 2-99　接触电阻加热淬火应用实例

工件及技术条件	工艺与内容	节能效果
机床床身导轨，材料为灰铸铁，要求导轨表面淬火处理	1）接触电阻加热淬火工艺参数。滚轮直径 60mm；纯铜滚轮轮缘花纹宽度 0.8mm；纯铜滚轮线速度 2.4m/min；变压器二次开路电压小于或等于 5V；负载电压 0.5V；滚轮施加于导轨表面的压力 40N；淬火加热时电流 450A；两个铜滚轮间距离 35mm；冷却采用自冷方式。图 2-22 所示为接触电阻加热表面淬火装置 2）检验结果。导轨表面硬度 59～61HRC；硬化层深度 0.25mm；表层组织为马氏体 + 少量的莱氏体和残留奥氏体	由于该工艺是表面加热淬火，取代整体加热工艺，故节能效果显著，同时因采用自冷方式淬火，省去了淬火油或水的消耗，降低了加工费用
圆锯片，ϕ200mm，厚度 3mm，材料为 65Mn 钢，要求淬火处理	1）接触电阻加热淬火。先采用常规的整体热处理工艺处理，基体硬度达到 47～49HRC；接着在变压器工作端通以电压 30V、电流 250A，接触电阻加热 1～2s，然后自激冷却淬火，获得晶粒细小的混合型马氏体硬化组织 2）检验结果。经接触电阻加热淬火的锯齿尖部具有很高的硬度，可达 64HRC；采用同样工艺处理的 65Mn 钢与 GCr15 钢淬火的耐磨性大幅度提高	通过实际考核，接触电阻加热淬火的锯片的寿命比普通锯片提高 30 倍，同时因加热速度快，节省了能源

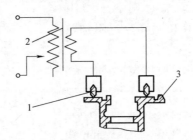

图 2-22　接触电阻加热淬火装置示意

1—滚轮电极　2—变压器　3—床身

2.5　简化或取消热处理工序方法

在热处理过程中，根据零件技术要求（包括力学性能要求），简化或取消热处理工序，从而达到节能降耗的目的。

1）对于某些大型的碳素钢零件或毛坯，采用调质并不比正火显示出更多的优越性。对此，可采用正火代替调质。

2）退火往往成为锻造后的必经工序，如果能在锻造后直接缓冷达到退火的目的，也可达到节能效果。

3）当仅要求工件软化时，采用高温回火来代替完全退火，可达到节能目的。

4）取消渗碳钢的回火，如20Cr钢"解放"牌汽车双面渗碳活塞销取消回火的疲劳极限较回火的可提高16%；取消低碳马氏体钢的回火，如将输煤机链套和滚子的热处理工艺简化为20钢淬火态（低碳马氏体），取消回火后硬度稳定在45HRC左右，产品强度和耐磨性显著提高，质量稳定。

5）减少高速钢回火次数的同时达到节能效果，如W18Cr4V钢机用锯条采用一次回火（560℃×1h）代替传统的560℃×1h三次回火，使用寿命可提高40%。

6）在一些情况下，采用自回火及感应回火工艺取代普通炉中回火，也可达到节能的目的。

2.5.1 渗碳后直接淬火及其应用实例

对于本质细晶粒钢，省略渗碳后重新加热淬火，即渗碳（炉内预冷）后直接淬火，其是利用渗碳加工余热淬火，常可以起到简化工序，节约能源，从而达到提高生产效率，降低产品成本的作用。

1）大多数细晶粒钢在密封渗碳炉中1000℃以下渗碳后，都采取降温直接淬火方式。这就节省了重新加热所需的能源消耗，并简化了工序。例如，对20CrMnTi、20CrMo、22CrMo钢等细晶粒钢零件，在渗碳后期，通过工艺调整，出炉前在炉内进行预冷降温到830～850℃，即可实现渗碳后直接淬火。该方法简单，但工件畸变相对较大。

为了尽量减少畸变，还可以采用降温淬火。降温的温度高低视工件的性能要求而定：对于仅需表面耐磨损的工件（如销轴），可降温至对应渗层Ac_1以上的温度再进行淬火；而对于既要求表面耐磨，又要求心部有一定强度的工件（如齿轮），降温所达到的温度不应低于心部材料的Ac_3温度，以防铁素体析出。

2）对含Ni量较高的低碳合金结构钢（如20CrNi3、20Cr2Ni4钢等），以及非本质细晶粒钢（如20Cr、20CrMnMo、20MnVB钢等），通常采用渗碳后二次加热淬火，以达到技术要求。近年来，通过采用渗碳-亚温直接淬火工艺［渗碳后炉冷至不低于Ar_1温度（740～760℃）进行直接淬火］，以及稀土渗碳工艺等可以实现渗碳后直接淬火，从而获得明显的节能效果，同时减少了工件畸变和氧化脱碳的倾向，即相应提高了产品质量。

3）在进行1000℃以上的高温渗碳时，为细化晶粒，渗碳后只要冷却到稍低于Ac_1温度，即可重新加热到奥氏体化温度淬火，也可达到节能的效果。

表2-100为常用渗碳钢的临界温度。

表 2-100　常用渗碳钢的临界温度　　　　　　（单位：℃）

牌号	Ac_3	Ar_3	Ac_1	Ar_1
20	855 ~ 860	835 ~ 840	735 ~ 740	680
20Cr	838 ~ 845	798 ~ 805	765 ~ 770	700
20CrMnTi	825 ~ 830	775 ~ 780	740 ~ 745	650 ~ 665
22CrMnMo	830	740 ~ 745	710	620
12Cr2Ni4	780	660	720	575
18Cr2Ni4WA	810	—	700	—

4）渗碳后直接淬火应用实例见表 2-101。

表 2-101　渗碳后直接淬火应用实例

工件及技术条件	工艺与内容	节能效果
坦克车齿轮，20Cr2Ni4A 钢，要求渗碳热处理	1）原工艺及问题。渗碳工艺过程：装炉→均温（齿轮装炉后停电 1h 均温）→升温排气→强渗 920℃×3h→扩散 920℃→920℃出炉气冷→600℃高温回火→二次加热淬火（810℃碳氮共渗）→低温回火（150℃×3h）→检验。经检验，金相组织为：碳化物呈颗粒状，表面硬度 60 ~ 63HRC。由于齿轮加工路线长，工序多，齿轮畸变大，能耗大 2）碳氮共渗直接淬火工艺。采用"三段控制"碳氮共渗直接淬火工艺。其热处理工艺曲线如图 2-23 所示。经检验，共渗层深度≥1.1mm，碳氮化合物层是呈弥散分布的碳氮化合物组织，其淬火组织中的残留奥氏体量较少，显微组织理想	由于采用三段控制直接淬火工艺，简化了操作，显著降低了能耗。因共渗温度低，并在共渗后直接淬火，齿轮畸变减少
内燃机活塞销，20 钢或 20Cr、20Mn 钢，渗碳淬火后表面与心部硬度要求分别为 57 ~ 64HRC 和 24 ~ 45HRC，渗碳层深度 0.5 ~ 1.2mm，碳化物 1 ~ 3 级，马氏体 1 ~ 5 级，内孔无脱碳情况	1）原工艺及问题。采用 930℃渗碳空冷后，在盐浴炉中进行二次加热淬火，因工序多，故能耗大 2）稀土低温渗碳直接淬火工艺（新工艺）。稀土低温渗碳温度为 860 ~ 880℃，平均渗速 0.15mm/h 3）检验结果。对活塞销进行 2000h 耐久性装机考核，平均磨损量为 0.015mm。按活塞销的平均磨损量为 0.1mm 作为报废条件来计算其寿命，用稀土低温渗碳直接淬火工艺生产的活塞销的寿命为 12000h。经失圆应力疲劳寿命对比试验，新工艺较原工艺处理活塞销的疲劳寿命提高 2.1 倍。稀土低温渗碳直接淬火工艺处理的活塞销均达到优等品要求	原工艺周期为 10 ~ 12h，而新工艺周期为 8 ~ 9h，故可缩短工艺周期 2 ~ 3h，按年产 100 万支活塞销计算，新工艺年节电费 30.72 万元，降低成本 43.52 万元
20Cr2Ni4 钢，要求渗碳热处理	1）常规工艺及问题。因 20Cr2Ni4 钢含镍较高，渗碳层奥氏体十分稳定，无法实现渗碳后直接淬火，而需要经过复杂的热处理（即 920℃渗碳 6h，空冷 + 650 ~ 680℃高温回火 6h + 820℃加热淬火 + 180℃低温回火 3h）。不仅工艺周期长、工序多、能耗高，而且工件畸变大 2）新工艺。采用 105kW 井式气体渗碳炉，配有红外线 CO_2 仪监测炉内碳势。渗碳剂为煤油，稀释剂为甲醇，其中溶入稀土催渗剂。20Cr2Ni4 钢稀土渗碳直接淬火工艺：(860±5)℃×8h，碳势 $w(C)$ 为 1.2%，直接入油淬火；180℃×3h 回火 3）检验结果。马氏体为隐晶状。由于表层过共析区沉淀析出大量细小弥散颗粒状碳化物，使奥氏体的稳定性大幅度下降，从而实现了渗碳后直接淬火	由于实现了渗碳后直接淬火，使热处理工艺大为简化，缩短工艺时间 4.5h 以上，节约电费 160 元/炉以上

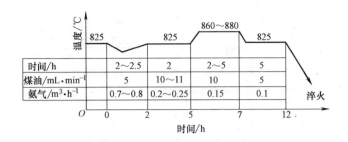

图 2-23 20Cr2Ni4A 钢齿轮高浓度碳氮共渗"三段控制"直接淬火工艺曲线

2.5.2 振动时效技术及其应用实例

在传统机械加工过程中,为消除零件中的残余应力,提高其在使用过程中的寿命和性能,通常采用热时效工艺。生产实践表明,热时效工艺存在着能耗大、成本高,以及对大型件和大批量生产难以处理等缺点,而振动时效技术无上述缺点,且在节能等方面上具有一定的优势。

(1)振动时效及其机理 振动时效的实质是通过振动的形式给工件(或称构件)施加一个振动应力,当振动应力与工件中的残余应力叠加后,使工件内部产生微观塑性畸变,被歪扭曲的晶格逐渐回复平衡状态进而使残余应力得以释放,达到防止工件畸变与开裂、稳定工件尺寸与几何精度的目的。

(2)振动时效优点 投资少,工艺简单,生产周期短,效率高,能耗与成本低,可避免热时效带来的表面氧化、脱碳、热畸变、硬度降低等缺陷,从而弥补了自然时效和热时效的不足。此工艺还适合于处理不能采用热时效的淬硬工件。

振动时效工艺周期短,通常只需 30min,而热时效至少十几小时甚至 1~2 天,需要消耗大量的能源。相对于热时效来说,振动时效可节省能源 90% 左右;生产费用低,可节省费用 90% 左右;对于处理大型构件,可以节省建造大型炉窑所需的巨大费用。

(3)振动时效及其装置 振动时效是将一个具有偏心重块的电动机系统(激振器)安放在构件(工件)上,并将构件用橡胶垫等弹性物体支承,通过控制器起动电动机并调节其转速,使构件处于共振状态,经 20~30min 处理即可达到调整残余应力的目的。经过振动时效处理的构件其残余应力可以被消除 20%~80%。振动时效装置如图 2-24 所示。图 2-24 所示激振器就是机械振动的振源。

振动时效工艺参数及效果评定方法参见 GB/T 25712 和 JB/T 5926,焊接构件振动时效工艺参数及技术要求参见 JB/T 10375。

(4)应用与效果 振动时效技术已广泛用于机床、冶金、航空、航天、军

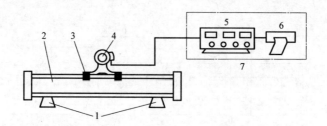

图 2-24　振动时效装置示意

1—橡胶垫　2—构件（工件）　3—夹具　4—激振器（电动机系统）
5—微电脑扫频仪　6—打印机　7—控制箱

工、电子、轻工、纺织、建筑、风机等行业。

用振动时效代替热时效，不仅节省能耗，提高生产效率，而且热处理前用振动法充分消除残余应力可明显减少热处理后的畸变。在稍低于工件谐振频率条件下，可减少 95% 的机械加工畸变，90% 的工件热处理畸变，98% 的产品零件长期放置畸变。

（5）频谱谐波振动时效及其特点　它是通过傅里叶分析方法对金属构件进行频谱分析，在 0~100Hz 范围内找出工件几十种谐波频率，从中优选出效果最佳的 5 种谐波频率，施加足够的能量进行振动时效处理，产生多方向振动应力，与多维分布的残余应力叠加，达到材料的屈服强度时，将产生局部的塑性变形，迫使受约束的变形得到释放，从而解放峰值残余应力，达到降低和均化残余应力、减少畸变的目的。

频谱谐振时效与常规振动时效相比，对激振点、支撑点、拾振点的选取无特殊要求，且工艺简单。由于频谱谐振时效转速在 6000r/min 以下，振动产生的噪声较低，减小了噪声污染，适合当前节能减排的要求。

（6）振动时效技术应用实例　见表 2-102。

表 2-102　振动时效技术应用实例

工件及技术条件	工艺与内容	节能效果
PF7500 系列的 T-04-D003 型产品（异形套筒类零件）毛坯，径向最大尺寸为 700mm，最大长度 1000mm，成品径向最小尺寸小于 200mm，最小壁厚 8mm，材料为合金铸铁，内孔精度最高要求 6~7 级，铸造后进行时效处理	1）原工艺流程。毛坯离心铸造→热时效→精加工内孔→强化热处理→精加工。铸造后采用热时效处理时，生产周期长，能耗大 2）振动时效。采用多件大小组合纵向排布（最多 9 件），卧式安装，其振动系统布置如下图所示。采用多频施振方案，以确保工件在高频、低频振动后残余应力完全趋于平衡状态，最终取得最佳振动效果	热时效（大小件平均值）：69.38 元/t、71min/件；振动时效（大小件平均值）：2.37 元/t、3.91min/件。与热时效相比，振动时效节省能源 95.5%，降低成本 96.7%，减少生产周期时间 94.6%

（续）

工件及技术条件	工艺与内容	节能效果
PF7500 系列的 T-04-D003 型产品（异形套筒类零件）毛坯，径向最大尺寸为700mm，最大长度1000mm，成品径向最小尺寸小于200mm，最小壁厚8mm，材料为合金铸铁，内孔精度最高要求 6～7 级，铸造后进行时效处理	 3）效果。粗加工与时效处理后精度测量最大畸变量为 0.35mm，精加工与表面强化处理后最大畸变量为 0.04mm，表面强化处理与再次时效处理后最大畸变量为 0.01mm，精加工后的成品与出厂 6 个月后的产品最大畸变量为 0.02mm。该技术的实施能满足产品的尺寸精度和稳定性要求	热时效（大小件平均值）：69.38 元/t、71min/件；振动时效（大小件平均值）:2.37元/t、3.91min/件。与热时效相比，振动时效节省能源95.5%，降低成本96.7%，减少生产周期时间94.6%
水轮发电机转子支架，为焊接构件，由 6 瓣组成，单瓣重量约 50t，要求时效处理	1）原工艺与问题。原采用电阻炉加热退火，周期长，能耗大，畸变严重，表面氧化 2）频谱谐振时效设备与工艺。选用"领航者消除应力专家系统 Windows XP 版 V1.0 领航者Ⅱ型"设备进行频谱谐波时效处理。工件的支撑采用 4 点弹性支撑，采用 LH6506 激振器，利用计算机软件调整并选取最佳时效振型及频率。表 2-103 为谐波频率振动时效工艺参数 3）效果。检查两条焊缝，其整体残余应力分别降低了33.5% 和 37.1%，取得了较好效果	原退火时，每炉装 2瓣，每炉需要退火 3天，但构件底板收缩为2～3mm，畸变较大，需要校正，且表面氧化皮较厚；而采用谐波频率振动时效时，单瓣处理周期约为 2h，且畸变小，整台转子支架可缩短 20 天，节省了大量能源

表 2-103 谐波频率振动时效工艺参数

序号	偏心/mm	参数			
		转速/r·min⁻¹	加速度/m·s⁻¹	电流/A	时间/min
第 1 谐振幅	60	3340	42	5	10
第 2 谐振幅	60	5000	33	3.5	8
第 3 谐振幅	90	2670	35	4	10
第 4 谐振幅	90	3970	26	3	8
第 5 谐振幅	90	4200	22	3	8

2.5.3 改变或取消预备热处理及其应用

1. 预备热处理

一般预备热处理有以下几种：

（1）正火、正火＋回火处理 通常其后进行的是化学热处理（渗碳＋淬火）或者调质热处理，其作为预备热处理的目的就是细化晶粒、消除机加应力、均匀不平衡组织、降低硬度等，为后续的热处理奠定良好的组织基础，也便于机械加工。

（2）单纯退火和回火 通常其后最终热处理是调质处理，其作为预备热处理的目的就是为了消除应力以及降低硬度。

（3）调质处理 通常其后要进行表面淬火处理，其作为预备热处理的目的是为了得到强韧性结合优良的心部性能，降低使用过程中的心部疲劳开裂倾向。

2. 可改变或取消预备热处理的情形

1）对结构钢零件来说，由于正火后晶粒比较细小，当心部性能要求不高时，用正火代替调质处理，不仅减少工序，而且节省能源，例如在高频感应淬火后，同样可以获得较高的强韧性。

2）对碳含量 <0.45%（质量分数）的中低碳钢，用正火代替完全退火，同样也可以达到细化晶粒、改善切削加工性能和消除内应力的目的。正火与退火相比，工艺周期较短，具有高效节能的特点。

3）对多数中碳钢或中碳低合金钢小型锻件来说，只要锻造工艺和组织正常，完全可以取消调质前的正火（退火）预备热处理工序。例如，45 钢在锻造＋调质与锻造＋正火＋调质之后的两组力学性能相差无几。40Cr 钢锻造轴取消调质前的正火预备热处理，并没有降低其综合力学性能，金相组织也与经正火预备热处理的完全相同，同为均匀的回火索氏体组织。

4）对于某些大型的碳素结构钢零件（或毛坯），采用调质并不比正火显示出更多的优越性。例如，$\phi200mm$ 左右的 45 钢，调质后的抗拉强度 R_m 与正火后的比较仅相差 30～50MPa。在这种情况下，从节能的角度考虑采用正火就更合理一些。

5）用高温回火代替调质处理。根据工件的材料、技术要求及工作条件，以高温回火代替调质处理，不仅可使其力学性能达到与调质相近的要求，而且还可以减少大量能源消耗。

3. 改变或取消预备热处理应用实例

例如在碳素钢高中压阀门中，阀杆选用马氏体不锈耐热钢 20Cr13 钢制作，采用高温回火代替调质，处理后各项力学性能均达到与调质相同的要求，并且节省了大量能源，降低了成本。

（1）工件的材质和性能要求 20Cr13耐热不锈钢力学性能见表2-104。

表 2-104 20Cr13 钢力学性能要求 （GB/T 1220—2007）

R_m/MPa	R_{eL}/MPa	A（%）	Z（%）	KV_2/J	硬度 HBW
≥640	≥440	≥20	≥50	≥63	192~223

（2）原热处理工艺及问题 原采用调质处理，即720℃预热，920~980℃加热淬火，600~750℃高温回火。调质处理周期长，能耗大。

（3）节能热处理工艺 采用高温回火代替调质，其高温回火工艺如图2-25所示。

高温回火采用高温台车式炉或井式电阻炉，根据阀杆材料碳含量选取加热温度为720~740℃，空炉加热到温后装炉。根据工件有效断面尺寸，保温时间按3~4min/mm计算，阀杆直径或工件厚度大的取下限；反之取上限。出炉油冷（夏季风冷）。

由于20Cr13钢阀杆已经过1100℃高温锻

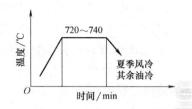

图 2-25 20Cr13 钢阀杆高温回火工艺

打，高温下合金元素已经扩散溶解，铬的碳化物基本溶于奥氏体，因此一般情况下（只要锻造温度不过热）高温回火均可代替调质处理。此外，在强度和硬度相同情况下，油冷比空冷有更佳的塑性和韧性。

（4）检验结果 20Cr13钢阀杆高温回火后，其力学性能测试结果和金相组织见表2-105。

表 2-105 20Cr13 钢的力学性能和金相组织

R_m/MPa	R_{eL}/MPa	A（%）	Z（%）	KV_2/J	硬度 HBW	金相组织
658	467	22	53	65	200~225	回火索氏体

由表2-105可见，经高温回火处理后，20Cr13钢的力学性能均符合GB/T 1220—2007规定的要求，晶粒度评定为5级，可以正常使用。

（5）节能效果 20Cr13钢阀杆采用高温回火代替调质处理，不仅可以满足其力学性能及金相组织要求，而且因简化工序，可节约50%左右的热处理费用。

2.5.4 取消回火工艺及其应用实例

工件淬火后，一般要经过回火处理。但在有些情况下可以省略回火工序而无损于热处理的质量。另外，利用淬火加热时工件本身的热量来达到回火的目的，即自行回火，也可以达到节能效果。

1）渗碳件、感应淬火件取消回火。对于一些结构简单的零件，如轴类件，不需磨削加工时，取消回火工序，对零件的使用性能影响较小，可以节省工序，节约能源。

2）马氏体转变温度较高的钢件，可以省掉回火工序。例如对于 Ms 温度较高（>300℃）的钢材，如低碳 Mn-B 钢，可利用其冷却过程中的自行回火方法来省略回火工序。

3）等温淬火的工件无须回火。等温淬火能够获得贝氏体组织，在贝氏体等温转变的过程中应力松弛，并获得强韧性的良好配合，可以不再回火。

4）渗碳后热油淬火的工件取消回火。在连续式渗碳炉或密封性渗碳炉中渗碳并施行 120℃ 左右热油淬火的工件，可根据情况取消低温回火工序。

5）利用淬火时钢件所含的热量达到自身回火。对于冲头、斧头、刮刀等常用工具，采用仅淬硬刃部而通过后部余热传导使刃部达到回火的目的。

1. 渗碳件取消回火及其应用实例

残余应力的存在，对钢的疲劳性能有重要作用，在承受外载荷时，可以部分抵消或降低表面层的应力水平，因而明显提高钢的疲劳性能；与此同时，还能够降低材料的缺口敏感性，阻止疲劳裂纹的萌生和扩展。

渗碳淬火件经低温回火后，因发生应力松弛而使残余应力明显降低，从而降低了弯曲疲劳强度。从疲劳强度变化来看，渗碳淬火件可以不进行传统的低温回火处理，例如以抗磨条件为主的渗碳件，淬火后不经回火直接使用；取消渗碳淬火件的回火工艺，虽会造成冲击韧度 a_k 和某些静强度性能降低，但并不降低渗碳件的疲劳强度。此外，渗碳件的疲劳强度和静强度性能之间并没有一定的对应关系。因此，取消部分渗碳淬火件的回火工艺，可有效地利用渗碳淬火件较高的残余应力来获得较高的疲劳强度，可以节能、简化工艺、降低成本，并已得到实际生产应用，取得很好的使用效果和经济效益。

20CrMnTi 钢渗碳淬火后经低温回火冲击韧度由 33.32J/cm² 提高到 60.76J/cm²，表面残余压应力由 294MPa 降低到 198MPa，疲劳极限也由 828MPa 降低到 779.1MPa。通过取消渗碳淬火的回火工艺，有效地利用渗碳件较高的残余压应力来获得了较高的疲劳强度，同时节约能源，降低了成本。

ZG310-570 钢制钢球板采用固体渗碳淬火不回火后，使用寿命大幅度提高。表 2-106 为 ZG310-570 钢制钢球板经不同工艺处理的结果。

表 2-106　ZG310-570 钢制钢球板经不同工艺处理的结果

| 渗碳工艺 | | | 渗碳层深度/mm | 淬火工艺 | | | | 回火情况 | 使用寿命/h |
温度/℃	保温时间/h	冷却		温度/℃	保温时间/h	冷却	硬度 HRC		
900~950	9~11	空冷	1.0~1.5	800~830	1	水	62~64	不回火	144
	9~11			800~830				回火	110
	8~11			850~900				回火	24

但在实际生产中取消低温回火工艺,还要考虑工件尺寸的稳定性和磨削裂纹的倾向等问题,应视具体条件决定,并应采取适当措施防止畸变、开裂。

表 2-107 为渗碳件取消回火应用实例。

表 2-107 渗碳件取消回火应用实例

工件及技术条件	工艺与内容	节能效果
YC6105 型柴油机活塞销,$\phi38mm \times 88mm$,20Cr 钢,要求渗碳热处理	1)原工艺及问题。930℃渗碳空冷,840℃二次加热淬火,随后经 170℃×3h 回火。因工序较多,能耗较大 2)新工艺。活塞销渗碳、淬火后取消回火工艺既可充分利用残余应力的有利作用而获得疲劳强度,又可以节省能源,降低成本 3)检验结果。①试样渗碳淬火后不回火,其表面硬度为 59.0~61.5HRC,而淬火回火后的试样只有 56.5~58.0HRC。经回火后试样硬度下降了 2~5HRC。②在相同试验条件下,不回火状态试样(20Cr 钢 $\phi38mm \times 10mm$ 圆环)的耐磨性明显高于回火状态。③活塞销渗碳淬火未回火的残余应力 σ_x 和 σ_y,比淬火回火状态试样分别提高 10.2%~14.2% 和 4.8%~5.4%。④选取 50 件 20Cr 钢活塞销,渗碳淬火后不经回火直接磨削为成品,经磁粉检测,没有发现裂纹,放置 6 个月后也未发现裂纹产生,且尺寸稳定性良好	对活塞销这样结构形状简单,以抗磨损条件为主的渗碳件,取消回火既可充分利用残余压应力的有利条件而获得高的疲劳强度,提高产品质量,又能简化工艺、节约能源和其他费用
拖拉机第二轴齿轮(长 540mm,杆部直径 60.5mm,齿部最大外径 114mm),20CrMnTi 钢,渗碳后齿面和心部硬度要求分别为 56~63HRC 和 >25HRC,渗碳层深度 1.3~1.8mm,轴向圆跳动 ≤0.12mm	1)工艺流程。正火→机加工→清洗→渗碳缓冷→齿部二次加热淬火→清洗→回火→喷丸清理→锪中心孔→校直→机械加工(轴颈磨削→主、从动齿轮配对)→包装 2)原工艺及问题。采用 90kW 井式气体渗碳炉,淬火加热采用 RYD-100-8A 型电极盐浴炉,回火采用 RJ2-75-6 型井式回火炉。采用 930℃×(3~3.5)h 渗碳,860℃出炉空冷,齿部进行 860℃二次加热淬火,最后进行 180℃×3h 低温回火。原工艺生产周期长,能耗高 3)新工艺及效果。第二轴渗碳后空冷和二次加热淬火的工艺不变,取消低温回火工序。经多年使用表明,使用寿命稳定	每炉装 120 件第二轴。电价格按 0.85 元/kW·h 计算,年产按 4.5 万件计算,每年可节省电费 10 万元以上

2. 感应淬火件取消回火及其应用实例

北京齿轮总厂对汽车变速器齿轮轴中频感应淬火后取消回火的效果见表 2-108。通过表 2-108 可知,对一些结构简单、没有应力集中的光杆轴等件,在感

表 2-108 齿轮轴中频感应淬火后取消回火的效果

序号	效　果
1	在相同条件下,感应淬火件比感应淬火回火件的耐磨性提高 36%
2	切向残余应力和轴向残余压应力分别提高 9.5%~14.4% 和 3.8%~4.4%
3	感应淬火件表面平均硬度比感应淬火回火件高 3HRC 左右
4	取消回火工艺后,每年可节省大量回火用电、工时、工装及设备维护费用等

应淬火后取消回火工序，不仅可以提高零件的残余应力，以及表面硬度、耐磨性，而且可以提高生产效率，节省能源，降低成本。

表2-109为感应淬火件取消回火应用实例。

表2-109　感应淬火件取消回火应用实例

工件及技术条件	工艺与内容	节能效果
212型汽车变速器中间齿轮轴（下称48轴，ϕ19.05mm × 218mm）和倒档齿轮轴（下称94轴，ϕ19.05mm × 76mm），均为45钢，两齿轮轴颈中频感应淬火后取消回火处理	1）原工艺。原采用8kHz中频感应淬火，然后进行160℃×2h的低温回火 2）感应淬火后取消回火工艺。两齿轮轴仍采用中频感应淬火工艺，但取消低温回火工序 3）检验结果。①工件中频感应淬火后，硬度为58～60.5HRC，而淬火回火工件硬度为55.5～57.0HRC，回火后硬度下降了2～5HRC；②选50件48轴，中频感应淬火后不经回火直接磨削产品，经无损检测，未发现表面裂纹，存放半年后未发现表面裂纹。48轴中频感应淬火后不经回火，经校直的零件，尺寸变形稳定性良好，未发现裂纹情况；③选取48轴各30件分别进行中频感应淬火后回火与不回火，校直后均存放半年，表面径向圆跳动基本上不发生变化，一般绝对值仅为0.01～0.02mm，畸变量处于稳定状态中	感应淬火后取消回火工艺后，既保证了产品质量，又节省大量回火用电、工时费用等。同时，根据实际使用条件，减少了齿轮轴淬火区长度，使上述两种产品的感应淬火加热时间平均减少了10%～15%。综合以上因素，取消回火工序，每年所带来的直接经济效益在2.6万元以上

3. 取消正火后的回火及其应用实例

在一些情况下，取消工件正火后的回火，不仅简化了工序，而且节省了工件重新加热回火的能耗，同时还提高了生产效率，降低了生产成本。

例如球墨铸铁曲轴取消正火后的回火。球墨铸铁正火方法有：波动式正火（高温石墨化正火，见图2-26中工艺曲线a）、三段正火（等温石墨化正火，见图2-26中工艺曲线b）、二段正火（破碎状铁素体正火，见图2-26中工艺曲线c）、正火（+回火，见图2-26中工艺曲线d）、"零"保温正火（见图2-26中工艺曲线e）等。

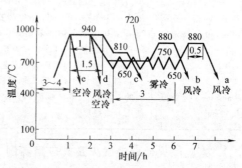

图2-26　曲轴各种正火工艺图（未含回火）

（1）取消正火后的回火　回火是球墨铸铁正火的后续工序，采用图2-26中工艺曲线d所示的正火工艺，曲轴经正火后，金相组织、力学性能和硬度均符合牌号和设计要求。在此基础上，通过多年的试验证实，曲轴正火后取消回火是可行的，用数理统计方法分析可知，其疲劳强度及常规力学性能、曲轴尺寸精度和几何精度的稳定性跟曲轴回火与否都没有明显区别。根据多年生产使用证明，曲轴质量良好，每支曲轴可节电 4.4kW·h，10 年来生产的曲轴已超过 100 万支，共节电 500 万 kW·h。

（2）球墨铸铁曲轴"零"保温正火 球墨铸铁曲轴经 920~940℃加热后直接出炉空冷，如图 2-26 中工艺曲线 e 所示，此工艺操作简便，能耗低。

（3）铸造余热正火 为进一步降低能耗，使用铁型覆砂铸造工艺，其是一项利用铸造余热正火的工艺，从根本上取消了正常的正火操作，每支曲轴可节电 9.37kW·h，按年产 20 万台柴油机计，每年可节电近 200 万 kW·h。

（4）不同正火工艺处理后曲轴的力学性能 见表 2-110。

表 2-110 不同正火工艺处理后曲轴的力学性能

序号	正火工艺曲线	珠光体形态	珠光体数量（%）	渗碳体量（%）	磷共晶量（%）	R_m /MPa	A （%）	a_K /(J/cm²)	硬度 HBW
1	a	针状	≤75	3~5	1~3	550~750	0.8~2.2	6~18	190~280
2	b	针、粒状	≤75	3~5	1~3	580~850	1.6~4.6	7~46	190~280
3	c	粒状	≤75	1~3	1~3	700~1000	2.2~6.5	20~75	240~310
4	d	片状	≤75	≤1	≤1	700~1000	2.2~6.5	—	229~290
5	e	片状	≤75	≤1	≤1	700~900	2.4~5.7	—	229~290

注：图 2-26 所示工艺曲线 a 为正火后经 550℃回火，工艺曲线 b 为正火后经 600~650℃回火，工艺曲线 c 为正火后经 600~650℃回火，工艺曲线 d 为正火后经 550℃回火，工艺曲线 e 为正火后不回火。

2.5.5 用等温淬火取代淬火、回火及其应用实例

1. 钢的等温淬火

等温淬火由于一般不用回火处理，省去一次再加热过程，因此可达到节能效果。同时，通过等温淬火能够获得良好的强韧性，零件的畸变、开裂倾向也显著减少。等温淬火又是避免第一类回火脆性的有效方法。

等温淬火选择在 $Ms~Mf$ 进行等温，并在该温度下保持到奥氏体转变结束，然后出炉空冷。这样处理的结果能够获得回火马氏体 + 下贝氏体的高强韧化组织。由于在等温过程中，马氏体能够自行回火，使应力得到相当程度的消除，而且使残留奥氏体分解成下贝氏体，能够减少淬火过程中的畸变与开裂倾向，因此可以不再进行炉中回火。

等温淬火后的性能在很多方面比普通淬火回火处理的要高。表 2-111 为弹簧钢（质量分数：0.52% C，0.93% Mn，0.85% Si，0.5% Cr）调质与等温淬火后的力学性能比较。通过表 2-111 可以看出，弹簧钢经等温淬火后的力学性能优于调质处理的结果。

表 2-111 弹簧钢调质与等温淬火后的力学性能比较

热处理工艺	R_{eL} /MPa	R_m /MPa	A (%)	Z (%)	a_k /(J/cm²)	断前循环数 (510HV)
调质	1430	1560	4.8	9.5	38 ~ 43	8150
等温淬火	1230	1620	8.2	3.6	72 ~ 76	17060

1）对于结构钢而言，大量零件要求的硬度在 30 ~ 50HRC 范围内。钢件经奥氏体化以后直接在 260 ~ 450℃ 的盐浴炉中施行获得贝氏体组织的等温淬火，就可以省去回火工序，还可以获得高的强韧性。但其缺点是不适用于大型工件。中碳结构钢只能用于直径 8mm 以内，板材厚度 5 ~ 6mm 以内。

2）工具钢采用等温淬火方法，特别是那些要求对畸变严格控制并强调韧性好的工具，如丝锥、板牙等。由于热处理畸变很小，因此可以减少最后精加工的磨削量，并能使毛坯的重量减轻。所以，如果计算从原材料到成品的全过程，就更能显示出等温淬火在节能降耗上的优势。

3）等温时间应通过试验方法确定。等温淬火适合小件，对于尺寸较大的零件，可以采用以下方法：①等温浴槽采用超声波搅拌以强化冷却。②先淬入温度较低（260℃）的第一热浴槽，使 50% ~ 70% 的过冷奥氏体转变为下贝氏体组织，再转入温度为 350 ~ 400℃ 的第二浴槽，使未转变的奥氏体继续转变，同时使在第一热浴中先转变成的贝氏体受到回火。然后取出空冷。③提高奥氏体化温度 40 ~ 50℃。④提高钢材的淬透性。通常油淬可以硬化的合金结构钢都可采用等温淬火。

2. 铸铁的等温淬火

铸铁件采用等温淬火，具有节能，缩短工艺周期，减少畸变和开裂，并获得较高的强韧性等优点。球墨铸铁通过等温淬火后，能获得可与钢媲美的强度（R_m 为 1200 ~ 1500MPa）和韧性（a_k 为 20 ~ 60J/cm²），而成本却远低于钢件。其可用于制造齿轮轴套、凸轮轴、曲轴等。

铸铁的等温淬火工艺参数选择：①铸铁等温淬火的奥氏体化温度，一般在 850 ~ 925℃；②等温时间应根据铸铁的等温转变图（S 曲线）确定，通常在 0.5 ~ 2h 范围内；③等温淬火的介质主要有热油、硝盐浴、流态粒子炉、强制循环空气等。

3. 用等温淬火取代淬火、回火应用实例

用等温淬火取代淬火、回火的实例见表 2-112。

2.5.6 自回火及其应用实例

自回火是对加热完成后的工件进行一定时间和压力的喷液淬火后停止冷却，利用残留在工件内部的热量，使淬火区再次升温到一定温度，达到回火的目的。

表 2-112 用等温淬火取代淬火、回火应用实例

工件及技术条件	工艺与内容	节能效果
纺织机械零件，40Cr 钢，要求调质处理	1) 原工艺及问题。原采用调质处理，即淬火 [870℃ × (16 ~ 18) min 加热，油淬] + 高温回火 (640℃ ×90min)，零件生产周期长，能耗较高，易畸变和开裂 2) 等温处理工艺。860℃ × (60 ~ 70) min，硝盐 540℃ × 60min，表 2-113 为不同工艺处理后的力学性能比较。通过表 2-113 可以看出，由于纺织零件承载力较小，一般在小能量多次冲击下工作，并不要求很高的冲击韧度，而要求强度与韧性良好的配合，所以用等温处理取代常规调质处理，可以满足性能要求，且无开裂危险，未发现早期断裂现象	等温处理取代调质处理不仅满足了产品性能要求，而且简化了工艺，节省了电能，且减小了畸变、开裂的倾向

表 2-113 不同热处理后的力学性能

热处理工艺	R_{eL} /MPa	R_m /MPa	A (%)	Z (%)	a_k /(J/cm²)	硬度 HBW
正火：860℃ ×2h，空冷	442.9	769.3	19.6	56.9	66.6	212
调质：870℃ × (16 ~ 18) min 油冷，640℃ ×90min，水冷	646.8	790.8	20.6	65.6	181.3	235
等温处理：860℃ × (60 ~ 70) min，硝盐炉 540℃ ×60min 等温后水冷	459.6	824.2	19.8	64.2	83.3	237

采用自回火，除了可简化工艺、节省能源和设备外，还由于实行了浅冷淬火，以及淬火、回火之间无间隔时间，因此可防止淬火裂纹的产生。

自回火与炉中回火在力学性能上并无差别，但从节能角度出发，可节约很多能源。45 钢高频感应淬火与炉中回火后的力学性能相比，其疲劳强度与冲击韧度相差无几。表 2-114 为 45 钢高频感应淬火自回火和炉中回火对冲击韧度的影响。

表 2-114 45 钢自回火和炉中回火对冲击韧度的影响

工艺	自回火温度/℃	平均硬度 HRC	平均 a_k (J/cm²)
淬火不回火	20	62	14.9
淬火自回火，冷却时间 1.4s	240	57	19.3
淬火自回火，冷却时间 0.8s	375	49	32.5
炉中回火 180℃ ×1.5h	—	56	21.5

(1) 感应淬火自回火 其是感应淬火时，提前终止冷却，使得心部热量由内传至外部的淬硬层而产生自热回火的作用。它与在炉中从外部加热的方式不同，可获得断面应力的最佳分布，即表层呈现更好的压应力状态。其优点是：

①节省了重新回火加热所需能量和淬火冷却介质的消耗；②对提高零件的扭转和弯曲疲劳十分有利；③无需回火装备和现场建设投资；④提高生产效率，并在许多情况下（如对高碳钢及高碳高合金钢）可避免淬火裂纹，同时一经确定各工艺参数便可以大批量生产，因此经济效益显著。

例如，40MnB 钢制 ϕ48mm 花键轴，感应淬火并在炉中 180℃ ×90min 回火后，硬度 48 ~58HRC。为了获得相同的回火效果，根据 Hollomon 等的公式计算，在表 2-115 中列出了在不同温度下的最短自回火时间。这一时间不包括工件停止淬火冷却后的温度回升时间。

表 2-115 在不同回火温度的自回火时间

回火温度/℃	180	200	250	300
自回火时间	90min	14min	15s	0.52s

表面硬度与自回火温度的关系见表 2-116。

表 2-116 表面硬度与自回火温度的关系

表面硬度 HRC	58 ~63	55 ~63	52 ~63	48 ~58	45 ~58
自回火温度/℃	180 ~250	250 ~300	300 ~350	>300	>350

感应淬火后的自回火温度一般不超过 290℃，通常在 210 ~240℃。自回火温度可采用测温笔或表面测温计测量。自回火时间一般大于 20s。

生产中保证自回火质量最常用的方法是控制喷射淬火液的压力和喷射时间。喷射压力和时间用工艺试验得到。此外，还可以借助于测温笔来测定工件的表面温度。

感应淬火工件通常进行炉中回火处理，虽然是低温回火，但由于是将工件整体回火，因此其电耗按工件重量（kg）计算，与感应淬火自回火相比，炉中回火能耗较大。长春一汽底盘厂感应淬火工件大量采用自回火工艺，节能效果显著。德国 ALFING 曲轴公司已经在轿车旋转淬火曲轴生产线上应用自回火工艺，节省了塔式回火炉生产面积及大量电耗。

（2）常规自回火　常规自回火常用于处理承受冲击的简单工具（如錾子、榔头、锤头、刮刀、冲头）以及钢轨头部等。如为了使钢轨头部获得回火索氏体组织，可将已加热完毕的头部浸入 25 ~30℃ 的水中淬火 30 ~40s（浸入深度 20 ~25mm），然后取出。钢轨其余部分所含有的余热可使头部得到 500 ~520℃ 的自回火，从而达到使用性能的要求和节省能耗的目的。

自回火时工件的回火颜色与温度的对应关系见表 2-117。

表 2-117 自回火时工件的回火颜色与温度的对应关系

温度/℃	220	240	255	265	280	300	315	330 ~350
颜色	亮黄	草黄	棕黄	红黄	紫色	蓝色	青蓝	灰色

（3）自回火应用实例　见表2-118。

表 2-118　自回火应用实例

工件及技术条件	工艺与内容	节能效果
高强度接头螺栓，长 162mm，杆部直径 φ22mm，头部直径 φ40mm，螺纹部分 M24，20MnSi 钢，要求淬火、回火处理	1）原工艺。中频感应淬火后，在链式回火炉中进行 360℃×50min 回火。原工艺淬火、回火工序间节拍不协调。原螺栓加热送料节拍为 12 个/min 2）新工艺与效果。以送料节拍为 20 个/min，经中频感应加热后淬入水中停留 5.40～7.50s 进行自回火，可使螺栓的强度和塑性均达到标准 　20MnSi 钢的 Ac_3 约 870℃，选择 860℃ 亚温淬火温度可获得在回火马氏体基体上分布着少量细小分散铁素体(体积分数 <10%)组织	中频感应加热亚温淬火工艺使送料节拍由原来的 12 个/min 提高到 20 个/min，达到了淬火、回火工序间节拍的协调；利用淬火余热进行自回火，取消原工艺的回火工序，既提高了生产效率，减少了能源(水、电)消耗，又满足了质量标准要求
2105 柴油机曲轴（轴颈 φ75mm，长 35mm），45 钢，技术要求：轴颈部硬度 55～63HRC	1）感应淬火后自回火工艺。对曲轴轴颈进行高频感应加热到温后，喷水冷却 20s，终冷后用表面温度计测试温度，温度曲线如图 2-27 所示。由于自回火时间短，喷水后表面温度回升到的最高温度为 240℃，要比常规炉内回火温度(180±10)℃ 高 2）检验结果。表面硬度 56～60HRC，金相组织为 5 级细针状回火马氏体或 6 级隐针状回火马氏体，达到技术要求	按年产 8000 件计算，每年可节电 4 万 kW·h，生产效率提高 3 倍
八角锤，45 钢，八角锤两工作面热处理后硬度为 44～55HRC，淬硬层深度 5mm，锤安装孔部位硬度 26HRC	1）工艺流程。下料→加热→制坯→锻造→切飞边→冲孔→打标记→余热淬火→余热自回火→后续加工 2）设备与工艺。毛坯加热用 300kW 中频感应炉，坯料出炉时温度控制在 1150～1180℃，用 200kg 空气锤锤制坯。锻造用 3000kN 摩擦压力机，用合模锻造，终锻温度 900～950℃ ①余热淬火。将终锻件在 900～950℃ 预冷至 820℃ 左右，经 2～4min 后淬水(>40℃)，淬火采用淬火机，两侧是喷水槽，喷水槽距离锤头工作面距离 20～50mm，中间是输送链条，锤头摆放在链条上随着链条一起移动 ②自回火。45 钢 Ms 为 380℃，故锤头两工作面淬火后温度控制在 200～250℃。锤中间部位需保留一定的温度，以保持足够的热量以供自回火。通过调节喷水槽喷水部位长度或链条运行速度来控制锤头冷却时间，从而控制自回火硬度	与传统的淬火、回火工艺相比，余热淬火、自回火节约了能源，降低了成本

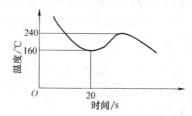

图 2-27　曲轴轴颈高频感应淬火后表面温度曲线

2.5.7　用感应加热回火取代炉中回火及其应用实例

感应加热回火是将已淬火的工件重新通过感应加热达到回火的目的的热处理工艺方法。

感应加热回火时间短，一般是普通炉子回火时间的 1/10 左右。另外，由于其大部分是局部加热或表面层加热，因此与普通回火相比，节能效果仅次于自回火。目前，将感应淬火与回火结合一起的淬火机床已得到发展和应用，如减振器、连杆淬火机床等。

（1）感应加热回火优点

1）加热时间短，生产效率高。感应加热低温回火升温速度为 4 ～ 20℃/s，中高温回火升温速度为 5 ～ 30℃/s。如气缸套用工频回火，一次 3 件，220℃感应回火时间为 30 ～ 40s。

2）可得到稳定与较好的力学性能。

3）可实现在线生产，缩短生产周期。

4）省略回火工序，节省能源。

（2）感应加热回火方式

1）利用原来淬火加热用电源，在原感应器装备下，用降低功率的办法来进行感应回火。此方法可用于摩托车曲柄等小零件。半轴扫描淬火后，使用同感应器用淬火工艺中频电压的 1/6 ～ 1/5 进行扫描感应回火。其缺点是在回火低温条件下，采用原来淬火加热的电源，其电流频率必然高于正常频率，因此淬硬层的回火完全靠热传导，其热效率较低。

2）采用合适的较低频率的另一套电源与感应器进行回火。目前大多采用此方法。电流频率选择 1000 ～ 4000Hz。有些直接采用工频，如用于气缸套与飞轮齿圈等。回火感应器一般采用多匝数，有效圈与工件的间隙要加大，而且回火部分的面积要比淬火区域大。

感应回火加热层必须达到淬火层深度。必须采用低的功率密度，用延长回火加热时间、利用热传导来达到加热层深度。

（3）感应加热回火工艺

1）不同频率感应加热回火时的功率密度见表 2-119。

表 2-119　不同频率感应加热回火时的功率密度

频率/Hz		0.06	0.18	1	3	10
功率密度 /(W/cm²)	150 ～ 425℃	9	8	6	5	3
	425 ～ 705℃	23	22	19	16	12

注：1. 表中数据适用于断面尺寸为 12 ～ 50mm 的工件，尺寸较小的工件采用较高的功率密度，尺寸较大的工件适当降低功率密度。

2. 加热速度一般为 15 ～ 25℃/s。

2）感应加热回火温度、频率与工件尺寸的关系。要达到与炉中回火一样的硬度，感应回火的温度要较高于炉中回火温度。表 2-120 为感应加热回火温度、频率与工件尺寸的关系。

表 2-120 感应加热回火温度、频率与工件尺寸的关系

工件尺寸 /mm	最高回火 温度/℃	频率/Hz					
		0.05 或 0.06	0.18	1	3	10	≥200
3.2 ~ 6.4	705	—	—	—	—	—	良好
6.4 ~ 12.7	705	—	—	—	—	良好	良好
12.7 ~ 25	425	—	较好	良好	良好	良好	较好
	705	—	差	较好	良好	良好	较好
25 ~ 50	425	较好	较好	良好	良好	较好	差
	705		较好	良好	良好	较好	差
50 ~ 152	425	良好	良好	良好	较好	—	—
	705	良好	良好	良好	较好	—	—
>152	705	良好	良好	良好	较好		

3）感应加热回火效果。东风汽车集团公司对 EQ140 型东风载货汽车后桥半轴连续淬火后经不同回火的疲劳试验数据见表 2-121。表 2-121 中数据表明感应加热回火的疲劳寿命较炉中回火要高。这是由于感应快速加热时，最表层首先瞬时产生马氏体分解，其体积收缩处于相变超塑性阶段，待整体回火完成后表层形成更大的压应力，具有一个更理想的有利于提高疲劳强度的应力分布。而炉中加热缓慢，没有这种条件。

表 2-121 半轴炉中回火与感应回火疲劳寿命比较

回火方式	淬硬层深度 /mm			硬度 HRC			疲劳次数 (×10⁴)
	花键	杆部	法兰根部	花键	杆部	法兰根部	
炉中回火	5.0	7.0	5.0 ~ 8.4	52 ~ 61	52 ~ 56	52 ~ 56	55.8 出现裂纹
感应回火	5.6 ~ 6.0	6.0 ~ 7.0	6.0 ~ 8.0	52 ~ 58	52 ~ 57	51 ~ 54	试至 724 未断
校直后感应回火	5.5	6.0	6.3 ~ 8.0	53 ~ 57	55 ~ 58	53 ~ 56	试至 727 未断

（4）用感应加热回火代替炉中回火应用实例　见表 2-122。

2.5.8　磨削加热淬火

1999 年德国《淬火技术通讯》报道了有关磨削淬火技术。钢件在一定工艺规范下磨削，依靠磨削把钢件表面加热到适当温度，然后靠其余未加热部分的热

表 2-122　用感应加热回火代替炉中回火应用实例

工件及技术条件	工艺与内容	节能效果
离合器膜片弹簧，φ178mm（外径）/φ40.8mm（内径）×3.25mm（厚度），50CrV 钢，技术要求：整体硬度 45～50HRC，中心 φ64mm 范围内硬度 55～60HRC	1）原工艺及问题。整体淬火[（860～870）℃×（6～8）min，油冷]＋中温回火[（360～380）℃×（30～60）min，水冷]和高频局部淬火[（880～900）℃×0.25min，喷水]＋低温回火[（180～220）℃×（30～60）min]。需要多种设备，工序多，质量不稳定，成本高 2）感应加热回火工艺。膜片弹簧感应加热回火生产线组成：感应加热模具、回火加热压床、进出料机构、冷定形模具、冷定形压床和控制系统。其工艺过程：进料→中频热模加热双温回火→压力定形→保温→模具冷（态）定形→出料移出 感应回火工艺参数：加热功率 60～160kW，加热时间 5～15s，保温时间 40～60s，冷定形时间约 60s 感应加热回火包括自动定形淬火及感应加热双温回火，自动定形淬火（860～870）℃×（6～8）min，感应加热双温回火工艺（同时进行）：低温区（220～250）℃×（0.7～1）min，中温区（390～460）℃×（0.7～1）min，冷（态）定形 3）检验结果。经中温区回火后的硬度为 45～50HRC，显微组织为回火索氏体；经低温区回火后的硬度达 55～60HRC，显微组织为回火马氏体	传统工艺需要 4 个工艺流程，而感应加热回火工艺只需 2 个工艺流程，极大地提高了生产效率，缩短了时间，节省了能源

传导冷却使表面金属变成马氏体而得到强化。此技术有可能代替感应淬火和激光淬火，有可能把一项整体热处理过程转化为加工生产线上的一道工序，节能效果也非常明显。

国内也在进行类似的研究，其以平面磨削淬硬试验为基础，研究了不同砂轮特性条件下 40Cr 钢磨削淬硬层的组织和性能。其结论是，在磨削淬硬加工中的热、力耦合作用下，砂轮特性对磨削淬硬层的马氏体组织形貌和高硬度区的硬度值没有明显的影响；随着砂轮粒度或砂轮硬度的提高，磨削淬硬层深度相应增加；与树脂黏结剂砂轮比较，用陶瓷黏结剂砂轮可使淬硬层深度增加近 40%。

2.6　前道工序余热利用

在一定条件下，利用锻造、铸造等工序余热进行热处理，不仅可以简化工序，提高生产效率，减少重新加热奥氏体化时所需要的能源消耗，而且在某些情况下还能够提高工件的使用性能。对大批量生产的标准件、汽车零件、工具等，节能效果十分巨大。

2.6.1　锻造余热及其利用实例

在锻造车间配备必要的热处理设备，利用锻造余热进行热处理，是一种行之有效的节能工艺，而且所获得的力学性能有可能比普通热处理的还要高。例如，利用锻造余热的淬火具有高温形变热处理效果，可明显提高钢的淬透性，使晶粒内亚结构细化，马氏体组织变细，晶体缺陷的增加和遗传以及碳化物的弥散析出，可使抗拉强度 R_m 提高 10%，冲击韧度 a_k 增加 20%，而且可省略锻造后的正火、退火和调质预备热处理，因而节能效果显著。在生产中利用锻造余热热处理能够使毛坯热处理能耗降低 50% ~70%。

利用锻造余热等温退火可显著改善渗碳钢的心部性能。锻造余热淬火还可以降低钢的脆性转变温度和缺口敏感性。利用锻造余热的淬火和等温正火已在汽车工业中得到推广应用。

利用锻造余热进行各种热处理，组成连续的锻造-热处理生产线，可大大缩短产品的生产周期，提高生产效率，还可以显著地节约能耗，提高产品质量。

利用锻造余热的热处理可分为：中碳钢及低合金钢锻造余热淬火；工具钢的锻造余热预备热处理；锻造余热退火及锻造余热正火等。

锻造余热热处理除了能够获得较好的力学性能以外，还可以省去热处理时的重新高温加热，从而节省了大量能耗、加热设备和车间面积，减少材料的氧化损失及脱碳、畸变等热处理缺陷。

1. 利用锻造余热淬火及其应用实例

锻造余热淬火属于形变热处理范畴。该方法利用锻造后的工件余热（高于 Ac_3 温度）直接进行淬火，省略一次重新加热淬火过程，因而具有节能、环保的优点。

（1）锻造余热淬火的强化机理　它与具体钢种及锻热淬火规范有关。锻造余热淬火可以有效地提高钢材的淬透性，从而有益于获得均匀的淬火质量，通过回火特别是高温回火，可以获得较高的综合力学性能。如利用锻后余热淬火＋高温回火作为预备热处理，可以消除将锻后余热淬火作为最终热处理而出现的晶粒粗大、冲击韧度低的缺点，比球化退火或一般退火的时间短，生产率高，加上高温回火的温度低于退火和正火，所以能大大降低能耗，而且设备简单，操作容易。

（2）锻造余热淬火的性能　与一般淬火、回火钢的性能相比，锻热淬火可使钢件硬度提高 10%、抗拉强度 R_m 提高 3% ~10%、伸长率 A 提高 10% ~40%，冲击韧度 a_k 提高 20% ~30%。

（3）锻造余热工艺参数的选择　①对于中碳钢及低合金钢，锻造加热温度应控制在 1250℃ 以下；②终锻后至淬火前的停留时间控制在 40 ~60s 以内；③锻造余热淬火温度根据钢材的塑性在 900 ~1000℃ 范围内选择；④关于冷却介质的选择，除碳含量较低（质量分数在 0.3% 以下）的碳钢应在含有防裂剂（即降低水的冷却速度的添加剂）的水中淬火外，通常可采用普通淬火油、水溶性淬火冷却介质等；⑤模锻时以压延变形为主，变形速度越快，强化效果越好；辊锻时，对于锻造加热温度为 950℃ 的低温锻造，如要求获得较高的回火硬度及冲击值，锻造比必须大于 1.5；⑥锻造余热淬火后的回火不应超过 4h，锻造余热淬火钢要获得普通调质钢相同的硬度时，其高温回火温度应比一般调质的回火温度高 20 ~50℃。

（4）利用锻造余热淬火应用实例　见表 2-123。

表 2-123　利用锻造余热淬火应用实例

工件及技术条件	工艺与内容	节能效果
重型汽车前轴，42CrMo 钢，要求调质处理后：硬度 30～35HRC，表面与心部回火索氏体分别为 1～4 级和≤5 级，表面脱碳层≤0.5mm，晶粒度≥5 级。力学性能要求：R_{eL}≥780MPa，R_m = 920～1080MPa，A≥12.0%，KV_2≥50J。疲劳寿命 N＞70×10⁴ 次	1）原工艺与问题。原正火（870℃×2.5h，空冷）及调质 [850℃×3h，PAG 淬火＋高温回火 580℃×（3.5～4）h，空冷]均采用大型台车式天然气加热炉。前轴经原工艺处理后，质量问题多，返修率高，氧化脱碳严重，能耗大 2）锻热淬火工艺（新工艺）。锻坯在 1150℃中频感应加热后，经辊锻成形及热校正后，用红外测温仪检测工件各处的表面温度不低于 850℃，并用红外测温仪测量工件入液淬火前的温度为 750～830℃，入液淬火冷却后工件控制最终温度在 120℃以上出液，然后在 2h 内进入 RJ2-24-7 型台车式电阻炉进行高温回火。前轴锻热淬火工艺如图 2-28 所示 3）检验结果。各批前轴锻件锻热淬火处理后的金相组织与力学性能均满足技术要求	省去了正火和调质淬火工序，节约了能耗，若将燃气消耗也折算为电耗，新工艺全年可节省电费 190 万元；热处理一次合格率提高到 93%以上，减少返修，全年节省 20 万元；减少氧化脱碳，下料重量减少约 0.6kg/件，全年节省 15 万元；取消了正火、喷丸、调质淬火等三大耗能设备，全年节省设备维修费用 30 万元。以上全年共节省费用约 250 万元
载货汽车前轴，45 钢、50 钢，要求淬火、回火热处理，金相组织 ≤ 4 级（GB/T 13320），晶粒度≥5 级，脱碳层深度≤0.6mm	1）原工艺。锻造后采用调质热处理生产线进行调质处理 2）余热控温淬火工艺（新工艺）。采用锻造余热控温淬火生产线，控温淬火，即锻造后将锻件温度迅速冷却到珠光体转变温度以下，然后逐步升温到 860℃保温一段时间后再进行淬火，其工艺如图 2-29 所示 3）检验结果。金相组织 2～4 级（GB/T 13320），晶粒度 5～8 级，脱碳层深度 0.2～0.4mm，返修率 0.4%	1）与普通冷料再加热调质相比，新工艺提高生产能力 111.1%，而电能消耗却降低 54.1% 2）新工艺每生产 1t 锻件可节省电费 77.5 元
汽车万向节毛坯（由 φ40mm 圆钢制成），40Cr 钢，调质处理	1）原调质工艺。1200℃锻造，空冷→860℃加热，油冷→600℃回火 2）锻造余热淬火与回火。1200℃锻造冷至 900℃，入油淬火；600℃回火 3）检验结果。R_m 为 950MPa，A 为 15%，a_k 为 1352kJ/m²，硬度 32HRC，较常规调质处理相比，强度提高 50MPa，硬度高出 6HRC，韧性提高近 40%	锻造余热淬火不仅节约能源，降低成本，而且能够改善组织结构，显著提高材料力学性能

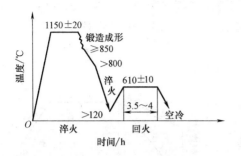

图 2-28 汽车前轴锻热淬火工艺

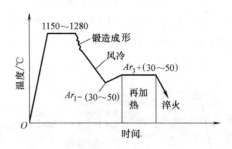

图 2-29 汽车前轴余热控温淬火工艺

2. 工具钢与轴承钢的锻造余热淬火 + 高温回火代替球化退火

（1）锻造余热淬火 + 高温回火代替球化退火 对于工具钢，一般采用在锻造后空冷，然后进行较长时间的球化退火，作为获得细小均匀分布碳化物的预备热处理，这种预备热处理不但生产效率低，而且能量消耗大，并且还不能充分发挥材料的潜力。

采用锻造余热淬火 + 高温回火作为预备热处理，可获得细小均匀分布的碳化物组织，比球化退火工艺效果还要好，并且只需 4h 高温回火，就可以代替 24h 的球化退火，从而大大节约能源。

有试验表明，经锻造余热淬火预备热处理后获得的细化组织，可使第 2 次淬火获得更细的马氏体，马氏体针长为原工艺的 1/10 ~ 1/7，在强化工具钢材料的同时还提高了塑性。对于 Cr12 工具钢采用较低温度锻造余热淬火，也可以获得同样结果。锻造余热预备热处理与普通球化退火处理的比较如图 2-30 所示。

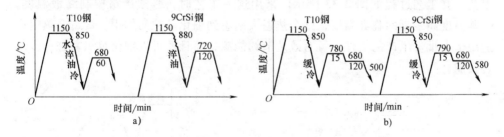

图 2-30 锻造余热淬火预备热处理与普通球化退火处理的比较

a）锻造余热淬火预处理 b）普通球化退火处理

（2）轴承钢的锻造余热淬火预备热处理

1）常规工艺。对于轴承钢（如 GCr15 钢），一般以高温正火或直接淬油冷却，作为球化退火的预备热处理，以消除和减少网状碳化物。其工艺流程为：锻压→辗扩后空冷（或喷雾）→正火（喷雾）→连续退火（球化退火）→机械加工→最终处理。该工艺周期长，能耗高。

2）锻造余热淬火＋高温回火工艺。锻造余热淬火预备热处理工艺流程为：锻压（始锻温度1000～1200℃）→辗扩后沸水淬火→高温回火（代替球化退火）→机械加工→最终处理。

锻造余热淬火＋高温回火工艺如图2-31所示。

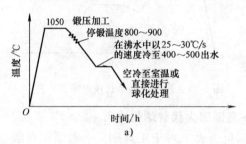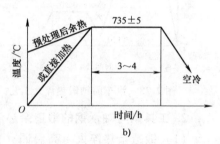

图2-31 锻造余热淬火＋高温回火工艺曲线
a）锻造余热沸水淬火 b）高温回火

此工艺可获得均匀分布的点状珠光体＋细粒状珠光体组织，其硬度一般为207～229HBW。该工艺的实施，可以显著缩短生产周期，节约能源。

3）锻造余热淬火＋快速等温退火。将锻造余热沸水淬火的锻件加热到稍高于Ac_1进行等温退火，可获得均匀的细小粒状＋点状珠光体组织，其硬度为187～207HBW。具体工艺如图2-32所示。新工艺的实施，不仅可以缩短周期，节约能源，而且能够保证退火质量。

3. 利用锻造余热退火和等温退火及其应用实例

（1）锻造余热退火 它是利用锻造后工件的余热，立即加热退火的热处理工艺，其工艺过程如图2-33所示。采用这一工艺时，必须严格控制终锻温度，若其温度高于钢的临界温度，则余热退火起不到细化晶粒的作用。锻造余热退火适用于大批量生产的工件，可有效地节约能源，而且还可以细化组织，进一步改善性能。

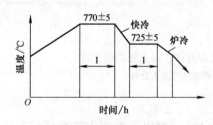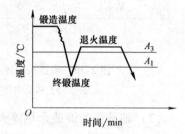

图2-32 经沸水淬火后锻件
进行快速等温退火工艺

图2-33 锻造余热退火工艺示意

（2）锻造余热等温退火 它是利用锻造后锻件的余热，迅速将其均匀地冷

却到 Ar_1 以下的珠光体相变区进行等温转变。这样既利用了余热，又可以获得铁素体和珠光体的等轴晶粒组织。可根据等温温度调整硬度，从而提高切削加工性能，降低工件表面粗糙度，减少工件渗碳淬火畸变。

由于省去了锻造后重新加热锻坯所进行的等温退火工序，减少了氧化、脱碳的倾向，减少了后续抛丸清理工序的成本，从而大大节约了热处理能源，降低了锻件成本。

将低碳合金钢（如 20CrMnTi、20CrMnMo、20CrMo 钢等）在终锻切边后，以 40～50℃/min 的冷却速度冷却到 600～700℃，保温至完成珠光体转变，然后空冷或在室内冷却。利用锻造余热进行等温退火代替常规等温退火，可节省约70% 的燃料，而且还可以改善组织与性能。以 20CrMo 钢为例，锻造余热退火与常规正火的性能比较见表 2-124。

表 2-124 20CrMo 钢锻造余热退火的性能

处理方式	组织及性能			
	金相组织	硬度 HBW	渗碳淬火畸变情况	切削加工性能
终锻后 1100℃，8min 冷至 600℃，保持 90min 后出炉空冷	片状珠光体，铁素体呈块状，粗针状内外均匀	163～173	不大	好，插齿后表面粗糙度 Ra 可达 1.60μm
终锻后空冷至室温，再加热至 930℃ 正火	较细粒珠光体，但内外组织不均	153～166	大	不好，拉毛现象严重

为了保证结构钢的可加工性，往往将其在终锻后迅速冷至 600℃（7～10min），保温 3h 后可获得微细珠光体＋铁素体组织，此时，宜于机械加工。锻件锻造余热等温退火工艺曲线如图 2-34 所示。一些钢材的锻造余热等温退火温度及硬度见表 2-125。

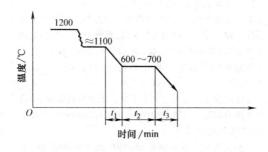

图 2-34 锻造余热等温退火工艺曲线

注：t_1——7～10min，急冷时间为本工艺关键项目；

t_2——根据等温转变图求得，并适当增加；t_3——空冷或冷却室内冷却。

表 2-125　锻造余热等温退火温度及硬度

牌号	等温退火温度/℃	硬度 HBW
20CrMnMo	650	174 ~ 209
20CrNi	650 ~ 680	157 ~ 207
20CrMo	650 ~ 670	160 ~ 207
20CrMnTi	660 ~ 680	156 ~ 228
30CrMnTi	660 ~ 680	120 ~ 228
50Mn2	650 ~ 700	< 229

（3）利用锻造余热等温退火应用实例　见表 2-126。

表 2-126　利用锻造余热等温退火应用实例

工件及技术条件	工艺与内容	节能效果
齿轮锻件，φ128mm（外径）/φ43mm（内径）×35mm（厚度），重量约 3.2kg。φ70mm 热轧圆钢材料为 8620H 钢，等温退火技术要求：硬度为 156 ~ 197HBW；晶粒度 5 ~ 8 级；带状组织 ≤ 3 级；无贝氏体；魏氏组织 ≤ 1 级	1）设备与工艺流程。中频感应加热炉（加热）→750kg 空气锤（制坯）→1000t 摩擦压力机（成形）→630t 压力机（切边冲孔）→输送带（速度可调）→余热等温退火炉（退火） 2）锻造余热等温退火工艺。锻造加热温度为 1200℃，锻造时通过控制工艺节拍控制终锻温度，进入高温恒温阶段，保证锻坯加热温度为 920℃，并保温适当时间，以一定的冷速冷却（如风冷 2min + 空冷 2min），然后进入 600℃ 等温炉等温 70min 后空冷，使基体完全转变成均匀分布的铁素体和珠光体组织。锻坯余热等温退火工艺曲线如图 2-35 所示 3）检验结果。基体组织为铁素体 + 珠光体，硬度 162 ~ 164HBW，晶粒度 6 ~ 7 级，带状组织 1 ≤ 级，无贝氏体、魏氏组织，检验结果合格	1）齿轮毛坯机械加工时，可加工性好。齿轮经渗碳淬火后，齿形、齿向畸变全部达到技术要求 2）该工艺与（常规工艺）自常温下加热到 Ac_3 以上的等温退火工艺相比，可节省 50% 左右的电能
齿轮锻件，20CrMnTi 钢，退火质量要求：金相组织 1 ~ 2 级，硬度 156 ~ 207HBW。按照 GB/T 13320 的规定检验	1）锻造余热等温退火工艺。锻造和退火连续完成。其锻造余热等温退火工艺曲线如图 2-36 所示 2）日本锻造余热等温退火技术 ①在锻造车间，首先在中频感应加热炉上增加温度闭环控制和温度自动检测分选装置，保证齿轮坯料的加热温度范围在（1200 ± 50）℃。将锻件的镦粗、成形、冲孔工序放在同一台热锻模压力机上完成，锻造后温度 ≥ 900℃ ②在网带式退火炉前加上了输送带和均料装置，使锻件快速均匀地进入退火炉内，入炉温度 ≥ 800℃，并在炉内 670℃ 等温保持 3）检验结果。日本钢材 SCr420（相当于 20Cr 钢）为 175 ~ 195HBW，20CrMnTiH 钢为 185 ~ 205HBW，金相组织 1 ~ 2 级。可满足锻件退火质量要求。经过冷、热加工表明，该工艺对可加工性和最终淬火畸变量无影响	采用锻件余热等温退火工艺，不仅可以保证锻件的退火质量，而且同普通等温退火能耗（400 元/件）相比，其能耗（160 元/件）降低 60%

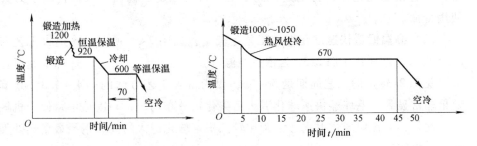

图 2-35　齿轮锻件锻造余热等温退火工艺曲线　　图 2-36　锻造余热等温退火工艺曲线

4. 高速钢锻后余热快速球化退火工艺及其应用

高速钢常规球化退火工艺周期长、效率低、能耗大，而且碳化物分布的均匀性也较差。对此，可以选择锻造后利用余热进行的高速钢快速球化退火工艺（见图 2-37 和图 2-38）。

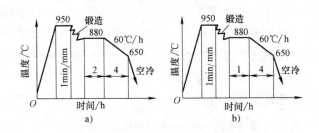

图 2-37　温（热）加工后快速球化退火工艺曲线

a）W18Cr4V 钢　b）W6Mo5Cr4V2 钢

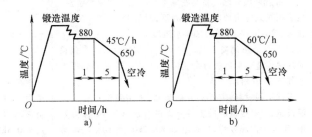

图 2-38　高温锻造快速球化退火工艺曲线

a）W18Cr4V 钢　b）W6Mo5Cr4V2 钢

（1）温（热）加工后快速球化退火工艺　其工艺如图 2-37 所示。工艺要点为控制锻材的终锻温度。终锻后立即将坯料转入 880℃ 的加热炉中等温保持，之后控温冷却（45～60℃/h）到 650℃ 出炉空冷。高速钢锻件经快速球化退火后有很多优越性，特别是提高了钢的抗弯强度及韧性，因而提高了刀具的使用寿命。

（2）高温锻造快速球化退火工艺　其工艺如图 2-38 所示。该退火工艺与图 2-37 相似，差别在于图 2-37 为钢材经温（热）加工后的工艺。这种快速球化退火（见图 2-38）的工艺周期是 5～6h，仅为常规工艺方法的 1/4～1/3，其节能效果非常显著。毛坯经快速球化退火后碳化物分布均匀，硬度适中，便于机械加工。此外，与常规球化退火方法相比较，快速球化退火的高速钢经最终热处理后强韧性也较高。

5. 利用锻造余热调质及其应用实例

调质是淬火后进行高温回火的复合热处理工艺。由于它能够获得较高的综合力学性能，因此得到广泛应用。但由于调质要进行两次加热，因此耗能大。利用锻后余热进行锻坯的调质处理，可以节约重新加热所需的能耗，而且还能获得改善组织和性能的效果。

采用锻后余热淬火 + 高温回火作为调质预备热处理，可以消除将锻后余热退火作为最终热处理而出现的晶粒粗大、冲击韧度低的缺点，比球化退火或一般退火的时间短，生产效率高，加上高温回火的温度低于退火和正火，所以能大大降低能耗，而且设备简单，操作容易。

表 2-127 为利用锻造余热调质应用实例。

表 2-127　利用锻造余热调质应用实例

工件及技术条件	工艺与内容	节能效果
摩托车发动机曲柄，精密锻造后外形如图 2-39 所示，材料为 45 钢和 40Cr 钢，要求调质处理	1）常规调质处理。将精密锻造后的工件空冷至室温，然后用箱式电阻炉加热调质处理，即 850℃ 淬火 + 650℃ 回火，淬入 w（KR7280）10% 水溶液中 2）锻造余热调质工艺。将 45 和 40Cr 圆钢经中频感应加热锻造成形后进行余热恒温调质处理，其热处理工艺如图 2-40 所示 　根据不同材料、零件的几何形状，采用新型自动化恒温设备，可对终锻后的工件立即进行短时 850℃ 恒温处理，保证工件温度均匀，采用 w（KR7280）为 10% 的水溶液淬火 3）检验结果。见表 2-128。45 钢各种指标全部达到并超过 GB/T 699—1999 规定的性能要求，40Cr 钢余热调质后的主要性能也高于常规调质。45 和 40Cr 钢曲柄经余热调质能显著提高淬透性，组织和硬度分布均匀，力学性能优于常规调质后的工件	常规调质工件平均耗电量为 0.5kW·h/kg，而锻造余热调质工件平均耗电量只有 0.3kW·h/kg，故可节约能源 40% 左右

（续）

工件及技术条件	工艺与内容	节能效果
排量为3.0的某R425系列柴油机曲轴锻件，轴颈φ67mm，长度538mm，42CrM-oA钢，预备热处理要求调质处理	1）曲轴调质要求。调质后硬度要求277～311HBW，同一根曲轴表面硬度差应＜15HBW，同一批硬度差＜30HBW；力学性能要求 R_m 为880～1030MPa，R_{eL} 为650～880MPa，A 为12%，KV_2 为35J；奥氏体晶粒度5～8级，显微组织1～4级 2）锻造余热调质工艺。曲轴毛坯高温锻造后，在一定时间内进行淬火，淬火采用PAG水溶液，然后进行（640±20）℃高温回火 3）检验结果。晶粒度6.5～8级，显微组织1级，R_m 为971MPa，$R_{p0.2}$ 为887MPa，A 为13.5%，KV_2 为132J，较常规调质处理曲轴的屈服强度及冲击吸收能量分别提高8.8%和85.9%，硬度为302HBW，同一根曲轴表面硬度差＜15HBW，同一批硬度差＜20HBW	采用锻造余热调质工艺生产18.5万件曲轴锻件，节约正火、淬火工序所用天然气791733m³，同时减少排放314.3kg二氧化硫、1700kg氧氮化物

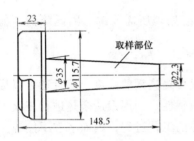

图2-39 曲柄锻件外形尺寸

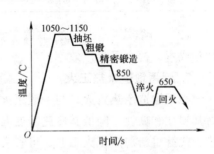

图2-40 曲柄锻造余热调质工艺

表2-128 锻造余热调质试样性能

试样	处理工艺	断面硬度HRC	R_m /MPa	R_{eL} /MPa	Z （%）	A （%）	冲击吸收能量/J
45钢	余热调质	25～26	827	675	47	16	57
45钢	常规调质	23～27	790	555	62	20	49
45钢（GB/T 699）	调质	—	≥600	≥355	≥40	≥16	≥39
40Cr钢	余热调质	26～28	902	803	43	15	92
40Cr钢	常规调质	23～25	832	716	64.3	19.2	84

6. 利用锻造余热固溶处理及其应用实例

对一些材料采用锻造余热固溶处理，不仅可以使材料的力学性能达到技术要求，而且可以节省重新加热固溶处理所需的能源，因此能显著降低工件生产成本，并提高生产效率。

例如，06Cr19Ni（旧牌号 0Cr18Ni9）不锈钢的锻造余热固溶处理。

（1）原工艺及存在问题　对于奥氏体不锈钢锻件，传统的工艺是将终锻温度为 900～950℃ 的锻件空冷到室温，然后再重新加热到 1100～1150℃ 固溶处理。该工艺能源浪费严重。

（2）锻造余热固溶处理　06Cr19Ni 不锈钢管、板，其电渣重熔钢锭的锻造加热工艺为（850～900）℃×8h，从 850℃ 升温至 1180℃ 时的升温速度为 80～90℃/h，在 1180～1200℃ 保温 8h。始锻温度 1200℃，终锻温度不低于 950℃，锻造后立即重新装入天然气炉中加热，在 1050～1100℃ 保温 1～1.5h 出炉水冷。其热处理后的力学性能见表 2-129。通过表 2-129 可以看出，不锈钢锻造余热固溶处理后的力学性能完全可以满足国标规定。

表 2-129　06Cr19Ni 钢锻造余热固溶处理后的性能

项目	R_m/MPa	R_{eL}/MPa	A(%)	Z(%)	a_k/(J/cm^2)
GB/T 1220	490	196	45	50	无要求
实际检验数值	548.8～597.8	253.2～352.8	63～70	78～80.6	35～37

（3）节能效果　该工艺节省了重新加热固溶处理所需能源，因此降低了能耗和成本，提高了生产效率。

7. 利用锻造余热正火

利用锻造余热正火，与一般正火相比，不仅可提高钢的强度，而且还可以提高其塑性和韧性，降低其冷脆转变温度和缺口敏感性。利用锻造余热进行正火工艺，代替重新加热正火工艺，可省去一次再加热的工艺过程，因而节省了能源。

低碳合金结构钢，如 15Cr、20Cr、20CrMnB 钢等，可在终锻切边后，以一定的冷却速度冷至 500～600℃（一般 5～7min），然后立即加热到 Ac_3 以上进行正火处理。图 2-41 所示为锻造余热正火工艺曲线。几种钢材的锻造余热正火温度及硬度见表 2-130。

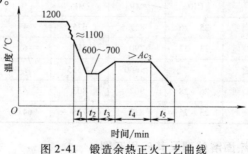

图 2-41　锻造余热正火工艺曲线

注：t_1——5～7min；t_2——尽量短时间；

t_3——正常加热时间的 2/3；t_4——根据装炉量大小等定；

t_5——空冷或冷却室内冷却。

表 2-130 锻造余热正火温度及硬度

牌号	等温退火温度/℃	硬度 HBW
15Cr,20Cr	880~900	144~198
20CrMnB	950~970	150~207

2.6.2 铸造余热及其利用实例

利用铸造余热进行正火或淬火处理，可以节省铸造冷却后重新加热进行正火或淬火的大量能耗，从而降低生产成本，并提高生产效率。

（1）铸件热（态）开箱淬火与正火 铸（钢、铁）件浇注后，冷却到接近淬火温度立即开箱进行淬火或空冷正火，以避免重新加热淬火和正火，这种方法在砂型铸件上比较难以实施，在金属型压铸件上容易实现。在有机械化脱模设备的条件下，有利于铸造余热淬火、正火。

可利用计算机控制铸造余热正火，即根据零件形状、壁厚以及铁液温度、浇注时间精确计算出所需在铸型内停留的时间，待铸件出型空冷，便可获得所需要的正火组织及性能。

高锰钢的铸造余热水韧处理，其工艺过程是铸件浇注并在高温（>900℃）脱模后直接在水中淬火或置入1050~1100℃的炉中均温后再水淬。与普通水韧处理相比，该工艺不仅可以有效地提高铸件的性能和使用寿命，而且能够利用余热以节省能源。

（2）铸件铸造余热退火 当灰铸铁或球墨铸铁件铸造后，在850~950℃将其开箱取出，立即放入保温箱（外壳为铁皮，内部为硅酸铝纤维毡）内，密封箱盖，插入热电偶测量箱内温度，温度小于300℃时，打开一点箱盖冷却至室温，检查铸件硬度。表2-131为典型铸造余热退火工艺。

表 2-131 典型铸造余热退火工艺

退火类型	铸铁材质	入保温箱温度/℃	保温时间	出箱温度/℃	适用范围
低温退火	灰铸铁	650~750	1~4h,或1h/10mm	<300	共晶渗碳体少时
	球墨铸铁	720~760	2h+1h/25mm	<600	共晶渗碳体少时
高温退火	灰铸铁	900~950	2h+1h/25mm	<300	自由渗碳体或共晶渗碳体
	球墨铸铁	880~980	1h+1h/25mm	<600	自由渗碳体或共晶渗碳体

（3）铸渗技术 利用铸造余热进行的化学热处理，也称"铸渗"，即在铸件凝固过程中，在其表面渗入合金的过程。该工艺同样可以获得表面强化的效果，并可节省重新加热进行化学热处理的大量能耗。

目前已得到应用的金属铸渗工艺方法主要有普通砂型铸渗法和干砂消失模铸渗法。其中，普通砂型铸渗法的工艺过程为：将具有特殊性能的合金粉末与黏结剂、熔剂配制成膏状并涂覆在型腔表面的需要部位上，待铸型干燥后浇注液态金属即可。

铸造砂型表面涂敷含有渗入元素和催渗剂涂料后进行干燥，将液态金属注入砂型形成铸件，在铸件冷却过程中使金属或非金属元素渗入铸件表层，改善其耐磨、减摩和耐蚀性能。例如，在球铁铸件铸渗钒钛合金时，用稀土元素做催渗剂，使铸件表面的渗层深度增加，同时也使渗层中合金碳化物的数量增多，粒度得到细化，从而进一步提高了铸件的耐磨性。

（4）利用铸造余热热处理应用实例　见表2-132。

表 2-132　利用铸造余热热处理应用实例

工件及技术条件	工艺与内容	节能效果
5t 载货汽车 6 缸发动机曲轴铸件，材料为 QT600-2 球墨铸铁，要求正火处理	1）常规工艺及问题。球墨铸铁采用铸造冷却后重新加热正火工艺，其生产周期长、铸件氧化严重、畸变大以及能耗高。按每吨常规正火处理球墨铸铁耗电量 1400～1800kW·h 计算，耗电大 2）铸造余热正火工艺。曲轴铸件在浇注完毕后的 30～50min 时进行开箱，利用铸造余热进行正火处理 3）检验结果。检测标准楔形试块的力学性能为：R_m 为 600～755MPa，A 为 2.0%～6.0%，硬度 220～260HBW，符合 QT600-2 铸件的力学性能的技术指标	采用铸造余热正火，节省了重新加热所需的大量能耗，降低了生产成本
高锰钢耐磨铸件，要求强韧化处理	1）铸造余热水韧处理工艺（新工艺）。该工艺为铸件浇注后 10min 于 1100℃ 出模并转入 1050～1080℃ 炉中保温 4h，出炉水淬 2）检验结果。与普通水韧处理（R_m 为 598MPa，R_{eL} 为 392MPa，A 为 16%，A_k 为 162J/cm²，调换衬板时间平均 107.4h）相比，铸热水韧处理（R_m 为 588MPa，R_{eL} 为 421MPa，A 为 18%，A_k 为 204J/cm²，调换衬板时间平均 184h）可有效地提高铸件的性能和使用寿命	常规方法生产高锰钢耐磨铸件费用约 7600 元/t。利用新工艺费用节约 2190 元/t。利用新工艺生产高锰钢铸件的费用是常规方法的 70%，降低生产成本约 30%
95 系列活塞，材料为铝合金，要求淬火处理，常温与高温抗拉强度分别为 196MPa 和 69MPa，体积稳定性 <0.03%	1）原工艺及问题。浇注并锯掉浇冒口后入热处理炉重新加热淬火，再施以人工时效。其耗能和成本高，生产周期长 2）铸热淬火工艺。活塞出模后（停留时间 <5s）立即入水，在水中冷却 2～3min，水温控制在 50～80℃ 范围内，淬火结束后停留 24h 左右，获得适当的强度和硬度，并进行时效处理（220±5）℃×4h 3）检验结果。硬度为 110～126HBW；同一活塞硬度偏差为 0～7HBW；同一批活塞硬度偏差为 8～17HBW；体积稳定性 0.0135%～0.0195%，符合技术要求；常温与高温抗拉强度分别为 244.2～265.4MPa 和 94.3～104.4MPa，均符合技术要求	经测算，95 系列活塞省去重新淬火加热，每只可节省电费 0.2 元。若以年产 50 万只计算，则全年可节省电费 10 多万元。同时，外观质量也得到改善

（续）

工件及技术条件	工艺与内容	节能效果
锁具,用灰铸铁制造,要求退火处理	1）原工艺及问题。加工流程:铸造→石墨化退火→机械加工。采用燃煤退火炉退火,污染大,成本高,退火后表面氧化大 2）铸造余热石墨化退火（新工艺）。铸造后在850～950℃开（型）箱取出铸件,立即放入保温箱内,密封箱盖,插入热电偶测量箱内温度,温度 <300℃时,打开一点箱盖冷却至室温,即可取出工件 3）检验结果。铸件硬度由原来的平均130～150HBW,降至90～110HBW,有利于机械加工	1）采用新工艺后,生产铸件6000t,节煤900t,节省费用100万元 2）产品合格率由原来的85%提高到95%,废品率降低5%～10%
钢锭模具,要求表面强化处理	采用铸渗工艺后,在钢锭模上形成了0.2～0.6mm的铝合金化抗热涂层,使模具高温抗磨损能力提高了7%～20%	应用铸造余热实施铸渗工艺,不仅提高了模具寿命,而且还节省了能源

2.6.3 轧后余热及其利用实例

轧热淬火是利用各种型材轧制后的余热进行淬火的热处理工艺。它的强化效果与锻热淬火相同。冶金工厂利用轧热淬火以提高各种型材（如板材、棒材、金属线材、钢轨等）的力学性能,其是既方便又可获得经济效益的良好热处理工艺方法。

轧热淬火还可以应用于高速钢刀具。高速钢车刀进行轧热淬火,除了能保证切削刀具标准所要求的热硬性,使切削寿命有较大提高外,还可以省去数条耗电量（300～400kW）很大的盐浴炉淬火生产线,从而带来巨大的经济效益,同时还能排除使用盐浴炉带来的盐渣和盐蒸气的污染。

20MnSi螺纹钢筋热轧后利用余热进行浅冷淬火-自回火处理,可在表面得到回火索氏体组织;心部也由于浅冷淬火时冷速较快,因此组织中铁素体较少、珠光体较多,从而使钢筋的强韧性大幅度提高。

表2-133为利用轧后余热热处理应用实例。

表2-133 利用轧后余热热处理应用实例

工件及技术条件	工艺与内容	节能效果
螺纹钢筋,规格 ϕ18mm,20MnSi钢,热轧状态供货,性能要求:R_{eL} ≥335MPa,R_m ≥510MPa,A ≥16%	1）轧后余热热处理工艺。热轧畸变量为93%（断面60mm×60mm的方坯,轧制成 ϕ18mm的螺纹钢）。终轧温度为900～950℃。浅冷淬火:螺纹钢筋通过盛有水压为0.08～0.15MPa的水管,浅冷淬火1～1.26s出水,淬硬层深度1.2～1.4mm。自回火温度550～600℃ 2）检验结果。螺纹钢筋（同一支）的力学性能:R_{eL} 503～552MPa,R_m 707～722MPa,A 为21%～24%。经轧后余热热处理,螺纹钢筋的强韧性大大高于GB 1499规定的数值	螺纹钢筋热轧后利用余热进行浅冷淬火-自回火处理,不仅使钢筋的强韧性大幅度提高,而且显著降低了能耗

（续）

工件及技术条件	工艺与内容	节能效果
车削刀具，W6Mo5Cr4V2 高速钢，要求淬火处理	1）轧热淬火工艺。高速钢经 1220℃ 轧制（250mm 轧机，50r/min）并直接淬火后的硬度高于普通淬火（畸变量为零），30% 变形时硬度最高，达 67 ~ 68HRC 2）试验结果。从不同热处理后车刀切削寿命对比试验结果（见表 2-134）可以看到轧热淬火工艺的优越性	利用轧热淬火，可以节约常规重新加热所需的大量电能，而且提高了刀具寿命

表 2-134　高速钢车刀切削寿命对比试验数据

处理方法	牌号	回火硬度 HRC	热硬性 HRC	切削长度/m	备注
常规	W6Mo5Cr4V2	65.0	62.0	27.86	切削长度为 5 把车刀的平均值
轧热淬火	W6Mo5Cr4V	66.5	62.5	45.25	
轧热淬火	CW9Mo3Cr4VAl	68.0	65.5	87.50	

2.7　其他节能热处理工艺与方法

2.7.1　节能复合热处理技术及其应用实例

复合热处理是将两种或更多的热处理工艺进行复合，或是将热处理与其他加工工艺复合，以便更大程度地挖掘材料潜力，使零件获得单一工艺无法达到的优良性能，从而达到节材的目的；或者是将几种热处理工艺结合在一起，缩短工艺时间，降低热处理能耗，改进热处理质量。因此，节能复合热处理工艺是先进热处理技术。

锻热、轧热、铸热热处理分别是锻造、轧制及铸造与热处理复合的工艺，这些工艺的应用，可以省去部分重新加热的热处理工序，从而大量节省能源，详见2.6 节内容。

表 2-135 为节能复合热处理技术应用实例。

表 2-135　节能复合热处理技术应用实例

工件及技术条件	工艺与内容	节能效果
重载齿轮，ϕ1200mm × 336mm，模数为 20mm，20CrMnMo 钢，渗碳淬火硬化层深度要求 4.13 ~ 4.57mm，碳化物 1 ~ 3 级，马氏体及残留奥氏体 1 ~ 4 级，表面脱碳层 ≤ 0.1mm，表面非马氏体 ≤ 0.05mm，齿轮公法线畸变误差为 1.0mm	1）常规工艺及问题。930℃ 渗碳后出炉空冷，830 ~ 850℃ 加热淬火，200 ~ 240℃ 回火。此工艺采用二次加热淬火方法，故处理时间较长，耗能大，齿轮畸变大 2）节能复合工艺。采用大型可控气氛井式渗碳炉，节能复合工艺如图 2-42 所示 3）检验结果。齿面与心部硬度分别为 58 ~ 60HRC 和 28 ~ 29HRC；渗碳淬火硬化层深度为 4.38mm；金相组织为马氏体及残留奥氏体 2 级，碳化物 2 级，表面脱碳层深 ≤ 0.05mm，表面非马氏体 0.03mm。畸变误差 ≤ 0.70mm。各项技术指标均满足技术要求	采用节能复合工艺可使渗碳热处理周期缩短约 20%，降低能耗至少 10%，还减少了渗碳剂的消耗和齿轮畸变

（续）

工件及技术条件	工艺与内容	节能效果
金属零件，要求淬火后进行表面发黑	1）石墨流态粒子炉发黑淬火复合工艺。其工艺流程：机加工→表面净化→粒子炉预热发黑（580℃）→粒子炉加热淬火→皂化除油。生产中最好使用两台炉膛尺寸相同的石墨粒子炉。石墨粒子炉发黑淬火复合工艺如图 2-43 所示 2）综合生产费用。包括设备投资、电费、介质消耗、皂化除油费、设备折旧及维修费用等	按年产 300t、40 ~ 60m²/t 计，粒子炉发黑的综合费用（159 元），是碱性发黑（269.5 元）的 1/2，是室温发黑（357 元）的 1/3。在批量生产中，可节能65%，降低成本39%
矿用高强韧性扁平接链环，规格φ22mm×86mm（直径×节距），材料为20MnVB、20MnTiB 钢，硬度要求为 42 ~ 50HRC，破断负荷要求 ≥550kN（德国 DIN 22258 标准）	1）复合热处理工艺。采用形变热处理和低碳马氏体强韧化处理复合处理工艺 ①采用高温形变淬火，取消锻件毛坯普通正火。高温形变正火的工件毛坯在锻造时，适当降低终锻温度（常在 Ac₃ 附近，或在 Ac₁ 以下）之后空冷 ②取消接链环淬火后的回火工序。低碳马氏体淬火[低碳钢 Ms 较高（400~500℃）]具有"自回火"特点，可获得回火马氏体组织，使钢的强度及韧性均得到提高 ③接链环高温快速波动淬火。将淬火加热温度定在920 ~ 960℃，保温时间 10 ~ 12s/min。淬火采用 w（NaCl）为 10% 的水溶液 2）检验结果。接链环破断负荷最低 590kN，最高745kN，平均 663kN。高于德国 DIN 22258 标准≥550kN的要求	由于取消了接链环锻件毛坯正火和淬火回火两道工序，采取了高温快速淬火，提高生产效率 3 倍，节省电耗60%，降低热处理成本50%

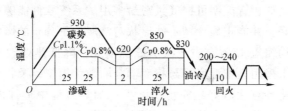

图 2-42　20CrMnMo 钢齿轮节能复合工艺

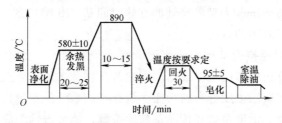

图 2-43　石墨流态粒子炉发黑淬火复合工艺

137

2.7.2 采用计算机控制、计算机模拟、智能化和软件技术节能及其应用实例

目前，计算机已经广泛应用于各种热处理装备，计算机应用于热处理工艺参数及生产过程动态控制，是实现工艺装备的优化控制、智能控制、自动化控制的先决条件。利用计算机控制系统的快速计算及自适应控制法对渗碳（渗氮）全过程的炉温、碳势（氮势）和时间进行连续自适应调节，对表面碳（氮）浓度、有效硬化层深度、金相组织进行精确控制，生产周期缩短15%~30%，显著降低了能耗和工艺材料消耗，并避免了返修情况。

热处理计算机模拟是设计和优化热处理工艺与装备，实现热处理工艺过程精确控制的重要手段，是实现智能热处理的核心技术。

智能热处理的核心技术是热处理计算机数值模拟，智能热处理在热处理全过程中每一个环节都做到有效控制，实现产品"零"缺陷，保证机械产品的精密、可控、节能、环保和低成本。

计算机模拟、智能化及软件技术使热处理摆脱依赖于传统经验和技能的落后状态，向精确预测生产结果和实现可靠质量控制的方向发展。应用热处理计算机辅助技术，进行计算机模拟和虚拟生产，以实现热处理计算机智能化控制，已成为降低热处理能耗，提高产品质量和生产效率，延长产品寿命的重要手段。

（1）计算机模拟、智能化及软件技术节能的应用 由于采用计算机模拟、智能化及软件等诸多先进技术，实现了热处理高效精确地工业化生产，不仅保证了机械产品的可靠性，提高产品的合格率，而且达到了节能降耗，最大限度地降低成本的目的。例如，智能型可控气氛密封多用炉系统软件能够精确控制碳含量分布，重现性良好，并能正确计算工件形状对渗层含量分布的影响，而且能够使渗碳处理周期平均缩短15%左右，减少能源消耗，降低热处理成本。工件加热的计算机模拟技术采用三维温度场与相变耦合的数学模型以及物性参数随着温度而变化的非线性化计算法较好地模拟实际生产加热过程中工件内部温度场的变化。用平行六面体及阶梯轴在盐浴炉、箱式电阻炉和大型燃气加热炉中进行了几十个炉次的验证，证实了模拟值与实测值吻合，在此基础上用计算机辅助设计优化加热规范，将 $\phi380mm$ 大型阶梯轴的加热时间从22h缩短到14.5h，从而达到了节能和提高生产效率的目的。

（2）以计算机模拟为基础的气体渗碳智能控制技术 目前，渗碳热处理渗层瞬态浓度场计算机模拟已趋于成熟。国内外几种著名的碳势控制系统或商品化软件都具有计算渗碳层浓度分布的功能。该技术的数学模型包括了渗碳温度、炉气碳势、扩散系数、活度系数和传递系数等参数，能考虑钢的成分和炉气成分等因素的影响，预测渗层浓度分布曲线达到相当高的准确度，为正确制订渗碳工艺

提供了科学依据。随着工业控制计算机运算速度的提高，已能在渗碳过程中不断根据炉温和炉气成分实际变化情况实时计算渗层浓度分布的响应，进而根据在线模拟的结果及时修正工艺参数。发展了称为"动态控制"或"专家系统在线决策"的碳势控制技术。不必预先制订渗碳工艺，只要输入温度、钢的成分和要求的有效硬化层深度，即可由计算机自动控制整个渗碳过程，获得最佳的浓度分布曲线，重现性好，并明显节省电能和渗碳介质的消耗。

例如，上海交通大学与江苏丰东热技术股份有限公司合作，通过将计算机模拟技术和气体渗碳的计算机控制技术直接结合，开发出的采用智能控制技术的智能型密封多用炉自动生产线已在浙江汽车齿轮厂运行 3000 炉次，其处理的工件质量全部合格。该设备明显提高了产品质量，同时每炉渗碳时间由 6h30min 缩短至 5h45min，节约了能源。

（3）节能计算机模拟、智能化及软件技术应用实例　见表 2-136。

表 2-136　节能计算机模拟、智能化及软件技术应用实例

工件及技术条件	工艺与内容	节能效果
飞行控制设备中的齿轮、驱动系统轴承、泵轴承、凸轮轴及其他高合金钢或特殊钢部件，要求精密渗碳处理	1) 美国赛科/沃克公司的 FineCarb™ 真空渗碳工艺。该工艺自动选择工艺参数，不仅自动控制炉内气氛、碳势，而且可以自动选择炉内最佳参数，并可以精确高速地控制高压气淬阶段冷却工艺 2) 该工艺控制系统节约能源的特点 ① 根据产品形状，调配不同成分的渗碳气体（乙烯和乙炔）混合气。根据气体输入量及渗碳阶段，以脉冲方式控制渗碳气体流量，渗碳气体消耗量少，并避免零件表面产生炭黑 ② 渗碳阶段将 N_2 冲入渗碳气氛中，阻止了工件的晶粒长大，提高了渗碳温度，缩短整个程序周期 30%～40%，显著节约了电能 ③ 渗碳零件气体淬火后不需要进行清洗，节省常规清洗处理时间及成本	FineCarb™ 真空渗碳工艺的应用，缩短整个工艺周期 30%～40%，显著节约了电能消耗，节约了渗碳气体的消耗，并取消了清洗工序
零件材料为 20CrMnMo、20Cr、20Cr2Ni4A 钢，要求真空渗碳热处理	1) 设备与工艺。采用 ICBP966 型真空设备。只须在法国 ECM 公司 Infacarb 工艺软件中输入渗碳工件特性、材料（工件材料、渗碳温度、渗碳层深度、表面碳浓度等），即可通过模拟程序计算出要求的各段渗碳工艺时间及碳浓度曲线，从而完成工艺的编制过程，模拟精度可达 ±5%。按照要求将各参数输入到计算机，起动程序即可完成整个渗碳过程，获得要求的表面碳浓度和渗碳层深度；或者完成渗碳后降温并淬火的过程，获得要求的硬化层和心部高的强韧性 2) 结果。该工艺使表面碳浓度梯度分布与模拟曲线基本吻合。经过渗碳淬火的零件表面为金属原色，无任何氧化现象，渗层内无内氧化现象发生，组织细小而均匀	通过在 950℃ 低压真空渗碳和常规井式炉渗碳比较，在渗层深 0.80～1.60mm 时，真空渗碳实际时间可缩短到原来的 40% 以上，故显著降低了能耗和生产成本

（续）

工件及技术条件	工艺与内容	节能效果
高硬度冷轧辊,工作辊颈 $\phi170mm$,要求淬火、回火处理	1)轧辊要求。高硬度冷轧辊使用时的主要失效形式是接触疲劳损坏,因此不仅热处理后表面应达到高的硬度,而且要求在表面形成残余应力,以部分抵消工作应力,提高其接触疲劳强度 2)计算机模拟技术。通过计算机模拟正确选择冷轧辊的淬火冷却介质和淬火方法,形成合理的残余应力分布,模拟结果与实测结果吻合。冷轧辊热处理的计算机模拟已应用于生产,其效果如下:避免了淬火开裂,合格率达到100%;不以油作为淬火冷却介质,消除了油烟对环境的污染	与常规工艺相比,采用计算机模拟技术后轧辊使用寿命提高约1倍,加热时间缩短约40%,达到节能效果

第3章 热处理设备的节能与改造

3.1 概述

热处理加热设备的节能潜力巨大，对节能的设备基本要求是：较大的炉膛、有效的利用面积、均匀的温度区域、较高的装载量、良好的加热装置、廉价的能源，良好的传热效果、良好的保温能力、较少的热损失及较高的热效率等。目前，发达国家对热处理设备普遍的要求是保证工艺精确性和再现性，节约能源、降低成本和减少公害。热处理设备的能耗是考核其先进性的最重要指标之一。

热处理设备对于热处理生产的能源有效利用至关重要。热处理加热设备是消耗能源的主要方面。能源的合理选择、炉子良好的密封性、最小的炉壁蓄热散热、燃料炉合理燃烧、废热的回收再利用、提高燃烧器和发热体的热效率、长寿命轻量化的料盘夹具的使用等都是加热炉节约能源的重要措施。

选用能体现先进工艺的高效热处理设备，可在不增加或少增加消耗的基础上生产出更多的产品，从而降低成本，节约能源。可在保持批量连续生产的前提下，选用高效连续式热处理设备，其单耗电能比相同功率周期式设备的少10%～15%；能施行1000℃以上的渗碳设备比常规930℃渗碳能缩短30%～50%的工艺周期。因此，用石墨棒或石墨纤维带加热的能实现1050～1100℃低压渗碳的真空炉具有优越性。采用$MoSi_2$棒电热体的可控气氛炉也可施行1000～1050℃渗碳，能够减少50%的工艺周期。

选用新型节能热处理设备，如离子热处理炉，以及激光束、电子束加热装置等，尽管投资多，但符合节能、清洁、高效热处理的发展方向。

对现有热处理设备，尤其是长期使用设备进行合理的节能改进，往往可以收到明显的节能效果。例如，燃料炉改用新型燃烧器和采取废热回收利用，可节约58%～75%的能源；利用陶瓷纤维取代耐火砖，可使能耗降低20%～40%（与炉子结构有关）。

表3-1为在热处理加热设备上可采取的节能措施。

表 3-1　在热处理加热设备上可采取的节能措施

序号	措　施	
1	合理选择能源	用电干净易控制;用天然气、煤气便宜;因地制宜选择能源等
2	减少热损失提高热效率	减少蓄热(如采用陶瓷纤维炉衬、使用轻质耐火砖);提高加热炉密封性(如炉壁少开口、盐浴炉与粒子炉加盖);合理选择炉子外形,圆形比方形节能;减少传动件热损失,尽可能在炉内传动;减少料盘、料筐、夹具重量等
3	废热充分利用	燃烧产物利用(如预热空气,净化用作保护气氛,用于淬火油和回火炉加热);渗碳废气的利用;工件表面油脂燃烧热的利用;炉内直接制备可控气氛等
4	燃料炉节能	使燃烧系数 α 控制在 $1.1 \sim 1.3$;开发和使用高效节能燃烧器等
5	合理选择炉型	连续式炉比周期式炉节能;加热炉热效率顺序(由高到低):振底式炉、井式炉、输送带式炉、箱式炉;流态粒子炉比盐浴炉升温快、能耗少

3.2　热处理能源的合理选择

热处理的节能除了科学的能源管理、采用节能设备和推广节能工艺等途径外,能源的合理选择是热处理设备节能首要考虑的问题。热处理能源选择得合理与否,关系到能源节约和利用的效果好坏,关系到热处理工艺要求是否容易得到满足等。

热处理炉的能源可以是电或燃料。燃料包括天然气、城市煤气、液化石油气、发生炉煤气等气体燃料,以及柴油、煤油等液体燃料。

热处理能源选择的一般原则如下:热处理加热主要是以电或燃料作为热源。选择用电还是用燃料等作为能源,一般应从生产成本、能源供应、设备用能要求、操作与控温的难易程度和可靠性、热处理工艺的特殊性以及环境保护等几个方面综合考虑来确定。同时,热处理能源的选择,既要考虑工艺要求,又要因地、因时制宜,同时还须顾及发展方向。

热处理的加热炉使用固体燃料,从环保和综合利用角度考虑已公认不可取。当前使用最多的是电能,其次是液体、气体燃料。热处理用电干净,对环境影响小,温度易于控制,辅助设施少。但电能是二次能源,虽然电热效率最高可达80%,但综合燃料利用率只有 $30\% \sim 40\%$。当前,我国发电主要依靠煤炭,其是造成大气污染的主要原因之一。

从成本及能源的有效利用角度考虑,用燃料做热处理能源仍然是最经济的。天然气、液化石油气、轻油等燃料是一次能源,采取空气充分预热、合理控制空气过剩系数、余热多次利用、应用高效热交换器等措施就可以直接把炉子的加热效率提高到70%以上。美国热处理燃料炉约占30%的比重,日本燃料炉约占

45％。我国热处理燃料炉比重不到10％，这也是能源浪费的主要原因之一。

燃烧炉的燃烧过程和炉温容易控制，且可以使用天然气做燃料。天然气是最为方便、经济的燃料，排放出的温室气体 CO_2 也最少。因此，从节能减排角度考虑，适度增加燃烧炉比重可提高热能的综合利用率。节约燃料就是减少燃烧产物、减少 CO_2、CH_4（甲烷）等温室气体排放的最有效途径之一。

目前，燃气加热炉加热成本仅为电加热成本的55％左右。日本中外炉公司通过对两种热源热效率的对比得出，采用燃气辐射管加热时，能源利用率可达70％，而采用电加热方式时，能源利用率仅为35％~40％。鉴于此，日本的热处理炉公司在热处理连续生产线（如混合式高效连续渗碳淬火炉）的加热区（预热室）采用燃气加热（采用辐射管式蓄热燃烧喷嘴），在保温区采用电加热（电加热辐射管），充分发挥了燃气加热和电加热的优点，与传统型电热式推杆连续式炉相比缩短周期约30％。混合式高效连续渗碳淬火炉如图3-1所示。

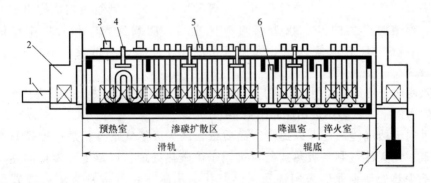

图 3-1　混合式高效连续渗碳淬火炉

1—主推杆　2—进料室　3—辐射管式蓄热燃烧喷嘴　4—搅拌风扇
5—电加热辐射管　6—内隔门　7—淬火油槽

杭州某电炉厂开发出了油（气）-电复合加热辊底式退火炉，该炉型前期用油（气）火焰快速加热，中后期保温或等温阶段用电加热，克服了推杆炉前期升温慢、周期长、能耗大、轴承零件氧化脱碳严重的缺点，可节电12％~39％。

燃气真空炉设备比电加热的真空炉具有以下优点：高的热效率，较高的生产率，较低的运行成本。

当然，热处理加热炉采用何种能源要因地、因工种、因行业制宜。在水电、核电供应充足、电价较低地区，选择用电是一种合理的选择。在天然气产地和有天然气供应地区，可适当扩大天然气燃烧设备的使用。

3.2.1　天然气加热技术及其应用

直接用燃料比用电加热费用低。天然气是一次能源，热值高，热处理炉直接用天然气作为燃料可获得50%的热效率。如果用烟道气废热来预热空气，或是加热回火炉及淬火油，绝对的热利用率可达到70%以上。最好用天然气或煤气等高热值的气体，其可以在喷射式烧嘴上形成火焰，通过热冲击、热辐射、热对流的方式，直接加热工件，具有高的换热系数和加热速度，因此热效率高。天然气能源用于热处理生产已取得巨大的经济效益，节能显著，环保效果良好，是热处理设备节能首要考虑的能源。

在天然气等供应方便的地区，使用以天然气作为燃料的燃烧炉，从能源有效利用角度考虑无疑是更为合算的。$1m^3$ 天然气热值约3700kJ，若 $1m^3$ 天然气价格与 $10kW \cdot h$ 的电相当，则天然气的热效率就超过电的 $2 \sim 3$ 倍之多。因此，使用天然气作为热源，既能节约能源，又可以大大降低生产成本。这就是先进工业国家大量用天然气作为加热炉热源的原因。

天然气是一种清洁环保的优质能源，几乎不含硫、粉尘和其他有害物质，具有高效、低污染、低排放等优点。在各种燃料中，以天然气燃烧排出的 CO_2 最少，燃烧时产生的 CO_2 仅为煤的40%左右，能减少 SO_2 和粉尘排放量近100%，减少 NO_x 排放量50%。天然气密度小于空气，易散发，不含 CO，安全性较高。

陕西法士特集团公司热处理厂，使用一次能源天然气加热，以爱协林5/2型多用炉为例，一台多用炉用能年节省14万元。

采用天然气能源还可以提高产品质量，因为天然气本身就是一种还原性保护气氛，用天然气制备吸热式气氛可用于渗碳热处理，以及少无氧化加热。现我国不少热处理企业已采用优质天然气作为渗碳富化气进行渗碳（或碳氮共渗）热处理，与采用丙烷、丙酮相比，不仅成本降低，而且热处理质量得到提高。

3.2.2 太阳能加热热处理及其应用实例

太阳能是各类能源中最为清洁的能源，在使用中不会产生废渣、废水和废气，没有噪声，不会影响生态平衡，不存在挖掘（如煤矿）、开采（如石油、天然气）、提炼和运输的问题。太阳能也是无比巨大的天然能源，太阳每秒钟所放出的能量，相当于我国一年燃煤能量的一千多倍。

太阳能加热热处理是一种节能的先进热处理技术，光能通过聚焦、集热器等装置转化为 $3000W/cm^2$ 的高密度能量，可用于金属表面淬火、回火、退火等热处理，太阳能炉将成为节能型清洁热处理用炉。当前国内外不少单位都在做这方面的研究与应用工作，已取得了较好效果。

表3-2为太阳能加热热处理应用实例。

表 3-2 太阳能加热热处理应用实例

工件及技术条件	工艺与内容	节能效果
钢板打字头模具（头部 13mm × 13mm，长度 28mm），T10A 钢，要求淬火处理	1）原工艺及问题。T10A 钢打字头原工艺为：780℃淬火，180℃回火。使用中打字头尾部发生脆断或字母处崩刃，使用寿命不高 2）新材料与工艺。改用 45 钢，新工艺：先进行整体调质处理，然后采用太阳能加热淬火。太阳能热处理炉焦点面积为 50mm × 100mm。淬火时，将打字头用夹具固定好，放在太阳能热处理炉的焦平面处，打字头即被太阳能加热。从加热到 45 钢打字头达到奥氏体化温度的时间为 1min，保温 5min，以保证获得一定深度的加热层，即可取下打字头水冷淬火，并进行 180℃ ×1h 整体回火处理 3）检验结果。测得 26 个打字头太阳能淬火后平均硬度为 62.3HRC，通过对打字头头部平面三点硬度试验可知，硬度差 <3HRC，硬度均匀	经实际使用，使用寿命提高了 6 倍。与原工艺相比，100% 节约电能。利用太阳能加热，提高了经济效益，并保护了环境
刀片，190mm（长）×12mm（宽）×2mm（厚），W6Mo5Cr4V2 钢，淬火回火后硬度要求 62 ~ 66HRC	1）原工艺及问题。原采用盐浴整体加热淬火，淬火后刀片弯曲畸变较大，需要校直，在第一次回火后校直过程中，有部分刀片产生脆断。在使用过程中，刀片也发生崩刃现象 2）太阳能加热淬火。对已加工完成的刀片，在夹具上用螺栓压板夹紧。每次用夹具装上 10 个刀片，将夹紧的刀片放在太阳能热处理炉的焦平面位置的固定架上。经过照射 40s，用红外测温仪测得刃口温度已达到 1240℃。稍微调离焦点位置，保持刃口温度在 1220 ~ 1250℃，保持 120s 后取下夹具淬火 3）检验结果。测试 10 把刀片刃口的硬度为 62 ~ 66HRC，淬硬层深度为 5 ~ 7mm，符合技术要求。再经 560℃ ×1h 回火 3 次，回火后磨削开刃。用这种方法共处理 200 片刀片，其硬度为 61 ~ 67HRC。经使用证明，没有发生折断和崩刃现象，使用寿命较盐浴整体淬火提高 3 倍	与原盐浴加热淬火相比，采用太阳能对刀片刃口局部加热淬火，可节约电耗 100%，不仅节约大量的电能、保护环境，也降低了成本，提高了刀片使用寿命

3.3 热处理炉型的合理选择

热处理炉首先应满足工艺要求，提高工件加热或热处理的质量，减少工件在加热过程中的氧化和脱碳损失，提高最终产品质量；其次，通过节约能源，降低产品能耗，实现降低产品成本的目标。

当热处理产品的批量及工艺确定后，合理选用炉型就成为实施工艺、节能和降低成本的关键。

3.3.1 热处理炉型的选择

热处理炉型的选择，一般是以工艺要求、工件形状和尺寸、生产批量为依据的。自从热处理节能作为一个重要问题提出来之后，炉型的选择同时还应考虑炉子的形状，可能达到的热效率，以及密封性能、表面升温等因素。一般情况下，当工件批量足够大时，使用连续式炉比周期式炉节能。而若从炉子的形状考虑，则在相同炉膛容积下，圆（筒）形炉比箱形炉节能，因此炉型与节能也是密切相关的。

（1）根据技术要求、生产批量选择炉型　在相同功率条件下，连续式炉比周期式炉效率高25%以上，可节约30%电能，在生产批量较大的前提下，应尽可能选用连续式炉；当品种比较多、数量较少时，就集中使用周期式炉。例如，密封箱式渗碳炉工艺材料及能源消耗少，渗碳质量高，因此用密封箱式渗碳炉比用井式渗碳炉进行渗碳更为经济、合理。各种炉子的热效率顺序由高到低为：振底式炉、网带式炉、井式炉、输送带式炉、箱式炉或台车式炉以及盐浴炉。

轴承行业用热处理炉按可比单耗由大到小的排列顺序为：回转马弗炉、推盘式炉、滚筒式炉、铸链炉、辊底式炉。

（2）考虑炉子散热性能及热效率

1）由于炉壁向外界的散热量与表面积成正比，圆（筒）形炉比箱形炉表面积小近14%，因此，圆（筒）形炉比箱形炉的炉壁散热减少约20%，蓄热减少2%，炉子外壁温度降低10%，单位燃料消耗降低7%（见表3-3）。日本大多数箱式电阻炉和密封多用炉都采用圆（筒）形外壳。江苏丰东热技术股份有限公司的密封多用炉也采用圆（筒）外形。

表 3-3　箱形炉和圆（筒）形炉散热性能比较

性能 ＼ 炉型	箱形炉	圆（筒）形炉
表面积(%)	100	86.1
炉壁散热/[kJ/(m² · h)]	18308	14839
炉壁蓄热量/(kJ/m²)	2.33×10^5	2.283×10^5
炉子外壁温度/℃	85	75
单位燃料消耗(%)	100	93.1

2）箱式炉、井式炉、输送带式炉和振底式炉在连续运转时的热效率各不相同（见表3-4）。振底式炉的热效率高是由于没有工装夹具带走的热损失。井式炉的热效率高是由于密封性好，散热面积小。

从工艺运行的连续性出发，连续式炉比周期式炉能耗低。当加热炉温度为900~950℃时，连续式炉的热效率为40%，单位燃料消耗为 1.58×10^6 kJ/t（154kW · h/t），而周期式炉热效率为30%，单位燃料消耗为 2.09×10^6 kJ/t（204kW · h/t）。

表 3-4　各种类型电阻炉连续运转时的热效率

炉型 规格与参数	箱式周期式炉	井式炉	输送带式炉	振底式炉
正常处理量/(kg/h)	160 (装炉量400kg)	220 (装炉量400kg)	200	200
电炉功率/kW	63	90	110	80
实际用电/kW·h	56	62	78	50
热效率(%)	39	43	35	54
炉壁散热(%)	31	23	37	36
夹具料盘余热消耗(%)	19	29	18	0
被处理件热消耗(%)	39	43	35	54
可控气氛带走热量(%)	6	4	4	10
其他热损失(%)	5	1	4	—
加热温度/℃	850	850	850	850
全加热时间/min	90	90	40	40

3.3.2　节能炉型结构的应用

应用节能炉型是简单实用的节能方法。炉型结构不同，其热损失不同，用电单耗也不同。周期式炉装卸工件时因反复打开炉门（盖），热损失大，而连续式炉热损失相对较小。连续式炉因炉型结构不同，其热效率也相差较大。铸链炉与输送带式炉相比，前者因其铸链带工作时仅在炉膛内运行，不伸向炉外，所以热损失小，电能单耗比后者减少 34%。推杆炉因工作时需反复加热冷却料盘（筐），比工件直接摆放在辊棒上加热的辊底式炉单耗多 25% 以上。轴承行业常用的油回火炉，热效率只有 21% ~ 31.7%，若改用红外空气回火炉，可节电 60%。

炉体的外部形状也影响到炉子的热效率。退火炉采用双排或多排结构，因侧墙散热面积减少，每增加一排可降低 10% ~ 15% 的能耗，炉子热效率可提高 20% ~ 40%。采用密封进料也可大幅度减少热能消耗，如轴承滚动体常用的连续式鼓形炉，采用旋转密封进料可提高热效率 15% 以上，而铸链炉进料口增加双炉门密封可节能 20% ~ 25%。

国外有的轴承厂采用保护气氛双层辊底式或推杆式等温退火炉，其退火周期比连续退火（24h）缩短 1/2 以上，能耗减少 50%。毛坯退火后基本无氧化脱碳层，且硬度均匀，显微组织好。

3.4　减少热损失的方法与途径

热处理炉在运行中消耗的热量主要包括：工件加热的有效部分、料盘或料筐等和炉内机构加热的消耗，炉壁蓄热、散热，以及排放的热损失 3 个部分。要想使热处理炉在运行中节能，就需要尽量减少炉壁散热，提高炉衬材料的隔热能力并减少其蓄热量，增加炉子密封性，减少传动件和料盘、料筐等带走的热量等。

热处理炉要由冷态加热到所需工艺温度，首先要将炉衬加热到内外温度保持到一定的平衡状态，使炉衬的蓄热达到饱和程度，也就是说炉衬的蓄热要耗费大量热能。周期式式和连续式炉第一次升温需很长时间，不连续使用的周期式炉，每次都要从冷态升温，会消耗大量热能。炉衬的蓄热和材料密度成正比，轻质炉衬材料比重质材料蓄热少，炉子升温快，也更加节能。轻质材料隔热性能好，传导到炉外壳的热量少，因此炉壁温度低，由炉壁向外界散失的热能也少。炉衬和外壳的蓄热能占到炉子所需总热能的 20% 左右。

3.4.1 减少炉壁散热和蓄热方法

在热处理设备方面采取措施，减少热处理炉壁散热和蓄热，以减少热能损失，提高热能的有效利用率，从而达到节能效果。

1）减少加热炉散热的有效方法首先是减少炉子的表面积。而减少炉衬蓄热的方法是采用比热容和密度小的绝热耐火材料等。

2）美国燃气技术研究所开发的能砌入炉壁的平面辐射板，能增加辐射表面，降低表面温度，延长炉子使用寿命，提高炉温均匀性，减少炉衬，使炉子尺寸缩小 50%，加快炉子升温和冷却速度，产生的 NO_x 很少。

3）采用改变发热体或炉衬表面发射率的涂料，可以在提高加热均匀性的同时收到节能的效果。

4）摩根先进材料有限公司生产的 Superwool Plus 毯，比同级别产品及传统陶瓷纤维毯节能 17%。用于高温加热炉的全纤维炉衬，能够显著减少热损失，提高炉子工作效率，减轻炉体的重量。

5）美国 Unifrax 公司生产的无机热面涂料，可通过喷射或涂抹方法涂覆在陶瓷纤维模块、浇注料和耐火砖或隔热材料表面，起到保护作用，限制隔热材料因裂缝产生的热损失，具有显著的节能效果。

6）国产纳米微孔材料，其最优热导率只有 0.022W/(m·K)（800℃，热面），是传统陶瓷纤维类保温隔热材料的 1/10 左右。该材料降低了工作能耗，具有显著的节能效果。

1. 减少炉壁散热和蓄热途径

（1）选用轻质耐火绝热材料 轻质耐火砖、陶瓷纤维及其制成品炉衬密度小，隔热性好，蓄热少，散热少，得到了广泛应用。例如装炉量为 400kg 的密封渗碳炉，将轻质耐火砖改为陶瓷纤维炉衬后可节约 13% 的燃料，空炉升温时间缩短 1/4。输送带式淬火加热炉炉衬由重质砖改为陶瓷纤维炉衬后，空炉升温时间缩短 9/10，每日节约 50% 的燃料（见表 3-5）。把一般可控气氛淬火加热炉炉衬改为陶瓷纤维，可使空炉升温时间缩短 1/3，使气氛洗炉（炉气恢复）时间减少 3/4，综合节约燃料 20%。

表 3-5　输送带式淬火加热炉改为陶瓷纤维炉衬后的节能效果

炉子性能	热效率比较	
	重质砖	陶瓷纤维
到 1030℃ 升温时间/min	180	15
炉子实际负荷率(%)	63	97
每天需要燃料/(kg/d)	50	25
输送带速度/(m/min)	0.77	1
每天处理的刃具数量/(10^4/d)	5	10

（2）减少炉子散热　热处理加热炉通过炉壁向外界的散热是连续正常生产条件下主要热损失途径之一。炉衬厚度不足或炉衬材料选用不当，会使外壁（炉门、炉顶、侧壁）温度过高。过高的炉壳温度会通过向外的热辐射和对流造成大的热损失。在炉衬未损坏的情况下，通过炉子外表面的散热不大于炉子热损失总量的 3%。当炉衬局部损坏造成炉子外壳温度不均匀，就必须及时维修。可用远红外测温仪等来测量炉子外壁温度，以发现炉衬是否有局部损坏情况。如发现炉壁和炉顶、炉门温度有明显升高，就意味着有大的散热损失。一个大型加热炉如在 1450℃ 运行，其外壳温度达到 120℃ 时，每小时就要损失 10kg 燃料油能耗。

（3）增强加热炉的密封性　炉子密封不良时，会在其缝隙处向外辐射热和从外侵入（冷）空气，使炉温降低，为维持炉温就要增加燃料消耗。一般炉内有 20Pa 的正压，如果在炉壁上开一个通孔，孔内会形成负压吸入冷空气，孔径越大负压越大，吸入的空气越多。例如炉壁开有 $10cm^2$ 的孔，在炉内近孔处负压为 10Pa 时，每小时会侵入 $10m^3$ 空气；而一个 $1cm^2$ 的小孔的漏热损失，要比等面积的炉壳表面的热损失大 50 倍，大孔的漏热损失则要比等面积的炉壳表面的热损失大 100 倍以上。炉口开放 $0.2m^2$，燃料消耗则增加 15%。因此，要严防产生通孔和缝隙，特别要注意炉门和炉盖的密封。有数据证实，井式炉炉盖四周缝隙以陶瓷纤维填充，可使每渗碳炉次节电 17%。

（4）炉门密封改造　改进炉门密封是减少热损失，提高炉温均匀性的重要途径。一般锻造加热炉（1300℃）炉门开启 $0.18m^2$ 时，维持炉温要增加 150% 的燃料，炉门开启 $0.36m^2$ 时，要增加 300% 的燃料。导致炉门开启的原因通常是由于重力的压紧不足以保证炉门密封性，改进炉门压紧措施可以采用四连杆机构、凸轮机构，以及自动压紧机构，如程序控制的气动及液压控制机构。

（5）减少炉子外表面积　当其他条件相同时，减少炉子外表面积可减少炉子散热。

（6）采用纳米高温防腐节能涂料　网带式炉大修后，采用纳米高温防腐节能涂料，对网带式淬火炉膛内部进行涂装。涂装后的加热炉炉膛气密性增强，既能阻止炉墙漏气，又能减缓氧化速度，增强炉温均匀性，还能大大提高工作效率，并降低能耗。有数据证实，采用纳米高温防腐节能涂料对电炉涂装，可使节能率达到 20% ~ 30%。

（7）减少炉子蓄热

1）重质砖炉衬由于密度大，蓄热量也大，升温速度很慢，尤其在不连续生产时，大量热能要消耗在炉子升温上。泡沫轻质耐火砖炉衬密度较小，蓄热量较小，升温速度相对较快，燃料消耗也小。$Al_2O_3 + SiO_2$ 陶瓷纤维炉衬，密度很小，蓄热量很小，升温速度快，对于不连续生产方式十分有利，只是耐炉气循环冲刷性稍差，故有风扇搅拌炉气的炉子可多用轻质砖。陶瓷纤维炉内表面涂覆专用涂料，在高温下被烧结变硬，可提高其抗气流冲刷能力，故不少密封多用炉都采用涂层的纤维炉衬。表 3-6 所列为重质黏土砖、轻质耐火砖和陶瓷纤维炉衬燃烧加热炉 1030℃升温和保温时的天然气用量和升温时间。

表 3-6　各种耐火材料炉衬燃烧加热炉性能

性能　　　　炉衬	升温到 1030℃		1030℃保持			
	时间/min	天然气用量/(m³/h)	天然气用量/(m³/h)	炉内壁温度/℃	炉顶外壁温度/℃	侧外壁温度/℃
陶瓷纤维	20	0.25	0.25	1030	80	60
轻质耐火砖	108	1.34	0.42	1030	150	130
重质黏土砖	125	1.55	1030	1030	280	180

注：炉膛容积为 560mm × 350mm × 150mm，炉顶厚 100mm，侧壁厚 120mm。

2）为了减少炉衬蓄热可采用复合炉衬。炉壁使用陶瓷纤维，内壁表面涂覆红外反射涂料；考虑到炉底强度要求，采取重质黏土砖 + 轻质耐火砖结构；炉门内壁粘贴陶瓷纤维。

采用红外辐射涂料涂层，用于轻质耐火砖和陶瓷纤维的复合炉衬可节能 50% 左右，用于燃烧加热炉可节能 10% ~ 30%，升温时间减少 20% ~ 40%。

2.　优化炉衬结构

热处理炉炉衬材料分为砖砌炉衬、浇注料炉衬、纤维炉衬及复合炉衬。目前国内的加热炉绝大多数采用传统的耐火砖砌筑形式，炉衬的散热和蓄热占炉子总能耗的 20% ~ 40%。炉衬材料的发展趋势是"两高一轻"，即高温、高强、轻质。合理选择炉衬材料和优化复合炉衬结构，可以减少炉体散热、蓄热损失，提高炉子升温速度和使用寿命，从而取得很好的节能效果。目前炉衬结构已经向轻体化、组合化的方向发展，正逐步采用密度 < 1.0kg/m³ 的轻质砖、高强度漂珠砖、硅酸铝耐火纤维和其他新型保温材料。

1) 浇注料炉衬比砖体炉衬热导率小，炉体气密性好，使用寿命长，故采用浇注料炉衬可以提高炉子的作业率，全面改善炉子的技术经济指标。近年来浇注料在品种、质量上均有长足进步，在很大程度上满足了炉子耐高温、耐急冷急热、耐冲蚀等要求。使用浇注料炉衬比砖砌炉子可节能 2% ~ 4%。

2) 耐火纤维是一种超轻质耐火材料，它的基本性质是密度小、热导率小、比热容低。所以用这种材料筑炉，在节能、省材、提高炉子生产能力和改善炉子热工性能等方面都具有较好的效果。使用耐高温耐火纤维制品炉衬，比砖砌炉子可节能 5% ~ 8%。

耐火纤维施工方法直接影响其使用效果和使用寿命，传统的锚固法在使用中经常发生一些问题，如纤维脱落和纤维烧损后缝隙加大等。一种新的施工方法是将散装纤维棉经高压风送出喷枪，将黏结剂与纤维棉混合，一起喷到工作表面。这种施工方法既保留了纤维的固有特性，又消除了炉衬的接缝，从而提高了节能效果，延长了炉子寿命。

加热炉采用陶瓷纤维炉衬是提高炉子升温速度，减少炉壁蓄热的有效措施。陶瓷纤维炉衬升温时间只是轻质耐火砖和黏土砖炉子的 17% ~ 20%。由此可见，不连续运转炉子使用陶瓷纤维炉衬的节能效果最明显。

3) 复合炉衬。复合炉衬炉壁一般采用炉壳 + 陶瓷纤维毡 + 陶瓷纤维棉 + 轻质耐火砖，内壁表面涂覆红外反射涂料。

4) 红外节能涂料的应用。红外节能涂料能使用于炉温 300 ~ 1800℃ 的各种燃料炉等。将其喷涂于炉衬内表面，形成 0.3 ~ 0.5mm 的涂层，利用涂层的红外辐射性能，可以达到增加热效、减少能耗、延长炉衬寿命的作用。

5) 节能炉衬的应用。炉衬用轻质砖节能改造后，散热和蓄热损失明显减少，可节能 20% ~ 45%。炉衬表面粘贴硅酸铝耐火纤维后，节能可达 20%，而应用全硅酸铝耐火纤维的炉墙后，在升温时能耗只有砖墙的 1/3 和轻质砖的1/8，升温速度是砖墙的 2.5 ~ 5 倍，节能 30% ~ 50%。目前，轻质组合炉衬、复合炉衬、全纤维炉衬已在许多大型电炉上应用，具有炉温均匀，升温速度快，热效率高的特点。部分轴承用老设备节能改造前后的节能效果对比见表 3-7，由表 3-7 可以看出，节能改造后节电率均在 25% 以上。

表 3-7　部分热处理设备改造前后的节能效果

炉型	改造前后	热效率（%）	可比单耗/(kW·h/t)	节电率（%）
K-200 型输送带淬火炉	前	24	636.6	31.6
	后	40.87	435.5	

（续）

炉型	改造前后	热效率（%）	可比单耗/（kW·h/t）	节电率（%）
B-70 型鼓形淬火炉	前	26.6	644.6	34.7
	后	43.1	420.7	
Z-200 型振底式淬火炉	前	28	759.5	34.9
	后	45	494	
RJT-345 型推杆式退火炉	前	30.1	354.3	38.7
	后	44.0	217.1	
RJX-75 型箱式淬火炉	前	26	437.8	25.6
	后	35	325.6	

3. 纤维模块化复合节能技术

纤维模块化复合节能技术利用不同材质纤维的高温性能和收缩性能差别，通过合理地组合和科学地安装，避免了因收缩而产生的缝隙，减少了散热损失，延长了纤维炉衬和加热元件的使用寿命。

该项节能技术已成功地应用于大型井式、罩式、箱式、连续式炉等热处理装备中，其显著节能效果主要表现在：①减少了热量的损失，炉壁表面温升由50℃降至10℃左右；②实际使用寿命达到 5 年以上；③该技术实施后，热处理炉综合节能效果可达30%以上，可取得更好的节能效果。

表 3-8 为采用新型纤维复合节能炉衬技术的大型井式渗碳炉与砖砌炉能耗比较。

表 3-8　采用新型纤维复合节能炉衬技术的大型井式渗碳炉与砖砌炉衬能耗比较

类别	项目	渗碳层深度/mm			
		1.00	1.50	2.00	3.00
砖砌炉（老标准）	GB/T 10201—1988（已作废）定额电耗（推算值）/（kW·h/kg）	1.2	1.5	1.8	2.4
	砖砌炉实际电耗/（kW·h/kg）	1.02	1.15	1.45	2.43
纤维复合炉（新标准）	GB/T 17358—2009 定额电耗（推算值）/（kW·h/kg）	0.605	0.874	1.267	2.117
GB/T 10201—2008	ϕ2.0m×2.0m 大型炉实测电耗/（kW·h/kg）	—	0.520	0.584	0.719
	ϕ2.0m 炉较砖砌炉降低电耗/（kW·h/kg）		0.630	0.866	1.711
	ϕ2.0m 炉较砖砌炉节能率（%）	—	54.8	59.7	70.4

通过表 3-8 中数据对比表明，采用新型纤维复合节能炉衬技术制造炉子的电耗（按 GB/T 10201—2008 实测值）远低于旧标准（GB/T 10201—1988，已作废）的实测值和推算值，也低于按 GB/T 17358—2009 的推算值，特别是对于渗

层深的工件的处理，节能效果更为明显。

3.4.2 工装的轻量化及其材料优化

各种类型加热炉用工夹具、料盘、料筐、料架等都随同工件一起加热，有时它所带走的热量等于或大于工件的热量，约占总热量的18%～29%。

从表3-4中的数据可以看出，井式炉吊具热能消耗量最大，箱式炉和输送带式炉次之；输送带式炉的输送带很长，加热后冷却又重新入炉加热，无效热能损失大；而振底式炉的炉底板一直在炉膛做往复运动，因炉内不使用料盘，故没有这方面损失。因此，尽可能用振底式炉、辊底式炉和网带式炉代替链板炉或铸链炉，以免除料盘的热损失。

热处理用料盘、夹具等耐热构件与工件一起在炉内加热，随工件冷却后，重新装上新工件再次加热。这些工装的反复加热是必须付出的能量消耗，但在保证其强度和寿命的前提下，如能最大限度地减轻其重量，就可以减少用于料盘、夹具上的能源消耗，可多装工件，提高效率，显著节约能源。从这个角度考虑，采用高级、较昂贵的耐热合金钢，甚至金属间隙化合物材料、碳/碳复合材料以使料盘、夹具轻量化还是经济的。有数据证实，采用高级合金减轻料盘、夹具重量，可节电20%。

通过精心设计，选用多功能、轻质的夹具，不仅可以减少夹具费用支出，还可以节约加热用能源，缩短生产周期，特别是批量生产的间歇式炉，整个炉子要经过加热和冷却的循环周期，因此炉子热区夹具的设计对于减少热量损失十分重要，最典型的例子就是真空淬火炉。真空炉用钼棒代替耐热钢可减少2/3的工装重量，使加热时间缩短25%。目前已有一些真空炉用碳/碳复合材料代替耐热钢制造工装。

1. 减轻工装夹具重量的途径

减轻工装夹具重量的途径，一是改善结构，二是选用优质材料。在对夹具减重而不缩短寿命的条件下进行轻量化设计与制造，可达到节能效果。其具体措施与途径见表3-9。

表3-9 工装的轻量化及其材料优化措施与途径

序号	措施与途径
1	采取板状焊接结构比铸造结构有利，采取组合结构优于整体结构，并应对料具结构进行充分的力学优化计算
2	设计通用的夹具，避免对不同的工件制备两三套夹具
3	改进夹具设计，使很多技术要求相近的工件一起装入夹具同时进行热处理
4	夹具设计与制造应有空气、水、淬火油的进出通道，避免夹具存留淬火油等
5	夹具的设计应有利于提高工件加热温度的均匀性

（续）

序号	措施与途径
6	温度在 750℃ 以下时,使用加工状态的低碳钢或奥氏体不锈钢夹具等
7	温度超过 750℃ 时,最常用的两种耐热合金(质量分数)分别是 37% Ni-18% Cr(最高使用温度为 1000℃)和 80% Ni-20% Cr(最高使用温度为 1280℃)。这两种合金比不锈钢有明显的优势:热强性高,高温抗蠕变性好,热疲劳性能好,使用寿命长,而且它们还能经受不同的热处理气氛(如氧化、渗碳、渗氮等)造成的脆化和其他因素的影响
8	用网带代替链板可显著提高节能效果

目前,市场上推广了一种料筐不出炉膛的往返式推杆炉。这些炉子的所有加料、出料都在密封状态下进行,因此其具有减少热能损耗、节约气氛等优点。由于密封性好,炉气稳定,因此单位面积生产率大大提高,两排导轨上可进行不同周期的热处理,炉子加热区外的机构得以简化。

日本日立建筑机械厂改进密封箱式炉的料盘结构,减小了重量,从原来每盘装 200 个轴类件增加到 300 个,把以前的 3 台炉子一个月开动 20 天改为 2 台炉子每月开动 24 天,即可节电 20%,每月少用电 14800kW·h,节约丙烷 500kg。

2. Ni₃Al 金属间化合物材料的应用

（1）Ni₃Al 材料　美国新型炉内抗渗碳耐热构件材料——Ni₃Al 金属间化合物（IM）,其材料主要成分（质量分数）为 8% ~ 11% Al,81% ~ 88% Ni,并添加了 Cr、Zr、Mo、B。该材料是一种陶瓷材料,具有出色的热强性、抗蠕变、抗渗碳能力。

（2）应用及效果　可用于制造夹具、料盘、料筐等,Ni₃Al 构件寿命比耐热钢高一倍以上。采用 Ni₃Al 构件还可以减少炉子维修次数,缩短工艺周期,提高渗碳温度,节能效果显著。

Ni₃Al 材料作为耐火、绝热炉衬材料的陶瓷纤维板（块）已获得广泛应用,产生了巨大的节能效果。

（3）应用实例　汽车动力转向系统零件的渗碳热处理采用推杆式渗碳炉,以 Ni₃Al 材料代替 HP 铸造合金（质量分数为 35% Ni,26% Cr）来制造该炉的料盘、支撑座和夹具,虽然其材料贵 1.5 ~ 2 倍,但寿命要长得多。Ni-Cr 合金料盘只能用 12 ~ 15 个月,而 Ni₃Al 料盘使用 42 个月未损坏。

新材料 Ni₃Al 制造的料盘由于使用寿命延长和重量减轻,还可以提高 10% 的热处理生产率,使每台炉子每年节省 1.5 ~ 2.0 万美元。

3. 碳/碳复合材料及其应用

（1）金属料盘的缺陷　由金属制作的料盘笨重（如真空渗碳淬火炉用料盘、料架）、热容量大,导致淬火液温度升高而降低其冷却能力,且料盘、料架反复加热、渗碳淬火使用,其内部也会产生相变,引起组织应力,加上热疲劳影响,使料盘、料架出现裂纹,寿命大大降低。同时,金属料盘、料架重量大,热容量大,增加了额外能源。

(2)碳/碳(C/C)复合材料及特点

1)碳/碳复合材料构成。它由两个主要部分构成,即碳纤维和碳基体(或黏结剂)。碳纤维是碳原子组成的极细的丝,直径通常仅为 0.005~0.01mm。用碳丝编织成网格状结构,然后用化学气相渗工艺制成的碳/碳材料,具有出色的强度、硬度和导热性。

2)碳/碳复合材料特点。①重量轻,透气性好,抗烧蚀,耐蚀,耐磨损,高温强度大,承载能力强,不变形,保证工件尺寸稳定;②制件重量轻,蓄热量小,对淬火液温度影响微小,保证了淬火液的冷却能力,同时,大大减轻了劳动强度;③制件热容量小,升温快,降温快,大大缩短工艺周期;④碳/碳材料没有组织转变,在急冷急热过程中不会因相变应力而变形,制件寿命长;⑤无污染,无任何气体放出;⑥具有出色的疲劳性能,裂纹扩展情况大幅度减少;⑦产品性价比优于金属材料制件。

(3)碳/碳复合材料的应用 热处理用料架和炉内构件使用碳/碳复合材料制造,能够加快升温和冷却速度,增强承载部件的能力,减轻部件的变形,可提高工艺温度和生产能力,节约能源,降低总成本。

1)美国使用碳/碳复合材料代替耐热钢制作料架,不仅减轻了料架的重量,而且降低了能耗。测试用真空高压气淬炉,炉子的有效工作空间为 1270mm(长)×915mm(宽)×915mm(高),碳/碳料架组件(见图 3-2)和合金料架组件(见图 3-3)的总重量分别为 275kg 和 572kg。

图 3-2 碳/碳料架组件和测试样品

图 3-3 合金料架组件和测试样品

使用碳/碳料架时炉料达到规定温度(857℃)的时间比使用合金料架时的缩短了 35min;冷却速度快 10min(冷却到 65℃)。

表 3-10 为合金料架和碳/碳料架电耗和成本的比较。使用碳/碳料架因节省用电而使用电成本降低 1.33 美元;若真空炉成本以每小时 187 美元计算,则因

缩短生产时间（节省总周期时间 45min）每炉次节省了 140 美元。

表 3-10　合金料架和碳/碳料架电耗和成本的比较

材料	电耗/kW·h			成本/美元
	加热	均热	合计	
碳/碳	101	50	151	10.57
合金	123	47	170	11.90

注：电价为 0.07 美元/(kW·h)。

2）德国西格里碳素集团（SGL CARBON GROUP）西格里特种石墨（上海）有限公司使用碳/碳复合材料代替耐热钢制作料架，不仅减轻了料架的重量，节省了能源消耗，而且提高了使用寿命。图 3-4 为用碳/碳复合材料代替耐热钢制作的真空炉料架。

图 3-4　德国用碳/碳复合材料代替
耐热钢制作的料架

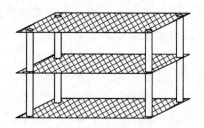

图 3-5　碳/碳材料制作的真空
渗碳淬火炉用料架

3）中国科学院金属研究所用碳/碳材料制作的真空渗碳淬火炉用料架（见图 3-5）已用于生产，因其重量轻，节省了额外能源消耗，并延长了料盘的使用寿命。

3.5　热处理炉的节能改造

当前在热处理加热炉领域采用的节能方法和技术主要有：炉衬材料轻型化，即典型的"全纤维炉"；燃料炉的余热回收；红外涂料技术；以突出、凸起物来增加炉膛面积；采用计算机集散控制的方法提高控制精度等。

常用砌筑炉衬工艺有耐火砖砌筑炉衬方法、耐火纤维制品筑炉衬方法、不定形耐火材料筑炉衬方法等。其中不定形耐火材料筑炉衬方法，既有利于提高炉温均匀性又可实现降耗，节约能源。

据有关资料统计，全国近 80% 热处理电阻炉仍采用传统的耐火砖砌筑炉衬方法，而当前着力推广以节能为主要目标的筑炉"耐火"材料是选用硅酸铝纤维及其筑炉技术。

硅酸铝纤维是采用焦宝石为原料，经深加工制成的具有低热导率和低热容量的优良绝热材料（耐火纤维具有由固态纤维和空气组成的混合结构，孔隙率达90%以上）。纤维制品包括毡、毯、板、布、绳和盘根等。硅酸铝纤维制品可以用于电阻炉和燃气炉中。

用高温远红外涂料改造45kW箱式电阻炉，在原粘接硅酸铝耐火纤维基础上，在炉膛内壁、顶部及炉门上涂刷3次、每次1mm厚左右的高温远红外涂料，升温时可节电16%，使总耗电量由原来的540kW·h降低至400~450kW·h。

3.5.1 新型节能炉衬的应用

热处理炉的炉衬一般分为两层，一层是耐火层，另一层是隔热保温层。用于耐火层的材料必须是耐火材料。隔热保温层采用保温材料。

（1）耐火制品的应用 目前，除了炉温很高或工作条件十分恶劣的热处理炉外，耐火层已大量采用密度为$0.6kg/m^3$的轻质黏土砖和高铝砖等。

近年来，为了提高炉子的节能效果，已开发出一种耐火度可达1670℃、最高使用温度为1250℃、比热容为$0.88kJ/(kg·℃)$、传热系数为$0.171+0.178×10^{-3}$ $T[W/(m^2·℃)]$（T为热力学温度）、密度仅$0.4kg/m^3$的漂珠超轻质高强度节能耐火砖。

随着可控气氛炉的发展，在没有耐热钢马弗罐的可控气氛热处理炉内，开发了$w(Fe_2O_3)$低于1%的具有良好抗渗碳性能的黏土砖和高铝砖。轻质砖由于其抗渗碳性优于重质砖，已得到应用。

（2）其他耐火制品

1）碳化硅耐火材料。其是以SiC粉为原料，以质量分数为10%~20%的黏土或5%~10%的硅铁作为黏结剂，经搅拌、压制成形、烧结而制成的耐火制品。其荷重软化温度约为1600℃，导热性比普通耐火材料高出5~10倍；在1300℃以上易于氧化，也易于被碱性物质侵蚀而脆化，特别硬脆，导电性好。这种材料可用于高温炉炉底板、马弗罐等。

2）耐火混凝土。其是一种不定形耐火材料。可将耐火骨料、掺合料、水泥（胶结科）和适量的水混合均匀后再经过成形、干燥、硬化等过程而制成整体炉衬，如马弗罐、盐浴炉坩埚等。耐火混凝土按其所用黏结剂的不同，可分为铝酸盐、磷酸盐、硫酸盐和水玻璃4种类型。热处理炉应用较多的是铝酸盐耐火混凝土。

3）高强轻质浇注料。为减少砌炉工作量，提高炉衬性能，已研制出高强轻质浇注料。如QL型高强轻质浇注料，采用空心球莫来石做骨料，主要特点是密度和热导率较小，节能效果显著，主要用于1450℃以下的各种加热炉、电炉炉衬或用作轻质隔热层。其主要性能指标是：密度1.0～1.6kg/m³，1000℃热态耐压强度21.3MPa，1000℃热导率0.25～0.4W/(m·℃)。还有一种SD-1型耐火浇注料，抗热振稳定性好，耐高温冲刷，主要用于台车式热处理炉的台车工作面、台车封墙以及各种加热炉的挡火墙，尤其是预制成形的各种烧嘴砖和燃烧室炉拱，寿命可提高3～5倍，其主要成分（质量分数）为$Al_2O_3$75% + SiC12%。在1400℃的耐压强度为10MPa，800℃五次水冷后的抗折强度为8.2MPa。

4）耐火陶瓷纤维毡。它的热导率低，密度小，热容量与普通耐火黏土砖相近，故用此毡砌出的薄得多的耐火纤维毡炉壁，其散热和蓄热损失都远比砌砖炉壁少，采用全纤维炉衬结构可取得较好的节能效果。

3.5.2 高温远红外涂料的节能技术及其应用

1. 高温远红外涂料节能机理

将具有强辐射能力物质制成的涂料，即辐射为2.5～1000μm的长波涂料，大面积涂刷在炉膛表面，依靠涂层使其黑度δ由0.4提高至0.98。根据玻耳兹曼定律$E = \delta T^4$，全辐射能E和温度T的四次方成正比，因此此技术可提高加热炉的热量。

当炉温在900℃以上时，箱式电炉的热传导以辐射为主，辐射传热占总传递热的90%以上，因此含有强辐射材料的涂料，在高温下辐射出穿透能力极强的远红外波，能使被加热物体分子吸收波产生能级跃迁，从而提高加热速度、减少加热时间等而节省能源。因为该涂料热导率仅为耐火砖的10%，所以可防止炉内热量损失，增加蓄热及保温性能。

2. 高温远红外涂料性能特点

1）涂料使用温度为700～2000℃，密度为2kg/m³，不沉淀时间>7200h，黏度为9.5Pa·s，波长为15μm时黑度为0.98。该涂料辐射强度和转换率高，辐射波带宽而平稳。

2）涂层在高温时呈灰褐色，形成坚硬牢固的釉层，由于加热室黑度的改变及涂层的气密作用，可减少热损失。

3）涂层具有抗100m/s的气流冲刷性能，即在高温下开启炉门作业时涂层不会脱落。

4）由于涂层对炉膛的保护作用，可隔绝有腐蚀气体对炉体的侵蚀，延长电炉寿命。

3. 应用效果与节能情况

1）冷面炉壁、炉顶温度明显下降。按GB/T 3486的规定，对经高温远红外涂料改造的RJX-30-9型箱式电阻炉的炉壁、炉顶采用十字交叉法测试。用数字式点温度计各测 15 点后得知，炉侧壁最高温度为 36℃，炉顶最高温度为 59℃。其平均温度分别为 31. 34℃ 和 33. 26℃，均低于未涂刷高温远红外涂料的平均温度 40. 10℃ 和 37. 65℃。温度降低率分别为 21. 84% 和 11. 66%。炉壁、炉顶温度的下降说明，电炉的保温性能增加，蓄热能力变好，散热减少，能源利用率提高。

2）升温速率加快。以 RJX-30-9 型箱式电阻炉为例，其电炉空载和重载生产试验和使用的结果，均有明显变化。经计算平均节电率达到 18. 35%。此次涂刷改造 4 台箱式炉，按功率 150kW 计算，每年可节电 8100kW·h，节约工时 245h。

以上数据均为对采用 $0.6g/cm^3$ 超级轻质黏土砖 + 外贴式硅酸铝纤维毡的炉衬、经高温远红外涂料涂装的 1. 5 年炉龄的 RJX-30-9 型箱式炉，按每天开炉 8h 所测得的结果。

3.5.3 黑体强化辐射传热节能技术及其应用

1. 黑体强化辐射传热节能技术的机理

该技术实质上是通过黑体元件以 0. 96 的高吸收率，迅速吸收射向它的漫射状的热射线，待自身热量增加并积累后温度升高，随即转化成一个个具有高发射功能的新"热源"，又以 0. 96 的比率，按设定的方向，定向地、不断地向工件发射热射线，使工件单位面积上吸收的辐射能增加，即辐照度增大，从而可以使能耗（电、气、油）在现有的基础上再节约 20% ~30%。

2. 技术的应用

应用该技术可制成集增大炉膛传热面积、提高炉膛黑度和增加辐照度三功能于一体的黑体元件。把黑体元件安装于炉膛内壁，可增大炉膛的辐射面积 1 倍左右，提高炉膛黑度，并能对炉膛内的热射线进行有效控制，使其从无序到有序，直接射向工件，从而提高热射线的到位率，能增加对工件的辐照度，提高热效率，并增强炉子保温性能。

3. 节能效果

该技术可以使电阻炉节电率及燃气炉节气率达到 20% ~25%，燃油炉节油率达到 18% ~25%。提高炉子生产率 10% ~20%。表 3-11 为电阻炉节能效果。

表 3-11 电阻炉节能效果

炉型	工艺	能耗/kW·h		节能率
		无黑体炉	有黑体炉	（%）
RT2-90-10	调质、正火，从装料到出料(每吨工件)	211. 2	140	33. 7
RT2-150-9	从室温至 950℃(每吨工件)	200	150. 6	24. 7
RX3-75-9	从装料至 920℃(每吨工件)	1260	950	24. 6

3.6 最佳空/燃比与精确控制节能技术

热处理燃料炉的节能控制涉及因素很多，如燃烧过程、空/燃比、炉内压力、炉内温度、装炉量等。严格控制燃料炉的燃烧过程，对于节约燃料消耗非常重要。正常的燃烧过程主要是通过合理控制空气与燃料的质量比例（空/燃比）来实现的。采用精确控制空/燃比的方法、仪器及传感器（如氧探头）是保证合理燃烧、降低燃料消耗的必要手段。

燃料炉在燃烧运行中的空气与燃料的比例，也影响燃烧过程中的效率，一般在烟气中每增加1%的可燃成分，燃料消耗将增加3%～5%。

1）空/燃比的合理选择。空/燃比过多，过剩空气太多，燃烧效率低，燃料消耗大。一般把过剩空气系数α（实际燃烧空气量与理论燃烧空气量之比）控制在1.1～1.2范围，以实现最节约燃料的充分燃烧（见图3-6）。

当炉子燃烧加热到1000℃，把过剩空气系数α由1.8降低到1.2时，可节约45%的燃料。在980℃加热时，把α由1.2重新调整到1.0，还可以节约13.5%的燃料。图3-6所示为过剩空气率（实际与理论燃烧空气量之差除以理论燃烧空气量）与单位燃料消耗的关系。

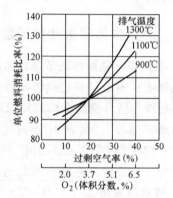

图3-6 过剩空气率与单位燃料消耗的关系
注：以过剩空气率20%时的燃料消耗为100%。

各种过量空气下燃料消耗量与排出气体温度的关系如图3-7所示。图3-8所示为不同过量空气下的燃烧气体温度和实际热利用率的关系。

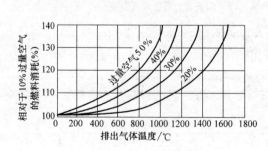

图3-7 各种过量空气下燃料消耗（空气温度16℃）

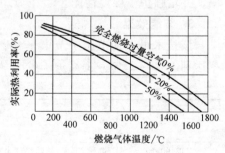

图3-8 燃烧气体温度与实际热利用率的关系

2）氧含量的控制。测定燃烧产物中的 CO_2、O_2 和 CO 的含量可大致估计出过剩空气系数 α。CO_2、CO 的量与 α 值的关系因燃料不同而异，而废气中的氧含量与 α 值的关系对各种燃料都大致相同，因而可按测出的废气中氧含量求出过量空气值。不同炉型燃料炉的废气中氧含量有很大区别。用氧探头来测控烟道废气中氧含量很有必要。

对于使用天然气的燃气热处理炉，在装炉量一定的条件下，炉温 T 取决于天然气流量 L_N 和空气流量 L_g 之和，以及天然气流量 L_N 和空气流量 L_g 之比。为了保证最佳燃烧，必须保证过剩空气系数 $\alpha = 1.02 \sim 1.10$。为此，系统必须对烟道中的残 O_2 和 CO 含量进行控制，残 O_2 量自动调节和控制是实现最佳空/燃比和精确控制的核心，最佳空/燃比也是节能减排的重要措施。

用氧探头和执行机构测量和控制烟气中残留氧含量，使过剩空气系数 α 严格控制在 1.1，就能产生显著节能效果。现有的 SECTRON 型空/燃比控制器，可精确地控制燃烧器的过剩空气，其原理如图 3-9 所示。

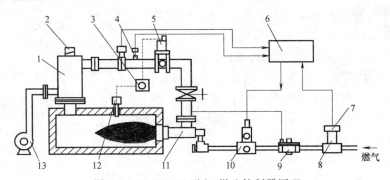

图 3-9　SECTRON 型空/燃比控制器原理

1—蓄热器　2—压力传感器　3—温控仪　4—温度传感器
5—控制电动机控制阀　6—空燃比控制装置　7—压力传感器　8—测量仪
9—零压调节阀　10—燃气控制阀　11—燃烧器　12—炉温传感器　13—风机

3）燃料炉计算机控制。它是提高燃料炉加热质量，节约能源，减少环境污染，提高生产管理能力的有效措施之一。燃料炉进行计算机控制的核心是燃料量与空气量的配比燃烧控制。

4）采用脉冲式燃烧供热技术。该种控制方式是在开炉调试时将小火、大火燃烧的空/燃比值设定合适，即可在加热过程中不需要动态控制空/燃比，只须控制燃料和助燃空气压力的稳定，从而降低炉子运行成本。

3.7　燃烧废热的利用

燃料炉中烟气带走的热量占供热量的 30% ~ 70%，应用余热回收装置回收余热可以获得很大的节能效果。首先，余热可用于燃烧用空气的预热。经验表明，将空气在热交换器中预热到300℃可节约20%燃料，预热到600℃可节约35%燃料。另外，把烟道气收集起来用于回火和清洗液、淬火油的加热可以节省更多的燃料。

利用燃烧废气热量预热空气是燃烧炉的最大节能措施。例如，当废气温度为900℃，空/燃比为1.4时，废气带走的热损失为50%。如果用废气把空气预热到250℃，可节约15%燃料，使22%的废热得到回收。空气预热温度和节约燃料的关系如图3-10所示。但当空气预热温度超过500℃时，将增加其他费用，废气中 NO_x 也会明显增加，对此，必须另外采取改善措施。

采用燃气辐射管加热时，利用排出的废热预热混合空气，可节约15%～20%的燃料。

高温空气燃烧技术采用蓄热式烟气回收技术，使空气预热温度达到烟气温度的85%～95%，可使热效率高达57%～62%，在长辊加热炉上应用时，可使热效率高达80%以上；可使过剩空气系数小于1，实现低氧区域燃烧，能够实现炉温均匀、工件氧化轻微的高质量加热，而且使 NO_x 排放大幅度降低，将排放量降至传统燃烧技术的 1/20～1/15，可降低 CO_2 排放60%以上。

我国也开发了高效蓄热式余热全回收工业炉技术。该技术将高效蓄热式热回收系统和换向式燃烧系统与炉子结合为一体，同时匹配电子控制系统。该系统可将炉子排放的800～1200℃的高温烟气降至150℃排放，同时将空气和燃气预热到700～1100℃，使余热回收率达到90%以上，提高产量20%～30%，并且大大减少了废气污染，其技术指标和性能达到国际先进水平。

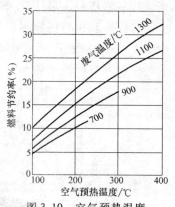

图 3-10 空气预热温度和节约燃料的关系
注：重柴油炉 $\alpha = 1.2$。

燃烧废热除了可以用来预热燃烧用空气、待处理工件外，还可以用于其他许多与生产、生活相关的场合，从而节约能源。

3.7.1 燃气废气预热空气节能方法

对燃料炉而言，最有效和应用最广的节能方法是预热助燃空气。通常助燃空气预热温度每提高100℃，即可节约燃料5%以上，提高燃烧温度约50℃。图3-11为燃料节约潜力与废热回收程度的关系，把空气预热到400℃可节约16%～20%燃料，预热到600℃可节约25%～30%的燃料。

燃气余热回收的方法很多，其中采用换热器预热助燃空气，能提高炉子热效

率，且能与炉子生产时间同步，因而被广泛采
用。目前用得较多的换热器有辐射式和管式
两种：

1）辐射换热器。以辐射传热为主，用于排
出烟气温度大于800℃的热处理炉。

2）管式换热器。以对流换热为主，适用于
烟气温度1000℃以下的热处理炉。其管子材质
根据不同烟气温度和空气预热温度可选用耐热
钢、不锈钢等。

用金属换热器，对于普通碳钢及其表面渗
铝材质，其预热空气温度控制在350℃以下，用
不锈钢换热器可达450℃，用耐热钢换热器可达
500℃以上，用蓄热式换热器可高达800℃以上。

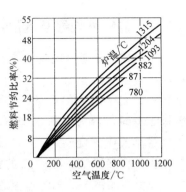

图 3-11　燃料节约潜力与废
热回收程度的关系

利用如图 3-12 所示的设在炉子烟道上的换热器可使空气预热到一定温度。
换热器中有表面积很大的金属或陶瓷管状散热片。通常，管外通高温烟道气，管
内通需预热的冷空气。预热到一定温度的空气和燃料混合在炉子燃烧器中燃烧，
释放出大量热，使炉温升高到所需温度。

空气预热温度越高，废热回收率就越高，燃料节约率就越大。图 3-13 所示
为燃烧重柴油时，$\alpha = 1.2$ 的空气预热温度和废热回收率的关系。不过，过高的
空气温度会使燃烧产物中的 NO_x 有害气体增加。国家对 NO_x 的排放有严格规定。
对此，可采用低 NO_x 燃烧器等措施。

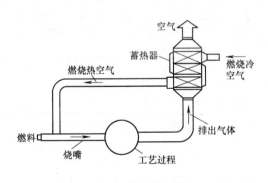

图 3-12　热回收过程

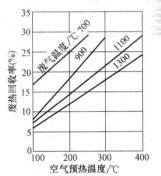

图 3-13　空气预热温度与
废热回收率的关系
注：重柴油炉 $\alpha = 1.2$。

美国 AFC-霍尔科夫特公司换热器如图 3-14 所示。该换热器回收原本通过燃
料炉废气系统排入大气的热能，用于燃烧系统的预热，可节省燃料 15% ~ 25%。

3.7.2 节能燃烧器及其应用

燃料燃烧是通过安装在热处理炉的燃烧器完成的。燃烧器（也称烧嘴）是将燃料与空气合理混合，使燃料稳定着火和完全燃烧的设备，按所用燃料的不同可分为煤粉燃烧器、油燃烧器及气体燃烧器3类。其性能的好坏，直接影响炉子燃料的消耗量。一个性能良好的燃烧器应达到：①保证提供工艺所需的供热能力；

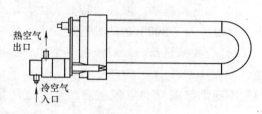

图 3-14　AFC-霍尔科夫特公司换热器

②保持较低的和稳定不变的过剩空气系数；③燃烧效率高和燃烧完全；④可适应温度较高的助燃空气；⑤火焰的形状根据需要可调节；⑥操作和维修方便。正确地使用高效燃烧器可以节能5%以上。

（1）我国开发的典型烧嘴的特点与应用　见表3-12。

表3-12　我国开发的典型烧嘴的特点与应用

名称	特点与应用
平焰烧嘴	火焰呈圆盘形,利用火焰的大面积直接辐射,可使冷炉升温速度提高40%,炉温高,炉子热惰性小,特别适合在高(中)温炉上使用,在周期式炉上使用更有特殊意义
高速条纹烧嘴	利用出口燃烧气流的高速(>100m/s)搅动,强化炉内气体循环,升温快,炉温均匀,排烟口对炉内温度场影响很小,炉膛结构简单,适合于中低温热处理炉
自预热式烧嘴	它是一种把燃烧器、换热器、排烟装置合为一体的燃烧装置,升温快,炉温均匀,预热效果好,它不但供给炉子热量,而且利用了烟气余热,从而达到节能的目的
蓄热式烧嘴	它由一对烧嘴、一对蓄热体、切换阀和相关控制系统组成,一个烧嘴和一个蓄热体为一组,两组轮换使用,可使空气预热温度高达1000℃左右,通过蓄热室的烟气排出温度<200℃,炉子热效率达到30%以上,节能效果明显

（2）几种先进燃烧嘴的应用实例　见表3-13。

表3-13　几种先进燃烧嘴的应用实例

名称	特点与应用
自预热式燃气烧嘴	1)自预热式燃气烧嘴。采用高效空气自预热式燃气烧嘴,利用烟气通过内置换热器预热助燃空气。换热器加热效率高达80%。炉内明火加热时,烟气引射器确保100%的烟气从烧嘴排出,并且可保证最低的NO_x排放量。自预热式烧嘴结构如图3-15所示,其中关键部分:①喷ում分为两级燃烧,目的是延长火焰长度,降低火焰温度;从而使燃烧缓慢均匀;②换热器的设计使空气有足够的预热温度,从而提高热效率,换热器采用金属或陶瓷材料;③点火方式采取直接电极点火,火焰检测采用电离或紫外线 UV 方式;④燃烧模式采用脉冲开/关控制方式,有效延长辐射管使用寿命并提高炉温均匀性。空气在热量交换以后温度升高,为燃烧做准备,降低了能耗。如果炉温为850～950℃,烟气温度达930～1030℃,烧嘴的热效率可达75%～80%

（续）

名称	特点与应用
自预热式 燃气烧嘴	2）在大型箱式调质线上的应用。由于烧嘴采用对射安装，烧嘴喷射速度可达30m/s，炉膛内部气氛快速流通，达到均温均热的效果。炉温均匀性控制在±3℃以内 3）节能效果。燃气和电加热消耗每日费用分别为1066元和2473元。15t调质生产线1年可节省电费42万元
ON-OFF 脉 冲控制自 预热式烧嘴	1）ON-OFF脉冲控制自预热式烧嘴的应用。辐射管加热辊底式炉用于钢厂中厚板正火、调质处理，年产量20万t，由德国LOI公司设计，烧嘴为自预热式，如图3-16所示。燃烧时，天然气进入燃气管道经燃气喷嘴流出，与通过换热片预热到500℃左右经空气喷嘴流出的空气混合，在陶瓷内管围成的燃烧区域内进行长焰燃烧。陶瓷内管主要有3个作用：①隔离燃烧区域和废气流出区域，保证辐射管内各介质气流顺畅；②均匀分布燃烧区域的热量，使炉内温度更加均匀；③保证辐射管受热均匀，避免辐射管因受热不均产生变形。燃烧产生的高温废气，在回流过程中，通过换热筋片预热空气，达到节能降耗的目的 2）使用与效果。烧嘴开闭由各自的烧嘴控制阀以ON-OFF循环操作方式单独控制，从ON到OFF的时间比率根据各区域的热量需求进行调节。同时，根据实时状态需求，精确调节燃气和助燃空气阀门开度，以便在提高加热效率及钢板温度均匀性的前提下，使燃烧状态达到最优化。其单位燃气消耗量低于1373kJ/kg，年燃气成本比传统炉型节省400余万元，最大限度地降低能源消耗及NO_x生成量 将全炉分为24个温度控制区，采用脉冲式ON-OFF控制烧嘴，极大地提高了温度控制区精度，使钢板任意点出炉温度与目标温度偏差控制在±15℃以内
SIC 型燃气烧嘴	1）在燃气加热网带式炉上的应用。SIC型燃气烧嘴（见图3-17）燃烧系统采用国际上最先进的燃气/空气最佳燃烧比及精确控制技术。辐射管烧嘴在连续控制阶段可实现5:1的调比，在加热需求量小于烧嘴最小燃气量时自动改为脉冲燃烧控制方式，从而达到精确控制炉温及最大的燃烧效率，降低能耗。通过精确模拟演算，其烧嘴采用最经济的U形水平错位排列，燃烧废气通过自预热器来预热助燃空气 2）节能效果。助燃空气预热温度达到废气温度的95%，热回收利用率达92%，大幅度减少CO_2的排放。该烧嘴与燃烧系统用于1000kg/h的燃（天然）气加热网带式炉，与使用托辊型电加热网带式炉相比，一年可节省费用80余万元

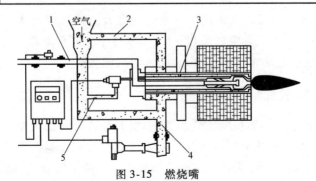

图 3-15　燃烧嘴

1—天然气　2—引射空气　3—预热管　4—助燃空气　5—冷却空气

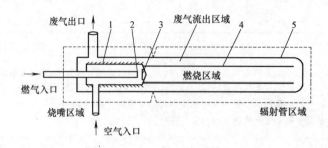

图 3-16 燃烧系统结构

1—换热筋片 2—燃气喷嘴 3—空气喷嘴 4—陶瓷内管 5—辐射管

（3）双蜂窝热回收燃烧器 如图 3-18所示。用蜂窝状陶瓷块能吸（回）收和储存烟道气热量。它通常由两个再生器、两个燃烧嘴、一个换向阀和必要的控制系统构成。两套燃烧器一个利用再生的热（预热空气）燃烧，另一个加热蜂窝状陶瓷块回收热量。两套燃烧器交替使用，交替周期通常为20s，用计算机控制。

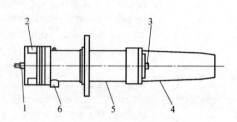

图 3-17 SIC 型燃气烧嘴

1—点火电极 2—燃气入口 3—火焰口
4—陶瓷套管 5—空气预热器 6—空气入口

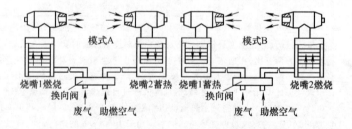

图 3-18 双蜂窝热回收燃烧器燃烧过程

（4）美国多喷嘴平嵌入炉壁的高速燃烧器及直焰燃烧技术 其烧嘴喷射速度达到330m/s，可在过剩空气系数 $\alpha = 1$ 的条件下，提高能源利用率35%，减少70% 的 NO_x，提高生产率25%，减少50% 的氧化烧损。

3.7.3 节能辐射管及其应用

开式火焰加热炉要靠烧嘴实现用空气-燃料混合燃烧的火焰使其加热到所需温度。调节空气/燃料比例可以实现金属制件的少氧化加热。在通入保护气体和渗碳气氛的加热炉中，需采用与燃烧产物隔离的燃烧辐射管进行加热。

蓄热式辐射管由于具备燃烧热效率高、加热能力强以及管壁表面热流均匀的优点，得到了广泛应用。辐射管内安装高性能换热器装置可以节省能源。

常用的可预热空气辐射管有单管、U形辐射管、P形辐射管。可预热空气的蓄热-再生式辐射管具有热回收和预热空气功能。

（1）可预热空气的蓄热-再生式辐射管　图3-19所示为一种双头加热空气交替蓄热-再生式辐射管。在辐射管两端都装有可吸收废气热量和预热空气的再生式换热器。两端交替燃烧，一端在燃烧时，另一端在蓄热。燃烧周期可用计算机控制到20s。

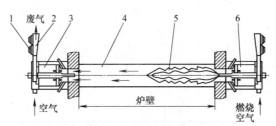

图3-19　再生式陶瓷辐射管

1—空气开关　2—排防器　3—吸收废热床　4—辐射管

5—火焰　6—空气预热床

（2）美国热处理技术2020年发展路线图中有关燃料炉用辐射管

1）反向循环单管封闭辐射管。其由北美制造公司（NAMC）和GTI燃气研究所共同开发，热辐射率高。用相同材料制造的此种辐射管能够经受更高温度，提高燃烧效率10%，减少50%的NO_x，使用寿命长。

2）低NO_x燃气强烈内循环辐射管。GTI燃气研究所开发的U形辐射管，沿辐射管长度方向温度均匀。当炉温为1010℃，空气预热温度从455℃提高到480℃时，其产生NO_x的体积分数$<0.008\%$。而一般预热空气辐射管所产生NO_x的体积分数达到$0.02\% \sim 0.25\%$。因此，其具有环保的特点。

3.7.4　燃烧脱脂炉

燃烧脱脂炉可用于密封箱式多用炉或连续式渗碳炉生产线等工件预先脱脂和预热。

从机加工车间转工序到热处理车间的工件表面通常带有切削油等污物，如果不在渗碳加热前预先除去这些附着物，就会在随后的热处理加热过程中形成油烟，造成工作场所和周围环境的污染，而且影响热处理质量。使用清洗剂清洗工件，工序多，费用大，有时对环境不利。把带油脂的工件放入燃烧炉中脱脂是一种简便、低廉又节能的有效方法。

机加工件表面附着切削油脂等，用燃烧炉脱脂能够部分利用蒸发的油脂做燃料，减少燃料消耗，废气可用于加热回火炉、清洗液、淬火油等，还可以使工件预热到 450 ~ 550℃，节能效果显著。钢件在脱脂温度下的轻微氧化有助于减轻渗碳淬火层的非马氏体组织，从而提高渗碳件的表面质量。

　　脱脂炉最好用气体燃料加热。为此，在炉壁上设置两个燃烧器（见图 3-20），通入气体燃料后加热。燃烧用的空气经烟道气预热，再与燃气混合燃烧，部分烟气还可返回烧嘴参与再次燃烧。工件表面油脂的挥发物也变成燃料参与燃烧，因此正常工作后，所用的燃料气体很少。脱脂炉温度一般保持在 450 ~ 550℃，因此对工件也有预热作用，故节能效果显著。

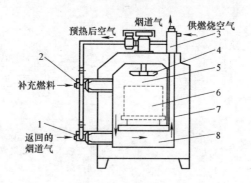

图 3-20　燃烧脱脂炉

1, 2—燃烧器　3—空气预热器　4—循环风扇
5—加热室　6—工件　7—辐射板　8—烟气燃烧室

3.8　热处理余热回收技术与应用

　　热处理是耗能大户，在热处理生产过程中，有很多地方产生的热量是可以进行回收和再利用的，如用于回火炉、清洗液、淬火油的加热，也可以用于冬季取暖、烧热水等。热处理废热的再生利用潜力很大。

　　加热炉废气常常直接排入大气，造成了热能的浪费。采用各种热处理余热回收技术以及余热回收装置回收这部分热能，用于燃烧系统的预热，或者对待热处理工件预热等，可以大幅度节省燃料或电能，降低产品的制造成本。

　　利用回收余热加热工件是热处理节能的有效方法之一。例如，可控气氛热处理炉排出的废气用于工件入炉前的预热，不仅可减少工件表面油污染对炉气的影响，稳定炉内气氛，而且可节电 20% ~ 30%。锻造余热用于轴承毛坯退火，可提高生产率 2 ~ 3 倍，提高热能利用率 25% ~ 55%。

　　在等温退火炉上可利用锻造毛坯在冷却过程中发出的余热来预热前室毛坯。在调质线上可利用淬火槽的热油热量预热清洗机的清洗液等。

3.8.1 多次利用废热的连续式渗碳热处理生产线

日本东京热处理株式会社（现改名为同和矿业）及美国 AFC-Holcroft 集团（AFC-霍尔科夫特公司）等制造的多次利用废热的连续式渗碳热处理生产线（见图 3-21），已经获得了显著的节能降耗效果。该热处理生产线中，渗碳前清洗改用燃烧脱脂。脱脂炉燃料是利用渗碳炉排放的渗碳废气加少量丁烷气，工件在脱脂的同时得到预热。脱脂炉排出的废气和油烟用于回火炉加热，可回收近 50% 的热量。淬火油的热量用来加热清洗槽中的碱液和清水，可回收 40% ~ 60% 的热量。通过废热的多次利用，整条生产线的燃料消耗降低 40% [按电费 12 日元/（kW·h）、丁烷 70 日元/kg 计，节能 =（改造前消耗 - 改造后消耗）/改造前消耗 ×100% =40%]。

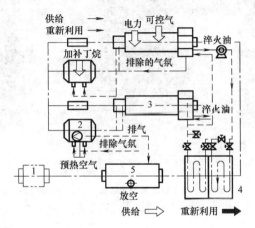

图 3-21 多次利用废热的连续式渗碳热处理生产线
1—3 次清洗机 2—脱脂炉 3—渗碳炉
4—碱液清洗机 5—回火炉

图 3-22 为日本东京热处理株式会社连续式渗碳热处理生产线的节能效果，其工艺条件为：工件渗碳温度为 930℃，生产节拍为 50min。

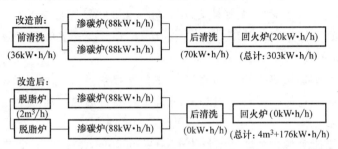

图 3-22 多次利用废热的连续式渗碳热处理生产线的节能效果

3.8.2 淬火冷却介质余热回收装置与技术

我国某换热设备公司生产的淬火冷却介质余热回收设备如图 3-23a 所示。工件加热、保温后在淬火过程中，淬火冷却介质温度升高，对此需要冷却，目前大多数热处理企业降低液温时并没有将冷却下来的这部分热量进行回收再利用，造成了很大的能源浪费。对此，采用热管式换热设备（见图 3-23a），不仅可以将淬火冷却介质温度冷却下来，而且可以将冷却下来这部分热量进行回收再利用，如用来加热生产用水或生活用水，可大大节约能源和成本。

a)   b)   c)

图 3-23   几种余热回收设备

a）淬火冷却介质余热回收装置（热管式换热器）
b）高效烟气余热回收气-气式热管换热器   c）高效烟气余热回收气-液式热管换热器

3.8.3 燃料炉废烟气余热回收装置

1. HPQ 系列高效烟气余热回收气-气式热管换热器（见图 3-23b）

（1）用途   它是以燃料加热炉的废烟气余热为热源，加热空气，用于助燃、烘干、预热或其他用途以达到节能的目的。

（2）主要技术参数   烟气流量为 $1000 \sim 25000\text{m}^3$（标态）/h，空气流量为 $900 \sim 22500\text{m}^3$（标态）/h；烟气进口温度为 270℃，空气进口温度为 20℃；烟气出口温度为 150℃，空气出口温度为 120℃。

2. HPY 系列高效烟气余热回收气-液式热管换热器（见图 3-23c）

（1）用途   它是以燃料加热炉的废烟气余热为热源，加热生活用水或直接用于加热采暖用水等。

（2）主要技术参数   烟气流量为 $1000 \sim 25000\text{m}^3$（标态）/h，烟气进口温度为 $230 \sim 180$℃，烟气出口温度为 130℃；液体加热温度为 $95 \sim 60$℃。

3.8.4 渗碳炉废气燃烧余热利用

1. 连续式渗碳炉废气燃烧余热利用

连续式渗碳热处理炉,在使用中炉门处设有火帘。大部分企业在生产过程中,燃气燃烧后的烟气都通过排气罩和烟囱排入大气,造成了大量的能源浪费。对此,开发出加热炉炉前火焰余热回收设备(见图3-24),将这部分排放到大气的热量回收,并利用这些火帘废热来加热清洗用水,使清洗水温保持在60~70℃。

一条连续式渗碳炉配备一套余热回收设备,回收炉前火焰燃烧废热,并用来加热清洗机用水,代替原有一台40kW左右的电加热器。每小时节电约34.4kW·h,每年按300天计算,年节约资金约19.8万元。而节能系统改造费用仅为2万元左右。

图3-24 连续式渗碳炉炉前
火焰余热回收设备

2. 多用炉废气燃烧余热利用

每台多用炉都有废气排放装置和废气烧嘴(见图3-25)。废气排放装置的作用是把炉内新气氛替换出来的废气排出,而点火燃烧嘴的作用是把排放出的废气(主要是 $CO + H_2$)进行充分燃烧生成 $CO_2 + H_2O$,防止对大气造成污染及燃烧爆炸危险。目前大多数热处理企业没有利用此燃烧废气热量,而是将其直接排放大气中,形成能源浪费,若将燃烧废气热量加以利用,即可节省能源。

(1)制作与机理

1)制作。按图3-26制作一个密封加热罐,分别从罐体的上端和下侧端引出两个水管,上端为回水管,下侧端为出水管。回水管上安装排气口,排气口后边根据使用情况连接暖气等装置。

2)机理。此方案是利用暖气循环原理,在火焰上方安装好罐体支架,冷水在密封加热罐体中被废气火焰加热,热水从罐体流经出水管,流到取暖装置,再从取暖装置经回水管循环进入密封加热罐体加热(回水管有加水斗/膨胀水箱),如此热水在此系统中循环流动,将热量带到取暖装置。其中排气口用于开始加水时对管路及密封加热罐放气及平时检修使用。

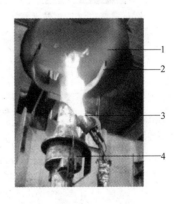

图3-25 多用炉废气排放装置
1—废气排放罩 2—循环水加热支架
3—点火烧嘴 4—废气排放管

（2）节能减排效果　此装置也可以用于洗澡间热水器、清洗机水槽及生活用水加热等。经估算，每台炉子每年废气燃烧热能相当于6t标准煤燃烧产生的热量。若按目前全国千台多用炉都使用此装置计算，则每年可节约6000t标准煤，减少CO_2排放量约1.5万t，减少SO_2排放量约50t，减少NO_x排放量约40t。

3. 渗碳炉废气或气氛发生炉放散气体燃烧余热利用

在图3-27所示的系统中，可以利用渗碳炉排出的废气或吸热式气氛发生炉的放散气体的燃烧来加热清洗液，也可以用淬火油热量加热清洗液，均可以达到节能效果。

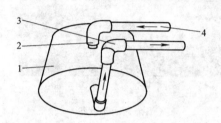

图3-26　密封加热罐

1—密封加热罐体　2—回水管

3—出水管　4—排气口

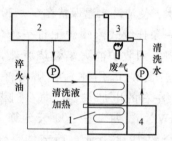

图3-27　用淬火油热量和废气加热清洗液

1—清洗槽　2—淬火槽

3—温水器　4—油水分离槽

3.8.5　热处理余热回收技术应用实例

热处理余热回收技术应用实例见表3-14。

表3-14　热处理余热回收技术应用实例

设备名称	技术参数与结构特点	节能效果
SHRN-380-9热回收型连续正火炉	1）技术参数。额定功率为380kW，额定温度为930℃，加热室有效空间为8000mm（长）×800mm（宽）×200mm（高），生产能力为800kg/h，热交换器有效空间为5000mm×800mm×1200mm。加热室温控精度优于±2℃ 2）电炉设计原理。新型连续正火炉具有双层炉道结构。炉子的上层炉道前端为预热段，后端为加热段和保温段，下层炉道依次设置有快冷段和缓冷段 3）使用效果。①按照FCD-25共晶铸铁的典型正火工艺进行试验，正火温度为880℃，加热保温为80min，正火工件的日产量可达18~20t，工件硬度为170~219HBW，金相组织均符合技术要求。单位耗电为260~270kW·h/t。②对GCr15钢轴承锻件（型号6308/01）进行正火工艺试验。其加热规范：900℃×60min，冷却速度同铸铁缸体工艺，工件正火后的硬度为294~302HBW，显微组织为100%索氏体，金相组织等指标均达到技术要求	FCD25共晶灰铸铁制造的空调压缩机缸体进行正火处理，可用三台连续正火炉代替全部20台台车式炉，相比台车式炉节能40%左右，产量显著提高

（续）

设备名称	技术参数与结构特点	节能效果
推杆式燃气等温正火生产线	1)组成及技术参数。主要用于齿轮等锻坯的等温正火及预备热处理。该生产线主要由前后液压推料机、加热炉、速冷室、卸料台、等温炉和配套的控制系统等组成。主要技术参数见表3-15 2)结构特点。新型燃烧器采用GSQ型高速调温自控烧嘴。废热通过在加热炉进出口烟道处各设有一台换热器进行回收利用。该炉内温度均匀性±10℃，炉温稳定度1.5℃，处理工件硬度波动＜25HBW	与类似电炉生产线对比，燃气等温正火每吨能耗费用只有电炉的50%左右
ZHRTd-400-8 热回收型连续等温球化退火炉	1)技术参数。额定功率为400kW（200kW×2），额定温度为850℃，加热室有效空间为9000mm（长）×700mm（宽）×600mm（高），技术生产能力为1000kg/h，热交换器有效空间为6100mm（长）×700mm（宽）×600mm（高） 2)电炉结构设计。具有独特的热能回收结构，余热可将新进炉内工件加热到450℃以上 3)工艺试验。按照GCr15钢典型的球化退火工艺进行生产，即加热温度（790±10）℃。每吨耗电量124.8kW·h。经检验，球化退火的显微组织、硬度、脱碳层均合格。炉子表面温升均≤25℃	用于轴承零件的球化退火处理，平均单位电耗由原来的300kW·h/t降低到125kW·h/t左右，节能近60%
网带式等温正火设备	1)设备特点。正火生产能力最高达到500kg/h，加热炉炉衬采用轻质砖和硅酸铝纤维复合制成，风冷室不用加热器，风机功率为15kW，设备无需料筐，而是将工件单层平铺在传送网带上 2)检验结果：低碳合金钢毛坯等温正火后，硬度为160～190HBW，同批硬度波动≤15HBW，同件波动＜8HBW；显微组织均为等轴状的均一细致的珠光体和铁素体组织，无粒状贝氏体和其他异常组织出现	平均每吨产品耗电378kW·h，低于我国等温正火每吨耗能800kW·h
网带式气氛炉炉口余热回收利用装置	1)余热利用。在(链条)网带式气氛炉淬火过程中，为保护零件表面不脱碳、不氧化，炉内需要补充保护气氛，保护气氛在炉内燃烧后形成一定的正压，炉口温度可达180～200℃，在炉口安装与清洗水槽相连接的水箱。利用炉口余热循环对清洗槽内冷水进行加热，水温能够达到50～60℃，提高了淬火后零件的去油清洗效果，从而减少回火时油烟的产生，降低蒸汽的用量，既节约能源，又大大改善环境 2)效果。每年可减少油烟排放约6万m³；车间环境得到改善，原用于网带式清洗槽的加热蒸汽为250t/月，现每年可节约蒸汽约3000t，即节约标煤约300t	每台网带式气氛炉余热利用装置一次投入资金2万元，安装一套总投入约20万元。若蒸汽单价按205元/t计算，则每月节约费用51250元，每年节约费用61万元

表 3-15　推杆式燃气等温正火生产线主要技术参数

参数	加热炉	速冷室	等温炉
额定温度/℃	1000	650	750
生产能力/(kg/h)	1000	1000	1000
炉膛尺寸/mm	8700×930×450	1200×930×450	8500×930×450
料盘数量/个	12	1	13
推料周期/min	7~12	7~12	7~12
最大天然气消耗量/[m³(标态)/h]	130	—	50
空气消耗量/[m³(标态)/h]	1300	—	500
烟气量/[m³(标态)/h]	1560	—	600

3.9　盐浴炉节能技术与应用

盐浴炉功率大，升温时间长，采用节能起动方法可以节省能源；采用在盐浴表面撒上颗粒保温材料等方法，减少辐射热损失，可以节电；采用加盖保温方法也可以节省大量能源。

1）盐浴炉节能起动法。盐浴炉的升温时间长，不仅降低生产率，而且增加能源消耗，因此，缩短起动时间就意味着节能。采用电阻加热器法、盐渣起动法、自激起动法、炉外搭接式主电极直接起动法、中空低电压快速起动法、炉内插入式主电极直接起动法，以及"654"造渣起动法、双功能主电极直接起动法、低压电弧快速起动法等可节约起动升温用电 30%~60%，节省工时 50%~60%，并简化操作和维修。

2）盐浴炉由插入式改为埋入式可节电 30%~60%。

3）目前不少盐浴炉等设备仍在使用接触式控制系统，由于控制精度不高，在加热过程中造成很大的能源浪费。应用 PID 调节炉温来减少炉温波动，也能收到明显的节能效果。

4）在盐浴表面撒上一层鳞状石墨粉、草木灰、"654"液体渗碳剂、特制颗粒保温材料（国外），这些物质密度小，漂浮在盐浴表面，能有效地降低黑度，减少辐射热损失。这些物质漂浮在盐浴表面上很薄，不影响操作，而且具有脱氧作用，能减少工件表面脱碳。与敞开保温相比，在盐浴表面撒上石墨粉后可节电 28.7%，见表 3-16。

5）盐浴炉采用保温盖可以减少热量损失。75kW 盐浴炉在 800℃ 空炉保温时，采用加盖保温方法可节电 46.5%，见表 3-16。

表 3-16　盐浴炉不同保温耗电量实测数据

工作条件	炉温/℃	保温时间/h	耗电量/kW·h		每小时通电时间/h	节电率（%）
			总耗电量	每小时耗电量		
敞开保温			321.7	18.93	0.74	—
加保温盖	800	17	172.2	10.13	0.29	46.5
撒石墨粉			229.5	13.5	0.47	28.7

3.9.1　适用于任何盐浴炉的自激快速起动技术

固体盐是几乎不导电的绝缘体，传统盐浴炉加热（熔）化盐是利用辅助电极发热的电阻式外热起动的，其（熔）化盐速度慢，一般均在 3h 以上，电能浪费严重，热效率低，原材料消耗多。

（1）自激快速起动原理及结构特征　该技术类似于"654"造渣起动法、高压击穿保流降低起动法两种起动法，不同之处在于该技术是利用颗粒状硅铁或镁铁造渣取代"654"或铸铁屑及其他不成熟、不稳定盐渣。硅铁与熔盐凝固在一起类似于半导体，其导电性能介于"654"盐渣和铸铁屑盐渣之间，不但在室温下也能击穿，而且具有不结块、易捞出的优点，使用该技术在室温下也能可靠地实现低压电弧击穿起动，解决了高电压击穿起动不安全的缺点。

盐浴炉自激快速起动装置如图 3-28 所示。该起动装置首先保留了安装辅助电极的原附加结构，而且坩埚和主电极结构不变；其次把辅助电极的螺旋式电阻圈去掉，将两根辅助电极柄加粗，插入炉膛部分的辅助电极柄下端焊有伸到炉底的厚电极块，从而制成两根副电极，两电极块之间用于放置颗粒状硅铁等起弧介质；为了便于起动，两电极块的间距保持在 60mm 左右为宜，该炉型是利用两辅助电极块之间的颗粒状硅铁盐渣起弧来实现快速起动的。

（2）自激快速起动操作方法及节能效果

1）操作方法。先将两根副电极（辅助电极）分别与两侧主电极连接，当新炉第一次起动时，在两副电极块之间塞入块状焦炭。然后将碎盐倒入炉膛内并盖住焦炭，用变压器高档起动。这时焦炭导电加热，将焦炭上面的盐熔化。随时熔化随时加盐，并随时捣实焦炭，使其充分与两电极块接触。待熔液达到一定高度使两侧主电极导通后，可取出焦炭和副电极。盐炉由于主电极的导通继续化盐，直到熔盐

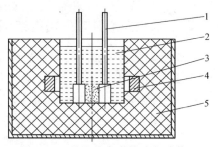

图 3-28　盐浴炉自激快速起动装置

1—辅助电极柄　2—炉膛　3—粒状硅铁

4—主电极　5—坩埚

达到使用液面高度为止。

停炉时安装上两根副电极，在两根副电极之间加入粒度不大于 10mm 的硅铁颗粒，粒状硅铁与熔盐凝固在一起后位于两副电极块之间，形成易于击穿的半导体。当再次起动时将变压器调到高档，通电后两副电极下端击穿，迅速熔化凝固盐，然后利用熔化盐的离子导电继续化盐。为了加快化盐速度，当炉底的熔盐达到接触主电极的高度时，可将副电极绝缘悬空，利用主电极大电流化盐，使盐快速熔化，从而达到快速起动的目的。盐完全化开后取出副电极即可进行工件加热。

2）节能效果。以 50kW 三相中温盐炉为例，采用常规辅助电极起动时，起动时间为 184min，耗电量为 4.43kW·h/dm³；采用自激快速起动技术时，起动时间仅为 28min，耗电量仅为 0.78 kW·h/dm³，节约工时 80%，节电达 70% 以上。不但节能效果显著，还提高了生产率。

3.9.2　盐浴炉停电保温节能方法

埋入式电极盐浴炉停炉后，在一定时间范围内可以实行停电保温。例如，45kW 中温盐浴炉，停电 2.5～5.0h 后重新通电，只需 9.5～14min 就可以使炉温回升到 850℃，比供电保温节电 15～35kW·h，节电率可达 60%～70%。同样是 45kW 中温盐炉，夜间停电保温 8～15h，可节电 56～150kW·h，节电率可达 70%～85%。

由此可见，实现随用随停（电），不用就停（电）的方法，是可以节电的。节电的主要原因在于减少了盐浴表面的热辐射损失；其次，炉壁散热损失也相应有所减少。然而，因为埋入式电极的位置处于盐池的中下部，电极间的盐浴受到了上层盐浴的保护，炉温下降和凝固速度比较缓慢，故在停炉间隔时间不太长时，只需用很短的时间和较少的电能消耗，就可以使炉温回升到工作温度。若停炉时加保温盖，则节电效果更好。

3.9.3　盐浴炉加盖减少辐射热损失的办法

无炉盖时盐浴表面的热辐射损失是很大的，而且随着盐浴温度的升高而迅速增大。表 3-17 列出了盐浴表面热辐射损失与炉壁散热损失随炉温而变化的数据。由表 3-17 可以看出，在 593℃ 时盐浴表面的热损失为炉壁的 19.3 倍；而到了 1288℃ 时，盐浴表面的热损失则为炉壁的 79.3 倍。故浴面热损失大于炉壁热损失。

表 3-17　盐浴表面热辐射损失与炉壁散热损失的比较

炉温/℃	热损失/(10^{-5} kW·h/mm²)		比例
	表面辐射	炉壁散失	
593	2.9	0.15	19.3

（续）

炉温/℃	热损失/(10^{-5}kW · h/mm^2)		比例
	表面辐射	炉壁散失	
732	5.0	0.19	26.3
871	9.1	0.24	37.9
1010	15.2	0.28	54.0
1149	22	0.34	64.6
1288	31	0.39	79.3

表 3-18 是几种 1300℃ 高温盐浴炉空炉加盖前后的热损失比较。表 3-18 数据表明，加盖可以收到明显的节能效果。炉盖可用轻质耐火砖制作，或采用厚度 80mm 硅酸铝耐火纤维制作。

表 3-18　1300℃高温盐浴炉空炉加盖前后的热损失比较

型号	未加盖时热损失/(kW · h/h)	加盖后热损失/(kW · h/h)	节电率(%)
RDM-35-13	16.23	12.16	11.6
RDM-75-13	42.96	21.01	29.2
RDM-100-13	42.67	27.55	15.1

3.10　推广节能的热处理设备

热处理加热设备技术指标主要包括加热设备的"三率"，即热效率、利用率和负荷率。表 3-19 为加热设备节能技术指标。表 3-19 中，"规定值"是指热处理加热设备现阶段应具备的技术指标，"目标值"则指进一步节能措施实施或进行技术改造后应达到的技术指标。对超期服役或热效率低于 35% 的电阻炉必须施行节能技术改造。

表 3-19　加热设备节能技术指标 （GB/Z 18718—2002）

项目		规定值	目标值
负荷率(%)		50	—
利用率		3 班连续生产和维持每周 5 天以上的开工时间	—
热效率 (%)	电阻炉加热(850~950℃)	35	>50
	燃烧加热设备	30	>50

节能是工业炉发展的关键，节能热处理工艺的实施需要良好的热处理设备做保障。对此，推荐使用节能热处理设备，见表 3-20 ~ 表 3-23。

1）表 3-20 为 2010 年已列入《工业和信息化部节能机电设备（产品）推荐

目录（第二批）》中的 12 项热处理节能装备。

表 3-20　推荐节能热处理设备（2010 年第二批）

序号	设备名称	型号	主要技术参数	适用范围	执行标准
1	双层辊底式连续球化退火炉	RGT2-20	额定功率:639kW 工作温度:850℃ 生产能力≥20t/24h	可替代单层连续球化退火炉	JB/T 50183—1999 单层炉: ≤330kW·h/kg
2	真空高压气淬炉	VKNQ606090 （规格 600mm× 600mm×900mm） VKNQ8080120 （规格 800mm× 800mm×1200mm）	最高工作温度:1350℃ 炉温均匀度:±5℃ 极限真空度<5Pa 气淬压力:1MPa 炉气碳势控制精度:± 0.05%C	可替代 0.6Pa 真空加压气淬炉	GB/T 17358 0.42kW·h/kg
3	预抽真空热处理生产线	BBH600 （一次装炉量 600kg）	最高工作温度:950℃ 炉温均匀度:±5℃ 一次装炉量:600kg 前室预抽真空极限真空度:133Pa 炉气碳势控制精度: ±0.05%C	可替代一般前室不抽真空热处理生产线	GB/T 15318 0.66kW·h/t
4	真空可控气氛渗氮炉	VKA-D60/60/90	额定功率:105kW 炉温均匀度:±3.5℃ 表面温升:35℃ 极限真空度:4.6Pa 工作真空度:15Pa	产品可广泛应用于工模具、航空航天、液压件等行业	GB/T 17358 0.54kW·h/kg
5	大型可控气氛井式渗碳炉	RQD-320/160-TL 规格: φ3200mm×1600mm	最高工作温度:1000℃ 炉温均匀度:±5℃ 炉温稳定度:±1℃ 碳势均匀性:±0.05%C 碳势稳定度:±0.02%C 表面温升:炉体≤ 40℃,炉盖≤45℃	可替代常规大型井式气体渗碳炉	JB/T 50163—1999 ≤950kW·h/t
6	可控气氛井式渗氮炉	RN6 规格: （φ300～φ2250mm）× （375～1200mm）-NS	工作温度:650℃ 炉温均匀度:±5℃ 炉温稳定度:±1℃ 表面温升: 炉壳表面25℃,炉盖表面50℃ 氮势均匀度:±0.05%N_p 氮势控制精度:± 0.02%N_p	用于主轴、曲轴、高精度齿轮和工模具、量具、铝合金及铁基粉末冶金制品的渗氮、氮碳共渗和氧氮共渗等化学热处理,也可用于工件的回火及铝、镁合金淬火、时效等热处理	JB/T 50163—1999 60kW 炉可比单位能耗:1000kW·h/t

（续）

序号	设备名称	型号	主要技术参数	适用范围	执行标准
7	高温可控气氛多用炉	CY-1200-10	加热功率:150kW 装炉量:1000kg/次 常用工作温度:800~1150℃ 炉温均匀度:±5℃ 碳势控制精度:±0.05%C 炉表面温升:≤60℃ 渗层深度偏差:±10%	主要用于轴类零件、工程重载汽车齿轮类等深层快速渗碳加工,合金模具钢、轴承钢、工具钢等无氧化保护气氛淬火和强韧化处理,不锈钢的高温固溶处理	JB/T 50182—1999 一等炉(930℃)在1.8~2.2mm渗碳时,可比单位能耗为415kW·h/t
8	在线深冷处理设备	SLZX-Ⅲ	温度范围:-190℃~室温 装载量:1000kg 控温精度:±5℃ 液氮消耗量: 120℃:≤0.75kg/kg·h 80℃:0.35~0.4kg/kg·h 温度均匀度:10℃	主要用于汽车制造、机械、模具等热处理行业。可替代电制冷和液体介质深冷处理设备,可与多用炉生产线配合,实现自动装卸料	无国标和行业标准 企业标准: Q/12YJ431—2006 液氮消耗量: 120℃: ≤0.75kg/kg·h 80℃:0.35~0.4kg/kg·h
9	薄板件成形淬火生产线	BCRX-Z600	最高使用温度:950℃ 炉温均匀度:±5℃ 处理零件直径:160~600mm 厚度:1~6mm 生产能力:20~40片/h 硬度波动:±2HRC	主要应用于机械、汽车制造等行业薄板形零件的自动定形淬火及常规热处理工艺加工	GB/T 17358—2009 0.48kW·h/kg
10	可控气氛罩式渗氮炉	RFN200/200 规格: φ200mm×200mm	最高工作温度:750℃ 炉温均匀度:±3℃	可替代常规井式气体渗氮炉	JB/T 50163—1999 可比单位能耗: 950kW·h/t
11	连续式无料盘铝合金轮毂热处理生产线	CW-100-Q-1	工作温度:(固熔炉)540℃,(时效炉)155℃ 控制精度:(固熔炉)±1℃,(时效炉)±1℃ 炉温均匀度:(固熔炉)±5℃,(时效炉)±5℃ 表面温升:(固熔炉)≤35℃,(时效炉)≤15℃ 淬火转移时间:12s	可替代目前常用铝合金热处理立式淬火炉	JB/T 50154—1999 (现已废止) 特级炉可比单位能耗:52kg标煤/t

（续）

序号	设备名称	型号	主要技术参数	适用范围	执行标准
12	淬火冷却介质空气冷却器	CKL-2	空气冷却器出口温度：46℃ 管内对流传热系数：188W/（m²·℃） 管外空气传热系数：88W/（m²·℃） 总传热系数：142 W/（m²·℃） 对数平均温差：14.2℃	主要应用于汽车、石化、纺织、兵器、航空等行业各类淬火液的冷却	GB/T 15386—1994（现已废止）

2）表 3-21 为 2011 年已列入《工业和信息化部节能机电设备（产品）推荐目录（第三批）》中的 9 项热处理节能装备。

表 3-21　推荐节能热处理设备（2011 年第三批）

序号	设备名称	型号	主要技术参数	适用范围	执行标准
1	智能型真空渗碳淬火炉	VCQ2	最高工作温度1300℃；炉温均匀度±5℃；控温精度±0.1℃；极限真空度 4×10⁻¹ Pa；压升率0.65Pa/h；淬火转移时间25s。气冷压强：油淬炉2bar；气淬炉6bar、10bar、12bar。硬化层深度偏差不超出±0.1mm；单位能耗265kW·h/t	金属零件真空渗碳淬火	1）JB/T 50182《箱式多用热处理炉能耗分等》 2）相关指标：单位能耗440kW·h/t
2	高频感应热处理加工中心	GGJC100－0.1/0.5-530	工业频率 10～50kHz；输出功率100kW；输入功率120kW；最大工件长度500mm；最大回转直径300mm；最大工件重量50kg；IGBT 晶体管电源转换效率≈90%	各种金属零件的感应淬火、透热、焊接、熔炼等	1）GB/T 10067.3《电热装置基本技术条件 第3部分：感应电热装置》 2）相关指标：真空电子管电源效率＜50%；晶体管电源转换效率≈70%
3	精密可控气氛箱式渗氮炉	RMN-900×1500×850-TL	最高工作温度800℃；工作区尺寸 900mm×1500mm×850mm；空炉升温时间≤2.5h；温度均匀度±3℃；表面温升≤45℃；空炉损失≤24kW；最大装炉量1500kg；单位能耗510kW·h/t	机械基础件的精密热加工领域	1）JB/T 50163《热处理井式电阻炉能耗分等》 2）相关指标：单位能耗≤950kW·h/t

（续）

序号	设备名称	型号	主要技术参数	适用范围	执行标准
4	精密可控气氛高温箱式多用炉	RM11-180×120×85-TL	最高工作温度1100℃；工作区尺寸1800mm×1200mm×850mm；炉温均匀度±5℃；碳势控制精度±0.05%C；空炉升温时间≤5h；空炉损失≤60kW；表面温升（炉体）≤45℃；最大装炉量3500kg；单位能耗650kW·h/t	机械基础件的精密热加工领域	1）GB/T 17358《热处理生产电耗计算和测定方法》 2）相关指标：1267kW·h/t
5	底装料立式多用炉生产线	SP50,SP80,SP300,SP500,SP800	最高工作温度1050℃；控温精度±1℃；炉温均匀度±5℃；碳势控制精度±0.05%C；表面温升45℃；单位能耗400kW·h/t	航空航天、兵器、机械、五金等高精密零件的热处理	1）JB/T 50182《箱式多用热处理炉能耗分等》 2）相关指标：440kW·h/t
6	热处理用碳氢溶剂真空清洗机	VCH600	清洗能力1000kg/次；使用环保碳氢溶剂，溶剂再生回收率99%；溶剂再生纯度99%；清洗周期为约35min；清洗真空度6.5kPa；干燥真空度2.6kPa	工模具、航空航天、液压件等行业	1）Q/32098FD023-2007《溶剂型真空清洗机》 2）相关指标：显著减少热处理废气排放
7	智能型精确控制淬火冷却系统	HWZL-100-2000	主淬火槽容积100～2000m³；循环流量200～4000m³/h；喷嘴配制为空气/雾化/浸水搅拌；温度控制精度±1℃；时间控制精度±1s；不同冷却工艺切换时间≤30s	装备制造、热处理固溶、调质、时效、渗碳淬火等	1）Q/DHWJ《智能型水基淬火冷却系统技术条件》 2）相关指标：智能控制实现空气、水、有机/无机聚合物水溶液的喷气、喷雾、喷水、浸入及交替组合式淬火冷却
8	复合式热管换热器	FHQ系列，HPY系列，HPQ系列，HPZQ系列	烟气进口温度333℃；烟气出口温度101℃；助燃空气加热后温度145℃；进口烟气流量3712m³（标态）h；回收热量343kW	热处理、铸造、锻造、石油化工、纺织机械、兵器、航空工业等领域	1）Q/BJN10-2011《碳钢-水重力热管》 2）相关指标：烟气进口温度340℃；烟气出口温度130℃；助燃空气加热后温度98℃；进口烟气流量2100m³（标态）/h；回收热量200kW

（续）

序号	设备名称	型号	主要技术参数	适用范围	执行标准
9	闭式冷却塔	KBL	制冷量 30～3500kW；喷淋功率 0.75～7.5kW；喷淋泵流量 10～180m³/h；风机风量 12000～350000m³/h；电耗 8kW；水耗 0.2t/h	循环水冷却、淬火槽冷却、中频炉、透热炉、真空炉、中（高）频淬火机床、超音频感应淬火机床、液压机、电液锤、快锻机、地源热泵、冷冻机组等	1）Q/320211JDM01—2009《KBL 系列闭式软水冷却机》 2）相关指标：电耗≤8kW；水耗≤0.2t/h

3）表 3-22 为 2013 年已列入《工业和信息化部节能机电设备（产品）推荐目录（第四批）》中的 6 项热处理节能装备。

表 3-22　推荐节能热处理设备（2013 年第四批）

序号	设备名称	型号	主要技术参数	适用范围	执行标准	推荐理由
1	精密可控气氛井式渗碳炉	RQD-300×200-TL；RQD-150×450-TL；RQD-200×250-TL	炉体表面温升 41℃；空炉升温时间 4.9h；单位电能消耗 535kW·h/t；炉温均匀度 ±5℃；碳势精度 ±0.05%C_p；碳势稳定度 ±0.02%C_p	机械基础件的精密热加工领域	GB/T 17358—2009《热处理生产电耗计算和测定方法》，GB/T 10066.1—2004《电热设备的试验方法 第 1 部分：通用部分》，炉体表面温升≤60℃，空炉升温时间≤6.5h，单位电能消耗≤1277kW·h/t	温度、气氛控制精度高，炉温炉气均匀性好，炉内耐高温结构件使用寿命长，大幅度缩短了热处理工艺周期，达到了节能、降低成本的目的
2	活性屏离子氮化炉	ASPN	最大装炉量 1500kg；空炉升温时间≤1.35h；表面温升≤28℃；炉温均匀度 ±3℃；温度控制精度 ±1℃；压力控制精度 ±3Pa；流量控制精度 ±0.5%	金属零件渗氮	JB/T 6956—2007《钢铁件的离子渗氮》，空炉升温时间≤1.5h，表面温升≤40℃	缩短了工艺周期，节能、节材效果明显

（续）

序号	设备名称	型号	主要技术参数	适用范围	执行标准	推荐理由
3	辊底式盐淬贝氏体热处理生产线	RYY9-120×650×45-TL	表面温升:加热炉门40℃;加热炉体33℃。能耗322kW·h/t;最高温度950℃;炉温稳定度±1℃;碳控精度±0.02%C_p;碳势稳定度±0.03C_p;炉温均匀度±5℃	高铁、航空航天、汽车等专用轴承的热处理加工	GB/T 17358—2009《热处理生产电耗计算和测定方法》，GB/T 10066.1—2004《电热设备的试验方法 第1部分:通用部分》,表面温升:加热炉门≤55℃,加热炉体≤40℃。电能消耗≤423kW·h/t	控制精度高,智能化集成控制技术好,节能效果明显
4	工业电炉节能系统	SNTA1006	单机容量525~675kVA;采样精度≤0.5%;损耗≤0.1%设备容量;使用寿命≥10年;功率因数达到0.9;吨电石电炉电耗3241.1kW·h/t	工业炉	电石行业准入条件 GB 21343—2008《电石单位产品能源消耗限额》,吨电石电炉电耗≤3400kW·h/t	降低对电网的谐波污染,提高工业电炉产క,节能效果明显
5	智能控制台车式燃气退火炉	RQL-T-1200	表面温升51℃;燃气压力1×10^5Pa;装炉量120t;燃气消耗360m^3/h;热态后检查合格	矿山机械、石油机械、冶金、风电等大型铸锻件	GB/T 10067.1《电热装置基本技术条件 第1部分:通用部分》,表面温升≤55℃,燃气压力1×10^5Pa,装炉量120t,燃气消耗360m^3/h	设计合理,密封结构可靠,提高了炉温的均匀度和余热利用效率
6	电极旋转式双工位精炼炉	LF-210t	升温速度≥5℃/min;精炼电耗36kW·h/t;电极消耗0.4kg/t;处理时间<30min	钢铁冶炼行业	JB/T 5714—1991《钢包精炼炉能耗分等》,升温速度≥4℃/min,精炼电耗≤40kW·h/t,电极消耗0.45kg/t	钢液升温速度快,电效率高,节能效果明显

4）表 3-23 为 2014 年已列入《工业和信息化部节能机电设备（产品）推荐目录（第五批）》中的 3 项热处理节能装备。

表 3-23　推荐节能热处理设备（2014 年第五批）

序号	设备名称	型号	主要技术参数	执行标准	推荐单位
1	全自动可控气氛卧式盘圆节能退火生产线	GZT	总加热功率 1346kW；退火工作温度 600～800℃；炉温均匀度 ±5℃；炉壁表面温升 <45℃；单位能耗 180kW·h/t	GB/T 15318—2010《热处理电炉节能监测》标准指标：单位能耗 ≤400kW·h/t	杭州金州科技股份有限公司
2	全纤维炉衬台车式保护气氛电阻炉	RTQ-NS	最高工作温度 1200℃；空炉升温时间 ≤2.5h；炉温均匀度 ±8K；炉壳表面温升 ≤45K；炉门表面温升 ≤60K；空炉能耗 2400kW·h；空炉损失 59kW	JB/T 50162—1999《热处理箱式、台车式电阻炉能耗分等》标准指标：空炉能耗：≤248kW·h；空炉损失 ≤75kW	南京摄炉（集团）有限公司
3	空气动力加热炉	KDR20012N；KDR20080N；KDR20062	炉温均匀度 ±3℃；温度控制精度 ±0.5℃；最大升温速率 3.18℃/min；耗电量 0.167kW·h/kg；节电率 50.69%	GB/T 15911—1995《工业电热设备节能监测方法》标准指标：节电率 ≥40%	西安航天化学动力厂

3.11　其他节能热处理设备

为了满足热处理生产厂家对节能热处理设备的需求，国内外热处理设备制造厂家，通过技术创新，采用新技术改进炉子结构，应用新材料、余热回收技术等制造热处理设备，不仅明显提高了产品质量和生产率，而且显著降低了能耗和成本。表 3-24 为其他节能热处理设备举例。

表 3-24　其他节能热处理设备举例

设备名称	技术参数与结构特点	节能效果
德国 Ipsen 公司盐浴等温、分级淬火生产线	TQA 型集气体保护奥氏体化、盐浴和空气介质等温或马氏体分级淬火为一体的生产线。由于贝氏体转变时间往往比奥氏体化时间长很多，因此生产线在硝盐等温后加一个在空气中继续等温的贝氏体转变区。100Cr6 钢（相当于 GCr15 钢）的贝氏体等温转变要延长 45min，先在硝盐浴中冷却到 230℃，然后在 230℃ 空气炉中继续等温	该生产线在汽车工业有推广的潜力，可用于节能材料——奥贝球铁（ADI）件的大批量的贝氏体等温淬火

（续）

设备名称	技术参数与结构特点	节能效果
爱协林轴承套圈贝氏体盐浴等温淬火生产线	1）Aichelin 公司生产线由上料台、转底式加热炉、淬火盐槽、等温盐槽、清洗机和控制系统等组成 2）工艺与应用。采用该生产线生产 NJ3226X1/01 轴承套圈，其材料为 GCr18Mo 钢。其贝氏体等温淬火工艺为：在振底式加热炉加热，860℃×45min 加热，保护气氛碳势 $w(C)$ 为 0.90%；在 230℃盐浴［盐浴组成（质量分数）：50% NaNO$_2$+50% KNO$_3$］中进行贝氏体等温淬火 240min，出盐槽风冷	生产线采用料盘自循环方式，淬火加热用料盘专供转底式炉加热用；等温料盘专供等温槽用，不但减少料盘畸变、开裂，延长料盘的使用寿命，同时减少了热损失，提高了炉子的热效率，节省了能源，还有利于工件的冷却，大大减少盐浴的消耗
多用辊底式淬火、回火节能生产线	1）结构。生产线由带上料装置的辊底式加热炉、升降式硝盐淬火槽、升降式淬火油槽、清洗烘干机、双层空气回火炉、后卸料装置、控制系统和制氮机组成 2）技术参数。①总装机容量为 600kW，生产能力为 400kg/h，加热炉有效炉膛尺寸为 7200mm×750mm×350mm。②最高加热温度：加热炉 900℃，硝盐槽 250℃，回火炉 300℃。③炉温均匀度：加热炉 8℃，回火炉 6℃。每个方阵最大装载量≤100kg。④氮气用量 40m^3/h，甲醇用量 2kg/h。⑤处理材料：高碳铬轴承钢套圈和各种轴承钢滚动体 3）生产线特点。①节能效果好。②产品质量高。采用氮基保护气，避免了零件表面脱碳。采用硝盐淬火，硬度均匀性好，同一零件硬度差≤1HRC。③功能多。针对各种材料根据工艺设定程序后，可自动完成 4 种工艺：贝氏体分级淬火、马氏体分级淬火、贝氏体等温淬火、马氏体直接淬火	此生产线用于 ϕ200～ϕ750mm 的中大型套圈淬火，工件直接摆放在滚道上，不用料盘，节省了耐热钢料盘费用。电炉密封性很好，电能消耗很小，为 97kW·h/t，比井式炉 510kW·h/t 减少 413kW·h/t
大型支承辊感应加热差温立式（节能）淬火机床	1）处理工件范围。支承辊总长度为 6000mm，直径为 ϕ800～ϕ1680mm，辊身长度为 780～2500mm，质量≤55t，支承辊材料为 70Cr3NiMo、45Cr4NiMoV 钢等，淬硬层深度为 30～118mm 2）设备。机床采用可控硅变频电源，电源频率为 36～60Hz。感应炉的测温系统采用红外测温-闭环控制，可以确保工件加热在设定温度±10℃以内运行，也实现了支承辊表层均匀奥氏体化 3）喷淬方式。有液态、雾态、气态 3 种，喷淬方式、时间及大小由计算机控制，可适应多种规格的支承辊淬火工艺 4）应用。支承辊进行快速感应差温加热之前要在箱式炉内整体预热到 350～500℃。预热后经快速感应加热，在辊身表面至 190mm 层深处形成了 810～940℃的加热层，使工件内外形成温差，从而减小了奥氏体化造成的热应力。经检验，支承辊的表面硬度和有效硬化层深度均达到 JB/T 4120—2006《大型锻造合金钢支承辊》和企业标准要求	与常规燃气式温差炉相比，处理 20t 支承辊时，采用感应加热差温立式机床可以缩短支承辊的加热时间 40% 以上，降低能耗 60% 以上，降低单件生产成本 60%

（续）

设备名称	技术参数与结构特点	节能效果
70m/min PC 钢棒感应淬火回火生产线	1）生产线组成。其主要由控制部分、机械传动部分和感应加热部分组成，感应加热部分包括 KGPS350-6 型晶闸管中频感应加热电源 1 套、IPS250-20 型超音频感应加热电源 1 套、IPS160-50IGBT 型超音频感应加热电源 1 套和 KGPS160-4 型的晶闸管中频感应加热电源 1 套 2）运行参数。以 $\phi9.0$mm 钢棒为例，传动速度为 70m/min，淬火温度为 920℃，回火温度为 420℃。对照组：在对某公司 PC 钢棒生产线改造前，传动速度为 9m/min，淬火温度为 900℃，回火温度为 420℃。感应加热电源的运行参数：1 号中频电源、2 号超音频电源、3 号超音频电源及 4 号中频电源功率（kW）分别为 340、120、50 和 72；1～4 号电源频率（kHz）分别为 4.2、21.2、46.5 和 4.0 3）产品质量。$\phi9$mm 钢棒的力学性能测试结果：抗拉强度 R_m 为 1420～1510MPa，断后伸长率 A 为 9.5%～9.8%，松弛率为 0.8%，规定塑性延伸强度 $R_{p0.2}$ 为 1460～1470MPa，检验结果明显优于冶金部的行业标准	该系统生产率是改造前系统 7.8 倍，单位质量产品的电耗为改造前系统 50%。生产线开工率按 60% 计算，每条生产线年产量可超过 11000t，每条生产线每年可降低电力成本达 170 余万元，每条生产线每年产值超过 3000 万元
德国 IVA 工业炉有限公司敞开式加热井式气体渗碳炉	1）用途与结构。该炉是为大型深层渗碳工件量身设计、制造的，尤其对于要求渗碳层深超过 1.5mm 的大型工件，可以得到非常好的渗层均匀性。该炉取消了炉内的炉罐、导风筒、炉盖箱体等耐热钢构件，由抗渗碳的电阻带直接对工件进行加热，节能效果显著 2）特点。特殊制作电热元件使用寿命超过 10 年；常规井式渗碳炉的炉罐存在蓄热量大，使用寿命短等问题，而该炉取消炉罐，维修费用极少	德国敞开式井式渗碳炉可直接加热工件，从而有效降低了设备能耗
BBHG-5000 型燃气式大型预抽真空可控气氛多用炉生产线	1）设备结构。炉内有效尺寸为 1200mm（宽）×1500mm（高）×1800mm（长），额定处理能力为 5t，额定处理温度为 950℃。该设备由加热室、中间过渡室和前室组成。前室采用真空气密结构，为预抽真空换气室兼淬火油槽，极限真空度达到 5Pa，由前室本体、真空入口门、真空出口门、升降机、淬火油槽、真空排气系统、真空测量装置、残氧检测装置、料盘检测装置等机构组成 2）控制系统。采用天然气加热方式，由 6 套高性能燃气烧嘴、U 形燃气辐射管、换热器、燃气控制管路组成燃气加热系统。为提高燃气能效，在燃气辐射管上安装高性能换热器装置，使尾气温度保持在 250℃ 左右，燃气系统热效率达 60% 以上，并减少 NO_x 的排放 该炉控温精度为 ±1℃，温度均匀度为 ±5℃，完全达到规定的设计要求	加热室为无炉罐结构，减少了炉罐蓄热；采用天然气与高效节能烧嘴加热方式，加热速度快，能源效率高，燃气消耗成本仅为通常电加热成本的 30%～50%。由于前室真空，炉子的密封性好，滴注剂的使用量比传统的多用炉减少 30% 左右。预渗时间只有传统多用炉的 15%～20%，运行成本更低

（续）

设备名称	技术参数与结构特点	节能效果
BBH-T-240 通过式预抽真空高温多用炉	1）结构与技术参数。炉内有效尺寸为600mm（宽）×930mm（长）×460mm（高），额定处理能力为240kg，额定温度为1150℃，最高温度为1200℃ 该炉前室为预抽真空密封结构，采用 N_2 保护气氛。该炉采用通过式搬送方式，既可实现"前进前出"的油淬火方式，也可以实现"前进后出"的快速空冷，可满足耐热钢、不锈钢、模具钢的高温精密固溶处理，也可用于常用合金钢的中温淬火处理 2）环保与安全性。由于前室预抽真空，工件进入时带入的空气，可通过抽真空的方式完全排出，工件进出炉无需火帘装置。工件油淬时不会产生火焰，很少产生油烟；工件快速空冷时产生的热量，由专用热量收集装置进行热回收，符合大气排放要求；作业环境更加清洁环保 工件进出炉时，因采用预抽真空及氮气复压置换，前室与加热室隔绝，加热室采用 N_2 保护气氛，故无爆炸危险，无带油工件进出炉时不慎燃烧引发火灾的危险	加热室保温层采用高效保温材料，减少了蓄热量，并且增加了真空隔热层；加热器采用SiC加热棒，具有加热效率高、升温速度快的特点。与常规的高温炉相比，该炉节能35%以上，缩短工艺周期20%。由于加热室采用密封设计，并采用 N_2 保护气氛，使工艺气体消耗量大幅度减少
轴承零件感应加热设备	日本NTN株式会社的某些轴承套圈采用中频感应快速加热，然后进入输送带式炉中保温、淬火，再进行感应回火。感应加热生产线主要由自动上料机构、导向机构、感应淬火炉、淬火槽、喷淋式清洗机和感应回火炉等组成，自动化程度高	与传统轴承热处理生产线相比，其可缩短加热时间2/3，节能50%以上

第4章 节能的热处理材料

4.1 概论

随着科学技术的进步，涌现出许多先进的节能热处理材料，这些材料的应用，可以简化工序、缩短工艺周期、节省材料、提高产品质量，从而达到节能减排、降低成本、提高生产效率的目的。

目前，节能材料的应用得到了快速的发展，其特点是可以完全省掉某项热处理工序（如调质、淬火、退火、正火、回火等）或加速工艺过程的进行（如快速渗碳、渗氮等），前者的节能效果最大，可以说是热处理节能技术的一项重大成果，具有广阔的发展前景。

例如，非调质钢的应用，不但提高了钢材的综合性能，而且省掉了调质工序，节省了能源，故其为节能钢材，目前在汽车等行业得到了广泛应用。热锻后空冷高强度贝氏体钢成为非调质钢发展的重要方向。韩国浦项公司开发的低成本的空冷微合金化低碳贝氏体钢（质量分数 0.15% C-1.8% Mn-0.002% B）的抗拉强度 R_m 为 825MPa，伸长率 A 为 11.1%，满足汽车转向拉杆的技术要求。

为适应缩短化学热处理周期新工艺的需要，国内外已经开发出快速渗氮钢、快速渗碳钢、高温渗碳钢、高碳势的高 CO 渗碳用钢等，取得很好的节能效果。

免退火冷镦钢的应用，使汽车标准件采用冷镦成形时，省去了冷拔前的退火工序，降低了生产成本。目前，免退火冷镦钢可用于生产 8.8 级汽车紧固件类零件。

高性能球墨铸铁（ADI）的成本低于钢和铝，ADI 组件比铸钢节省 50% 的能源，比锻钢节省近 80% 的能源，在汽车轻量化方面具有明显优势，并间接起到节能降耗效果。

采用低淬透性钢（如 55Ti、60Ti、65Ti、70Ti 钢）感应淬火取代含 Ni、Mo 等贵重合金元素钢材渗碳热处理，既节能又节材。

各种先进工艺材料的应用，缩短了热处理工艺周期，减少了工艺材料和钢材的消耗，降低了生产成本，提高了生产效率和产品质量，达到了节能降耗的目的。

表 4-1 为节能的热处理材料。

表 4-1　节能的热处理材料

序号		材　料
1	省去热处理工序或加速热处理过程的材料	高温渗碳钢、快速渗碳钢、快速渗氮钢等；非调质钢；Mn 系贝氏体/马氏体复相钢、等温淬火钢；稀土催渗剂、BH 催渗剂、NH_4Cl 催渗剂、CCl_4 催渗剂等
2	改善工艺性能的材料	减少热处理畸变钢；锻热淬火用钢；冷锻及温锻用钢；易切削钢等
3	采用低能耗及低成本的材料	天然气、氮基气氛、直生式气氛；聚合物水溶液；成膜淬火油；奥贝球墨铸铁；保护涂料（如防氧化脱碳涂料）；保护材料（如包装热处理用不锈钢箔）；低淬透性钢（如 55Ti、60Ti、65Ti、70Ti 钢）；火焰淬火用钢等

4.2　热处理节能钢铁材料及其应用

为了节约能源，降低热处理成本，国内外已经研发出快速渗碳钢、快速渗氮钢、高温渗碳钢、Mn 系贝氏体/马氏体复相钢等，取得很好的节能效果。非调质钢的应用，不但节省了调质等工序，节约能源，而且提高了钢材的综合性能。

奥贝球墨铸铁件的制造过程与钢制件的制造过程相比，不仅使材料成本降低几倍，还可以省去锻造成形过程，因而大大节省能源，此外还可以采用简单的热处理工艺保证产品的性能，降低了生产成本。

表 4-2 为节能钢铁材料与应用。

表 4-2　节能钢铁材料与应用

热处理过程中节能，省去热处理工序节能	高温渗碳钢；快速渗碳钢；特殊渗氮钢；快速渗氮钢；非调质钢；省略正火钢及省略退火钢；Mn 系贝氏体/马氏体复相钢等
改善工艺性能而节能	减少热处理畸变钢；锻热淬火用钢；冷锻及温锻用钢；易切削钢等
充分利用低能耗成本材料	奥贝球墨铸铁的扩大应用，节省了贵重金属元素钢、微量合金化钢等

4.2.1　非调质钢及其应用实例

调质是淬火和高温回火的复合热处理，是耗能最多的热处理工序之一。利用非调质钢省去调质工序，使材料在热锻或热轧后空冷或进行简单的控（制）冷（却）即能达到调质钢经调质处理后所具有的性能，从而取代调质钢，可获得显著的节能效果。它是伴随国际上能源短缺而发展起来的一种高效节能钢，具有良好的可加工性，其性价比远优于传统合金结构钢。

国际上先进国家研制开发了大量的 V-Nb 复合微合金化的非调质钢，其在汽车零件上的使用率已达到 60% 以上。国内已经开发出以 V 微合金化为主的 20 余个非调质钢种（如 F45MnV、F35MnVN、YF45MnV、YF45V、35VS、45VS、35MnVS、40MnVS、40MnTi、10MnSiTi、15MnNb、38MnVTi、49MnVS3 等钢），用非调质钢可以制造汽车曲轴、连杆、半轴、万向节、滑动叉等零件。

（1）非调质钢的优点　与调质钢相比，其具有以下优点：①锻件无需调质处理，是典型的资源节约型结构材料；②不存在因淬火而产生的畸变、开裂等质量问题，省去了后续校直、无损检测等工序；③在零件的横截面上可得到均匀一致的组织和性能，而调质钢由于受材料淬透性的影响，零件的表面和心部往往存在较大的组织和硬度差异；④因为省去了调质工序，所以减少了钢材损耗；⑤杜绝了调质过程中产生的"三废"，有"绿色钢材"之称。

非调质钢的应用，可省去占调质钢生产总成本6%的热处理费用。德国人用49MnVS 钢代替调质钢制造连杆可节约38%的总成本；日本爱知分析，非调质钢因省略调质工序，可使热锻件产品的成本降低18%。

（2）分类与用途　非调质钢按用途分为热轧与热锻非调质钢（如25MnSiV、45V、30Mn2V、35MnV、32Mn2SiV、40MnV、45MnV 等钢）、易切削非调质钢（如35VS、35MnVS、40VS、45VS、40SiMnVS 等钢）、冷作硬化非调质钢（如10MnSiTi、15MnNb、16Mn2V、10Mn2VTiB 等钢）；按获得的组织分为铁素体＋珠光体非调质钢（如45MnV、45MnNbV、35MnVS、49MnVS3 等钢）、贝氏体非调质钢（如12Mn2VB、12Mn2VBS 等钢）、马氏体非调质钢等。

非调质钢按用途分类见表4-3，按显微组织分类见表4-4。

表4-3　非调质钢按用途分类

类　别	典型零件	制造工艺	基本化学成分
热锻用	轴类、杆类、销类等结构件等	轧制→热锻（控制锻造、控制冷却）→机加工控制	中碳钢或中碳锰钢＋V、N 等
冷锻用	螺栓类	轧制、控制冷却→拉拔→机加工	低碳钢＋V、Nb、Ti、B 等

表4-4　非调质钢按显微组织分类

类　别	显微组织	主要性能与用途
铁素体-珠光体型	先共析铁素体＋珠光体＋细小弥散的微合金碳（氮）化物	具备高强度与较好的韧性，适于制造重要的轴类、杆类等结构件，如发动机曲轴、连杆
贝氏体型	贝氏体（低碳）＋细小弥散的微合金（氮）化物	具备 900MPa 以上的高强度及良好的韧性
马氏体型	马氏体（低碳）＋细小弥散的微合金（氮）化物	具备 1100MPa 以上的高强度及良好的韧性

在我国汽车工业广泛用于生产制造汽车发动机曲轴、连杆、万向节等零件的主要是铁素体＋珠光体非调质钢，其主要有：标准牌号的 F45MnVS、F38MnVS

钢，以及非标准牌号的 48MnV、C38N2、30Mn2VS、S43CVS1 等钢。而贝氏体非调质钢主要用于生产汽车前梁、万向节臂等保安类零件，其主要有：标准牌号的 F12Mn2VBS 钢，以及非标准牌号的 12Mn2B、12MnBS、20Mn2VB 等钢。

在 GB/T 15712—2008《非调质机械结构钢》中列举了 10 种常用、成熟钢种：F35VS、F40VS、F45VS、F30MnVS、F35MnVS、F38MnVS、F40MnVS、F45MnVS、F49MnVS、F12Mn2VBS 钢。

（3）应用及效果 目前，非调质钢主要用于汽车零部件的生产。表 4-5 为非调质钢在国内外汽车上的应用。

表 4-5 非调质钢在国内外汽车上的应用

	厂　　家	牌　　号	应 用 部 件
国外	日本丰田	SVd15BX	下摇臂
	德国大众	27MnSiVS6	连杆
	德国奔驰	26MnSiVS7	曲轴、连杆
	意大利菲亚特	HVD80SL	曲轴
国内	天津夏利	S43CVS1	连杆
	南京汽车	35MnVN	连杆
	江铃汽车	12Mn2VBS	前桥
	长春一汽	35MnVS	连杆
	上海桑塔纳	49MnVS3	曲轴
	富康	30MnVS6	轮毂

非调质钢的应用，因省去了调质等工序，可使生产此类零件的热处理能耗降低 70%～80%，同时，可以强化材料性能。在科学合理的控锻、控（制）冷（却）工艺条件下，非调质钢的 R_m 可达到 850～1000MPa，R_{eL} 可达到 550MPa 以上，材料强度基本上等同调质钢的水平。

（4）非调质钢的应用实例 见表 4-6。

表 4-6 非调质钢的应用实例

工件及技术条件	工艺与内容	节 能 效 果
汽车前轴，原采用 45 钢制造，要求调质处理，现采用非调质钢 12Mn2VBS 做对比试验	1）两种钢材锻造工艺流程。下料→中频感应加热→辊锻→顶锻→终锻→切边→热（态）校正→控（制）冷（却）→喷丸→检测→机加工。表 4-7 为两种钢的锻造工艺对比试验 2）切削加工对比。12Mn2VBS 钢前轴锻件未经调质处理，室温组织为粒状贝氏体和少量铁素体，其硬度均匀，且钢中含硫量较高，可提高切削加工性 20%～30% 3）力学性能。两种钢前轴的力学性能检测结果见表 4-8。两种钢的抗拉强度、屈服强度基本相当。调质钢的韧性比较好，非调质钢晶粒粗大，贝氏体为粒状，因而韧性较差 4）台架疲劳试验及路试。非调质钢前轴试件三个方向（横向弯曲 30 万次，纵向弯曲 50 万次，垂直弯曲 100 万次）疲劳寿命均满足日本五十铃前轴总成试验规范要求。用 12Mn2VBS 钢前轴总成装车 2 台进行 3 万 km 路试，其达到了 45 钢前轴的技术要求，完全能满足汽车前桥总成对前轴的技术要求	采用非调质钢后每根前轴锻造成本降低了 64 元。以年产 1.7 万台套计算，可节省采购成本 110 万元；由于 12Mn2VBS 钢的切削加工性大大改善，生产效率和刀具使用寿命得以提高，降低了加工制造成本。经预测每年节省制造成本 30 多万元

（续）

工件及技术条件	工艺与内容	节能效果
黄河牌 JN-150 载货汽车半轴，两端为矩形花键（φ60mm×150mm），长度 1122mm，中间杆部 φ52mm。原采用 40Cr 钢制造，要求调质处理，现用非调质钢做对比试验	1）38MnVTi 钢半轴工艺流程。下料→锻造→机械加工→中频感应淬火→回火→磁粉检测→校直→检查→包装。非调质钢半轴省去了调质和表面清理以及校直工序 2）中频感应淬火设备与工艺。采用 BPSD100/2500 型中频机组；淬火机床采用 GCT10120 型立式淬火机床；感应器为单匝，有效圈为 φ78mm（内径）×20mm（高度），附加喷水层。中频感应淬火工艺规范见表 4-9 3）质量检验。38MnVTi 中频感应淬火淬硬层深度、表面硬度均符合 QC/T 294—1999 的规定。新工艺与材料达到和超过原工艺及材料强度水平。扭转疲劳寿命与台架试验均达到 $1×10^6$ 次，循环未失效。通过实际装车路试，其与 40Cr 钢调质＋中频感应淬火的半轴相比，质量稳定，寿命略高	由于非调质钢可省去中频感应淬火前的调质工序，每根半轴可节电 8kW·h。仅调质一项，全部改用非调质钢后，年可节电 80 万 kW·h

表 4-7　两种钢的锻造工艺对比试验

材　　料	加热温度/℃	始锻温度/℃	终锻温度/℃	控冷方式	锻造方式	锻后处理设备
45 钢	1200±20	1150±20	950±30	锻后调质	模锻	调质生产线
12Mn2VBS 钢	1200±20	1150±20	1030±30	风→控制冷却	模锻	控冷生产线

表 4-8　两种前轴材料力学性能对比试验结果

材　　料	热处理状态	R_m/MPa	R_{eL}/MPa	A(%)	Z(%)	a_k/(J/cm^2)
45 钢	调质	780~800	655~695	16~20	55~60	90~110
12Mn2VBS 钢	锻后处理	790~812	660~700	15~19	55~58	75~90

表 4-9　38MnVTi 钢中频感应淬火工艺规范

参　　数	杆部	上下花键	参　　数	杆部	上下花键
工件转速/(r/min)	60	60	有效功率/kW	82	85
工件移动速度/(m/s)	4.5	4	功率因数 cosφ	0.98	0.98
变压器匝比	24:1	24:1	淬火冷却介质温度及压力	淬火采用 w（JY8-50）为 6%~8% 的水溶液；工作温度 15~45℃。工作压力第一级 0.09MPa；第二级 ≥0.15MPa	
负载电压/V	680	680			
电流/A	130	140			

4.2.2　Mn 系贝氏体/马氏体复相钢及其应用

20 世纪 60 年代，人们在某些低合金高强度钢中发现贝氏体/马氏体复相组织的强韧性优于单一马氏体组织。而且由于淬透性的原因，一些大型高强度低合金钢零部件淬火后常常含有一定量贝氏体/马氏体复相组织。鉴于此，清华大学等研发出多种 Mn 系贝氏体/马氏体复相钢，如 Mn-B 系、Mn-Cr 系、Mn-Si-Cr

系、Mn-Cr-W系等贝氏体/马氏体复相钢。该钢空冷即可强化，其强韧性优于单一马氏体，比回火马氏体具有更高的强韧性，可以省略淬火工序，从而减轻畸变、开裂、氧化与脱碳等缺陷造成的损失，同时还可使工艺流程缩短、生产成本与能源消耗降低，近年来在矿业、汽车、建筑、石油、铁路等多个领域得到广泛的应用。

Mn系贝氏体钢空冷条件下得到贝氏体/马氏体复相组织，经低温回火后具有高的强度和一定的韧性，能用于制造塑料模具钢的标准件，成本低、寿命长；经中高温回火，韧性进一步提高，可代替40CrNiMo等高Ni含量和高淬透性调质钢，适用于各类韧性要求高的调质件和需要表面淬火的调质件，如半轴、凸轮轴、曲轴等。

表4-10为Mn系贝氏体/马氏体复相钢的性能及应用。

表4-10 Mn系贝氏体/马氏体复相钢的性能及应用

应用	R_{eL}/MPa	R_m/MPa	$A(\%)$	$Z(\%)$	$a_k/(\text{J/cm}^2)$
弹簧	1600	1900	8	40	40
超高强韧大螺栓	1250	1500	8	40	80
重型钢轨	1000	1400	12	60	110
无缝钢管	950	1500	12	—	—
铁路辙叉	900	1400	—	—	90
钢筋	930	1080	6	—	—

Mn系贝氏体/马氏体复相钢的应用与效果如下：

（1）高强高韧性贝氏体重型钢轨钢 目前我国的高强重型钢轨PD3等的强度等级为1200MPa左右，而这些钢轨还需要进行复杂的热处理。采用Mn-Si-Cr系空冷贝氏体/马氏体复相钢，经过轧制后在冷床上空冷，无需任何热处理得到的高强高韧性重型钢轨，其性能达到：$R_m \geqslant 1400\text{MPa}$，$R_{eL} \geqslant 1000\text{MPa}$，$A \geqslant 12\%$，$a_k \geqslant 60\text{J/cm}^2$，超过了铁道部对新型重轨钢的性能要求。

（2）高耐磨固体物料输送贝氏体无缝钢管 利用Mn系空冷贝氏体钢制造的1500MPa高强高韧性高耐磨无缝钢管，轧制后在空气中冷却，未经任何热处理，性能达到：硬度$\geqslant 45\text{HRC}$，$R_m \geqslant 1500\text{MPa}$，$A \geqslant 12\%$。该钢管在天津钢管公司投入批量生产，并在"三一重工"装机得以应用。实际应用表明，采用新型耐磨无缝钢管后，其使用寿命（输送量）提高到$2.4 \times 10^4\text{m}^3$以上，是16Mn钢管的3倍。

（3）贝氏体弹簧钢 中碳Mn系贝氏体钢具有空冷自硬化和空冷淬透性高的特点，采用中温回火时表现出较高的强韧性，可用于制造各种车辆、机车、农机等机械用各类弹簧。用含0.4%~0.5%（质量分数）C的Mn系贝氏体钢通过空

冷 + 中温回火处理制造的 20 ~ 40mm 板簧，其性能可达：$R_m \geqslant 1900MPa$，$R_{eL} \geqslant 1600MPa$，$A \geqslant 8\%$，$Z \geqslant 40\%$ 和 $a_k \geqslant 40J/cm^2$，均显著超过常用淬火 + 中温回火处理的 60Si2Mn 弹簧钢的相应性能。

4.2.3　高温渗碳钢、快速渗碳钢、快速渗氮钢及其应用

高温渗碳钢的应用，可使渗碳温度由目前广泛采用的 930℃提高到 980℃，可使获得相同渗碳层深度的渗碳时间缩短 1/2，而当渗碳温度提高到 1050℃时，可使渗碳时间再缩短 40%；快速渗碳钢的应用，可使常规渗碳时间缩短 20%；快速渗氮钢的应用，可显著缩短传统渗氮工艺周期。这些钢材在化学热处理中的应用均达到了节能减排的效果。

（1）高温渗碳钢　为了克服钢件在 1000℃以上高温渗碳时的晶粒过分长大，并可实施渗碳降温的直接淬火过程，要求开发出更多的本质细晶粒的渗碳结构钢。在钢中添加 Ti、V、Zr 和 Nb 等细晶粒元素，可以满足高温渗碳要求。

我国钢铁研究总院与宝钢和抚顺特钢研发的含 Nb 的渗碳钢新钢种，980℃渗碳温度下可保持 ASTM9 级左右的晶粒度。国产含 Nb 的齿轮用钢如 20CrMoNb 和 20Cr2Ni2MoNb 钢，可以应用于高温渗碳。

日本的高温渗碳用抑制晶粒粗化钢，如大同钢铁公司开发的质量分数为 0.2%C、0.10% Si、0.50% Mn、1.0% ~ 2.0% Cr、0.0015% B、0.05% Nb 钢在 1050℃渗碳仍可保持 ASTM8 级左右的奥氏体晶粒度；另有 H*Cr4Mo4Ni4V 高温渗碳钢。

表 4-11 为国外高温渗碳齿轮钢的主要化学成分。

表 4-11　国外高温渗碳齿轮钢的主要化学成分

国家	牌　号	主要化学成分(质量分数,%)						
		C	Si	Mn	Cr	Mo	Nb	其他
美国	SAE 8620Nb	0.20	0.20	0.80	0.50	0.20	0.10	—
日本	SCr420Nb	0.21	0.25	0.80	1.04	—	0.02	Al、N
	SCM418Nb	0.17	0.20	0.81	0.11	0.16	0.04	—
巴西	AISI 5115Nb	0.18	0.25	0.95	0.83	0.03	0.04	Ti
德国	VW4521 + Nb	0.11 ~ 0.16	0.80	0.78	0.28	1.5%	适量	0.029Ni

（2）快速渗碳钢　除了适用于高温渗碳的渗碳钢，为加速常规渗碳过程，可通过以下途径获得所需的钢种。

1）提高碳含量可减少对渗入碳量的要求，从而可缩短渗碳过程。研究认为，适当提高碳含量至 0.27%（质量分数）最为适合。与此同时，降低抑制渗碳的元素的含量，如减少 Si 的含量则更为有效。

2）适当添加提高渗碳层淬透性的合金元素，可以有效地增加渗碳层深度。研究表明，稍许增加 Mo 含量便可以获得显著效果，即为获得相等的有效硬化层深，增加 Mo 含量后可以缩短渗碳时间。例如，质量分数为 0.27% C、0.6% Mn、0.6% Cr、0.15% ~0.25% Mo 的渗碳钢，可以缩短 20% 渗碳时间。

3）在以往含 Cr 的渗碳钢中添加 Ni。因为含 Cr 的钢要达到过剩渗碳 $[w(C) > 0.9\%]$ 很困难，而 Ni 则不同，它有利于过剩渗碳。如日本 ES1 快速渗碳钢中 $w(Ni)$ 为 0.12%。

（3）快速渗碳钢的化学成分及渗碳效果　日本所采用的快速渗碳钢的化学成分及渗碳效果列于表 4-12、表 4-13 中。其中 SCM420H、SCM822H、SCr420H 钢分别相当于我国 20CrMoH、22CrMoH、20CrH 钢。通过表 4-12、表 4-13 可以看出，在获得相同的有效硬化层深时，这些钢种在常规渗碳时，可以缩短20% ~ 40% 时间，因此可以相应节省电能和渗剂的消耗。

表 4-12　快速渗碳钢的主要化学成分

牌　号	主要化学成分（质量分数,%）				
	C	Si	Mn	Cr	Mo
SCr420JS	0.23 ~0.26	0.05 ~0.15	0.30 ~0.90	1.10 ~1.30	—
SCM420JS	0.23 ~0.26	0.05 ~0.15	0.30 ~0.90	1.10 ~1.30	0.15 ~0.25
SCM822JS	0.23 ~0.26	0.05 ~0.15	0.30 ~0.90	1.10 ~1.30	0.35 ~0.45
ES1	0.27	0.25	0.6	0.7	0.15
ES2	0.27	0.25	0.6	0.7	0.25
SCr420H	0.17 ~0.23	0.15 ~0.35	0.55 ~0.90	0.85 ~1.25	—
SCM420H	0.17 ~0.23	0.15 ~0.35	0.55 ~0.90	0.85 ~1.25	0.15 ~0.35
SCM822H	0.19 ~0.25	0.15 ~0.35	0.55 ~0.90	0.85 ~1.25	0.35 ~0.45

表 4-13　快速渗碳钢渗碳效果

原来钢种	原来钢种的渗碳时间/h	快速渗碳钢的渗碳时间/h	
		0.23% C	0.26% C
SCr420H 钢（0.20% C）	10	7.8	5.7
	5	3.9	2.9
SCM420H 钢（0.20% C）	10	7.8	5.7
	5	3.9	2.9
SCM822H 钢（0.22% C）	10	8.3	6.0
	5	4.2	3.0

（4）快速渗氮钢　针对渗氮周期长的问题，提高温度可以缩短渗氮时间，但也同时会使普通渗氮钢的表面硬度显著降低。在钢中加 Ti 可以保证在 650℃ 以上渗氮时获得高的表面硬度，复合加 Ni，可获得 Ni_3Ti 的析出硬化，并提高心部

强度，经 650℃、5h 渗氮后可获得 0.5mm 渗层（600HV 处）。提高 V 含量，减少 Al 含量以及多元合金化，也可以缩短渗氮工艺过程。表 4-14 为一些快速渗氮钢的主要化学成分。

表 4-14 快速渗氮钢的主要化学成分

牌号	主要化学成分（质量分数，%）					
	C	Si	Mn	Cr	Mo	V
30CD12	0.28~0.35	0.10~0.35	0.45~0.70	2.80~3.30	0.30~0.50	—
32CDV13	0.30~0.38	0.10~0.35	0.45~0.70	3.00~3.50	0.80~1.10	0.15~0.25

注：30CD12 钢（法国牌号）相当于 30Cr3MoA 钢；32CDV13 钢（意大利牌号）相当于 32Cr3MoVA 钢。

普通渗氮钢采用气体渗氮时，获得 0.5mm 氮化层深需要 50h 以上。日本矢岛博士发明的一种 N6 快速渗氮钢，与普通渗氮钢 SACM1 钢相比，渗氮工艺时间从 48h 缩短到 6h。两钢种的化学成分见表 4-15。

表 4-15 N6 钢和 SACM1 钢的化学成分

牌号	主要化学成分（质量分数，%）							
	C	Si	Mn	Ni	Cr	Mo	Ti	Al
N6	0.20~0.30	0.20~0.50	0.50~1.00	3.20~3.80	1.00~1.40	0.20~0.30	2.50~3.00	0.10~0.20
SACM1	0.40~0.50	0.15~0.50			1.30~1.70	0.15~0.30		0.7~1.20

4.2.4 奥贝球墨铸铁（ADI）及其应用实例

高性能球墨铸铁是运用等温淬火工艺将普通球墨铸铁转变为具有独特微观结构——奥氏体加铁素体的一种新型材料，称为奥贝球墨铸铁（或称等温淬火奥贝球铁，简称 ADI）。

ADI 虽然需要奥氏体等温热处理，但其价格仍比钢件（铸钢、锻钢）低 20% 左右，可 100% 回用。相对于其他材料，ADI 的性价比最高，而且生产过程简单，制造成本低，节能节材效果明显。ADI 经等温淬火后，在汽车轻量化方面具有显著节能减排效果。

1. ADI 的性能特点

ADI 强度高、质量轻、耐磨性好、耐疲劳性能好、降噪性能和吸震性好、成本低等。利用 ADI 代替锻钢制造零件可获得表 4-16 所列效果。表 4-17 为各种牌号 ADI 的主要性能参数。

表 4-16 ADI 代替锻钢制造零件的效果

序　号	效　果
1	减少材料冶炼及零件制造过程中的能耗
2	ADI 密度比钢小 10%，可减轻构件重量而节约能源
3	具有良好的铸造工艺性，与锻钢相比，大大降低了材料成本

（续）

序　号	效　果
4	具有良好的可加工性，提高了切削效率和刀具寿命，降低了加工成本
5	减振性好，可以减轻噪声
6	具有良好的强韧性
7	节省重要资源（如 Cr、Ni、Mo 等）消耗

表 4-17　各种牌号 ADI 的主要性能参数

ADI 牌号	750	900	1050	1200	1400
R_m/MPa	786	966	1139	1311	1518
R_{eL}/MPa	515	759	897	1104	1242
A（%）	14	11	10	7	5
Z（%）	15	10	9	6	4
硬度 HBW	270	302	340	387	418
K_{IC}/MPa·$m^{1/2}$	109	109	85	60	52

注：K_{IC}——平面应变断裂韧度。

2. ADI 热处理工艺及其应用效果

应根据产品性能要求和工件大小确定合适的 ADI 热处理工艺。一般奥氏体化加热温度 880 ~ 910℃，保温时间 1 ~ 2h，等温淬火温度 230 ~ 400℃，保温时间 1.5 ~ 3h，等温淬火温度波动范围控制在 ±10℃。对要求高强度、高耐磨，而不要求韧性的 ADI 件，可采用较低的等温淬火，以获得下贝氏体及小于 10%（体积分数）残留奥氏体；对要求韧性为主的 ADI 件，可采用偏高的等温淬火温度，以获得上贝氏体及大于 10%（体积分数）残留奥氏体。

对要求进行粗、精加工的 ADI 件，应在粗加工后进行热处理，然后进行精加工。热处理后的硬度应小于 430HBW，以便于精加工。ADI 件由于本身具有高强度、高硬度组织及其自硬化作用，其耐磨性超过了表面淬火（58 ~ 64HRC）的锻钢件。

（1）ADI 的等温淬火工艺　典型的 ADI 等温淬火过程如图 4-1 所示。

①首先将 ADI 升温至奥氏体化温度进行奥氏体化（840 ~ 950℃），保温 1 ~ 2h（ABC）。②然后将其迅速淬入奥氏体等温转变温度 250 ~ 400℃的盐浴中（CD），以避免产生珠光体转变。这一阶段主要考虑等温淬火槽的冷却能力和 ADI 铸铁成分。③将其在

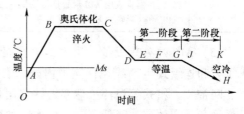

图 4-1　ADI 等温淬火工艺过程示意

这一温度下保温适当的时间（DG），随后出炉空冷至室温（GH）。在 ADI 等温淬火过程中，奥氏体等温反应可分为两个阶段：第一阶段，奥氏体分解为针状铁

素体和残留奥氏体；第二阶段，残留奥氏体继续分解为铁素体和碳化物。

在第一阶段，可得到理想的 ADI 组织——"针状铁素体 + 残留奥氏体 + 石墨"。此后，进入第二阶段即贝氏体转变阶段，由于在此阶段出现了碳化物，因而使 ADI 综合性能降低。要使 ADI 具有最佳的综合性能，就必须保证在第一阶段转变完全结束前，避免第二阶段转变发生。因此，最佳的等温淬火时间即是第一阶段转变完全结束而第二阶段尚未开始的时间。

（2）ADI 的应用及效果　见表 4-18。

表 4-18　ADI 材料的应用及效果

应　　用	效　　果
齿轮	1）汽车齿轮。美国通用汽车公司用 ADI 取代锻钢制造汽车后桥准双曲面齿轮；美国康明斯公司用 ADI 代替渗碳钢制造发动机传动齿轮。东风汽车公司引进的康明斯 B 系列柴油机发动机正时齿轮采用 ADI 制造，等温淬火工艺为 900℃ ×2h、(235 ±5)℃ 油中等温 2h 2）拖拉机齿轮。一拖集团公司将 ADI 用于东方红 150、170 型小四轮拖拉机最终传动的从动齿轮，代替 20CrMnTi 渗碳钢。目前已有 ADI 的室温油分级等温淬火新工艺，实现了不用盐浴、无腐蚀生产，并在 8.826kW 小四轮拖拉机大齿轮应用成功，提高了齿轮的综合力学性能和工艺性能，降低了成本 3）工程机械齿轮。厦门齿轮厂采用 ADI 代替 CrMnTi 系渗碳钢制造装载机驱动桥和变速器齿轮
曲轴	可用于发动机、柴油机的曲轴。如美国通用、福特和日本马自达等汽车公司已将 ADI 用于制造发动机曲轴。南京理工大学与山西淮海机器厂联合试验用高韧性 ADI 代替低合金锻钢生产轿车发动机进口的 368Q 三拐曲轴。其力学性能为 $R_m = 940MPa$，$A = 115\%$，$a_k = 126J/cm^2$。一汽铸造研究所同大连柴油机厂合作进行 CA498 型增压发动机曲轴的 ADI 材料试验。用 ADI 代替锻钢制造的曲轴，可胜任大功率增压柴油机的服役条件，其成本具有显著优势
铁路车辆	1）戚墅堰机车车辆工艺研究所研制的 ADI 斜楔，其力学性能为 $R_m \geq 1400MPa$，$A \geq 1\%$，硬度 39～48HRC。其耐磨性能是原来 ZG230-450 斜楔的 6～10 倍，较好地解决了货车转向架长期存在着耐磨性差的问题。由于 ADI 斜楔质量减轻，由原来的每件 10kg 减轻为 7.5kg，因此带来很大的经济效益，并在铁路系统全面推广使用 2）用于火车车轮、铁路货车支架立柱和牵引梁磨耗板等
汽车零件	1）欧洲 Jot 公司开发了载货汽车用 ADI 差速器十字轴，取代渗碳钢，制造工序从 10 道减到 2 道，与钢-钢相比，ADI 提高了十字轴的滑动性能，磨损明显减少，并降低成本 2）ADI 在汽车底盘轻量化方面的应用，如用于一汽解放载货汽车、北奔载货汽车底盘零部件，控制臂改用 ADI 后重量由 54kg 减少到 41kg，减重率为 24%；平衡悬架改用 ADI 后重量由 89kg 减为 53kg，减重率 40.4%

（3）ADI 热处理设备　生产 ADI 件的关键技术是实现大批量生产的等温淬火工艺和连续式生产线。目前国内外已有专业热处理设备厂家生产推送式、立式、网带式、箱式等温淬火球墨铸铁专用机组（生产线），从而进一步提高了产品质量和生产效率，降低了制造成本。如德国 Ipsen 公司 TQA 型盐浴等温、分级淬火生产线，可用于大批量 ADI 件的贝氏体等温淬火生产。

3. ADI 应用实例

表 4-19 为奥贝球墨铸铁应用实例。

表4-19 奥贝球墨铸铁应用实例

工件及技术条件	工艺与内容	节能效果
农用三轮车后桥齿圈,模数≥3mm,20CrMnTi钢,要求渗碳淬火	1)原工艺及问题。原20CrMnTi钢齿圈采用渗碳热处理,使用寿命一般为2年左右,主要失效形式为磨损。钢制齿轮造价高,经渗碳淬火、回火处理后,能耗较大 2)新材料与工艺。用ADI代替20CrMnTi钢。所用设备为经改造的中温箱式电阻炉,加热温度880~900℃,保温80min,使之完全奥氏体化后放入260~290℃的硝盐浴中冷却90min,取出空冷 3)检验结果。ADI齿轮经等温淬火后,石墨形态为球化1~3级;球径为5~7级;基体为1~3级的下贝氏体和等量残留奥氏体。ADI齿轮等温淬火处理后的力学性能为:硬度40~45HRC,R_m为1100~1200MPa,A为1%~1.5%,a_k为20~25J/cm^2	经实际装车2万余辆使用来看,无一发现问题。以年产农用三轮车30万辆计算,用ADI等温淬火代替20CrMnTi钢渗碳淬火,每年可降低费用480万元
拖拉机最终传动齿轮,材料为ADI,要求等温淬火处理	1)设备与工艺。采用井式渗碳炉加热,自动控制碳势,每炉48件,重量500kg,奥氏体化温度900℃,保温2h出炉,等温淬火290℃×1.5h 2)检验结果。硬度40~45HRC,基体组织:贝氏体2级、白亮区2级、铁素体2级。喷丸处理后,齿根部位的弯曲疲劳强度提高到357MPa。经装车运行600h后齿面无裂纹、无点蚀、磨损量很小,证明ADI齿轮完全能够满足整车要求,可替代20CrMnTi钢渗碳淬火处理的齿轮	用20CrMnTi钢生产时每件齿轮的成本为120元,采用ADI齿轮,降低成本20%,并减少整机重量和运行噪声
载货汽车底盘平衡悬架,采用ADI制造,要求等温淬火处理	1)工艺与性能要求。ADI经等温淬火处理后的力学性能要求:R_m≥1050MPa,R_{eL}≥750MPa,A≥7%,硬度302~375HBW,冲击吸收能量为80J 2)效果。采用ADI后,平衡悬架由原来89kg减轻到53kg。据统计:汽车质量每减轻10kg,则行驶1km排放的CO_2就减少1g,假设每辆车每年行驶3万km,可以减少CO_2排放108kg,5万辆可减少CO_2排放5400t,同时也降低了汽车燃油消耗	按年产5万辆汽车计算,可节约铸铁1.8万t,节约标煤1.26万t,减少CO_2排放3.6万t

4.3 催渗剂及其应用

　　化学热处理工艺周期长,能耗大,成本高。目前,缩短化学热处理过程主要有化学催渗方法与物理加速方法。化学催渗方法,如加入催渗剂、电解气相催渗等。催渗剂的使用较为方便,节能效果明显,国内应用较为广泛。目前,催渗剂应用较多的有稀土催渗剂、BH催渗剂等。

　　80年代哈尔滨工业大学学者首次开发了稀土催渗剂及稀土催渗技术,稀土催渗碳的效果主要表现在:一是能够显著缩短渗碳周期,减少能源消耗;二是能够降低渗碳温度,减少工件畸变;三是能够改善零件的显微组织。

　　80年代陕西机械学院的教授在试验中发现,某些化学物质(如氯化物等)对渗碳和碳氮共渗具有催渗作用。90年代后期西北大学"BH催渗技术"应用研究取得成功，通过 BH 催渗剂的使用，降低了工艺温度，减少了工件畸变，细化了零件金相组织，提高了生产效率，降低了能耗和成本。

我国自主开发的稀土催渗剂和 BH 催渗剂，用于齿轮和轴承等零件的渗碳热处理，在同一温度下可提高渗碳速度 20% 以上，在同样渗速条件下可降低渗碳温度 30℃ 左右，因此节能效果显著。目前，其已在国内上百家企业得到广泛的应用，取得了显著的经济效益。

4.3.1 稀土催渗剂的制备及应用

1. 稀土催渗剂原料制备

稀土催渗剂大多以稀土氯化物为原料，稀土氯化物（$RECl_3$）也可由稀土氧化物（REO_3）制备，其方法如下：

1）将稀土氧化物直接溶于氯化氢溶液中，可直接得到水含氯化物。其反应如下：

$$RE_2O_3 + 6HCl \longrightarrow 2RECl_3 + 3H_2O$$

所得水含氯化物的水分子大致在 $n = 6 \sim 7$，即 $RECl_3 \cdot (6 \sim 7)H_2O$。

2）稀土水含氯化物应加热脱水，当温度在 $360 \sim 680℃$ 范围时，水解产生难溶于水的氯氧化物碱式盐，使稀土氯化合物中夹进杂质。其反应式如下

$$RECl_3 \cdot nH_2O \longrightarrow REOCl + 2HCl + (n-1)H_2O$$

3）在水含氯化物溶液中加入过量的氯化铵，可消除上述氯氧化物生成。其反应式如下

$$REOCl + 2NH_4Cl \longrightarrow RECl_3 + 2NH_3 + H_2O$$

4）以每摩尔 $RECl_3$ 加入 6 摩尔 NH_4Cl 到稀土氯化物水溶液中，然后将溶液缓慢加热到 $130 \sim 200℃$，不断搅拌蒸发至干，可得到含有结晶水的稀土氯化物结晶盐。

5）将稀土氯化物结晶盐在真空条件下再缓慢加热到 200℃ 去除水分，然后将温度再升至 300℃ 升华除去多余的氯化铵。其反应式如下

$$NH_4Cl \longrightarrow NH_3 + HCl\uparrow$$

最后所得稀土无水氯化物结晶盐，由于吸水性很强，应保存在惰性气体中。

2. 稀土催渗剂及其配方

稀土催渗剂大多以稀土氯化物为原料，其大致的化学成分见表4-20。

表 4-20　混合稀土氯化物中稀土元素的含量

元　素	Ce	La	Pr	Nd	Sm	Gd	Yb 及其他
含量(质量分数,%)	26.6	13.8	3.4	11.4	1.3	0.32	0.32

注：混合稀土氯化物中稀土占57%（质量分数）。

（1）稀土＋碳二元共渗剂的配方　采用少铈氯化稀土和氯化铵按 1:1（质量

比）形成稀土络化物。以 RQ3-75-9 型井式气体渗碳炉为例，用甲醇溶解 8g/L 少铕稀土络合物作为稀土渗剂，和煤油等一起作为渗剂，即可实现稀土、碳二元共渗。

（2）稀土 + 碳 + 氮三元共渗剂配方

1）以 RQ3-90-9 型井式气体渗碳炉为例。先用甲醇溶解 16g/L 的稀土络合物，使 pH 值保持在 4.5，然后按 2:1（质量比）加入甲酰胺，作为稀土、氮共渗剂，煤油等作为渗碳剂，即可实现稀土、碳、氮三元共渗。如果不加甲酰胺，加 NH_3 也可以实现稀土、碳、氮三元共渗。

2）稀土碳氮共渗最佳质量（g）比：甲醇：甲酰胺：尿素：稀土 = 1000：$(160 \pm 30):(130 \pm 10):(7 \pm 3)$。

（3）含稀土碳氮共渗剂的公开专利配方　在甲醇 1000mL 中加入氯化镧或氯化铈稀土盐（也可用镧、铈单质或混合的氟化盐、硝酸盐或碳酸盐代替）5 ~ 80g，氯化铵 3 ~ 8g，尿素 5 ~ 200g。其中的溶剂甲醇可用乙醇或异丙醇代替。

3. 稀土催渗剂应用与效果

稀土催渗碳在汽车变速器齿轮、减速器齿轮、内燃机活塞销、机床摩擦片、模具等零部件上得到了广泛应用。例如，在活塞销上应用稀土渗碳取得明显效果，加稀土后，可提高渗碳速度 20% ~ 30%，节电 70%，热处理成本下降 60%。

稀土催渗碳不仅适用于连续式气体渗碳炉，也适用于周期式气体渗碳炉（如多用炉、井式炉）等。

视材料和工艺不同，稀土添加可使碳氮共渗渗速提高 20% ~ 50%，目前已在微型发动机曲轴材料（40Cr、40CrNiMo 钢）、重载汽车弹簧锁紧件（08 钢、20 钢）、铝合金热挤压模（H13 钢）、活塞环、38CrMoAl 钢等材料和零件上得到广泛应用。

4.3.2　BH 催渗剂及应用实例

在常规化学热处理过程中，通过使用 BH 催渗剂，可以获得明显的节能减排效果。

BH 催渗剂在多用炉上对弧齿锥齿轮催渗碳的应用表明，采用渗碳温度不变，可提高渗碳速度 25%；一台多用炉每年催渗剂消耗 4.21 万元，但可多生产 19500 套产品，增加产值 80.40 万元，节能效果显著。

BH 催渗剂在连续式渗碳炉上对 EQ-153 型载货汽车后桥弧齿锥齿轮催渗碳的应用表明，渗碳层深度 1.7 ~ 2.0mm，推料周期由原来的 60 ~ 65min 缩短到现在的 45min，产量提高 33% ~ 45%，获得了明显节能效果。

表 4-21 为 BH 催渗剂应用实例。

表 4-21　BH 催渗剂应用实例

工件及技术及条件	工艺与内容	节能效果
HT130 型主、从动锥齿轮，20CrMnTi 钢，技术要求：马氏体与残留奥氏体 1~5 级，碳化物 1~5 级，渗碳淬火有效硬化层深度 1.0~1.3 mm，表面与心部硬度分别为 58~63 HRC 和33~45HRC。齿轮畸变要求：内孔 ≤ 0.08mm，内端面 < 0.15mm，外端面 <0.08mm	1)设备与工艺。采用 VKES4/3-70/85/130 型爱协林箱式多用炉。渗剂中加入 BH 催渗剂，表 4-22 为多用炉气体渗碳淬火工艺 2)检验结果。加入 BH 催渗剂后，有效硬化层深度 1.1~1.2mm，碳化物 2~3 级，马氏体与残留奥氏体 2~3 级，表面与心部硬度分别为 59~63HRC 和 36~38HRC，以上检验结果均满足技术要求。采用 BH 降温渗碳工艺（渗碳温度由原 920℃降至 890℃）很好地解决了齿轮直接淬火畸变的问题 3)效果。采用 930℃常温渗碳（未加 BH 催渗剂）工艺，生产周期为 8h/炉，每天 24h 可生产 450 套齿轮；加入 BH 催渗剂后，生产周期为 7h/炉，装炉数量不变，每天可生产 515 套齿轮，比原工艺多生产 65 套齿轮。全年按 300 天计算可多生产 19500 套齿轮 在节电方面，按 GB/T 17358 计算，在多用炉上采用三班制生产，可年节电 100500kW·h，按电价 0.44 元/(kW·h)计，可节省资金 4.4 万元	采用 BH 催渗剂后，每年采购 BH 催渗剂成本 2.21 万元，而年节省资金 4.4 万元 - 2.1 万元 = 2.19 万元。同时，每台炉每年多生产 19500 套齿轮，大大提高了生产效率，降低了成本

表 4-22　20CrMnTi 钢齿轮多用炉气体渗碳淬火工艺

工艺参数 ＼ 工艺阶段		均温	强渗	扩散	降温淬火
温度/℃		920	920	920	830
碳势 C_p(%)	未加 BH	—	1.1	1.0	0.8
	加 BH		1.15	1.0	0.8
工艺时间/h	未加 BH	8			
	加 BH	7			

4.4　用天然气作为原料气进行热处理

天然气除了含有大量的碳氢化合物（主要成分 CH_4）以外，还含有少量的 N_2、CO_2 和 H_2S 等气体，是一种成本低廉的热处理用良好介质，除了作为优质能源用于燃料炉加热外，还可以用于化学热处理等。

甲烷（CH_4）分子链简单，很容易裂化，温度越高，甲烷越不稳定，越容易放出活性碳原子，有利于钢的渗碳，而煤油和丙烷分子链长，裂化不充分，因此甲烷在高温下是强渗碳剂。

由于天然气在高温时能很快裂化，碳原子传递快，产生的活性碳原子多，因而能获得较高的碳含量，在渗层表面获得相同碳含量的情况下，所需时间较短。

天然气技术要求执行 GB 17820—2012《天然气》，作为民用的天然气，总硫和硫化氢含量应符合表 4-23 中一类或二类气的技术指标。

天然气用于渗碳的前提条件是其纯度必须大于95%（体积分数），且含硫量<10mg/m³。热处理用天然气选用二类气时，其含硫量≤20mg/m³，经脱硫净化装置处理后，可以达到3~5mg/m³，满足更高渗碳热处理质量的要求（如进一步减少非马氏体层）。

表4-23 天然气（GB 17820—2012）

项目	一类	二类	三类	项目	一类	二类	三类
高位发热量/（MJ/m³）≥	36.0	31.4	31.4	硫化氢/（mg/m³）≤	6	20	350
总硫（以硫计）/（mg/m³）≤	60	200	350	二氧化碳（体积分数）（%）≤	2.0	3.0	—

綦江齿轮传动有限公司热处理厂在多用炉上采用天然气渗碳热处理，与传统的吸热式渗碳气氛相比，采用天然气+空气直生式渗碳气氛使原料气消耗降低约80%，渗碳周期缩短约15%，生产数千炉的结果表明，节能降耗效果显著。

株洲齿轮有限公司热处理厂在多用炉、连续式渗碳炉生产线上采用天然气代替丙烷气进行化学热处理后，每年降低成本近85万元。

1. 天然气在一汽热处理厂的应用

一汽集团公司热处理厂，将天然气广泛用于气体渗碳、碳氮共渗、光亮淬火、复碳处理等工艺的富化气或吸热式保护气氛。该厂自2000年全面采用天然气代替丙烷气做原料气以来，不但提高了零件的产品质量，而且获得了显著的经济效益，仅2002年就节约热处理成本约350万元。

（1）天然气成分分析 表4-24是一汽集团公司热处理厂三年来对原料气全面分析的结果。

表4-24 一汽集团公司热处理厂天然气成分（体积分数）（单位:%）

成分\时间	CH₄	CO₂	O₂	N₂	C₂H₆	C₃H₈	总硫量/（mg/m³）
1998~2001	89~93	0.43~0.62	0.12~0.37	4.62~6.40	1.09~1.71	0.17~0.42	6.2~7.3

（2）天然气在可控气氛中的开发

1）吸热式可控气氛原料气比例的选择。试验设备采用产气量60m³/h的吸热式可控气氛发生器，产气控制采用CO₂红外仪：CO₂量（体积分数）为（0.38±0.05）%，残余CH₄量（体积分数）为0.05%。天然气与空气按一定比例通入，温度为1020℃，催化剂为镍触媒条件下，采用天然气和空气比例为（1:3.65）~（1:3.5）时，可获得比较理想的吸热式可控气氛。调试结果见表4-25。

表4-25 用天然气在60m³/h发生炉上调试结果

空气/（m³/h）	天然气/（m³/h）	混合比(体积比)空气/天然气	CO₂	O₂	CO	H₂	CH₄	N₂
22.0	5.5	14.00	0.78	—	—	—	0	—
22.0	5.8	13.79	0.56	—	—	—	0	—

（续）

空气/ (m³/h)	天然气 /(m³/h)	混合比(体积比) 空气/天然气	各气体组分(体积分数)(%)					
			CO₂	O₂	CO	H₂	CH₄	N₂
21.5	5.9	13.65	0.41	0.51	19.27	38.17	0	41.64
21.5	6.0	13.50	0.35	0.57	18.83	38.49	0	41.06
20.0	7.0	12.86	0.17	—	—	—	0.57	—

2）吸热式可控气氛装置温度的选择。在 60m³/h 可控气氛发生装置上进行不同温度对产气组分影响的试验，试验结果见表 4-26。由表 4-26 可见，在生产中选取（1020±10）℃工艺为最佳，既可保证可控气氛的技术要求，又可利用原有生产设备。

表 4-26　不同温度下天然气、空气制备吸热式气氛组成

反应温度 /℃	各种气体组分(体积分数)(%)					
	CO₂	O₂	CO	H₂	CH₄	N₂
980±3	0.47	0.65	21.87	33.81	0	43.20
1000±5	0.43	0.61	21.05	35.86	0	42.05
1019	0.41	0.54	19.41	39.07	0	40.47
1026	0.40	0.51	19.27	39.31	0	40.44
1037	0.39	0.57	18.71	41.29	0	39.02

3）天然气产气比的试验。将可控气氛发生炉工作温度定为（1020±10）℃，天然气与空气比例选为（1:3.65）~（1:3.5）后，当红外仪控制 CO₂ 量（体积分数）为（0.38±10）% 时，将 5.7m³/h 天然气通入可控气氛发生装置，由出口处流量计读数看到流量为 36.3m³/h。每立方米天然气在上述条件下至少可产生吸热式可控气氛 6.37m³。

该厂十余台 60m³/h、70m³/h 及 140m³/h 可控气氛发生装置均稳定产气在一个月以上，满足生产要求。

（3）在渗碳工艺上的应用　首先将以天然气制备的吸热式气氛送入连续式渗碳炉内，然后将天然气做富化气送入炉内，进行生产试验。试验结果如表 4-27 所示。

表 4-27　连续式气体渗碳炉应用天然气试验质量统计表

生产总(料) 盘数/个	试块总数/个	优　质　品		合　格　品	
		试块数/个	百分比(%)	试块数/个	百分比(%)
615	108	96	88.89	12	11.11

由表 4-27 可见，采用天然气代替丙烷气做富化气进行工件渗碳处理是可行

的,质量比较稳定。

（4）在碳氮共渗工艺上的应用 因为天然气中甲烷组分在高温下易于分解产生碳原子,但随着温度降低,甲烷裂解越来越困难,特别是在840~880℃碳氮共渗工艺温度区间,甲烷裂解仅为10%~20%,所以,该厂采用 BH 催渗剂。通过滴入6~8mL/min 的 BH 催渗剂达到提高炉内碳势效果,工件质量达到碳氮共渗技术要求。

（5）效益 该厂在1995—1997年全部采用丙烷气（1475~1694.3km³）做原料气时单车（单辆汽车）原料气成本为38~40元/辆。而在2000年后全部采用天然气（1098.6~1543.9km³）做原料气时,单车原料气成本为12~15元/辆。

2. 用天然气作为原料气进行热处理应用实例

表4-28为用天然气作为原料气进行热处理应用实例。

表4-28 用天然气作为原料气进行热处理应用实例

工件及技术条件	工艺与内容	节能效果
某零件材料为20Cr2Ni4A钢,要求渗碳层深度1.1~1.5mm,表面硬度≥58HRC	1）原渗碳工艺及问题。原炉内碳势仅凭滴入炉内煤油的滴数来控制,渗碳质量不稳定,如表面硬度和渗层金相组织不稳定 2）天然气渗碳工艺。选择天然气作为渗碳富化气,天然气裂化气 RX 作为载体气,其主要成分(体积分数)为:20% CO + 40% N₂ + 40% CH₄。NH₃ 作为稀释气,既可加快渗碳速度,又可减少炭黑。天然气渗碳工艺如图4-2所示。渗碳速度按0.20~0.23mm/h计算;强渗和扩散的时间比控制在3:1左右 3）检验结果。渗碳层未出现网状或大块状碳化物,碳化物级别为1~2级。零件表面硬度均匀(59~60HRC)。渗碳层深度1.2~1.3mm,炉内炭黑沉积相当少,渗碳质量稳定 4）效果。利用天然气、裂化气、NH₃ 进行气体渗碳,渗碳时间大为缩短,由原工艺的600min缩短到现工艺的430min,缩短工艺周期近30%	若按渗碳炉功率105kW计算,每炉可以节约电能近150kW·h。同时,也相应减少了天然气、裂化气和 NH₃ 的消耗,降低了生产成本
齿轮,20CrMnTi 钢,要求渗碳热处理	1）设备。渗碳采用 Ipsen 多用炉,额定装炉量1000kg,炉膛尺寸760mm×1220mm×760mm 2）原工艺。采用"丙酮 + 空气"直生式气氛进行渗碳,丙酮流量1.3L/h,年消耗丙酮费用13.6万元 3）新工艺。采用"天然气 + 空气"直生式气氛进行渗碳,炉压20~25Pa,保护气(天然气制备的吸热式气氛)流量8~10m³/h,天然气(作为富化气)流量1.2m³/h,年消耗天然气费用2.6万元	以一年工作300天、丙酮14.5元/kg、天然气3元/m³计算,与采用丙酮作为富化剂相比,采用天然气年可节省费用10万元以上

(续)

工件及技术条件	工艺与内容	节能效果
汽车变速器主减速齿轮，ϕ185.16mm×16.15mm，22CrMoH 钢，要求碳氮共渗，有效硬化层深 0.40～0.8mm，碳氮化合物、马氏体及残留奥氏体 1～4 级，公差等级 IT7 级	1)设备。碳氮共渗采用多用炉 2)碳氮共渗工艺。共渗介质采用 NH_3 和天然气，天然气制备的吸热式气氛作为载体气，碳氮共渗工艺如图 4-3 所示，淬火采用分级淬火油，油温 120℃ 3)检验结果。碳氮共渗有效硬化层深度 0.60～0.62mm，表面与心部硬度分别为 59～62HRC 和 37～38HRC，碳氮化合物 1 级，马氏体、残留奥氏体 2 级。齿轮畸变也满足技术要求	与常规碳氮共渗相比，采用天然气进行碳氮共渗，不仅提高了产品质量，而且降低成本 10% 以上

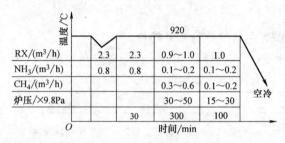

图 4-2　井式炉渗碳工艺曲线

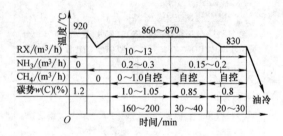

图 4-3　多用炉碳氮共渗工艺曲线

4.5　氮基气氛及其应用实例

氮基气氛是以 N_2 为基本成分并加入适量的添加剂在炉内直接生成或在炉外制备而成的一种可控热处理气氛。在氮基气氛中，N_2 可占炉内气氛的 40%～97.8%（体积分数）。

（1）优点　氮基气氛与吸热式气氛相比，具有许多优点，见表 4-29。

表 4-29　氮基气氛热处理应用的优点

序　号	优　点
1	不需要发生器,减少设备投资
2	操作灵活

（续）

序　号	优　点
3	适应性广泛,不易积炭黑
4	因在氮基气氛中 CO_2 和 H_2 含量较少,故减少氢脆和内氧化现象
5	提高热处理质量,如表面质量(因减少内氧化)
6	安全,经济,可减少 $25\% \sim 85\%$ 的有机化合物原料消耗,如采用 $N_2 + CH_3OH + CH_4$ 进行中等渗层深度渗碳,可节约 25% 天然气

（2）氮基气氛的特点及其应用

1）特点。几种主要的化学热处理用氮基气氛特点见表4-30。

表4-30　几种主要的化学热处理用氮基气氛特点

气氛名称	特　点
N_2-CH_4 气氛	N_2-CH_4 气氛中 CH_4 的热分解速度慢,因而不易产生炭黑,被处理件可获得均匀的硬化层。按工艺要求调节 CH_4 量以控制表面碳浓度,在渗碳阶段 CH_4 量(体积分数)一般控制在 $20\% \sim 25\%$;扩散阶段控制在 $2\% \sim 3\%$ 为宜
N_2-CH_2 (或 C_3H_8)气氛	用作渗碳时,N_2 作为载भ气,CH_2 是活性气体,渗碳期采用 $\varphi(CH_2)20\% \sim 25\%$,扩散期降到 $\varphi(CH_2)2\% \sim 3\%$,$CH_4$(或 C_3H_8)在最初分解时形成的碳,有产生炭黑的趋势
N_2-CH_3OH 气氛	即氮-甲醇气氛,它是体积分数为 60% 的氮气和 40% 的甲醇的混合气,在 N_2-CH_3OH 气氛中,由于 CH_3OH 的分解为放热反应,故可在各种温度下进行,操作简便且费用低。采用此种氮基气氛,配合氧探头、CO_2 红外仪进行渗碳,其渗速比常用吸热式气氛快,但要获得高碳势,需添加适量 CH_4
N_2-CH_4-CO_2 气氛	在 N_2-CH_4-CO_2 气氛(又称 CAP 氮基气氛)中,CH_4/CO_2 与平衡碳量呈直线关系,$788 \sim 954℃$ 的渗碳试验表明,在 $843℃$ 以上处理时,这种关系的再现性好,以 $871℃$ 处理获得的渗层组织最佳。故可通过 CH_4/CO_2 比例的调节来控制气氛的碳势

2）应用。氮基气氛可用作一般热处理的保护气氛,如球化退火、软化退火、消除应力退火、正火及淬火加热等。为了获得高质量的光洁表面,有时可加入少量的氢或碳氢化合物,加入量最多不超过 5%（体积分数）,以消除炉内未清除干净氧的不利作用。碳氢化合物的加入量与处理工件的钢种有关,对于碳含量 $0.2\% \sim 0.4\%$（质量分数）的低碳钢,采用体积分数为 $N_299.5\% + CH_40.5\%$ 的气氛比较合适;对于碳含量 $0.4\% \sim 1\%$（质量分数）的钢种,则加入的 CH_4 量可达 1%（体积分数）。

氮基气氛化学热处理包括氮基气氛渗碳、碳氮共渗及氮碳共渗等。氮基气氛化学热处理可以减少内氧化等缺陷,提高化学热处理质量。

在可控气氛中,N_2 是作为稀释剂使用的,当气氛中加入一定量的 N_2 时,可以减少原料气的消耗,减少炭黑的形成。试验表明,在渗碳气氛中通入 N_2,建立碳势的速度加快,碳势增高。这是由于经 N_2 稀释后,炉气的分解率提高,CO

和 H_2O 含量降低，碳的活度增大，使反应加速、渗碳速度加快。在氮基气氛中，不仅 CO_2 和 H_2O 含量可减少，而且 CO 含量也可以适当降低。由于 CO_2 和 H_2O 可与钢中的 Cr、Mn、Si 等元素发生氧化作用，无疑氮基气氛渗碳可以降低钢件的内氧化程度，提高零件的疲劳强度和破断抗力。研究与应用表明，氮基气氛氮碳共渗的渗速比吸热式氮碳共渗快，而渗层的硬度、耐磨性、耐蚀性相当。这是由于氮的加入降低了氢的含量，减弱了氢的阻渗作用，从而缩短了氮碳共渗时间，节省了能源。

有文献报道，采用氮基化学热处理气氛可节省天然气 60% ~85%。

（3）氮基气氛的制取 目前，制氧站的副产品工业氮 [$\varphi(O_2)$ 0.5% ~ 4%] 经过去氧处理可获得基本纯氮，然后与天然气或丙烷气等混合制得氮基气氛。

1）瓶装氮气。对于使用量较少，比较分散的用户，难以利用管道输送氮气，可采用瓶装（容积 40L）液氮 [$6m^3$ ，液氮的纯度 ≥99.999%（体积分数），压力 15MPa] 供给比较方便。

2）液氮。氮气液化后体积缩小至原来的 1/643（即在标准状态下，$1m^3$ 液氮可气化成为 $643m^3$ 氮气），有利于储运。

3）现场制氮（气）。目前多用膜分离制氮法，它是利用聚乙烯微细管状纤维对空气中的氧和氮施行选择吸附的原理制氮的技术。其设备特点：能耗低、可靠性高、寿命长、多种规格 [产气量为 0.01 ~5000m^3 （标态）/h，可同时得到 φ (N_2)95% ~99.9%]、技术可靠、瞬间起动、可实现自动化等。超细化中空纤维膜空分制氮机能耗减少 15% ~25%，可降低生产成本约 50%。

1. 氮-甲醇和吸热式渗碳气氛的应用与比较

（1）渗碳气氛 氮-甲醇气氛是将氮气和甲醇按一定比例（体积分数 40% 氮气 +60% 甲醇）直接通入高温的炉内，甲醇在大于 700℃ 时热裂解产生 CO 和 H_2 ，并与 N_2 充分混合，最终分解后炉气的基本组分为 40/40/20 (N_2/H_2/CO) 型。

而发生炉制备的吸热式气氛是 C_3H_8 （丙烷）与空气预先混合后以一定的流速通过装有镍触媒的反应器，在 1050℃ 高温下进行化学反应 [$C_3H_8 + 7.14$ $(0.21O_2 +0.79N_2) =3CO +4H_2 +5.64N_2$] 而形成的气氛。最终形成的气氛成分（体积分数）大约为 23% CO、32% H_2 、44% N_2 ，以及少量的 CO_2 、H_2O 、CH_4 、C_mH_n （不饱和烃）及极微量的氧。

（2）应用设备与工艺 在实际生产中，1、2 号爱协林双排推盘式热处理生产线使用吸热式气氛，富化气为 C_3H_8 （丙烷）；3 号爱协林双排推盘式热处理生产线使用氮-甲醇气氛，富化剂为 CH_3COCH_3 （丙酮）。三台生产线规格型号一致，炉压都控制在 250Pa，周期相同，主炉换气倍数为 0.5。

为保证数据的准确性，选择在实际生产中使用的 SAE8620H（相当于 20CrNiMoH 钢）试棒各 9 个，分别挂在 3 条生产线上，在表4-31 所列的相同工艺下试棒有效硬化层深度见表4-32。

表4-31　渗碳淬火工艺参数

区段 项目	预氧化区	加热一区	加热二区	强渗一区	强渗二区	高温扩散	低温扩散
温度/℃	450	890	920	920	920	890	840
碳势 $w(C)$（%）	—	—	—	1.2	1.2	1.0	0.9

表4-32　有效硬化层深比较　　　　　　　（单位：mm）

	1	2	3	4	5	6	7	8	9	平均有效硬化层深
1 号生产线	1.25	1.20	1.28	1.19	1.22	1.25	1.30	1.26	1.25	1.244(550HV1)
2 号生产线	1.22	1.27	1.23	1.18	1.25	1.27	1.25	1.20	1.27	1.237(550HV1)
3 号生产线	1.40	1.45	1.48	1.42	1.38	1.40	1.39	1.44	1.45	1.423(550HV1)

三条生产线生产出产品的金相组织都是马氏体 + 残留奥氏体 + 无碳化物。

从表4-32 可以看出，使用氮-甲醇气氛的 3 号生产线比使用以丙烷为原料气的吸热式气氛的 1、2 号生产线有效硬化层深度增加 15% 左右。为使采用氮-甲醇气氛的 3 号生产线的数据与使用吸热式气氛的 1、2 号生产线的数据达到一致，通过对 3 号生产线氮-甲醇气氛的渗碳工艺不断调整，最后确定其渗碳工艺（见表4-33）。

表4-33　优化渗碳淬火工艺参数

区段 项目	预氧化区	加热一区	加热二区	强渗一区	强渗二区	高温扩散	低温扩散
温度/℃	450	890	910	910	910	890	840
碳势 $w(C)$（%）	—	—	—	1.0	1.0	0.95	0.9

注：炉压为 250Pa；淬火油为好富顿 G 油；油温为 70℃；淬火油搅拌速度为 1500r/min。

氮-甲醇气氛比吸热式气氛渗碳速度快，这主要是因为炉气中 $CO + H_2$ 总量较高，导致碳传递系数值较高，渗碳的反应速度加快。氮-甲醇气氛和吸热式气氛理论上的体积分数分别为 20% CO、40% H_2 和 23% CO、31% H_2。用爱协林公司渗碳仿真软件计算的氮-甲醇气氛、吸热式气氛的碳传递系数 β 分别为 1.246×10^{-5} cm/s 和 1.15×10^{-5} cm/s，这也可以证明，前者渗碳速度快于后者。

（3）节能降耗效果　以氮-甲醇气氛为载气的渗碳气氛和以丙烷为原料气制备的吸热式气氛相比，前者的渗碳速度能提高 15%。对单台生产线使用两种气氛的成本进行核算，使用氮-甲醇渗碳气氛的成本仅为使用以丙烷为原料气的吸热式渗碳气氛的成本的 75%。

2. 氮基气氛应用实例

表4-34为氮基气氛应用实例

表4-34 氮基气氛应用实例

工件及技术条件	工艺与内容	节能效果
小齿轮（见图4-4），20CrMnMo 钢，技术要求：渗碳层深度 0.3～0.6mm，表面与心部硬度分别为（82±2）HRA 和 27～40HRC；热处理后齿轮节圆及外圆的径向圆跳动≤0.05mm	1) 设备。采用 VKES4/2 密封箱式多用炉 2) 工艺。按图 4-5 所示的工艺进行碳氮共渗淬火处理。采用氮-甲醇气氛作为载气，用丙酮作为富化剂，NH_3 作为供氮剂。NH_3 占炉气总体积的 3%。小齿轮碳氮共渗后，在前室空冷到 400℃ 左右，再到后室重新加热，进行亚温淬火，油温控制在 60～100℃；回火：(170±10)℃×3h 3) 检验结果。表面与心部硬度分别为 63～64HRC 和 30～35HRC；(节圆处)渗层深度 0.6mm；齿顶部组织有少量（1级）微细的碳氮化合物＋（1级）马氏体及残留奥氏体；有 50% 工件的径向圆跳动≤0.05mm，在合格范围内，其余超差件经过校直即可达到合格要求 虽然共渗温度 860℃ 比渗碳温度 920℃ 低，但因碳氮共渗时 NH_3 与渗碳气氛在甲烷、CO 的相互作用下，提高了共渗介质的活性，同时由于溶于 $\gamma\text{-}Fe$ 中的氮使奥氏体相变区扩大，使其 Ac_3 下降，有利于碳原子的扩散，从而使共渗速度并不低于渗碳，平均渗速达到 0.2mm/h	用膜分离制氮机制氮的主要成本是电能，其成本约 0.5 元/m^3，与滴注式气氛相比，甲醇的产气量为 1.66m^3/L，一等品工业甲醇的单价为 4 元/L，产气 1m^3 的成本为 4 元/L ÷1.66m^3/L=2.41 元/m^3。即用氮-甲醇气氛作为载气，可明显降低工件的热处理费用
夏利轿车变速器和驱动桥齿轮，要求渗碳热处理	1) 设备。采用德国 LOI 公司生产的双排连续式渗碳炉 2) 工艺。采用氮-甲醇气氛。载气（体积分数）：40%N_2＋40%H_2＋20%CO。富化气：$\varphi(C_3H_8)$1%～3%。齿轮渗碳温度 900℃ 3) 电能消耗 ① 变速器齿轮。生产节拍 10min，6 盘/h，60～80kg/盘（净重量），平均产量 420kg/h，渗碳层深度 0.6～0.7mm，则平均每小时耗电量 230.76kW·h，产品耗电量 0.549kW·h/kg ② 驱动桥齿轮。生产节拍 20min，渗碳层深度为 1.0～1.1mm，3 盘/h，100～120kg/盘（净重），平均产量 330kg/h，则平均每小时耗电量 214kW·h，产品耗电量 0.648kW·h/kg	原设计载气量 90m^3/h，经调试与优化，现运行载气量较原设计量减少 30%（见表4-35），而且全年可节约一级甲醇 13.44t，合计节省成本 12 万元。对渗层为 0.6～1.1mm 的产品，1m^3 的载气可生产出 30～42kg 的产品

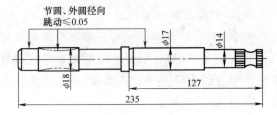

图 4-4 小齿轮示意

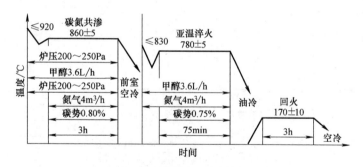

图 4-5　小齿轮热处理工艺曲线

表 4-35　连续式渗碳炉介质用量

	原设计每小时消耗量			改进后每小时消耗量			
	载气/m³	氮气/m³	甲醇/L	载气/m³	氮气/m³	甲醇/L	节省载气/m³
直接淬火生产线	40	16	14	26.8	10	10	13.2
压床淬火生产线	50	20	18	34.8	13	13	15.2
全线总量	90	36	32	62	23	23	28

4.6　直生式气氛及其应用实例

　　直生式气氛是通过将原料气体（或液体）和空气直接通入工作炉内，直接生成的保护气氛或渗碳气氛。原料气体或液体有天然气、丙烷气、丁烷、丙酮、各种醇类和煤油等。原料气体（或液体）是定数，炉内碳势通过调节空气输入量来控制。直生式气氛不但节省中间制备气氛过程所需能源，而且可减少原料气消耗 2/3，因此直生式气氛的应用具有显著节能降耗效果，它将取代传统的吸热式气氛，已取得较大的发展。

1. 直生式气氛渗碳原理

由 CO、H_2、CH_4、CO_2 和 H_2O 等组成的渗碳气氛有一个有效的化学平衡。

$$2CO \longrightarrow [C] + CO_2$$
$$CO + H_2 \longrightarrow [C] + H_2O$$
$$CO + H_2O \longrightarrow CO_2 + H_2$$
$$CH_4 \longrightarrow [C] + 2H_2$$

　　在上述的平衡状态下，分析 CO_2 或 CO 的含量即可控制碳势，但在原料气和空气的混合气进入炉内时，炉内却达不到上述的平衡状态，此时通过分析 CO_2 或 CO 的含量控制碳势就会产生误差，需要氧势及 CO 结合控制碳势。在这种不平衡状态下，采用专用的氧探头测量氧势，能够精确计算和控制碳势。

2. 直生式气氛特点

与其他工艺相比，直生式气氛渗碳（又称超级渗碳）具有许多优点，具体见表 4-36。

表 4-36 直生式气氛渗碳优点

序　号	优　　点
1	无需气氛发生器、制氮机等配套设备，投资少
2	气氛调节快，节省原料气
3	气氛活性好，渗碳能力强，快速的高活性碳转移促进了整个工件的渗层均匀性
4	最大优点为可节约原料气 30%～70%，降低成本
5	渗碳速度快 20% 左右，缩短渗碳周期，节省能耗，气氛在炉内生成，活性好
6	排出 CO_2 气体量少，减少气体排放

易普森超级渗碳（Suercarb）工艺的渗速比常规渗碳工艺的更快。用丙酮作为渗碳剂，采用 Supercarb 工艺渗碳时，它的碳传递系数 β 为 1.67×10^{-5} cm/s，而采用吸热式气氛渗碳时，测定碳传递系数 β 为 1.25×10^{-5} cm/s，可以看出 Supercarb 工艺渗碳速度比吸热式气氛渗碳速度快约 25%。

直生式气氛渗碳炉使用天然气/空气系统做气源可明显节约原料气体的消耗量（见表 4-37）。如在 RTQ-8 型炉进行各种尺寸齿轮渗碳淬火时，与吸热式气氛相比，采用天然气/空气气氛系统耗气量大幅度降低，节约成本 86%。

表 4-37 不同渗碳炉采用吸热式气氛和天然气/空气直生式气氛渗碳时气体消耗量的比较

炉　型	产量/(kg/h)	气 体 消 耗	
		吸热式气氛	直生式气氛
周期式箱式炉 TQF-4 型	330	$7m^3/h$ 吸热式气体 + 富化气	$1m^3/h$ 天然气 + 空气
旋转式炉 QDEs-185 型	170	$15m^3/h$ 吸热式气体 + 富化气	$1.5m^3/h$ 天然气 + 空气
网带式炉 FDB-950-4-80-630GRR 型	淬火最大 800 渗碳最大 560	$25m^3/h$ 吸热式气体 + 富化气	$1.7m^3/h$ 天然气 + 空气
推杆式炉 PP-$10^6 \times 35 \times 16$-24-G 型	淬火最大 1500	$48m^3/h$ 吸热式气体 + 富化气	$3.5m^3/h$ 天然气 + 空气

3. 直生式气氛应用实例

表 4-38 为直生式气氛应用实例

表 4-38 直生式气氛应用实例

工件及技术条件	工艺与内容	节能效果
汽车齿轮及轴类，均为 20CrMnTi 钢，渗碳层深要求 0.6～1.2mm	1)"丙酮 + 甲醇"滴注式气氛渗碳工艺。原采用推杆式单排连续渗碳炉（5 个区，单排 17 工位），使用"丙酮 + 甲醇"滴注式渗碳气氛。其工艺参数见表 4-39。回火温度 180℃ 2)"丙烷 + 空气"直生式气氛渗碳工艺。采用推杆式双排连续渗碳炉（6 个区），工艺参数见表 4-39。回火温度（180±10）℃。直生式气氛渗碳速度快。生产实践中，直生式气氛渗碳工艺碳势恢复快，6～8h 即可工作，渗碳周期可缩短 5%～15%	滴注式成本：甲醇、丙酮年消耗成本 23.86 万元。直生式成本：丙烷年消耗成本 3.12 万元。与原采用"丙酮 + 甲醇"滴注式渗碳工艺相比，采用"丙烷 + 空气"直生式气氛渗碳工艺，年节约成本约 20 万元

（续）

工件及技术条件	工艺与内容	节能效果
20CrMnTi 钢零件，要求渗碳热处理	1）设备。采用 Ipsen 公司制造的 RTQPF-10-EM 型密封箱式炉，工作室尺寸为 760mm×1200mm×760mm 2）渗碳工艺。渗碳介质采用丙酮和空气。丙酮的输入量是常数，为 1.4～1.5L/h。空气的输入量依据碳势由空气电动阀调节在 1.5～2.0m³/h 范围内 "丙酮＋空气"直生式可控气氛渗碳工艺曲线如下图所示。采用两段多碳势渗碳工艺，渗碳温度为 930℃，强渗阶段碳势为 1.05%（质量分数），扩散阶段碳势为 0.85%（质量分数） 	采用"丙酮＋空气"直生式可控气氛渗碳工艺时，丙酮的消耗量为 1.4～1.5L/h。当渗碳层深度在 1.25mm 左右时，每吨零件消耗丙酮约 23～25kg。由表 4-40 可见，"丙酮＋空气"直生式可控气氛渗碳工艺的耗电量约为传统渗碳工艺的 1/2

表 4-39 两种工艺参数

项目 ＼ 区段	1	2	3	4	5	6
1. 直生式气氛渗碳工艺参数						
温度/℃	880	900	920	920	890	850
丙烷流量/(m³/h)	≤1.5					
炉压/Pa	≤1.8×10²					
推料周期/min	(22±1)					
2. 滴注式气氛渗碳工艺参数						
温度/℃	820	900	920	890	850	—
甲醇流量/(mL/min)	≤150					
丙酮流量/(mL/min)	≤25					
炉压/Pa	≤3×10²					
推料周期/min	12					

表 4-40 两种渗碳工艺耗电量比较

渗碳方法	钢 号	渗碳层深度/mm	耗电量/(kW·h/t)	备 注
传统渗碳工艺	20Cr,35CrMo	0.8～1.0	5000	包括渗碳、淬火及回火
"丙酮＋空气"直生式气氛渗碳工艺	20CrMnTi	1.25	2550	包括装料、前后清洗、渗碳淬火及回火

4.7　聚合物水溶液及其应用实例

目前，使用量最多的淬火冷却介质是以石油基础油为重要原料的淬火油，为此需消耗大量属于不可再生资源的矿物油。通过在水中添加质量分数为 5% ~ 20% 高分子聚合物可以制作具有各种冷却能力的淬火冷却介质，这种淬火冷却介质在国内外应用广泛，并且有逐渐取代部分淬火油的趋势。聚合物水溶液具有淬火油无法比拟的经济性。这一点在当前全球石油紧缺的今天显得尤为重要。

（1）聚合物水溶液的特点　①可代替油作为淬火冷却介质，既可避免油易着火的危险性，又可节省用油，免去清洗工序并可以直接回火，所以可获得节能的效果；②通过调整聚合物的浓度及流速，可以获得各种冷却能力，因而可适应各种钢铁材料及铝合金的淬火要求；③由于冷却性能优越，材质较差的材料也可获得比较满意的结果，有益于挖掘材料的潜力，降低成本；④淬火质量较好，硬度均匀并可避免开裂。

例如，以 UCON A、UCON E（PAG）、AQ251、AQ364（PAG）、AQ3669（PVP）、Fero-quench 2000（PAM）等聚合物水溶液代替淬火油在调质淬火、化学热处理淬火等方面，取得较为满意效果。

可代替淬火油的部分聚合物水溶液浓度（质量分数）：UCON E 为（15 ± 1）%，Fero-quench 2000 为（12 ± 1）%，AQ3669 为（10 ± 1）%。聚合物水溶液温度 20 ~ 50℃，搅拌速度 0.2 ~ 0.3m/s（通常不超过 0.6m/s，以免冷却速度波动过大，使淬火质量差异大）。

（2）聚合物水溶液应用实例　见表 4-41。

表 4-41　聚合物水溶液应用实例

工件及技术条件	工艺与内容	节能效果
差速器壳，42CrMo 钢，技术要求:锻造后调质表面硬度 28 ~ 34HRC。基体组织要求:回火索氏体 + 少量铁素体（1 ~ 4 级），检验标准为 GB/T 13320	1）原用淬火油调质及问题。采用 105kW 井式渗碳炉，淬火油为 L-AN15 型全损耗系统用油，有循环搅拌装置。淬火加热工艺为（860 ± 10）℃ × 3h，入油淬火，油温控制在 80℃ 以内;高温回火（580 ~ 600）℃ × 3h。调质后的金相组织为:回火索氏体 + 托氏体 + 条状铁素体，达到 5 级，不合格。表面硬度为 25 ~ 27HRC，硬度偏低，心部硬度为 23 ~ 24HRC，合格率仅为 20%。返修成本增加 2）选用 PAG 水溶液调质。采用 RT2-102-12 型箱式电阻炉，淬火槽内有循环搅拌装置，淬火采用 ZY747 型 PAG 水溶液。PAG 浓度（质量分数）为 11% ~ 12%，其温度控制在 20 ~ 40℃。调质:淬火 850℃ × 2h + 高温回火（580 ~ 600）℃ × 2h。金相组织主要由回火索氏体 + 极少铁素体组成，为 2 级，合格。其表面硬度平均值为 31HRC，心部硬度为 28 ~ 30HRC，合格。产品合格率 100%	采用油淬火调质工艺时，每件热处理成本达到 64.7 元，而采用 PAG 水溶液调质工艺时，每件热处理成本只需 8.7 元，与前者相比，可节省成本 87%。按年产 24 万件计，每年可节省 134 万元，产量提高约 80%

（续）

工件及技术条件	工艺与内容	节能效果
半轴齿轮，20CrMnTi 钢，要求渗碳热处理	1）UCON E 聚合物水溶液。采用美国联合碳化公司的原液 UCON E 聚合物水溶液，用于半轴齿轮的渗碳淬火 2）渗碳及淬火。齿轮在井式渗碳炉中渗碳后直接淬火。淬火槽（30t）内安装了螺旋桨搅拌器，并采用热交换器控制淬火冷却介质温度 3）检验结果：①齿轮畸变均匀。花键内孔尺寸（$\phi35^{+0.18}_{0}$ mm）均匀收缩（$-0.08 \sim -0.04$mm），基本无椭圆。花键键宽尺寸（$6^{+0.12}_{0}$ mm）变化一致（$+0.02 \sim -0.02$mm），均匀性优于油淬（内孔保护 $-0.08 \sim +0.02$mm，键宽变化 $-0.04 \sim +0.0$mm）的齿轮；②淬火硬度（实测硬度为 62 ~ 63.5HRC，最大偏差 1.5HRC）均匀且比油淬（58 ~ 61HRC，最大偏差 3.0HRC）高 2 ~ 3HRC；③金相组织比油淬细小。马氏体及残留奥氏体 2 ~ 3 级，而油淬的为 3 ~ 4 级	以 30t 淬火槽计算，累计使用一年，淬火油的成本为 48 万元，而用 UCONE 聚合物水溶液的成本为 31.3 万元，可降低生产成本 35%
H13 模具钢（4Cr5MoSiV1 钢）和 42CrMo 模具钢，两种材料模具均要求淬火处理	1）JX-1118 聚合物水溶液。其主要成分为聚烷撑乙二醇类（PAG 类）高分子有机聚合物。使用 w（JX-1118）为 20% 的水溶液代替淬火油用于 H13 钢的淬火冷却。将模具在 600℃ 及 850℃ 预热后，升温至 1020 ~ 1050℃，保温时间根据工件尺寸而定，在保温时间系数不变的情况下每8mm 厚保温 10min。回火工艺为：回火温度 550 ~ 650℃，回火 2 次，第二次回火温度比第一次回火温度低 20℃ 模具淬火后，未发现表面裂纹，其组织为细针状马氏体 + 未溶碳化物（少量）+ 残留马氏体（少量），淬火硬度 53 ~ 55HRC；回火后的组织为回火索氏体，硬度为 43 ~ 47HRC，且硬度分布均匀 2）AQ251 聚合物水溶液。使用 w（AQ251）为 15% 的水溶液代替淬火油用于 42CrMo 钢的淬火冷却。将 42CrMo 模具钢加热至 840 ~ 880℃，在保温时间系数不变的情况下每 10mm 厚保温 10min 模具淬火后，表面无裂纹，淬火硬度达到 51 ~ 55HRC，其表面组织为马氏体和碳化物，心部组织为马氏体和残留奥氏体，硬度和组织均满足使用要求	表 4-42 为淬火油与 PAG 水溶液消耗情况及成本的对比。PAG 水溶液成本只占淬火油的 48.06%，每吨即可节省 54.03 元。如果用 50t 淬火槽，用淬火油时成本为 69.35 万元，用 PAG 水溶液时成本为 20 万元，即可节省成本 49.35 万元

表 4-42　淬火油与 PAG 水溶液消耗情况及成本的对比

淬火冷却介质	生产每吨工件消耗淬火冷却介质的重量/kg		处理 1t 工件成本/元
	经验消耗	实际消耗（平均值）	
淬火油	5 ~ 10	7.5	104.03（7.5kg × 13.87 元/kg）
PAG 水溶液	<5	2.5	50（2.5kg × 20 元/kg）

4.8　表面成膜淬火油

当前，利用淬火冷却介质使钢件淬火，除了获得高的硬度外，还能形成耐蚀、润滑、减少畸变、提高接触疲劳抗力、克服脆性等效果的涂层。例如，添加磷酸盐、磷酸酯、硫代亚硫酸盐等化合物（见表4-43）的淬火油，能使钢件在淬火的同时表面形成磷化膜、硫化膜减摩层。还有使钢件淬火时表面生成防锈膜的淬火油、表面发黑淬火油（可在工件表面形成塑性薄膜）、控制摩擦淬火油（表面形成减摩层），以及提高滚珠轴承接触疲劳抗力的表面形膜（此膜防锈、减摩，粘着强度很高，在350℃回火也不破坏）淬火油。由于这些淬火油的使用，简化了工序，节省了二次加热能源消耗，因此可达到节能降耗的效果。

表 4-43　降低干膜边界摩擦的有机功能淬火油添加剂

添　加　剂	添加量 （质量分数） （%）	50℃时的 边界 摩擦系数	添　加　剂	添加量 （质量分数） （%）	50℃时的 边界 摩擦系数
不加	—	0.4403	三苯基磷酸盐	1.0	0.3379
甲酸	1.0	0.3341	苯基-二月桂基二硫代磷酸盐	1.0	0.1741
甲酸	3.0	0.29906	二戊基二硫代硫酸锌	1.0	0.1664
棕榈酸	1.0	0.3392	二戊基二硫化物	1.0	0.4045
亚磷酸三丁酯	0.5	0.4122	四甲基秋兰姆硫化物	1.0	0.2010
亚磷酸三丁酯	1.0	0.2330	二乙基硫代氨基甲酸锌	1.0	0.2778
三油酸磷酸盐	1.0	0.2189	苯硫酚	1.0	0.2842

4.9　应用热处理保护涂料与钢箔包装技术减少钢材损耗方法

目前，我国少无氧化热处理普及程度低，热处理炉中有70%左右在空气中加热，钢铁材料损耗大。绝大多数金属在空气中加热时氧化，会造成金属的大量损耗，也会破坏工件的表面状态和加工精度。钢件在空气和氧化性气体（CO_2、H_2O）中加热时，氧化的同时还伴随表面碳含量的降低，即表层脱碳，脱碳的工件淬火后表面硬度低，不耐磨，且表面易形成拉应力，对疲劳性能不利。对此，可以采用优质的防氧化脱碳涂料及钢箔包装技术减少钢件加热时的钢材损耗和后续机械加工余量，从而达到节材和节能效果。

4.9.1　热处理保护涂料特点及应用

有资料介绍，在德国采用各种高温保护涂料加热钢件，每年可节约钢材1.5~2万t，相当于1.6万t标煤及约6000万kW·h冶炼用能源；可使金属平均损耗下降36%，金属利用率提高25%，锻造后机加工量减少35%。

1. 保护涂料的特点

1）使用方便。与真空炉及可控气氛相比，其操作方便，不需要专门设备，无污染，对提高产品质量、实现光亮热处理提供了较可靠的保障，因此，降低了生产成本，提高了经济效益。

2）提高工效节约能源。涂料保护层极薄，减少了加热时间，节能。如厚度为5mm的Cr12MoV钢零件，采用传统防渗碳装箱保护加热需90min，现采用涂料保护加热仅需20min，缩短加热时间70%以上，而且产品质量和工效得到提高，节能30%，减少加热工时70%。

与传统镀铜、切削渗碳层、用螺母防渗、感应加热回火（退火）等工艺相比，该工艺成本可降低30%~50%。

3）应用范围广。保护涂料不但对金属及合金有良好的保护效果，且对轻合金、耐热合金和有色金属等也有满意效果。因不受设备限制，其在某些方面可代替真空及保护气氛加热。

4）由于涂料保护层极薄，不影响淬透性，因此力学性能有所提高。例如，对机械零件、模具等加热采用合适的保护涂料，可显著提高其使用寿命，且对金属基体不腐蚀，无渗入现象，是提高产品质量最简便和经济的方法之一。

同时，一些零件局部涂覆防渗涂料，可直接淬火，简化了工序，节省了二次加热能耗。一些长轴、导轨类细长零件，热处理后畸变难免，整体渗碳淬硬后，校直时容易断裂，废品率较高。对此，采用涂料对其不需渗碳部位进行保护，热处理后校直合格率大大提高，节省了校直费用，同时个别部位还可再加工。

2. 零件局部防渗并直接淬火工艺

（1）零部件螺纹、花键防渗并直接淬火　例如，在汽车零部件生产中，齿轮轴类零件的花键、螺纹部位，多用涂料进行局部防渗，使其在热处理后直接淬火，获得理想的硬度。

（2）化学热处理局部防渗并直接淬火　例如齿轮在加工中，绝大多数都要经过渗碳、渗氮、碳氮共渗等化学热处理。为了设计或工艺需要，局部防渗技术在齿轮行业应用很广。防渗涂料保护是最简单可靠的办法。涂料保护后渗碳直接淬火，不仅大大简化工序，节省二次加热能源，淬火后防渗部位还可进行切削加工，从而大大节省了热加工费用。

（3）大型零件局部防渗碳并直接淬火

1）原工艺。一些大型、特大型零件渗碳时，过去多采用预留渗层余量、渗碳后切除渗层余量再加热淬火的工艺。这不仅增加了机加工工时费用和渗碳时间，而且浪费了钢材。

2）现工艺。现采用防深层渗碳的涂料进行局部保护，不再预留渗层余量，渗碳后直接淬火，不仅节省了机加工工序，缩短了渗碳时间，而且节省了钢材，其节能效果明显。

4.9.2 采用钢铁加热保护剂实现少无氧化加热技术

1. QW-F1 型钢铁加热保护剂作用

按工艺要求向加热炉内注入 QW-F1 型钢铁加热保护剂后，在钢铁工件表面生成一层防护膜，其是铁合金氧化物，成膜连续致密，不具备扩散条件，因此既无氧化脱碳现象也无贫碳产生。

2. 钢铁保护剂的特点

1）适用于不同材质和不同类型工件，如 GCr15 钢轧辊、多种工模具（5CrNiMo、45 钢）、20Mn2 钢汽车拖车半轴、60Si2Mn 钢弹簧片等。

2）经济实用，高效，可减小金属材料损耗，提高产品质量，节能降耗，降低成本。

3）无毒、无公害，使用、运输及贮存方便。

3. 应用举例与效果

（1）蓄能器的整体热处理　蓄能器壳体是高压容器的重要部件，外形尺寸 $\phi220mm \times 800mm$，壁厚 15mm，其技术条件：材料为 34CrMo4 中碳合金钢；$R_m \geq 850MPa$，$R_{eL} \geq 790MPa$，硬度 218～300HBW，$A \geq 18\%$；表面脱碳层 <0.3mm。

（2）热处理工艺参数　采用 135kW 井式电阻炉。淬火工艺：（900 ± 10）℃ × 80min，水中淬火。回火工艺：630℃ × 180min。

（3）加热保护剂应用效果　由于蓄能器在空气加热介质的箱式炉内加热，经过入炉→升温→出炉淬火，全程超过 2h，工件表面产生脱碳，脱碳层超标。对此，选用 QW-F1 型钢铁加热保护剂，操作方法是将加热保护剂喷入蓄能器壳内，然后在工件入炉时再向炉内投入 80～100mL 钢铁加热保护剂，数分钟后壳体内外表面均匀生成一层防护膜，工件出炉淬火后，薄如蝉翼的保护膜自行脱落，对冷却速度和淬火冷却介质均无影响，可获得最佳淬火效果，而且壳体表面非常干净。

经金相检测，脱碳层 <0.2mm，满足了工艺要求，并省去了喷砂清理氧化皮工序，故节能效果显著。

4. 应用实例

某曲轴连杆厂承接的一批国外加工项目，要求连杆脱碳层控制在 0.3mm 以下。连杆经热冲压成形时已形成脱碳层 0.25～0.3mm，再经过两道热处理（正火＋调质），实际脱碳层已经达到 0.35～0.4mm，很难保证外商技术要求。对此，通过使用 QW-F1 型钢铁加热保护剂，达到了外商技术要求。

加热设备为 RX-100-9 型箱式电阻炉和 RT-150-9 型台车式电阻炉。其工艺过程如下：将连杆堆装在 500mm × 400mm × 400mm 工装箱内；每炉装入 4～5 箱；工装入炉后投入保护剂 150～200mL，即可达到防护效果。

4.9.3 减少氧化脱碳的钢箔包装热处理技术

1. 使用范围

处理件的材料已涵盖合金结构钢（如 35CrMo、42CrMo 钢）、轴承钢（如 GCr15 钢）、工具钢（如 5CrNiMo 钢）、弹簧钢（如 60Si2Mn 钢）等多类钢种。

该技术适用于厚实件、大件、总表面积大以及批量大的工件，处理件的质量小至 1kg 以下，大至 1t 多。可实现无氧化、无脱碳的洁净热处理。

2. 实施方法

通常采用厚度 0.5mm 的不锈钢薄箔。工艺要求如下：①打包包扎时，要求工件摆放整齐，摆放的位置要考虑有利于其后的淬火过程，保证工件能快速平稳地淬入冷却介质中；②工件必须全部包扎在薄箔内，不得外露；③抽出包中空气并将钢箔焊合；④如果工件对氧化脱碳的要求较严格，在打包包装时，包内可放置适当的木炭、炭粉、木屑或生铁屑等。

3. 工艺要求

由于打包的工件在包内加热是通过辐射传热的方式来实现的，因此淬火加热时淬火温度应适当提高（比常规的淬火温度高出 10℃ 左右），保温时间也应适当延长（比常规空气炉加热时间约延长 1.2 倍）。

打包件淬火时，必须先打开钢箔，迅速取出工件进行淬火冷却，不能将整个打包件直接放入淬火冷却介质中冷却，否则工件淬火效果不良，会出现硬度偏低、硬度不均、软点等缺陷。

4. 包装热处理应用实例

（1）5CrNiMo 钢热锻模的包装热处理　中型热锻模，尺寸为 560mm×310mm×910mm，重量为 1.2t。由于工件尺寸大，难以实现真空热处理或可控气氛热处理；刷涂料后热处理可能加大余量，均会影响工件的表面淬火硬度及淬硬层深度。

采用钢箔包装热处理方法：包装件（内充适量炭粉）淬火加热温度 880~900℃，保温时间为 5h 左右。打开包装后，将工件迅速淬入油中冷却，工件淬火后表面硬度达到 46~48HRC，表面色泽呈轻微氧化色、无脱碳情况，热处理质量良好。

（2）GCr15 钢量规的钢箔包装热处理　量规圆环，$\phi120mm$（外径）/$\phi68mm$（内径）×20mm（高度），单件重量 1.2kg。由于工件批量大，如果用涂料法存在成本高、费工、费时等问题。

采用包装热处理方法：一般 7~8 件打成一包，加热温度 870℃，保温时间 3h，打开包装后，以吊钩形式一次吊出全部工件迅速淬火。淬火后工件表面色泽呈黑亮色，无氧化脱碳现象，表面硬度为 60~62HRC。

5. 成本估算

打包用薄箔厚 0.5mm，宽 600mm，材料费 29 元/kg。每炉处理的打包费成本见表 4-44。

表 4-44 每炉打包成本

包装方式	装炉量/kg	包装费用/元	包装方式	装炉量/kg	包装费用/元
小件打包加热淬火	700	73.6	大件打包加热淬火	1500	70

打包淬火成本比真空油淬的有所降低，其最大的特点是能处理真空炉不能处理的大件、厚实件以及批量散件。从成本、工件尺寸等多种情况考虑，用钢箔包装热处理技术代替真空油淬具有一定的优势。

第 5 章　热处理节能的管理措施

5.1　概论

科学管理和合理使用能源是发挥节能技术措施潜力的基础。一个合理的生产，应选用能耗最低的设备和工艺，以代替能耗大的设备和成本高的工艺；合理组织生产的节能潜力也是巨大的，应组织员工最有效地利用设备，使能源和原辅料得到最充分的利用，在实现产品技术要求的同时，获得最佳的经济效益。

热处理生产中的能源浪费相当一部分是由于生产组织管理方面的原因造成的，如设备的负荷率和有效利用率低、人为浪费能源现象严重等。

在热处理生产中，通过能源管理，合理安排组织生产和加强技术管理，可提高工效，降低能源成本，是不需投资的节能技术措施，是热处理节能的措施之一。此外，提高产品质量，延长零件的使用寿命，也是一项重要的节材、节能途径。

能源管理的目的是为了降低能源消耗，提高能源利用效率，所以建立和实施能源管理体系是企业（单位）最高管理者的一项战略性决策。GB/T 23331《能源管理体系　要求》规定了能源管理体系的要求，使组织能够根据法律法规、标准和其他要求识别其能够控制的或能够施加影响的能源因素，建立并实施能源管理体系。

建立企业能源信息管理系统，可以有效解决企业能源管理中的突出问题，实现能源管理的自动化、定量化、规范化，是未来节能管理的趋势。

重视和发展高效、节能热处理，首先应从改善管理入手，向管理要能源，向管理要效率，对此可采取以下主要措施：①合理组织和调度生产，力求集中连续生产；②规定合理的热处理能源利用指标，并进行考核；③建立必要的能源管理制度，包括记录和分析报告制度；④进行节能教育、培训及其考核；⑤制订合理、严格的奖罚制度。

热处理节能管理具体措施见表 5-1。

表 5-1　热处理节能管理具体措施

序　号	内　容
1	淘汰落后而且耗电量大的热处理设备,采用先进、节能的热处理装备
2	在满足工艺要求的前提下尽量缩短加热、保温时间;制定正确、合理的热处理工艺,提高一次交检合格率
3	严格制定工艺规程及设备操作标准,以及相关技术标准;热处理节能很多时候与工艺管理有关,避免违反工艺文件及设备操作规程作业,减少工件废品及返修率
4	做好热处理设备的维护、保养工作,可以降低热处理设备的故障率,从而减少能源消耗;定期维修各种热处理炉,减少热量损失;定期检查检定热工仪表
5	合理安排热处理生产。减少停炉时间,充分利用低谷电,降低用电量;优化批量生产的组织与安排,保证加热设备满负荷(达到额定装炉量)连续运转,并根据批量合理选用加热设备的类型和规格,使之能实现均衡生产
6	做好热处理能耗计量、统计、考核工作。针对消耗不合理项进行整改

5.2　热处理生产节能的组织与管理方法

加强热处理生产管理,合理调整生产组织,从节能要求出发安排生产,也是节能的重要措施之一。

合理的生产管理是发挥节能技术措施潜力的前提保证。从管理角度首先应考虑的是如何保证加热设备满负荷(达到额定装炉量)连续运转。为此,热处理生产就必须有足够的批量,并根据批量合理选用加热设备的类型和规格,使之能实现均衡生产。大批量时应尽量选用连续式加热设备,如推杆炉、输送带式炉、振底式炉、网带式炉等。批量不足时,频繁起动加热炉,将使大量的时间和热能浪费在炉子的升温过程。对此,可将其集中一定批量时安排生产,或安排外协热处理专业厂加工。

1) 掌握好最佳装炉量。现场最简单最有效的节能措施就是尽可能使热处理炉满载作业。装炉量的多少影响热能的充分利用和加热效率。装炉量过多,炉温下降较大,反而会降低效率,增加单位产量能耗,同时,零件装炉时堆积,也会增加均热时间,使加热所需的能耗增加;而装炉量过少,会使消耗在各种热损失的热能占加热零件用热能的比重增大,相应地使能耗增加。在实际生产中,装炉时零件间必须留有一定间隙,否则会延长加热保温时间。可通过对加热曲线与装炉量关系的分析,掌握各台设备"最佳能源利用装炉量",从而实现最优化的节能生产。简单方法是根据热处理炉类型结构不同,装炉量选择在炉子最大生产能力的80%左右,此时,节能效果较好。

2）合理选用设备。在保证产品质量的前提下，根据热处理工件数量、零件特征、技术要求等具体情况，可以选择在多用炉、箱式炉、井式炉、台车式炉、盐浴炉、连续式炉、感应炉等进行加热，从而可以做到用最低的能耗，处理好每一批工件。这是节能管理的重要手段之一。

3）增加生产班次，集中生产，连续作业。同类热处理件集中开炉，实现连续作业，可减少升温次数，节约升温用电。如通过将一班生产，每天开炉升温两次，改为三班生产连续作业，每周只开炉升温一次，减少了升温降温次数，节约了电能，并增加了产量，降低了成本。

4）采取鼓励措施，充分利用"谷电"，少用"峰电"。生产中要协调好设备的升温加热和保温时间。设备升温阶段处于全功率加热阶段，消耗大量热能，尽可能安排在用电低谷期间（谷时）；保温阶段需要的热量较小，只需功率的$1/3 \sim 1/2$，可安排在日间。

对两班制生产而且耗能较大的工序，可调整为三班生产。可利用用电时段差价，用足"谷时"电量，而在"峰时"则关掉一些设备，或让设备维持在低负荷保温状态。应对各设备峰谷用电量、产量进行统计和计算，按照考核指标兑现奖罚。

5）优化生产批量的组织和安排，减少热处理件配炉困难，减少热处理钢种，减少零件硬度档次，减少临时性开炉。根据热处理要求不同，合理调整生产节拍，是节能的有效途径。如在安排箱式电阻炉生产时，先安排正火，再安排调质淬火，最后安排低温退火，这样既十分简便，又能有效节能。

6）采用热处理生产计算机管理系统，对热处理生产过程进行监控，包括实时监控、工艺监控、历史查询等。

7）以节能意识指导企业发展。在扩大企业规模、扩充生产能力时，应注重多增加先进低能耗设备，淘汰高能耗、高污染设备。

8）调整生产组织结构，用好人力资源，实现多增产少增人。把一些阶段性忙闲的班组与连续性生产、产量较为稳定的班组合并组成工段。操作人员经过一人多岗培训后，实现工段内不同工序的忙闲互补，以提高产量，降低投入。

9）充分利用设备资源，提高现有设备的生产效率。对循环连续作业、生产能力缺口较大的关键工序，采取五班三运转或轮休等措施，实现不停炉，避免因休假造成热处理设备升温降温过程的能源浪费，提高设备利用率。

5.3　提高热处理质量、减少返修

使用寿命作为产品的关键性能之一，直接与能源和环保有关。提高热处理产品质量就是节能和减少排放，一方面可以减少钢材消耗，另一方面可以减少返工造成的损失，从而节能、节材。热处理产品质量的提高间接地起到了节省能源的作用，因为这使工件的结构强度增加，使用寿命延长，从而减少工件在整个制造过程中的材料消耗。据估算，每节约 1kg 钢材可节省 1.5～2.0kW·h 能量。因此，努力提高热处理产品质量就是最大节能。

对于热处理节能，人们首先会想到先进设备的应用，实际上，热处理工艺的创新、产品质量的提高、使用寿命的延长才是真正的节约能源。没有质量就没有数量，产品质量问题不解决，生产出来的只能是废品了。热处理产品质量虽然不是节能考核的直接指标，但对节能有重大的影响，要在稳定质量的前提下，力求用最少的能源消耗。

5.3.1 提高热处理质量、减少返修的措施

对热处理来讲，返修就意味着增加能耗和成本。提高热处理质量，延长零件使用寿命，本身就是一项重要的节能措施。不能为了节能而影响产品质量，但也不能因追求过剩品质而造成能源浪费。

（1）造成质量低下以及质量不稳定的原因 ①重数量，轻质量，错误地认为有了数量就有了质量；②缺乏保证质量的生产环境，在原材料等外购产品的质量得不到保证的情况下，任何一个生产厂家均难以保证产品的质量；③恶性竞争，用牺牲质量、降低成本的办法来提高竞争能力；④仍使用落后设备，控制精度低，很难保证当今高的质量要求；⑤热处理大多为批量生产，生产过程中监控与检测不力，很容易造成批量废品。

（2）做好热处理是最大的节能 首先，企业领导者应充分认识到热处理对产品质量的重要性，避免重冷（加工）轻热（加工）。热处理是充分发挥材料潜力，改变材料的组织和性能，延长机器零件寿命的工艺过程。提高机器零件寿命一倍，就等于产量翻番，也就是说满足当前市场需要，只要一半产量就行了。这样不仅可以减少热处理能源消耗，还可以节约大量的金属材料，从而节约了这些金属材料冶炼时的巨大能源消耗，以及制造零件时冷、热加工过程中的能源消耗。

（3）从零件的设计，材料的选择，材料质量的保证，到加工过程和工艺路线的确定，全过程都用数据库和专家决策系统优选工艺和设备，以设备可靠性的保证、工艺参数和产品质量的在线控制、无损自动质量检测系统的质量检验来完成全部加工和热处理生产过程，实现产品质量的全面质量控制，使产品 100% 合格。严格的管理、先进的工艺、可靠的设备、精确的传感器及精密控制的成套系统工程，是实现无废品、无返修品生产的充分保证。

5.3.2 节能工艺管理措施

工艺管理是保证产品质量、实现均衡生产和节能的根本保证，它包括设计管

理、工艺分析、质量检查、工装设计、新材料新方法应用，以及环境保护等，对热处理节能有重大影响。

热处理节能很多时候与工艺管理有关，因此应严格制订热处理工艺守则及设备操作规程和相关技术标准。很多时候工艺执行到位与否与现场管理密切相关。

1）制定合理工艺。根据零件的性能要求，认真分析研究和试验，制定出切实可行的热处理工艺，以利于节能。对现行的工艺进行分析研究，加以优化，也有节能潜力可挖。近年来，热处理行业出现了不少有利于节能的新工艺、新方法。例如对低合金钢小零件采用"零"保温淬火方法，在不影响零件使用性能的前提下，缩短加热时间，可节电20%。

2）优化工艺参数，缩短生产周期。根据零件不同的形状尺寸、服役状态和技术要求，试验确定各自合适的渗扩（化学热处理强渗、扩散）比，在满足产品质量要求的前提下，缩短生产周期，降低能耗。

3）工艺路线改进。在保证零件获得必要性能的前提下，尽可能兼顾能源的节约，可以省去的工序或工步应尽可能省略，特别要避免加入一些可有可无的或不确定是否有效的热处理工序。用最短的工艺流程，最高效、最节约方式来完成零件的制造。应多采用感应淬火、回火；用表面淬火代替渗碳淬火；采用自回火法，省略回火工序；利用锻后余热进行预备热处理等。在实现产品技术要求的基础上，尽可能消耗最少的能源，获得最大的经济效益。

4）改进工装设计，提高装炉量。热处理工装设计应考虑选材与结构合理，有利于气氛与介质的流动，并减轻重量。在保证零件获得均匀的组织与性能、较小畸变的前提下，提高零件装炉量。

5）工艺纪律监督。合理的现场生产工艺是产品零件制造的科学方法，其执行情况直接影响生产效率、产品质量和生产成本。对此，应严格监督生产过程中工艺执行情况，制订科学、合理的作业标准，让员工认真按现场工艺进行操作，以提高产品质量，提高热处理件一次交验合格率，避免返修（返工）等造成的能源浪费。

6）采用计算机管理系统，对热处理生产技术进行管理，包括装炉、出炉记录与管理，交接班界面（如交接人和接班人姓名、设备运行状态、工艺运行状态、异常事件及处理等）、零件硬度检查录入，工艺管理，生产统计与查询（如生产记录、作业记录、工艺、工艺状态、硬度等信息）等。

5.4 采用分析和优化能源利用的计算机软件

能源消耗统计管理是热处理企业管理的重要组成部分。它对于强化管理、降低能源消耗，提高热处理企业经济效益具有重要意义。长期以来，能源消耗统计管理一直采用手工方式进行，数据分散，工作烦琐，劳动强度大，工作效率低。特别是手工计算准确率低，要花费管理人员相当多的时间和精力。计算机（软件）的广泛应用，使得热处理企业能源消耗统计管理信息化成为可能。这不仅提高了效率，减轻了劳动强度，而且提高了可靠性和准确性。

为了提高热处理企业能源消耗统计管理水平，动态地、及时地了解企业基层单位能源消耗情况、转换能源及产品单位能源消耗情况、产品及企业节能进度，为领导进行能源科学管理和决策，降低企业和产品能源消耗，提高经济效益提供依据，可采用能源消耗统计管理系统软件等，其为企业能源消耗统计管理提供了一种现代化的管理手段。

目前，市场上已有能源管理系统软件、能源分析软件等。热处理生产企业最好能开发和购买（热处理）能源管理和分析软件，用计算机定期分析能源利用是否合理，找出不合理利用的原因，并加以改进。例如，用电"峰-谷-平"与辅助节能管理：

1）峰谷平用电统计。用于统计每台热处理设备"峰-谷-平"的用电数据，并以"Excel 表格"的形式导出，及时为节能管理部门提供准确的、可控的能耗数据。

2）辅助节能管理。对能耗曲线与热处理工艺曲线进行对比，使每套工艺能耗的"谷-峰-平"与电价的"峰-谷-平"尽量吻合，以达到节约成本的目的。

如有可能，更应开发和购买优化能源利用的软件，不断改进能源管理，采用节能技术，实现最大程度的节能降耗。

用计算机管理系统对热处理设备运行进行监控与管理。实时监控并记录每台电炉各区三相电流、功率、当前电价（峰-谷-平）以及超温报警情况等。

5.5 实行设备能源计量、数据的记录与分析

热处理是耗能大户，但同时，其节能的潜力巨大。合理进行热处理，除能节约电能外，还能节约燃料、油料、化学材料、水、气、工具、耐热材料等，另外，节约辅料也是节能。所以建立能源管理制度、进行消耗管理是最直接的节能管理。

企业用能范围广，电、自来水、燃气等的进口，均应安装能源计量表（一级收费表），各基层单位使用电、自来水、压缩空气、燃气等，均应安装用能的二级计量表，热处理（车间）作为用能重点均应安装三级能源计量表，以便于统计和管理、考核。

（1）能源计量　能源计量是指应用各种仪器仪表和衡器对各类能源消耗进行测定。它是取得可靠及完整用能数据的唯一手段，为制订生产工序和产品能源

定额提供依据，为考核用能状况提供标准。

企业应根据 GB 17167《用能单位能源计量器具配备和管理通则》的要求配备相应的能源计量器具，并建立能源计量制度。

1）对 >50kW 以上的热处理装备，应配置电压表、电流表、有功电度表、无功电度表（不包括电阻炉），检测记录，并系统分析单位产品耗电量、效率、功率因数等经济技术指标。

2）每台热处理加热设备都应配置电度表、燃气（煤气、天然气）表，以作为重点用能设备的三级计量表，并将日常用量加以连续记录。按规定的能耗定额定期分析能源使用情况。若超出定额则必须找出原因，采取改进措施，使实际能耗降到定额以下。

（2）能源记录与分析 能源原始记录和台账是能源统计工作的基础，确保原始记录和台账各种数据的准确性是极为重要的。

1）做好原始记录。原始记录是节能管理的重要工作，是反映、表达能源及物料消耗的重要依据，也是分析、监督能源消耗的重要依据。要配备各种动能计量表和测试手段，建立能源及材料消耗的信息反馈制度，做到每炉有记录，每天有统计，每月有报表。发现问题及时采取措施，杜绝一切浪费，以获得更好的节能效果。

原始记录是能源统计的最初记录，例如燃料的购进、消耗、库存原始记录，蒸汽、压缩空气和电能消耗的原始记录等。原始记录不仅是台账、报表的基础，也是成本经济核算的基础。要真实记录各种能源计量的数值；填写数字要清晰，不得伪造数字；数据填报必须由主管负责人定期审核。

2）统计台账、报表。为了积累能源管理的历史资料和向上级部门呈报各种能源统计报表时提供内容，需要把各种能源统计报表（或原始记录）反映出来的有关资料加以科学地整理、计算、汇总，使之条理化、系统化、档案化，并采用一定的表格形式按时间顺序定期登记。

3）能源统计分析。能源统计分析是能源从进厂到终端消耗全过程的管理，是能源管理有关信息传递、反馈的主要方式，是企业领导在能源管理决策中的重要"参谋"和"助手"。

能源统计分析包含两方面内容：一是对历史资料和现状资料进行系统统计，包括对企业各类能源购进、消耗、库存进行分门别类的统计；二是对各种原始记录进行系统分析，以掌握企业各部门能源消耗情况，不断提高企业能源管理水平。

统计分析工作要求：统计工作必须具有及时性、准确性、实用性，而其最本质的要求是统一性。统计分析的统一性主要是指统一统计范围、统计指标、原始记录、表格和计算分析方法等。为实现统计分析的统一性，必须注意从体制、制度、人员上加以保证，设立专职或兼职统计人员，实行统一领导、分级负责的体制，从制度上明确各环节、各部门的统计内容、统计指标和报表汇总时间，各种能源报表由专职部门统一归口管理，在实践中逐步做到"五统一"：即对外各种能源消耗报表与工厂各种能源消耗台账统一；各车间（科室）能源消耗报表与车间内各消耗班组（机台）台账、原始记录统一；工厂各种能源消耗台账与各车间（科室）能源报表统一；各车间（科室）各种能源领用及使用量与供应部门、仓库的各种能源发放量以及财务部门的结算相统一；企业工厂热处理炉和站房耗量、有关产品产量（数量）与工厂内各相关部门数据统一。

4）指定专人作为能源管理员对热处理厂（或车间）的能源消耗、利用指标、消耗能源的设备负责管理，对合理利用能源的设施，以及热处理设备改造和更换状况等进行记录统计，定期向业务主管部门提出报告。

5.6 采用合同能源管理(EMC)模式节能

1. 合同能源管理（EMC）

它是一种新型的市场化节能机制。其实质就是以较少的能源费用来支付节能项目全部成本的节能投资方式，这种节能投资方式允许客户以分享未来的节能收益为回报来为工厂和设备升级，从而降低运行成本。

合同能源管理在国内外被广泛地称为 EMC（Energy Management Contracting），是 70 年代在西方发达国家开始发展起来的一种基于市场运作的全新的节能新机制。合同能源管理不是推销产品或技术，而是推销一种节能投资及服务管理。作为能耗大户的热处理行业，非常适合运用合同能源管理模式。

2. 合同能源管理模式节能应用实例

（1）空压机余热回收 国内耀皮玻璃公司有两个 15t 水箱为员工提供洗浴用水，每年制取洗浴热水的耗电量为 48.96 万 kW·h。

耀皮玻璃公司空压站房内共有 5 台 200kW 的阿特拉斯水冷螺杆式空气压缩机，并且有 3 台空气压缩机 24h 不间断运行。空气压缩机在长期、连续的运行过程中，要产生大量热能，最后以风冷或水冷的形式将废热浪费到环境中，对环境污染严重。据统计，空气压缩机在运行时只能将 15% 的电能转化为空气势能为生产所用，其余 85% 的电能都转化为热能，而 80%~82% 的电能通过空气压缩机冷却系统散失。若通过余热回收技术将其废热利用起来，可以达到节能减排的目的。

（2）使用效果 上海安锐节能技术有限公司对其中 2 台空气压缩机安装余热回收系统。2012 年 12 月 2 台空气压缩机余热回收系统正式投入运行，根据实际电表测量，全年（2012 年 12 月~2013 年 12 月）的用电量为 3.26 万 kW·h。

较 2012 年（未采用余热回收技术，1～12 月）全年用电量 48.96 万 kW·h，共节约的用电量为 45.7 万 kW·h，折合标煤为 137t，节能率高达 93.3%。

（3）经济效益　项目采用了节能效益分享合同能源管理模式。耀皮玻璃公司无须投入任何资金，前期工程全部由上海安锐节能技术有限公司投资建设。耀皮玻璃公司只需在项目完成后，每季度根据节约费用按比例支付给安锐节能技术有限公司一定金额，就能零风险享受节能成果，并且在一段时间后，投资设备的所有权也会完全转交给耀皮玻璃公司。

该项目于 2014 年申请通过上海市合同能源财政奖励。表 5-2 为 2013 年实际分享节能量。

表 5-2　2013 年实际分享节能量　　（单位：kW·h）

季度	1 季度	2 季度	3 季度	4 季度	合计
分享节能量	186771	99091	19336.8	151636.2	456835

上海安锐节能技术有限公司在 2013 年实际分享节能量为 456835kW·h，折合标煤 137t。

5.7　严格执行热处理能源利用等标准

热处理作为能源消耗大户之一，国家及行业对能源使用、管理十分重视，自新中国成立以来陆续出台了相关节能标准（见表 9-4）等。有关热处理能源利用的国家和行业标准，是热处理生产企业、热处理装备制造企业以及相关部门对能源使用、管理、考核的重要依据，因此必须认真执行。

1.　有关热处理节能技术的标准

GB/Z 18718《热处理节能技术导则》提出了热处理生产的主要节能途径与措施，并指出工艺节能简单易行、成本低、效果好；强调了质量好是最大节能措施的观念；提出了能源合理利用能实现节能的原则；强调了科学的能源管理的重要性。具体如下：①热处理节能途径；②提高热处理加热设备的负荷率和利用率；③采用节能热处理工艺措施；④提高电加热设备的热效率；⑤提高燃烧加热设备的热效率；⑥改善能源管理、合理组织生产。

2.　有关热处理合理用电的标准

GB/T 10201《热处理合理用电导则》对热处理用电、电热设备、工艺电耗以及电热设备的管理进行了规定。具体如下：①热处理用电基本要求；②热处理设备基本要求；③电加热设备热处理工艺能耗定额；④热处理电热设备的节能减排管理。

3.　热处理生产电耗定额、计算和测定方法的标准

GB/T 17358《热处理生产电耗计算和测定方法》规定了热处理生产电耗的

计算、测定以及各种热处理工艺的电耗定额，主要用于热处理生产企业的工艺能耗定额制订和实际能耗定额管理。

4. 热处理生产燃料消耗定额、计算和测定方法的标准

GB/T 19944《热处理生产燃料消耗定额及其计算和测定方法》规定了热处理生产燃料消耗的计算、测定以及各种热处理工艺的能耗定额，主要用于热处理生产企业的工艺能耗定额制订和实际能耗定额管理。

5. 热处理炉能耗分等的标准

JB/T 50162《热处理箱式、台车式电阻炉能耗分等》、JB/T 50163《热处理井式电阻炉能耗分等》、JB/T 50164《热处理电热浴炉能耗分等》、JB/T 50182《箱式多用热处理炉能耗分等》、JB/T 50183《传送式、震底式、推送式、滚筒式热处理连续电阻炉单耗分等》分别规定了各种热处理炉的能耗等级。标准中按技术先进程度用可比电耗指标将热处理炉分为三个等级，规定达不到三等水平的为等外品。

5.8 热处理节能教育、培训与严格合理的奖惩

热处理过程的节能潜力巨大，在实际生产中，操作工人、技术人员和管理人员的节能意识是实现节能的重要前提，他们是实现节能生产、提高生产效率的主体。这就要求热处理生产、技术和质量控制的管理人员必须具备强烈的责任心，具备一定的专业理论水平，熟悉本职业务，熟悉工作流程，并有一定的实践经验。因此，要积极地提高热处理人员的业务水平、操作水平及相关的工作意识，进行热处理节能的教育及培训，使每一位人员真正认识到节能、提高生产效率、降低成本、提高产品质量的重要性，并制定相关的节能、设备维护保养等管理制度，实行奖罚条例，统计和考核生产能耗，针对问题进行整改。

（1）节能教育 加强节能的宣传、教育工作，实行精益管理，倡导全员参与节能工作，努力营造"节能从点滴做起"的良好氛围。

节能教育培训内容如下：①国家、部、省的节能方针、政策、法规及标准；②企业的能源管理制度；③能源管理的基本知识和能源专业知识；④节能的主要途径；⑤国内外先进的节能经验和节能技术等。

（2）节能培训 企业可以举办节能培训班，或参加行业组织的节能培训班。这些培训包括：①观念培训。让员工了解节能的重要性，增强节能的责任感，把节能工作变成个人的自觉行动。②知识培训。进行热处理专业知识和新技术、新工艺的培训，以提高员工的专业素质。特别是要对车间的技术、管理、检验人员进行本职业务知识和新技术、新方法的培训，使他们掌握现代化企业管理的各种方法和手段。③技能培训。对一线操作人员进行工艺纪律、产品特性、设备操

作、材料使用、仪器仪表运用、操作方法的培训，提升他们的操作技能，以便在生产中能合理有效利用能源，以尽可能少的资源消耗，生产出优质产品。

根据培训对象、内容的不同，采用不同的培训方式，主要有：

1）短期培训班。参加者为短期脱产学习，教学内容比较系统，往往辅之一些参观活动，培训对象主要是从事能源管理人员及有关工程技术人员。

2）专题讲座。一般根据企业实际情况举办，例如，结合企业情况开展统计分析、节能规划工作，组织有关人员举办节能、测试技术方面的讲座以及能源审核等。

3）专业培训班。针对某一专题从理论到实际进行较为深入细致的讲授。例如，对于热处理炉的节能技术改造，可围绕该专题讲述有关基础理论知识、实际操作的具体要求，选择有代表性的热处理炉进行现场示范教学。

（3）严格考核　不管是任何形式的教育培训，都要注重效果，检验效果比较有效的办法是对教育培训工作进行认真的考核。合格者颁发结业证书，考核成绩记入本人档案，对成绩优异的要给予精神和物质奖励。

（4）建立考核指标和奖罚制度　要做好节能工作，除调动员工的自觉性外，还必须建立合理的奖罚制度，制订节能降耗考核标准，并严格执行，经过一段时间后进行必要的调整。

定额是开展节能的依据，没有定额就没有标准，就无法衡量消耗的多少。要根据热处理车间的实际情况，参照国家及行业可比能耗，制定出各种热处理炉、各种工序的每吨热处理件的动能及辅料消耗定额，并有效执行。制订的定额要兼顾技术条件和能达到的水平，做到切实可行，在一个计划统计期内可讨论修改。定额制订后，要根据执行情况进行考核，根据考核结果进行奖罚。

第6章 热处理生产的污染源

6.1 概论

热处理生产过程中，如不注意环保，将会产生和排放废气、粉尘、废渣、废水、噪声和电磁辐射等，这些污染物来自于热处理生产的加热、冷却、表面处理（如发黑）及热处理后的清洗、表面清理等各个工序。它们都会对作业场所和周围环境造成污染。

热处理污染主要是废气、废渣及废水污染，即"三废"污染。据粗略估算，如果全国每年热处理1亿t钢铁产量，将向大气排放的废气超过5000亿 m^3（标态）；化学热处理每年消耗的甲醇、丙烷、煤油等有机化合物超过30万t，其燃烧与分解产生烟尘、炭黑、C_mH_n 等；全国年消耗淬火和回火油约3万t，其中将近0.5万t会转化为 C_mH_n、烟尘和炭黑等，而其中1/3因老化而排放；盐浴热处理年消耗 $NaCl$、$BaCl_2$、$NaNO_3$、$NaNO_2$ 等中性盐5万t以上，氰盐、碳酸盐、氧化盐等活性盐5000t，共产生废渣约几万吨，每年盐浴蒸发的中性盐4050t，活性盐390t；干法喷砂每年要产生1万多吨的 SiO_2 粉尘等；另外，热处理生产过程中每年用水约3000万t，排放废水约1000万t，主要来自清洗液、发蓝处理（发黑）、磷化的废液等。因此，热处理生产过程中产生"三废"污染严重。

空气中有害物质是指空气中的粉尘、气体、烟雾等经由呼吸道或与皮肤、眼睛接触而有害于人体健康的物质。GB/T 27946《热处理工作场所空气中有害物质的限值》列出了热处理工作场所空气中的有害物质，见表6-1。

表 6-1 热处理工作场所空气中的有害物质（GB/T 27946）

有害物质	有害物质来源
氯、氯化氢及盐酸、钡及化合物、氟化物、氰化氢及氰化物	高、中温盐浴
二氧化氮、氯化氢及盐酸、氨、氢氧化钠、氢氧化钾、二氧化碳、二氧化硫、氰化氢及氰化物	等温、分级淬火和回火等低温盐浴、铝合金固溶时效盐浴
一氧化碳、氨、氰化氢及氰化物、甲醇、苯、甲苯、二甲苯、丙酮、二氧化硫、二甲基甲酰胺	气体渗碳、渗氮、碳氮共渗、氮碳共渗和可控气氛等

（续）

有害物质	有害物质来源
氢氧化钾、氢氧化钠、二氧化硫、三氯乙烯、盐酸、丙酮、苯、甲苯、二甲苯	清洗、发蓝处理等
油雾、二氧化氮、一氧化碳、二氧化碳、炭黑尘	渗碳、碳氮共渗的气氛及淬火、回火用油
二氧化碳、一氧化碳、二氧化硫、二氧化氮、炭黑尘	可控气氛或保护气氛炉产生的气体及燃料燃烧
气体及燃料燃烧总尘及呼吸性粉尘（包括但不限于浮动粒子炉的石墨粉尘、固体渗碳剂的炭粉尘、喷丸的铁粉、燃煤炉粉尘等）	喷丸和喷砂、流态粒子炉、固体渗碳、燃煤炉等

6.2 热处理生产中的污染物和来源

1. 热处理污染物及其分类

1）热处理废水按污染物成分可分为含油废水、含乳化液废水、含酸（碱）废水、含氰废水、含镀液废水、磷化（发黑）液等。

2）热处理大气污染物主要包括两大类：气溶胶状态污染物（如粉尘、烟、飞灰、黑烟、液滴、降尘、飘尘、雾、总悬浮颗粒等）和气体状态污染物（二氧化硫、氮氧化合物、一氧化碳、碳氢化合物及卤素化合物等）。

3）固体废物按其危害状况分为：有害废物和一般废物，热处理固体废物主要是盐浴废渣。

4）热处理工业噪声按声源可分为：气流噪声（如喷砂机、制氮机的排气、气动机构）、机械噪声（如空气压缩机、鼓风机）等。

5）感应热处理电源工作时产生的电磁辐射，如高频、中频、超高频、工频装置电磁辐射。

2. 热处理生产中的主要污染物及其来源

热处理生产中的主要污染物及其来源见表6-2。热处理生产过程对环境影响最大的是空气污染和水污染。

表6-2 热处理生产中的主要污染物及其来源

污染对象	来 源	污染物种类	热处理过程
对大气污染	燃料燃烧废气（含 SO_x、NO_x、CO、CO_2 等）	煤、油、液化气、天然气发生炉、煤气炉、加热炉燃烧废气	加热
	淬火冷却介质	淬火、回火、等温分级淬火油燃烧产生的 CO、C_mH_n 和烟尘等	淬火冷却
	盐蒸发物	$NaCl$、$BaCl_2$、HCN、KCN 等蒸发	盐浴热处理
	化学热处理气氛	CO_2、CO、NH_3、HCN 等	化学热处理
	粉尘	喷砂、喷丸粉尘	表面清理强化

（续）

污染对象	来　源	污染物种类	热处理过程
对水体污染	废油	报废淬火油	淬火
	含油清洗、漂洗液	化学清洗剂及油污等	清洗
	盐渣及废盐	$BaCl_2$、$NaCl$、NO^-、NO_2^-	淬火及表面处理
	化学污染物	发蓝处理（发黑）或磷化的废液	表面处理
噪声污染	鼓风机、空气压缩机、中频发电机、排风机、气氛制备、气动机构、喷砂机、喷丸机、气体燃料燃烧器、超声清洗机等设备运行	噪声	加热、淬火、表面清理、清洗等
电磁辐射污染	中频、高频、超音频及工频感应加热设备	电磁辐射波	感应加热

6.3　热处理对大气的污染

热处理产生的大气污染物主要有：煤燃烧烟尘、液体（如淬火油）和气体（如天然气、液化气、煤气、丙烷气）的燃烧废气、化学热处理废气、淬火油及化学热处理渗剂的蒸发物、盐浴蒸发物、清洗液和碱液蒸发物、喷砂和喷丸粉尘等，其中主要是工件在淬火时产生的油烟和淬火后残留在工件表面的淬火油在回火时所产生的油烟。

6.3.1　燃料的燃烧废气

热处理加热用燃料主要是指煤、油、煤气、液化气和天然气等。我国的热处理炉加热主要用电（约70%），但在冶金、铸造、锻造和重型机械行业，燃料炉数量还是较多，估计有近万台。铸件、锻件以及钢材轧制过程中的退火、正火处理，多数采用以煤、油及液化气做燃料的加热炉（如燃煤炉、燃气炉、燃油炉），年耗能量估计近千万吨标煤。热处理生产在消耗大量能源的同时，向大气排放大量的废气，如 NO_x、SO_x 和 CO，以及烟尘、炭黑等，造成大气污染。

我国不少中小型企业，特别是乡镇企业的铸、锻件的退火和正火处理，还经常在燃煤反射炉中进行，若以全国尚有 1000 台煤炉计算，每年排出近 3000t SO_2、1.7 万 t 灰尘、37 万 t CO_2。

6.3.2　气体化学热处理、保护加热及制备气氛的原料及排放物

在制备和使用吸（放）热式、氨分解和氨燃烧气氛时，由于燃烧不充分，以及管道、容器泄漏和炉子密封不良会使工作场地和周围环境的 NH_3 和 CO 等超标。同时，在此过程有机化合物如甲醇、丙烷、煤油等在炉内分解后会排出

CO_2、CO、NH_3、HCN 等有害有毒气体。

据粗略统计，化学热处理年消耗的甲醇约 27 万 t，丙烷约 1 万 t，煤油约 1000t，天然气约 $2.1 \times 10^7 m^3$（标态）。因化学热处理而每年向空气中排放千万立方米数量级的 CO_2、残 NH_3 甚至 HCN 废气。通常气体氮碳共渗排放的废气中 HCN 含量超过国家允许排放量的数千倍。渗氮时炉中的残余 NH_3，若直接排放，则严重污染操作环境；若将其燃烧，则形成 NO_x；若将其溶解水中随意排放，则污染水体。

6.3.3　淬火油和回火油蒸发油烟

大多数淬火油都是石油衍生产品，石油的典型化学成分包括脂肪族、环烷族和芳香族衍生物（烃类）以及氮氧硫的杂环衍生物，作为淬火用油，往往是在石蜡基原油精炼的基础油中添加光亮剂、抗氧化剂、催冷剂和活化剂等，所以淬火油成分比较复杂。

目前，热处理工件淬火时大量使用淬火油，工件在油中淬火冷却或在热油中回火过程中，油会蒸发、燃烧形成油气和油烟，产生大量的 C_mH_n、CO 和烟尘，严重污染工作场地和周围大气。据估算，全国年消耗淬火油、回火油约 3 万 t，其中约有 0.5 万 t 会转化为烟尘、C_mH_n 和炭黑等。油烟中含有大量的苯并芘等致癌物质，这些油烟排放到车间会对操作者健康造成危害，直接排放车间外会对大气环境造成污染。

6.3.4　盐浴蒸气

据估算全国有近 1.2 万台盐浴炉（主要用于工模具行业），其中约 90% 用于中性盐浴，其余用于渗碳、碳氮共渗、氮碳共渗、硫氮碳共渗盐浴，年消耗 NaCl、$BaCl_2$、$NaNO_3$、$NaNO_2$ 等中性盐约 5 万 t，尿素、碳酸盐、硼砂、氧化盐、氰盐等活性盐近 0.5 万 t。其中 8% 在使用过程中产生盐类蒸气挥发，按在平均 900℃ 下的挥发速度 $40mg/(cm^2 \cdot h)$ 计算，每年挥发出的蒸气量中，中性盐约为 4050t，活性盐 390t。活性盐及其反应产物中含有 HCl、HCN 剧毒及腐蚀性气体。

盐浴碳氮共渗也叫液体碳氮共渗。过去多用氰盐在 900℃ 以上渗碳，在 840~860℃ 可得到碳氮共渗效果。由于在加热过程中，氰盐蒸发，产生的盐渣均有剧毒性，故氰盐现使用量下降。

热处理用盐多为具有不同熔点的混合盐，按使用温度可粗分为高温、中温和低温加热用盐。在盐浴炉的加热过程中，盐浴会产生蒸发。高温盐浴炉的盐浴蒸发速度快，盐浴蒸气会对环境产生污染，不仅腐蚀钢铁，而且严重影响公众健康，尤其是含有毒 $BaCl_2$ 的蒸气。

6.3.5　清洗液和碱液的蒸发物

热处理清洗采用有机溶剂，如三氯乙烯、三氯乙烷、二氯甲烷、四氯乙烯、四氯化碳等时，工件可以达到很高的洁净度，但这些有机溶剂有毒性，易蒸发，对大气环境会产生二次污染。

现在我国热处理企业很少使用以上有机溶剂清洗剂，因此不必担心氟氯烃对大气臭氧层的影响。近年来，随着对热处理产品质量和环保的重视，使用无毒、不会泄漏的碳氢化合物真空清洗机企业逐渐增多。但当前使用最多的仍是热碱液清洗，其蒸发物尚未发现对环境有影响，但废液排放仍是值得注意的问题。

6.3.6　喷砂和喷丸粉尘

喷砂和喷丸主要用于热处理工件表面清理（除去氧化层及锈蚀）、表面强化。全国估计约有 5000 台喷砂设备用于机械行业的热处理，其中 70% 采用干法喷砂，即有 3500 台喷砂机每年要产生 1 万多吨 SiO_2 等粉尘。除部分粉尘可收集和沉淀外，大部分微尘散落在工作场地或成为浮尘散布到大气中，使操作者和附近居民受到硅肺病的威胁。湿法喷砂在很大程度上可减少浮尘，达到排放标准。

热处理企业大多采用喷丸机（抛丸机）进行表面清理与强化，工件喷丸（抛丸）过程中，若除尘不良或直接排放会产生较多含铁氧化物的粉尘（细微氧化皮粉尘），影响作业现场和周围大气环境。

6.3.7　酸洗液、发黑液的蒸发物

生产农机配件工厂和一些乡镇企业多使用廉价热轧带材、钢丝盘条作为制品原材料。为了清除这些材料以及一些锻造厂生产的锻件的氧化皮，采用热强酸（如硫酸、盐酸等）浸洗。如此就会使强腐蚀性气体散布到大气中，严重影响周围大气环境。

发蓝处理（发黑）、磷化用硫酸、盐酸、苛性碱等挥发物也会污染大气环境。

6.3.8　工件表面油脂的蒸发和燃烧产物

目前有较多企业因缺少清洗设备，或为降低加工成本，省略了工件热处理的前清洗、中间清洗工序，将机械加工后的工件直接装炉加热，使附着在工件表面的切削油脂蒸发和燃烧，导致大量油蒸气、烟气从炉子缝隙逸出，既污染了作业现场又影响了大气环境。工件加热入油淬火后，未经中间清洗直接入炉进行回火，也会产生大量的烟气，这是热处理产生废气的主要原因之一。

目前广泛采用的燃烧脱脂法，若工件未经过前清洗，处置不当，也会造成燃

烧产物的大量外泄，从而污染作业环境和大气环境。

6.3.9 泄漏的氨气和液化气等

热处理用氨气和液化气等，若管道、容器泄漏和炉子密封不严，会使工作场地和周围空气的 NH_3 和 CO 超过允许值。

热处理用丙烷、甲烷、丁烷、甲醇、一氧化碳等均为有害物质，若产生泄漏将产生有害气体，也将对生产场所及大气产生污染。

6.3.10 热处理排放的温室气体

二氧化碳、一氧化碳、甲烷、氯氟烃、臭氧等 30 多种气体，统称温室气体，这些气体会使地球产生温室效应，导致发生地面、地层、大气变暖，冰川溶化，陆地淹没等灾难性的环境问题。目前，各种温室气体中，CO_2 对温室效应的贡献约占 50%。

我国热处理生产多用电炉加热，因此排放的温室气体不多。冶金和重型机械制造企业燃料炉较多，且多用焦炉煤气和发生炉煤气。在各种气体燃料中，天然气燃烧产生的温室气体最少（见表6-3），加上燃料炉的能源利用率高，利用废热节能潜力大，因此在天然气来源充足时适当发展天然气燃烧炉，对节能减排十分有利。

表 6-3 各种燃料燃烧时排出的 CO_2 量

燃料	产生 10000kcal[①] 热时的 CO_2 排出量/kg	以天然气作为 100 时的指数	燃料	产生 10000kcal[①] 热时的 CO_2 排出量/kg	以天然气作为 100 时的指数
天然气	2.11	100	A 型重柴油	2.95	140
液化气	2.43	115	C 型重柴油	2.98	141
煤油	2.81	133	煤	3.98	189

① $1kcal = 4.186kJ$。

用电加热产生的温室气体虽然少，但在我国当前发电方式以煤电为主的条件下，大量用电总体上会增加温室气体的排放，电能的浪费更会雪上加霜。因此，节能和减排是密切相关的。

6.4 热处理对水体的污染

热处理生产过程中产生的废液主要有两个来源，一个是清洗用水，另一个是淬火冷却剂。热处理废液主要产生在清洗环节，清洗液中含有大量的机械加工切削油、淬火油、盐浴溶解物、淬火用碱液与盐液等。清洗液未经回收及无害化处理直接排放，将对水体造成严重污染。全国热处理生产过程中年排放废水约

1000 万 t。在淬火冷却剂造成的污染中，最严重的是淬火油的随意倾倒。据统计热处理用油约占金属加工用油的 5%～15%，其中有相当部分会排放到自然环境中，它们生态毒性高，使用中危害性大，在环境中生物降解性差，滞后时间长，会对水资源和土壤等自然环境造成污染，在一定程度上影响了生态环境和生态平衡。

6.4.1　淬火冷却介质的排放

目前我国热处理广泛采用油作为淬火冷却介质。淬火油会由工件带出并混入清洗液和漂洗水中，由于油水分离困难或效果不好，不少企业把带油的废水直接排放，因此对水体造成污染。在我国每年约使用的 3 万 t 淬火油中约有 1 万 t（占总量的 1/3）老化淬火油（失去冷却性能）要排出。这些油中带有含 Fe、Cr、Ni、Mn 等自工件表面脱落的氧化物，如果随意倾倒，也将对地表水体造成污染。

水和水基淬火冷却介质的排放物中也含有钢的合金成分（Cr、Ni、Mn、Mo 及 V 等）和盐浴等有害物质，尤其是剧毒性氰盐。不少工厂仍在使用的所谓无毒盐浴氮碳共渗工艺等，实际上只是原料无毒，反应产物中多少还含有氰化物（CN^-），应特别注意监测和控制其清洗用水的排放，应经无害化处理达标后排放。

以上淬火冷却介质废水会通过下水道、渗井汇入江河湖海、地下水体，如不严加管理会造成水体的严重污染。

6.4.2　清洗用水的排放

热处理清洗液和漂洗水不可避免地含有工件表面残留的油脂，在重复使用或排放前需要把水中的残油分离出来。当前仍有不少热处理企业只是简单分离后排放或直接排放。这些清洗废水都会通过下水道、渗井汇入江河湖海、地下水体，造成水体污染。

清洗液中也含有有害有毒残钡盐、氰盐、硝酸盐，如果不经回收、无害化处理而直接排放，将会造成水体的严重污染。

6.4.3　盐浴废水的排放

热处理盐浴用氰盐和钡盐剧毒，国家禁止或限制使用，但当前还不能完全禁止，在工具行业仍广泛采用高温钡盐浴炉。工件自盐浴中带出的 $BaCl_2$、SO_4^{2-}、NO_3^-、Cl^-、CN^- 等有害和剧毒物质，如未经无害化处理直接排放，将造成水体的严重污染。尤其是氰盐，即使其 CN^- 浓度降低到 2%～3%（质量分数）程度，其废水也得经无害化处理达标才能排放。

使用氰盐的热处理有盐浴渗碳、碳氮共渗。锉刀、手工锯条在氰盐浴中处理后质量非常好，目前在乡镇和城市远郊还有使用氰盐渗碳、碳氮共渗的。使用氰盐时若通风不良，或抽风管道抽出的废气未通过处理直接排向大气，含氰气体中的 HCN 对周围环境将产生严重污染。氰盐热处理的剩余物料包括盐渣和废水未经无害化处理排放，或者储存不良，都会产生严重污染。

6.4.4 发黑、磷化液的排放

1. 发黑液及其排放

目前有发黑工序的厂家较多，且多在城市郊区的农村，这些厂家规模小，设备落后，发黑过程中的废液被随意排放，严重污染地下水体。

传统碱性发黑液一般用氢氧化钠（NaOH）、亚硝酸钠（$NaNO_2$）、硝酸钠（$NaNO_3$）等配制而成，工艺过程需在 140℃ 以上加热发黑 30～90min，再加热皂化、清洗、上油等，碱性发黑不仅能耗大、生产周期长，而且所用亚硝酸盐对人体健康造成危害，还存在环境污染等问题。发黑过程中的清洗废液含有大量的亚硝酸钠。亚硝酸钠是一种有毒化学品，误食 0.2～0.5g 即可中毒，致死量仅为 3g。

2. 发黑液及其排放

传统发黑采用低温碱性煮黑工艺，该工艺需经过脱脂→水洗→酸洗除锈→水洗→发黑→水洗→皂化→上油等工序，通常将工件置于含有 $NaNO_2$ 及 $NaNO_3$ 的氢氧化钠溶液煮沸而成。该方法耗能高，生产环境恶劣，污染严重，特别是亚硝酸化合物的致癌作用直接对人体构成危害。发黑残液未经处理直接排放，会造成水体的污染。

3. 磷化液及其排放

钢铁磷化工艺流程：化学脱脂→热水洗→冷水洗→酸洗→冷水洗→磷化处理→冷水洗→磷化后处理→冷水洗→去离子水洗→干燥。磷化过程中使用的亚硝酸钠、硫酸、磷化液等随意排放，会对环境产生污染。工件经过脱脂、磷化、冲洗等工序处理，将产生大量工业废水，这些废水未经无害化处理随意排放，也将污染水体。

6.4.5 盐浴废渣的排放

目前，全国仍然在大量使用盐浴炉。热处理盐浴脱氧捞出的废渣和残盐，以及淬火油槽底部沉积的含金属氧化皮的油泥，若未处理和排放不当，都将产生污染。中性盐中的 $BaCl_2$ 有毒，全国热处理企业年消耗的 $BaCl_2$ 估计有几万吨，如不经无害化处理任意倾倒和埋藏，遇水时溶解，将会造成水体和地下水污染。渗碳、碳氮共渗、氮碳共渗盐浴废渣、废盐都含剧毒氰化物（CN^-），全国每年积存的废盐、废渣估计有数千吨，其中含氰化物达数十吨，不经处理随意排放危害极大。

高温盐浴炉一般采用100%氯化钡（$BaCl_2$）作为盐浴成分。氯化钡是剧毒品，盐浴炉产生的盐渣也是有毒物质，$BaCl_2$极易溶于水，若企业对盐渣储存、管理、处置不当，仍会有一部分流失造成地下水污染。

用作高温或中温加热、等温或分级淬火及回火的中性盐浴炉仍在使用。这些盐浴炉所使用的盐在中、高温下长期加热，部分蒸发为盐蒸气散发到大气中，其余变成有毒盐（渣）。未经处理的盐渣和废盐随意放置和埋藏，遇水溶解，将会造成水体污染。

等温盐浴槽中使用的硝酸盐和亚硝酸盐，年消耗量不亚于中性盐，加热后同样产生腐蚀性、有毒性气体及盐渣，污染空气和水体，因此必须予以重视。

6.5　热处理噪声污染

与机械工业的其他行业相比，热处理生产的噪声虽不算严重，但也有不容易忽视的噪声来源，如气体燃料燃烧器、空气压缩机、鼓风机、水泵、排烟机、加热炉用大功率循环风扇电动机、机械式真空泵、喷砂与喷丸机、超声波清洗机等。其中以气体燃料燃烧器、空气压缩机、机械式真空泵等影响最大，其噪声声强大、持续时间长，经常使作业场地噪声达到90dB（A）左右。气动装置是间歇式噪声源，但有时会达到100dB（A）或以上。过度和持续的噪声至少会影响现场操作者的健康。

喷砂机、喷丸机（抛丸机）的噪声约110dB，加热炉的气体燃料燃烧器、高速燃烧嘴的噪声为110～120dB，中频发电机噪声为110～120dB，真空泵、通风机、压缩空气机的噪声为85～100dB，超声波清洗设备的噪声约90dB，都超出相关噪声排放标准（GB 12348《工业企业厂界环境噪声排放标准》）的规定。

6.6　热处理电磁辐射污染

电磁辐射主要来源于感应加热装置的电源。工件在感应加热时，在感应器周围空间产生交变磁场，该交变磁场的能量除用于工件加热外，还有一部分以电磁波的形式向周围空间辐射，对人体产生一定危害。人长期在强电磁场下工作，体温和皮肤温度升高，心血管和自主神经系统也会出现机能障碍。在射频范围工作的高频电源还会对电信、广播产生干扰。

全国现有用于热处理的高中频、超音频感应电源5万台以上，其频率范围为250～8000Hz、$(2 \times 10^4) \sim 10^5$Hz、$(2 \times 10^5) \sim (5 \times 10^5)$Hz、$1 \times 10^6$Hz或以上。

电子管与晶体管高、中频电源功率为 5~500kW，发电机和晶闸管逆变器功率为 15~1000kW。由于国家对高频电磁辐射有较严格的规定，高频设备必须采取屏蔽措施，因此未造成明显危害，但现场操作人员必须严格执行有关操作规程，否则将对其健康产生不良的影响。

6.7 淬火冷却介质的碳和二氧化碳排放量的估算

1. 淬火油的碳和二氧化碳排放量估算

每消耗 1t 淬火油的碳排放量 [t(C)/t] 和二氧化碳排放量 [t(CO$_2$)/t] 估算如下。

淬火油是混合物，取平均质量分数的 C$_{25}$H$_{52}$ 为例来进行计算，碳占到整个分子量的 $25 \times 12/(25 \times 12 + 52 \times 1) = 0.85$。若所消耗的油中有 1/2 是通过淬火过程及回火过程的燃烧（其余通过清洗去除表面残留）消耗掉的，则消耗 1t 淬火油所产生的碳排放量会有 $1t \times 0.5 \times 0.85 = 0.43t$。若燃烧产物中，CO 和 CO$_2$ 各占 1/2，则消耗 1t 淬火油所排放的 CO$_2$ 量为 $0.43t \times [(12 + 16 \times 2)/12] \times 0.5 = 0.78t$。

以上是针对在使用中的消耗来计算的，若要估计全国的排放量，则要考虑有不少油是通过更换而消耗的。对此，可做如下估计，一般淬火油的添加量只是第一次添加量的十分之一，若淬火油的平均寿命按照 5 年计算，则其使用中的消耗量约占整体消耗量 1/3，因此，整体消耗量可再除以此系数。

2. 聚合物（PAG）水溶液的碳和二氧化碳排放量估算

每消耗 1t 聚合物水溶液的碳排放量 [t(C)/t(PAG)] 和二氧化碳排放量 [t(CO$_2$)/t(PAG)] 估算：PAG 的分子结构如下

$$\left[(CH_2CH_2O)_n (CH_2CHO)_m \right]$$
$$\underset{CH_3}{|}$$

碳在整个分子中的比例是：若取 $n = m$，则碳的比重为 $12 \times 5/(12 \times 5 + 1 \times 6 + 16 \times 3) = 0.52$。若假定有 1/2 碳是在淬火冷却和回火过程中烧掉的，则 1t 聚合物水溶液的碳排放为 $1t \times 0.5 \times 0.52 = 0.26t$。若 CO 和 CO$_2$ 各占 1/2，则 CO$_2$ 的排放量应该为 $0.26t \times [(12 + 16 \times 2)/12)] \times 0.5 = 0.47t$。

同样地，以上是针对在使用中的消耗来计算的。若要估计当年全国的排放量，则要考虑有不少聚合物水溶液是通过更换而消耗的。对此，可做如下估计，一般聚合物水溶液的添加量只是第一次配液量的 1/2，若聚合物水溶液的平均寿命按照 2 年计算，则其使用中的消耗量约占整体消耗量 1/2，因此，整体消耗量可再除以此系数。

第7章 热处理污染的预防

7.1 概论

热处理生产在消耗大量能源的同时，在生产过程中可能产生、排出的废气、废水、废渣、粉尘、噪声和电磁辐射，对作业场所和周围大气、水体、土壤、生态等会产生一定的影响。

热处理污染防治的重点在于预防，预防是根本。与热处理污染的治理相比，热处理污染的预防更具有现实意义。其内涵是广泛采用清洁热处理技术、装备、工艺材料，实现清洁热处理生产。

清洁热处理生产强调从"节能减排"出发，选择最佳的零件材料和合理的热处理技术要求，编制正确的热处理工艺，选用节能环保的热处理装备和工艺材料，做好热处理生产过程的全面质量管理，既要确保零件热处理后获得所需要的性能，又要降低能耗和减少生产过程中的污染，以达到保护环境的目的。

对于不得已产生的有害物也必须采用先进的无害化处理方法，使其达到国家规定的环保（安全）标准。

目前，我国热处理工艺装备水平与工业发达国家相比仍有较大的差距，生产效率低、能耗大、成本高，以及污染严重的局面还没有根本扭转，因此大力发展先进的热处理新技术、新工艺、新材料、新装备，用高新技术改造传统的热处理技术与装备，实现"优质、高效、节能、低碳、低污染、低成本、专业化"的目标更具有现实意义。

国外先进热处理技术主要标志为：少无污染，少无畸变，少无分散，少无浪费，少无氧化，少无脱碳，少无废品和少无人工。

属于少无氧化的热处理技术主要包括应用气氛、真空、感应、流态粒子、盐浴、激光束、电子束、离子束、涂层、包装等热处理技术。

离子渗硼不可使用剧毒的 B_2H_6（乙硼烷）。盐浴不可使用受热要分解产生氰根的黄血盐和赤血盐。含碳酸盐的盐浴不可使用尿素或缩二脲，因为它会反应生成氰酸盐，之后分解为氰盐。

美国热处理技术 2020 年发展路线图中心是围绕"节能降耗，减少污染，提高产品质量"主题，其包括以下内容：

1）到 2020 年实现热处理生产零污染。具体措施有：清洁热处理工艺材料的应用，清洁无污染清洗技术、真空（低压）热处理技术、强烈水淬和高压气淬技术的应用等。

2）环境部分的研发项目主要有 6 项，具体项目见表 1-7。

7.2 采用清洁的热处理技术

热处理生产过程中，如不注意环境保护，将会产生废气、废水、废盐、粉尘、噪声、电磁辐射而污染环境。热处理生产首先应采用清洁热处理技术。清洁热处理技术包括真空热处理、感应热处理、电子束热处理、激光热处理、真空清洗、高压气淬等。

7.2.1 感应热处理技术

感应加热速度快，能提高金属材料的相变温度（$50 \sim 100 ℃$），加速奥氏体转变过程，有利于材料晶粒细化。在淬火后表面得到细小的马氏体组织，表面硬度比一般淬火高 $2 \sim 3HRC$，从而提高零件的耐磨性；可以得到较小的热处理畸变；加工零件表面无氧化脱碳；生产效率高；节省能源。零件加热后可实施空冷、喷水及喷环保要求的聚合物水溶液进行冷却，因此其加热和冷却过程都对环境没有污染，属于清洁热处理技术。

（1）感应热处理特点 与传统热处理相比，感应热处理的特点见表 2-71。

（2）先进环保的感应热处理技术 见表 7-1。

表 7-1 先进环保的感应热处理技术

技术名称	内容	工艺特点
双频感应加热技术	双频感应加热技术常用于齿轮淬火。用中频电流预热齿轮齿沟部分，随后即用高频电流加热齿顶部分，得到沿齿廓分布的淬硬层。可实现同时加热和扫描加热	1）加热速度快、时间短，获得细小显微组织，残留奥氏体数量较少，淬火时表层产生的压应力对提高硬度和疲劳性能有利 2）可得到更好的仿形淬硬层，对提高齿轮疲劳强度、减小淬火畸变等有利 3）加热时间短，效率高，降低成本，无污染
同时双频感应加热技术	在一个感应圈上同时供给中频和高频能量，两种频率的振幅能够独立控制，同时能调整两种频率的输出份额，齿面淬硬程度优于齿根和齿顶	1）能实现加速奥氏体化，具有热处理质量高和畸变小的优点，加热时间短，奥氏体晶粒细小 2）增加处理部件的表面残余压应力 3）加热速度快，效率高，降低成本，无污染

(续)

技术名称	内容	工艺特点
高频感应电阻加热淬火技术	把工件要淬硬的部分作为感应器导体回路的一部分,用高频电流对工件表面同时感应加热和电阻加热,实现表面淬火	1)功率密度高、加热速度快、畸变小、淬硬层浅、无污染 2)不需淬火冷却介质、真空室等,无需发黑
超高频脉冲电流感应淬火技术	使用 $20 \sim 30MHz$ 的高频脉冲,通过感应圈在毫秒级极短时间内使工件表面急速加热到淬火温度,然后自冷淬火	1)具有高硬度、高耐磨性、良好的韧性和疲劳强度,以及微畸变等特点 2)设备投资少,维修简单,节能环保
保护气氛感应淬火技术	感应加热时通入保护气氛(如 N_2 等)	可以满足更高的表面质量要求,减少加工余量,无污染
感应加热回火技术	利用感应加热传导到淬火层以外的、淬火冷却时未全部带走残留下来的热量实现短时间回火	具有高效节能,并在许多情况下(如对高碳高合金钢)可避免淬火开裂,同时因已经确定各工艺参数而可大批量生产等优点,经济效益显著,同时无污染

7.2.2 保护气氛热处理技术

此类热处理工艺首推在保护气氛中的加热退火、正火、淬火及回火。在还原性气氛 H_2、中性气氛 N_2、惰性气体 He 和 Ar 中加热,排出的气体无毒、无化学活性、不污染环境,而且还可以实现少无氧化加热,使金属材料和工件保持光洁或光亮表面,节省工件材料损耗。表 7-2 所列为各种热处理基本工艺所用的保护气氛。

表 7-2 钢材和钢件退火、正火、淬火和回火使用的保护气氛

热处理基本工艺	工艺规范	保护气氛种类		适用材料
		种类	露点/℃	
退火	$50 \sim 880℃$,炉冷	H_2	-60	不锈钢
正火	$800 \sim 900℃$,空冷	25%(体积分数)N_2 +75%(体积分数)H_2	-60	碳素钢、低中合金钢、模具钢
		N_2	-60	碳素钢、低合金钢、模具钢
		He	-60	含钛不锈钢、钛合金
		Ar	-60	高温合金、含钛不锈钢、钛合金
		放热式气氛(NX)	$-40,CO/CO_2 >2$(体积比)	碳素钢、低合金结构钢
奥氏体化淬火	$750 \sim 880℃$(结构钢)$900 \sim 1100℃$(工模具钢)$1200 \sim 1280℃$(高速钢)以上采用水冷或油冷	25%(体积分数)N_2 +75%(体积分数)H_2	-60	不锈钢固溶处理
		N_2	-60	碳素钢、合金结构钢、工模具钢、高速钢
		放热式气氛(NX)	$-40,CO/CO_2 >2$(体积比)	碳素钢、合金结构钢
		吸热式气氛(RX)	$0 \sim 5$	合金结构钢、工模具钢

（续）

热处理基本工艺	工艺规范	保护气氛种类		适用材料
		种类	露点/℃	
回火	500~680℃,空冷	N_2	-60	碳素钢、合金结构钢、工模具钢、高速钢
		经净化放热式气氛	$-40,CO/CO_2>2$（体积比）,$H_2<5\%$（体积分数）,$CO<5\%$（体积分数）	碳素钢、合金结构钢

保护气氛用于调质生产线，炉内碳势 $w(C)$ 控制精度达到 ±0.03%，保证了零件淬火后的表面质量。如高强度螺栓保护气氛加热，聚合物水溶液淬火，不仅解决了淬油不硬，淬水开裂问题，而且清洁环保。

7.2.3 可控气氛热处理技术

2005 年国家发展和改革委员会发布的《产业结构调整指导目录（2005 年本）》第一类鼓励类的机械类中，第 20 项为"可控气氛及大型真空热处理技术开发及设备制造"。

所谓可控气氛，是成分可控制在预定范围内的炉中气体混合物。采用可控气氛的目的是为了有效地进行渗碳、碳氮共渗等化学热处理以及防止钢件加热时的氧化、脱碳。

可控气氛热处理的应用及普及程度是衡量热处理生产技术先进水平的重要标志。在生产中，少品种、大批量的生产，尤其是碳钢和一般合金结构钢的光亮热处理、渗碳淬火、碳氮共渗淬火及气体氮碳共渗等化学热处理，多采取以应用可控气氛为主要工艺的热处理手段。在一些生产技术较为发达的国家，采用保护气氛进行光亮热处理的企业比重基本上接近 50% 以上。近二十年前，日本利用吸热式气氛渗碳淬火的企业已占企业总数的 66.7%，营业额占 29.9%。

由于碳势控制技术的迅速发展和计算机的普及，可控气氛热处理已成为防止金属加热时氧化脱碳，实现可控化学热处理和光亮热处理、提高零件使用寿命的有效方法。根据气源制备的方法，可控气氛大致分为表 7-3 所列几种。

表 7-3 可控气氛热处理的种类及特点

种类	特点	用途
吸热式可控气氛	吸热式可控气氛(RX)是将燃料气按一定比例与空气混合通入发生器，通过催化作用和外部供热，经吸热反应制成的气氛	可用于各种碳含量的碳钢和一般合金钢的无氧化、无脱碳热处理，也可用作渗碳或碳氮共渗的载气，用作粉末冶金、烧结或工件钎焊时的保护气体等
放热式可控气氛	放热式可控气氛(NX)是将燃料气(天然气、丙烷等)按一定比例与空气混合，经放热燃烧而制成的气氛，具有成本低，操作较为简单，对原料气要求不高，适用范围较广等特点	可用于防止氧化的保护气体，而不能作为防止脱碳的气体。适用于低碳钢的光亮退火、正火和回火等

（续）

种类	特点	用途
滴注式可控气氛	滴注式可控气氛又称液体制备气氛,它是用液体有机化合物直接滴入已加热的热处理炉内裂解形成的气氛,或者先滴入另一裂解炉内产生气氛后再通入热处理炉中实现可控气氛的光亮淬火、渗碳和碳氮共渗等	以甲醇为主的滴注式可控气氛,因其气氛碳势可控,渗速快,操作方便,在渗碳、碳氮共渗等化学热处理中应用较为广泛
氮基可控气氛	常用氮基可控气氛是一种由工业氮气添加其他气体制备产生的气氛。它是一种节约能源和渗剂、安全环保、成本低廉、气源丰富和适用面广的热处理气氛	用于退火、正火、淬火的保护气氛,以及渗碳、渗氮等化学热处理的载气
直生式可控气氛	直生式可控气氛是将原料气体或液体和空气直接通入工作炉内,直接生成保护气氛或渗碳气氛。其燃料消耗少,与平衡气氛相比节约75%~94%,降低成本,减少污染。无需气氛发生器、制氮机等配套设备,设备投资少,可缩短渗碳周期20%左右	可用于渗碳、碳氮共渗,以及保护气氛热处理等

7.2.4 真空热处理技术

真空加热不仅能够防止工件的氧化、脱碳和元素贫化,而且有脱脂、脱气、净化表面、畸变少、无公害的特点。用环保清洁真空加热淬火取代高污染高温盐浴加热淬火已经成为发展方向。另外,工件还可以在真空中进行低压渗碳、渗氮等,而且在真空渗碳或碳氮共渗以后进行高压气淬,不仅能缩短工艺周期,还能获得优异的性能,是理想的自动化、柔性化和清洁热处理技术,可以代替可控气氛热处理。以真空热处理为主导的节能、环保型的清洁热处理已经成为当今热处理的发展方向之一。

表7-4 所列为真空热处理工艺及其特点。

表 7-4 真空热处理工艺及其特点

工艺种类	工艺规范	介质	工艺特点
真空退火	0.001~1Pa 800~1000℃	抽真空到规定真空度后加热,或先抽真空后通 N_2、He、Ar 实行对流加热	对流加热快,且可避免钢中合金元素蒸发
真空奥氏体化淬火	0.01~1Pa 780~1200℃	抽真空通惰性气体对流加热,用油或高压惰性气体淬火	工件表面质量好,表面无氧化、脱碳,淬火畸变小;可部分取代盐浴炉
低压渗碳	10~100Pa 900~1050℃	1)通入丙烷(C_3H_8),纯度>96%(体积分数) 2)通入乙炔(C_2H_2)(Ipsen Avac 渗碳法)	1)渗碳介质分解快,分解率高,渗透性强,宜用于盲孔内壁渗碳 2)低压真空高温渗碳(980~1050℃),可缩短工艺周期50%

（续）

工艺种类	工艺规范	介质	工艺特点
低压离子渗碳	真空压力 10～100Pa，渗碳温度 900～980℃，在 500～1000V 电场中渗碳，工件为负极	甲烷、丙烷、乙炔	具有低压渗碳优点，甲烷易于分解，渗速更快，渗碳质量好
真空气体分级淬火	分级温度可设置在 180～200℃，提供等温停留，使工件进行自回火	高压 N_2、He、Ar 气体	可取消淬火后的一般回火工序，降低能耗

7.2.5　离子化学热处理技术

热处理常用的离子渗碳和离子渗氮是真空热处理技术之一，与常规的化学热处理相比，其特点是渗速快、工件畸变小、易控制，热效率高、节约能源，而且无烟雾、废气污染。离子化学热处理，如离子渗氮、离子氮碳共渗、离子渗碳、离子碳氮共渗以及离子渗金属等均属于清洁热处理技术。

（1）离子渗氮　其是以真空处理为基础的高精度热化学扩散处理，避免了盐浴渗氮的氰盐毒害，解决了气体渗氮生产周期长、渗层脆性大的问题，与常规化学热处理相比，还具有畸变小、渗层易控制、渗速快、损耗少、无公害、易实现批量生产等优点。扩大了离子渗氮应用范围的复合处理技术有离子渗氮 + 发蓝处理、离子渗氮 + 电刷镀处理、离子渗氮 + 激光热处理等。

（2）离子氮碳共渗　离子氮碳共渗比离子渗氮工艺周期还要短，容易形成硬度较高、耐磨性好的 ε 化合物层，无污染，属于清洁热处理技术。

（3）活性屏离子渗氮技术　可以进行混合装料和密集装料，装炉量更大，工件质量与生产效率大幅度提高。经过对比测算，与传统的气体渗氮相比，活性屏离子渗氮工艺可节约电能20%以上，NH_3 消耗降低90%以上。该工艺与设备没有任何废气、废水排放，噪声远低于国家标准，是真正的"高效、清洁、节能环保"热处理设备与工艺；可处理不同的钢、功能合金等材料，使其获得高的表面硬度、高的抗疲劳性能和良好的耐磨耐蚀性能；2013 年已列入《工业和信息化部节能机电设备（产品）推荐目录（第四批）》中的热处理节能装备。

7.2.6　激光束、电子束、离子束、太阳能热处理技术

激光束、电子束、离子束、太阳能热处理均属于高能束热处理技术，也属于清洁热处理技术。

（1）激光束热处理技术　它包括激光淬火（激光相变硬化）、激光熔覆、激光表面合金化、激光冲击强化等技术，是利用高能束对工件表面的快速加热作用实现工件表面改性热处理。常用的是激光淬火，具体见 2.4.8 节内容。

（2）电子束热处理技术　与传统工艺相比，电子束热处理技术具有加热功率大、加热时间短、工件畸变小且不易被氧化、能量利用率高、成本低、节能、不使用液态淬冷剂、不产生污染物、可控性好等优点。具体见 2.4.9 节内容。

（3）离子束热处理技术　它是以高速脉动离子束在金属表面层几个微米厚度内实现快速熔化和凝固，以提高其耐磨性和耐蚀性，改善金属制件表面状态，提高表面纯净度、均匀性和整体连续性的表面热处理。其优点是不改变金属表面化学成分，能使工件尺寸无明显变化，不需化学用剂，也不会产生有害气体；加热、冷却速度快。经离子束热处理后，AISI 01 工具钢（相当于 CrWMn 钢）表面硬度为 900HK，销钉圆盘耐磨性提高 200%；AISI H13 钢切边模寿命提高 10 倍；AISI M2 钢（W6Mo5Cr4V2 高速钢）切刀寿命明显增加，硬质合金轧辊和钻头寿命提高 500%。

（4）太阳能热处理　它是聚焦太阳能加热工件的新技术。因其利用一种取之不尽用之不竭的清洁能源，太阳能热处理已被世界各国所重视。太阳能热处理不仅可以 100% 节约能源、降低成本、提高性能，而且可以达到保护环境的目的，该技术是一种清洁热处理技术，目前已经用于工具钢等表面加热淬火。

7.2.7　金属镀层技术

刷镀技术、热喷涂技术、离子镀渗技术、化学镀镍-磷合金均属于清洁的表面改性技术。

（1）刷镀技术　刷镀又称电刷镀或选择性电镀，它是从槽镀技术发展起来的，其原理与电镀原理基本相同，也是电化学反应。但不同的是，刷镀是不用镀槽而用浸有镀液的镀笔以一定的相对运动速度在工件表面上移动，通过电解而获得镀层的电镀过程。刷镀工艺操作简单，生产效率高；成本低，经济效益显著；生产过程环保，无污染。具体见 2.3.5 节内容。

（2）热喷涂技术　热喷涂又称热喷镀，其是利用某种热源将涂层材料加热到熔融或半熔融状态，并用热源自身的动力或外加高速气流使其雾化、喷射、沉积到经过预处理的工件表面而形成附着牢固的表面涂层的方法。热喷涂按加热热源可分为火焰喷涂、电弧喷涂、等离子喷涂、激光喷涂和电热热源喷涂等。热喷涂技术在生产应用中，不使用化学溶液，无废物处理，是目前在部分情况下代替有污染的电镀硬铬的一种表面改性技术。

（3）化学镀镍-磷合金　化学镀镍是一种不需要外加直流电源，在金属表面的自催化作用下经控制化学还原法进行的金属沉积过程。与电镀镍相比，其生产过程中废水少，镍离子浓度一般只有 $4 \sim 6g/L$，镀液中使用的是以食品添加剂为主的络合剂，不添加铅、镉、汞、六价铬等有害物质。因此，化学镀镍-磷合金是一种节能、环保型新技术。具体见 2.3.5 节内容。

7.2.8 水-空交替双介质淬火冷却技术

水与空气是冷却能力差异大、对环境均无污染和使用成本最低的两种淬火冷却介质。从理论上讲，通过两种介质的交替冷却可以获得介于水与空气之间的任何冷却速度。通过计算机模拟确定工艺，并采用计算机控制下的淬火冷却设备，可以实现水-空交替淬火。该淬火工艺可避免工件开裂，能取代油、硝盐等淬火，现已成功地应用于热处理生产中，具有环境友好与介质成本低的优点，是一种极有前途的清洁淬火技术。

（1）水-空交替双介质淬火（控时淬火）冷却技术（ATQ）机理 图7-1所示是工件的表层、次表层和心部在水与空气为介质的交替双介质淬火冷却过程中的冷却曲线。淬火冷却分三个阶段进行。在预冷阶段，工件采取空冷的方式缓慢冷却，直到工件表面冷却到 A_1 以上或以下的某一温度区间，其结果是减少了工件的热容量，加速了第二阶段的冷却效果。在水-空交替淬火冷却阶段，采用快冷（水冷）与慢冷（空冷）交替的方式进行冷却，工件在第1次水淬过程中，其表层快冷到 Ms 以下某一温度并保持一定时间后，获得部分马氏体；工件在第1次空冷过程中，次表层的热量传向表层，使表层的温度升高，结果是表层刚刚转变的马氏体发生自回火使表层的韧性和应力状态得到调整，避免了表层马氏体组织产生开裂。然后再重复水与空气的交替淬火过程，直到工件某一部分的温度或组织达到要求。完成后，将工件放置在空气中自然冷却，直到工件的心部温度低于某一值后进行回火。

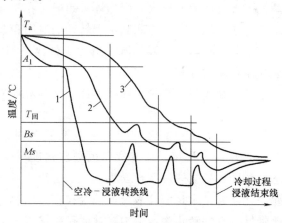

图7-1 水-空交替双介质淬火冷却过程中各部位冷却曲线示意

1—表层冷却曲线 2—次表层冷却曲线 3—心部冷却曲线

注：T_a——奥氏体化温度；A_1——共析温度；$T_回$——回火温度；

Bs——贝氏体转变开始温度；Ms——马氏体转变开始温度。

上海交通大学将此方法成功用于大型的塑料模具锻坯、长轴锻件和船用曲轴锻件等产品的热处理，既解决了传统工艺带来的畸变、开裂、性能低的问题，又达到节能减排的目的。

（2）水-空交替双介质淬火冷却技术（ATQ）应用实例　见表7-5。

表7-5　水-空交替双介质淬火冷却技术（ATQ）应用实例

序号	应用
1	P20钢（相当于3Cr2Mo钢），调质后用于制作塑料模具，单件重20t，要求断面硬度28～36HRC，硬度差5HRC，采用常规油淬处理断面尺寸小，采用水淬产生开裂。采用ATQ技术后，处理的断面尺寸由小于150mm（油淬）提高到400mm
2	42CrMo钢轴类件，外形尺寸（ϕ300～ϕ500）mm×（4000～7000）mm，常规油淬后力学性能达不到要求，水淬产生开裂。采用ATQ技术淬火后，不但力学性能满足要求，而且避免了开裂
3	42CrMo4钢船用曲轴，长度4000～6500mm，主轴直径ϕ200～ϕ350mm，单件重量5t，要求淬火回火后主轴径半径1/2处的力学性能达到技术要求。采用传统"水淬＋油冷"或"水淬＋PAG水溶液冷却"方式淬火冷却，结果是力学性能与开裂成为一对矛盾体，往往是性能达到要求时产生开裂的比率大幅度提高。采用ATQ技术淬火后，曲轴力学性能达到要求，曲轴也无开裂产生，同时淬火后不需要矫形即可进行机加工

7.2.9　强烈淬火技术

1. 强烈淬火及其机理

乌克兰科学家在1992年研究开发出一种可避免开裂、减少畸变的钢件强烈淬火技术。强烈淬火用水或低浓度盐水。强烈淬火是通过在淬火过程中控制工件表层和心部的冷却速度和冷却温度来控制其组织转变的时间和数量，以使工件获得所需要的组织和应力分布状态。这样，既可避免工件淬裂和发生过大的畸变，又提高工件的力学性能和使用寿命。在许多情况下，强烈淬火技术还有节能、高效、环保等效果。由于以水代油，减少了油品消耗和油淬对环境的污染，并显著降低了生产成本。

在强烈淬火条件下，马氏体转变区的冷速大于30℃/s时，钢件表面层过冷奥氏体受到1200MPa的压应力作用，使淬火钢的屈服强度至少提高25%。根据淬火过程的非稳态热传导和相变热过程数学模型以及合理边界条件下的弹塑性变形规律，用有限元法计算的结果是钢件表层的残余拉应力随冷速的增加逐步达到极大值，然后迅速降低，直到转化为压应力。此时产生淬火裂纹的概率极小，零件的畸变也随之减小。

Y7A钢（相当于T7A钢）试样在油、$w(CaCl_2)$为50%的水溶液和$CaCl_2$溶液＋液氮中淬火后经360～370℃回火2h的力学性能，和60C2A钢（质量分数0.58%～0.63%C，0.6%～0.9%Mn，1.6%～2.0%Si，0.3%Cr）试样在上列

介质中淬火后经460℃回火2h的力学性能，列于表7-6。

表7-6 Y7A 和 60C2A 钢试样淬火回火后力学性能

淬火方式	冷速/(℃/s)	牌号	力学性能			
			R_m/MPa	$R_{p0.2}$/MPa	$A(\%)$	$Z(\%)$
油	6	Y7A	1400	1250	4.0	—
		60C2A	1476	1355	8.5	—
$w(CaCl_2)$ 为 50% 的水溶液	10	Y7A	1460	1370	7.8	22
		60C2A	1420	1260	8.2	26
$CaCl_2$ 溶液 + 液氮分级淬火	30	Y7A	1610	1570	7.9	31
		60C2A	1920	1740	5.0	22

由表7-6中数据可见，与油中淬火比较，Y7A钢强烈淬火（冷速30℃/s）后屈服强度提高20%，60C2A钢提高22%。油淬试样为脆性断口，强烈淬火试样为韧性断口。

2. 强烈淬火优点

钢件经强烈淬火后，表面具有极高的残余压应力，可用低合金钢代替高合金钢或减轻零件重量，可用强烈淬火取代渗碳或显著缩短渗碳周期或取消喷丸，可减少工件畸变，提高材料力学性能，并减少污染。

3. 强烈淬火技术应用

1）15.3mm×120mm 的 M2 高速钢（W6Mo5Cr4V2 钢）自动成形机冲头经强烈淬火后，与普通油淬火相比，使用寿命平均可提高8倍以上。

2）与普通油淬火相比，GCr15 钢模具经强烈淬火后可提高使用寿命100%。

7.2.10 热处理质量控制要求

在热处理生产过程中，工件应获得优异的热处理质量，这不仅可以提高工件使用寿命，而且可以提高产品合格率，减少返修品和废品数量，即间接达到节能减排效果。因此，提高热处理质量也属于热处理清洁生产范畴。热处理质量控制要求应符合 JB/T 10175《热处理质量控制要求》的规定，包括控温系统、仪表精度及系统校验等。

（1）热处理炉炉温均匀性 各种热处理工艺使用的热处理炉炉温均匀性应符合 JB/T 10175 的规定，测定方法按 GB/T 9452 的规定执行。

（2）硬度均匀性 正火与退火硬度均匀性要求应符合 GB/T 16923 的规定；淬火与回火硬度均匀性要求应符合 GB/T 16924 的规定；渗碳淬火与回火硬度均匀性要求应符合 JB/T 3999 的规定；渗氮硬度均匀性要求应符合 GB/T 18177 的规定；钢铁件感应淬火回火硬度均匀性要求应符合 JB/T 9201 的规定。

（3）硬化层深度均匀性 渗碳淬火回火硬化层深度均匀性要求应符合 JB/T 3999 的规定；气体渗氮层深度均匀性要求应符合 GB/T 18177 的规定；钢铁件感

应淬火回火硬化层深度均匀性要求应符合 JB/T 9201 的规定。

7.3　采用清洁的热处理工艺材料

热处理生产过程中，离不开工艺材料的消耗，如淬火冷却介质、渗剂、防渗涂料、清洗剂、喷丸用丸粒等。为避免和减少污染的产生，应优先采用清洁的热处理工艺材料，如聚合物水溶液、生态淬火冷却介质、高压气体（如 N_2、H_2、He、Ar）、环保清洗剂等，以在获得优良产品质量的同时达到环境友好。

7.3.1　聚合物水溶液及其应用

热处理常用的液体淬火冷却介质有水、各种浓度的盐碱水溶液、油、聚合物溶液和熔盐等，有时也用高压（1~2MPa）气体和流态粒子炉冷却。无机盐、碱溶液无毒，稀释到允许浓度可以直接排放。水在用后不应直接排放，可以循环使用。

聚合物水溶液是以聚合物、添加剂和缓蚀剂作为溶质的水溶液。聚乙烯醇（PVA）、聚烷撑二醇（PAG）、聚丙烯酸盐（PSA）、聚乙烯吡咯烷酮（PVP）和聚乙烯噁唑啉（PEOX）等聚合物溶液无毒，通过改变溶液浓度可调整其冷却能力，使其冷速变化在水和油之间，以适应不同钢种的淬火冷却需要。

（1）聚合物水溶液　其主要特点为：无毒，无油烟，不燃烧，无火灾危险，使用安全，大大改善工作环境，无环境污染；通过调整水溶液的浓度可在很大范围内调整其冷却能力，使其冷速接近于水，或介于水和油之间，或接近于油，甚至比油更慢；处理后的工件淬硬层深，硬度均匀，无软点，大大减小淬火畸变和开裂的倾向，尤其适用于低、中碳钢感应及大件淬火；带出量少，使用成本低，综合经济性好；可免去清洗工序，直接回火，节省能源；使用寿命长，不易变质和被氧化。

由国内某公司委托的上海市预防医学研究所对淬火中的 UCON E（质量分数15%）淬火槽挥发气的测定结果表明，甲醇与醋酸乙酯均未检出，甲醛平均值 $0.022mg/m^3$（$0.0015 \sim 0.04mg/m^3$），氧化氮平均值 $0.049mg/m^3$（$0.035 \sim 0.06mg/m^3$），工作场所的有害物质均低于有关的标准限制

（2）PAG 水溶液与淬火油的污染物含量比较　为了评价淬火烟气对环境的影响，并对淬火油烟和 PAG 水溶液（简称 PAG）气体中有害物质的含量进行比较，某公司委托某省分析科学研究院、市环境监测中心站对淬火油烟和一定浓度PAG 水溶液挥发气体中的各种成分进行检测。采用气相色谱热导检测器 GCTCD气体分析法和 3022 型烟气综合分析仪（除二氧化硫，其余均由 GCTCD 气体分析法测得）进行检测。烟气样品制备方法：模拟淬火工艺条件，在装有淬火油

和质量分数 10% 的 PAG 水溶液的容器中淬入工件，常压下分别采取淬火油、PAG 水溶液挥发气体，密封后送检。检测结果如表 7-7 所示。

表 7-7 检测结果

项目		淬火油	PAG 水溶液	备注
密度/kg·m⁻³		1.3126	1.2790	
气体排放物	O_2(%)	18.11	19.17	
	N_2(%)	79.13	78.05	
	H_2(%)	0.05	1.29	
	CO(%)	0.10	—	
	CO_2(%)	1.20	—	
	SO_2/mg·m⁻³	76	—	3022 型烟气综合分析仪
	NO(%)	—	—	淬火
	氮氧化物(%)	—	—	换算成 NO_2
	乙烯(%)	0.13	0.25	
	丙烯(%)	0.09	0.11	
	1-丁烯(%)	0.96	—	
	甲烷(%)	0.17	—	
	丙烷(%)	—	1.13	
	正丁烷(%)	0.04	—	
	异丁烷(%)	0.02	—	
	苯并[a]芘/(mg/L)	1~20	未检出	

注：1. 除 SO_2 外，其余气体均为体积分数。

2. 表中"—"表示未检出。

从表 7-7 可知，在忽略体积分数小于 0.1% 的组分后，淬火油烟中的主要有害物质包括 CO、CO_2、SO_2、乙烯、丙烯、1-丁烯和甲烷（氮氧化合物未检出），有害物质总量约占 5.22%；PAG 水溶液的淬火气体中含有乙烯、丙烯和丙烷，有害物质总量约占 1.49%，约为淬火油烟有害物质的 28%。这个结果表明，与淬火油相比，PAG 水溶液具有明显的减排优势。

苯并芘又称苯并 [a] 芘（BaP），是一种高活性间接致癌物，释放大气后，会导致肺癌和心血管疾病。从表 7-7 可知，油烟中含有苯并芘 1~20mg/L，PAG 水溶液中未检出，表明 PAG 水溶液环保性好。

（3）PAG 水溶液与淬火油对环境的影响 生化需氧量（BOD_5）是五日生物化学需氧量的简称，指在水体中有氧条件下微生物分解单位体积水中有机物所消耗的溶解氧，BOD_5 越高，表明污染物越重。化学需氧量（COD）是在一定严格的条件下，用化学氧化剂（重铬酸钾）氧化水中的有机污染物时所需的溶解氧，需氧量越高，证明污染物越重。

为了评价 PAG 水溶液与淬火油对环境的影响，需要检测 BOD_5 和 COD，检测结果见表 7-8。由表 7-8 可知，淬火油的 BOD_5、COD 分别是 PAG 水溶液的

2.91 倍和 3.06 倍，表明 PAG 水溶液环保性好。

表 7-8　PAG 水溶液与淬火油 BOD$_5$、COD 检测数据

介质名称	BOD$_5$/(mg/L)	COD/(mg/L)
PAG 水溶液	1.23×10^3	3.58×10^3
淬火油	1.1749×10^4	3.5997×10^4

7.3.2　生态淬火冷却介质

生态淬火冷却介质一方面能够满足实际使用要求，另一方面又能在较短时间内被活性微生物（细菌）分解为 CO_2 和 H_2O。同时，生态淬火冷却介质及其损耗产品对生态环境不产生危害，或在一定程度上能够为环境所允许。

对于生态淬火冷却介质，目前尚无完全统一的标准。现最有影响力的是德国的蓝色天使和瑞典的 SS15 54 34 + SP 列表。它们对生态淬火冷却介质在生物降解方面的要求分别是：

1）蓝色天使。①基础油：其组分生物降解性不小于 70%，没有水污染，无氯（气），低毒。②添加剂：无致癌物，无致基因诱变、畸变物，最大允许使用 7% 的具有潜在可生物降解性的添加剂（OECED302 法，生物降解率 >20%）；可添加 2% 不可生物降解的添加剂，但其必须是低毒性的；对可生物降解的添加剂则无限制（根据 OECD301A-E）。

2）SP 列表。①基础油具有高于 60% 的生物降解率（OECD301B 或 F）。②添加剂需具备对水生系统的低毒性，不一定具备生物降解性。③产品不可危害人体健康。

西安交通大学在 2002 年研制的菜籽油基生态淬火油，由于其生物降解容易，具有突出的环保优势，已用于工具钢、轴承钢、中低碳（合金）钢和渗碳钢等淬火处理，在工件的硬度及其均匀性、畸变、表面质量等方面都取得了很好的效果，优于或不低于矿物油，但成本较高。

美国好富顿公司研究采用植物油代替矿物油，一是因为植物油是可再生资源；二是因为植物油对环境无害。该公司预见未来理想液态淬火冷却介质是生态淬火冷却介质。生态淬火冷却介质是以植物油为基础油再加入添加剂（如提高抗氧化能力的添加剂）制成的天然淬火油，如美国好富顿公司开发的植物油基生态淬火油 Bio Quench 700。

（1）生态淬火油性能　图 7-2 所示为美国好富顿公司测试的植物油和矿物油的淬火冷却性能曲线。由图 7-2 可见，植物油的最大冷速向高温移动，几乎没有蒸气膜阶段，最大冷速高、最低冷速小，故植物油冷却均匀，工件畸变小。

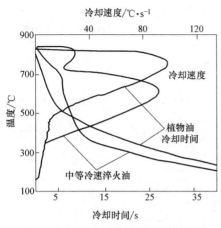

图 7-2 生态淬火油和普通中速淬火油
在 60℃ 的冷却性能比较

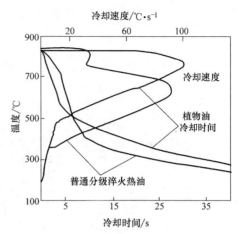

图 7-3 生态淬火油和普通淬火油
在 120℃ 时的冷却性能比较

（2）应用效果

1）在密封多用炉中使用生态淬火油两年半内，被处理的钢材有油淬工具钢、合金渗碳钢和低、中碳素钢，工件断面尺寸为 0.4～100mm，油温为 60～105℃。据用户报告，处理后的工件硬度、力学性能、尺寸稳定性和表面状态都合格。

2）通过用 AISI 52100 钢（相当于 GCr15 钢）轴承套圈在美国某一轴承厂的连续淬火炉中进行 12 个月的生产试验，对 120℃ 的生态淬火油和普通淬火油的冷却性能做了对比测试，其结果如图 7-3 所示。用植物油淬火后的零件硬度、尺寸稳定性、圆度，与普通淬火油都没有区别，而锥形零件的圆度却比普通淬火油的小得多。植物油闪点高，热油淬火安全，且工件带出油的损失比普通淬火油少 60%。

（3）环保效果　植物油容易降解，降解率可达 75% 以上，欧洲有降解80%～100% 的试验数据，而矿物油只能降解 10%～40%。植物油的沸点和闪点都比矿物油高，油烟毒性很小，还可以再生能源，不易水解、抗氧化能力强、低温黏度低、黏度范围窄。虽然目前植物油价格比矿物油贵，但因植物油使用寿命长，工件淬火质量好，对环境相对友好，所以在一定程度上价格的劣势可得到弥补。

7.3.3　淬火冷却介质的碳足迹

为了减少热处理油烟排放，开发环保减碳的新型替代产品，美国好富顿公司在淬火液开发及应用方面做了大量工作。表 7-9 为美国好富顿公司对比淬火液（主要指聚合物水溶液）和淬火油碳排放的监测数据。

表 7-9   美国好富顿公司淬火冷却介质的碳足迹

产品		评述	挥发性有机化合物 /(g/L)
聚合物 水溶液	Aqua-Quench 110	ACR,净产品（原液）	4.0
	Aqua-Quench 251	PAG,净产品（原液）	0.0
	Aqua-Quench C	PVP,净产品（原液）	0.0
	Aqua-Quench 3600	PEOX,净产品（原液）	0.0
淬火油	Houghto-Quench 100	18 cSt,没有添加剂的石蜡基础油	1.0
	VHoughto-Quench G	中速,有抗氧化剂和提速剂的 18 cSt 油	8.0
	Houghto-Quench K	高速,有抗氧化剂和提速剂的 18 cSt 油	21.0
	Mar-Temp 335	有强抗氧化剂和提速剂的 70 cSt 回火油	2.0
	Mar-Temp 755	有强抗氧化剂和提速剂的 70 cSt 回火油	2.0
	Mar-Temp 2565	有强抗氧化剂和提速剂的 70 cSt 回火油	1.0
	Bio Quench 700	有抗氧化剂的 140 cSt 植物基础油（生态油）	0.0

注：碳足迹指直接或间接支持人类活动所产生的温室气体总量，通常用产生的 CO_2 吨数来表示。

7.3.4　以高压气淬代替油淬

工件在奥氏体化温度加热后施加 0.5 ~ 2MPa 高压气体淬火可以达到静止油或高速循环油甚至水的淬火效果，目前可部分采用高压气体淬火代替油淬火。其最大优点是避免油淬产生的烟气污染，而且可免去常规碱液清洗工序，避免含油液体的排放问题。处理后的零件表面清洁度高，无需后续清洗和喷丸清理工序，无 SO_2、CO 排放问题，因此该工艺属于清洁热处理技术。

气体淬火最大的特点是淬火无蒸气膜阶段，工件在整个淬火过程传热更为均匀，畸变小且规律性更强。

气淬一直用于高淬透性钢件的淬火，近年来已将其应用领域扩展到普通油淬或水溶液淬火的钢种。

(1) 高压气淬用气体　工件在真空炉中加热或低压渗碳（碳氮共渗）后，采用高压 N_2、He、H_2 进行气体淬火。通过循环使用 N_2、He、H_2 的气冷系统，从而大大提高了冷却能力。高压气体淬火易于通过计算机程序控制气体流速、压力和流向，改变气体的冷却特性，使工件冷却均匀，马氏体转变区使用小风量，从而减小淬火畸变。

钢件渗碳后在气体中冷却比在液体中冷却得均匀，因此淬火畸变也小。批量的合金钢渗碳件在气体中冷却要达到油淬的冷速，必须使气体保持在 1MPa 以上压力，而且还需要具备良好的气体本身的热交换（冷却）和流动循环条件。各种气体的传热性能有很大差别，氢气（H_2）的传热性最好，其次是氦气（He），再次是氮气（N_2）。N_2 冷却性能虽差，但其价格最低，因此目前多采用 N_2 进行高压气淬。

(2) 高压气淬设备　国际上已经普及（5 ~ 6）× 10^5Pa 的高压气淬炉。

φ60mm 高速钢在工业装炉量下，用（5~6）×10⁵Pa 的高纯度氮气冷却，可获得 64~65HRC 的硬度，热硬性良好。大于 6×10⁵Pa 的高压气淬已成为当今高压气淬发展趋势。采用氮气、氢气回收技术可使成本大大降低，这促进了混合气淬技术的普及推广。

（3）气体的分级淬火技术　法国 ECM 公司所注册的分级气淬（interrupted gas quenching）方法，称为 Stop GQ，分级温度可设置于 180~200℃。其提供等温停留使工件进行自回火，因此可以取消淬火后的一般回火工序，从而节省了能源。

法国 ECM 公司开发了一套气体淬火专用程序软件，即 Quench AL 冷却模拟软件。在气淬过程中，通过气体的压力和搅拌速率的变化来控制淬火强度。采用可变淬火强度的分级淬火可以将易产生畸变零件的畸变程度控制到最小。在 Ms 附近进行等温，减少了零件表面与心部的温差，使其后的马氏体转变产生更少的应力畸变。

1）原理。这种分级淬火工艺类似于一个三阶段的冷却淬火过程。第一冷却阶段采用适中的气体压力和搅拌风速，在最初期的过程中冷却相对比较缓和，然后冷却强度逐步增加，以便尽可能避免珠光体和贝氏体的形成；第二阶段，在马氏体转变阶段之前，淬火冷却有一个几秒钟的停顿，气体的搅拌延缓，从而增加了零件之间的热传导，这将会防止零件表面和心部之间存在一个大的的温差，而这种温差实际上是残余应力的诱因，会在随后的马氏体转变过程中产生畸变；第三步采用最大的淬火速度。马氏体转变阶段的冷却速率越快，得到的钢的力学性能也就越好。

2）应用与效果。针对不同装炉量、材料淬透性及产品要求，使用了最新的变频驱动技术，气体（如 N₂）注入压力 0~2MPa，两个 130kW 的电动机搅拌速率 0~100% 可固定可调。借助这两个优势，可使得淬火冷却工艺曲线和奥氏体等温转变曲线尽可能地接近，避开某些极易产生畸变的临界阶段。

ECM 公司比较了气体分级淬火和强度不变的气体直接淬火之间的区别。对于传动齿轮，其齿向畸变的平均值从 13μm 减少到 4μm。对于传动齿环，其外径的畸变减小为原来的 1/4。而且，在以上两种试验中，在炉内装料区的各个部位检测到的结果是高度一致的，即该工艺同时解决了畸变问题和畸变一致性问题。

在国内，上海汽车变速器公司将气体的分级淬火技术用于轿车变速器齿轮、齿轮轴等低压真空渗碳、高压气淬，取得了很好的应用效果。

7.3.5　使用无氯代烃清洗溶剂

常用的碱液清洗剂（Na₂CO₃ 溶液）无毒，但用过的清洗液中含油，不可直接排放，应将油分离回收再用。由润湿剂和醇类物质配制的专用清洗剂能和水无限互溶，渗透性和去污能力很强，可使黏附在金属工件表面的油脂脱落，此类清洗剂不含亚硝酸盐，无毒，但用过的清洗液须除油处理。

清洁度要求高的零件需经过溶剂清洗，即用溶剂使黏附在工件表面的油脂溶解后脱离。以前常用三氯乙烯或三氯乙烷等溶剂蒸气除去工件表面油脂。工作时把液态溶剂加热到沸点变成蒸气，后者在金属工件表面冷凝，把油脂溶解后返回流入清洗槽。如此反复，直到把工件表面油脂清理干净。这些溶剂在光、热、水和氧的作用下会分解成剧毒的光气和强腐蚀性的 HCl，一般在空气中的含量限制在 $50 \times 10^{-4}\%$（质量分数）。因此，操作时要尽量避免日光直射和把水带入清洗槽内。当前已经不提倡用这些溶剂。国内很少使用，因此未造成危害。现在一些欧洲国家限制进口和使用这类含氯烃清洗剂产品。

由于含氟氯烃溶剂（如三氯乙烯、二氯甲烷、四氯乙烯、三氯乙烷）对大气环境产生二次污染，可采用有机溶剂（如戊烷）清洗、碳氢溶剂真空清洗等代替含氟氯烃溶剂清洗。

按国家发展和改革委员会发布的《产业结构调整指导目录（2005 年本）》中第三类淘汰类的规定，氯氟烃（CFCs）生产装置、四氯化碳（CTC）生产工艺、三氯乙烷生产装置等，根据国家履行国际公约总体计划要求进行淘汰。

7.3.6　用超临界液体 CO_2 代替氟氯烃清洗工件

美国 GCG Technologies Inc 公司开发的一种 Deflex Process 清洗技术——用超临界液体 CO_2 代替氟氯烃（CFCs）清除多种材料（如机械加工金属零件和冲压金属零件）上的污染物和油污，清洁环保。

其方法是将液态 CO_2 在 30℃ 和 7550kPa 压力下通入盛有零件的容器中，载满污物的溶液从容器中泵出并立即膨胀成气体，气体经压缩冷凝后可重复使用，沉积下来的切削油等污染物可收集回收利用。超临界态的高能溶液虽然既不是液体，也不是气体，但既具有液态性质，也具有气体的扩散性。超临界 CO_2 表现出溶解选择性，根据压力、温度和混合效应可以覆盖三氯乙烷溶剂等的溶解范围。针对污染物的选择溶解是超临界 CO_2 的主要优点之一。使用超临界 CO_2 清洗工件无需干燥工序，工件也不会产生锈蚀，清洗速度比真空清洗快数十倍。

7.3.7　用流态粒子代替盐浴

流动粒子炉可采用的粒子有石墨，Al_2O_3 或 SiO_2 颗粒等；使用的气体可以是压缩空气、燃烧气体产物或含活性成分（N、C）的气体等；热源可以是气体燃烧，也可以是电阻加热。这种炉子升温快、传热系数高、节能效果显著，并可以实现少无氧化，加热均匀，没有废盐渣的排放污染问题。由于石墨粒子不停地流动，会有细小的粒子向炉外飞出，通过在排风口处增加布袋式过滤器，除尘效果可达99%。其属于清洁热处理设备与技术。

流态粒子炉能够实现无氧化加热，是一种简易且经济的保护气氛炉，当采用石墨粒子为介质，以空气为流化气源时，由于气化效应，在中温段（840～930℃）炉气以中性或还原性气氛为主，不需要再通其他保护气，即可实现无氧化、无脱碳加热。若采用Al_2O_3粒子，以工业N_2为流化气源，即可实现无氧化加热。

盐浴炉起动慢，散热大，能源利用率低，有些还有毒性。而流态粒子炉起动快，能耗与污染少，设备投资少，加热效率接近盐浴，因此流态粒子炉是代替盐浴炉的重要途径之一。

流态粒子炉还可以代替硝盐炉进行等温淬火，避免"三废"污染。

用流态粒子炉取代盐浴炉的应用：如对滚珠丝杠螺母、轴承套圈、汽车高强度U形螺栓等标准紧固件、冶金轧辊等进行加热淬火，不仅提高了产品质量，而且达到了节能减排的目的。

7.3.8　用湿砂代替干砂喷砂

传统的干式喷砂加工时，因石英砂粒高速撞击金属表面，容易破碎而产生大量粉尘，污染环境。热处理用干砂喷砂机因为效率高、效果好，所以使用量很大，但产生的粉尘（主要是SiO_2粉尘）大，对工作现场及周围环境造成污染，影响人体健康，容易诱发尘肺病等。对此，采用湿式喷砂机代替干式喷砂机，不但效率高、表面质量好，而且无粉尘产生，环保、节能。GB 15735《金属热处理生产过程安全、卫生要求》规定，喷砂设备应优先利用湿法喷砂设备。

湿式喷砂机，即液体喷砂机，一改传统的干式喷砂方法，它是将砂（磨料）置于水中制成磨液，用磨液泵和压缩空气，通过喷枪将磨液高速喷射到加工的工件表面上，从而达到清理和光饰的目的。液体喷砂高效，磨料消耗少，能提高工件表面的光洁度和强度，并从根本上改变了对环境的污染程度。

湿式喷砂机（液体喷砂机）选择参见表8-12。

7.4　采用清洁热处理装备

为避免和减少热处理污染，应从源头做起，首先选用清洁热处理设备。热处理加工类新（改、扩）建项目应避免配制钡盐盐浴炉、液体渗氮或氮碳共渗炉、液体渗碳或碳氮共渗炉等对环境有影响的设备。若确需选用这类设备，则必须设置相应的废渣、废气、废液等污染物回收处理装置，进行封闭生产，并经当地环保部门监测和管理，取得当地环保部门的监管证明。

中国热处理行业协会结合落实工业和信息化部《关于开展节能和高耗能落

后机电设备（产品）名录推荐工作的通知》，组织开展了热处理行业节能减排先进技术装备筛选和推荐工作。从 2010—2014 年已有 30 项技术（装备）列入《工业和信息化部节能机电设备（产品）推荐目录》，见表 3-20 ～ 表 3-23，可供热处理企业技术改造选型参考之用。

属于清洁热处理范畴的加热装备主要有：真空热处理炉，可控气氛热处理炉，感应加热装置，激光加热装置，电子束加热装置，离子加热装置等。

在加热炉中，电炉比燃料炉干净。在燃料炉中，燃气炉比燃油炉、燃煤炉干净。在燃气炉中，用天然气做燃料时，废气中的 SO_x、NO_x 最少，碳排放也最少。燃油炉应禁止使用。燃煤炉和煤气炉尽量少用。

工具行业热处理用盐浴炉可部分被真空高压气淬炉和流态粒子炉代替。

7.4.1　热处理行业节能减排清洁生产先进技术（装备）推荐目录

为了加快热处理行业推进清洁生产步伐，扩大节能减排成果，指导热处理企业技术改造和清洁生产，中国热处理行业协会发布了《热处理行业节能减排清洁生产先进技术（装备）推荐目录（2010 年）》《热处理行业清洁生产先进技术（装备）推荐目录（2011 年）》，其分别见表 7-10 和表 7-11。

表 7-10　热处理行业节能减排清洁生产先进技术（装备）推荐目录（2010 年）

序号	技术（装备）名称	型号	主要技术参数	适用范围	执行标准	制造厂家
1	真空高压气淬炉	VKNQ60/90-120/150/150（炉内有效尺寸）	最高使用温度 ≤1350℃；一次装炉量 400 ～ 2000kg；设备压升率 ≤0.5Pa/h；空炉损耗功率比 ≤25%；炉温均匀性 ±5℃；炉温稳定度 ±1℃；气淬压力 ≤1MPa；具有低温对流加热和控制等温淬火功能；炉壁温升 ≤25℃	机械行业热处理加工	GB/T 17358 Q/3209FD030—2008	江苏丰东热技术股份公司
2	真空渗氮炉	VKA-60/60/90-100/100/120（炉内有效尺寸）	最高使用温度 ≤700℃；可实施可控精密渗氮、脉冲渗氮、氮碳共渗、退火、回火等功能；炉壁温升 ≤40℃；空炉损耗功率比 ≤25%；炉温均匀性 ±5℃；炉温稳定度 ±1℃	机械行业热处理加工	GB/T 17358 Q/3209FD031—2008	江苏丰东热技术股份公司

（续）

序号	技术（装备）名称	型号	主要技术参数	适用范围	执行标准	制造厂家
3	智能可控气氛渗碳多用炉	UBB600-1000kg/炉	最高使用温度：常规950℃，特殊1205℃。炉温均匀性±5℃；炉温稳定度±1℃；炉壁温升≤50℃；空炉损耗功率比≤27%；工艺辅助生成，二维渗碳在线控制；可编制淬火自动控制	机械行业热处理加工	GB/T 17358 JB/T 10895—2008	江苏丰东热技术股份公司
4	预抽真空渗碳多用炉	BBH600-500kg/炉	最高使用温度：常规950℃，特殊1100℃。炉温均匀性±5℃；炉温稳定度±1℃；炉壁温升≤45℃；空炉损耗功率比≤25%；碳势均匀性±0.05% C_p；碳势控制精度±0.03% C_p	机械行业热处理加工	GB/T 17358 Q/3209FD010—2010	江苏丰东热技术股份公司
5	真空清洗机	VCH50-1500kg/炉	工件清洁度：表面光洁，形成连续水膜。平均溶剂消耗量约350mL/炉（600kg工件）；溶剂回收率99%；溶剂再生纯度99%；清洗周期约35min	机械行业热处理加工	Q/3209F D023—2010	江苏丰东热技术股份公司
6	大型可控气氛井式渗碳炉	RQD	最高工作温度1000℃；炉温均匀性±5℃；炉温稳定度±1℃；碳势均匀性±0.05% C_p；碳势控制精度±0.02% C_p。表面温升：炉体＜40℃，炉盖≤45℃。硬化层偏差：≤2.00mm时，±0.10mm；≥2.00mm时，±0.8mm	机械行业热处理加工	JB/T 50163—1999 Q/320205KAA X01—2010	天龙科技炉业（无锡）有限公司

（续）

序号	技术（装备）名称	型号	主要技术参数	适用范围	执行标准	制造厂家
7	可控气氛罩式渗氮炉	RFN	最高工作温度750℃；炉温均匀性±30℃；表面温升≤40℃；氮势控制精度K_n为±0.01 N_p	机械行业热处理加工	JB/T 50163—1999 Q/320205KA AX03—2010	天龙科技炉业（无锡）有限公司
8	多功能淬火冷却设备	HWTL	介质搅拌流速：0～30m/min；淬火冷却介质温度控制精度±5℃；自动灭火系统响应时间≥2s	机械行业热处理加工	QB/HWJ 002.1—2005	大连海威热处理技术装备有限公司
9	可控气氛井式渗氮炉	RN	工作温度650℃；炉温均匀度±5℃；炉温稳定度±1℃；表面温升≤55℃；炉壳表面温度25℃；炉盖表面温度50℃；氮势均匀度±0.05% N_p；氮势控制精度±0.02% N_p	机械行业热处理加工	JB/T 50163—1999 Q/320113NS002—2005	南京摄炉（集团）有限公司
10	可控气氛底装料立式多用炉	SP	最高工作温度1050℃；炉温均匀性±5℃；炉温稳定度±1℃；碳势控制精度±0.05% C_p。碳势恢复时间：空炉0.2%⇄1.2%，≤10min。表面温升：渗碳炉≤45℃，回火炉≤45℃	机械行业热处理加工	QB/T 10201 Q/SC 002	广东世创金属科技有限公司
11	可控气氛网带式炉	SW	最高工作温度920～1050℃；炉温均匀性±5℃；炉温稳定度±1℃；表面温升≤55℃；炉温控制精度±1℃	机械行业热处理加工	GBT 10201 JB/T 10897 Q/SC 001	广东世创金属科技有限公司
12	淬火冷却介质及感应加热设备空气冷却设备	CKL系列 GKL系列	介质控制温度35～130℃	机械行业热处理加工	GB/T 15386—1994	保定市金能换热设备有限公司

（续）

序号	技术（装备）名称	型号	主要技术参数	适用范围	执行标准	制造厂家
13	余热回收利用设备	YHQ系列 HPQ系列 HPZQ系列	烟气温度100～800℃；空气温度15～600℃	热处理行业燃料炉、锻造和铸造行业燃料炉余热回收	GB/T 14812—2008	保定市金能换热设备有限公司

表7-11　热处理行业清洁生产先进技术（装备）推荐目录（2011年）

序号	技术（装备）名称	型号	制造企业
1	底装料立式多用炉生产线	SP	广东世创金属科技有限公司
2	碳氢溶剂真空清洗机	VCH	江苏丰东热技术股份有限公司
3	闭式冷却塔	KBL	无锡市科巨机械制造有限公司
4	复合式热管换热器	FHQ系列 HPY系列 HPQ系列 HPZQ系列	保定市金能换热设备有限公司
5	PAG水溶性淬火冷却介质	JX-1103	辽宁海明化学品有限公司
6	精密可控气氛箱式多用炉	RM	天龙科技炉业（无锡）有限公司
7	精密可控气氛箱式渗氮炉	RMN	天龙科技炉业（无锡）有限公司
8	智能型真空渗碳淬火炉	VCQ2	北京华海中谊工业炉有限公司
9	高频感应热处理加工中心	GGJC	无锡电炉有限责任公司
10	智能型精确控制淬火冷却系统	HWZL	大连海威热处理技术装备有限公司

7.4.2　感应热处理设备

感应热处理加热速度快、效率高、成本低，其用电量占热处理设备总用电量的20%～25%。

感应淬火、回火设备包括各种频率和功率的电源、各种尺寸和工位的轴类和圆盘形工件的多用和专用感应淬火机床、自动装卸料机械手或机器人。这些设备既是少无氧化，少无污染，又是生产效率高、产品质量优异的节能环保热处理设备。

感应加热电源优先采用各类功率晶体管如MOSFET、IGBT等为功率器件的感应加热电源，可节电、节水、节材，效率高。

对于大批量生产零件，优先采用专用感应淬火机床，如曲轴、凸轮轴、半轴、齿轮、气门等感应淬火机床。采用感应热处理生产线可以进一步提高生产效率，降低产品的制造成本。

例如，一汽开发的卧式数控淬火机床、东风汽车公司研制成功的全自动曲轴淬火成套设备达到了当时国际先进水平。东风汽车公司成功研制出集零件上下料、整体加热、淬火、自热回火、自动校直的汽车半轴专用感应淬火机床,东风公司研制出的康明斯6BT发动机气缸盖进、排气门座高频感应淬火自动装置布置在气缸盖加工自动线上,与冷加工保持同步。

现在,最具有先进与代表性的德国 eldec 的 SDF 同步双频感应加热设备(IGBT 型 SDF 功率范围 15~3000kW)是具有节能、降耗和清洁生产的表面热处理装备,已应用于汽车、航空等工业。

7.4.3 离子热处理设备

利用离子热处理设备进行离子渗氮、离子氮碳共渗、离子渗碳、离子碳氮共渗以及离子渗金属等,可获得高的热处理质量、低的能源消耗,可以实现清洁热处理生产。因此,离子热处理炉属于清洁热处理设备。

目前,以 ASPN 系列新型活性屏离子渗氮炉为代表的离子渗氮炉,不仅可以满足高的热处理质量要求,而且节能,节约工艺材料。该设备没有任何废气、废水排放,噪声远低于国家标准,属于清洁、节能热处理设备,可用于精密要求的汽车零部件、精密模具等制造,用于汽车、风电、船舶、航空航天等行业。

7.4.4 真空热处理设备

真空热处理是一种高效、优质、节能、清洁的先进热处理技术,在工业发达国家,真空热处理生产量占热处理生产总量的 20%~25%。我国真空热处理设备的数量约占热处理设备总量 5%。

真空渗碳设备可以实现比气体渗碳更高的渗碳温度(可达 1050~1100℃)以及真空的表面净化作用等,可使渗碳处理速度加快、时间缩短、效率提高,大幅度降低生产成本。该设备由于无火帘、无排气口、无油烟,加热室采用冷壁型炉体设计,因此环境影响小,是清洁、环保的热处理设备。

低压真空渗碳设备具有多种用途,能灵活地实现多种热处理工艺,如真空渗碳、真空碳氮共渗、真空渗碳 + 油淬、真空渗碳 + 气淬,以及真空油淬、真空气淬、真空退火、真空正火、真空回火和真空钎焊等。

几种典型真空热处理设备见表 7-12。

表 7-12 几种典型真空热处理设备

设备名称	特 点
燃气真空炉	与电加热真空炉相比,不仅具有电加热真空炉的全部优点,而且热效率明显提高,如采用天然气做能源,热效率可达 65%,比电加热真空炉提高一倍以上。既降低生产成本又节能减排,已在欧洲和美国推广应用
热壁式真空渗碳炉	在真空炉隔热层内抽真空代替炉壳水冷结构,可减少加热元件的能量消耗 60%,共渗炉温的均匀性好

（续）

设备名称	特　点
低压渗碳及低压渗碳高压气淬多用炉	采用法国ECM公司开发的ICBP系列低压渗碳多用炉（连续式或周期式），工件渗碳后在（1～20）×10⁵Pa氮气的气淬室冷却，全过程由计算机系统自动控制。无污染，热处理质量好
真空低压乙炔渗碳炉	乙炔在高温低压下极易分解，具有很强的渗碳能力。渗层均匀，渗速快，工件表面光洁，可避免内氧化，而且无废气，不污染环境
高压气淬真空炉智能控制系统	将CAD、数据库技术及专家系统技术融合于高压气淬真空炉工艺参数控制，针对不同材料不同热处理模式精确控制加热和冷却过程的智能化控制系统，实现了热处理件可变加热方式、冷却模式和冷却速度，使工件获得优良的性能并避免畸变与开裂。提高了生产效率，节能、节材（气体）
带柔性淬火系统的低压离子渗碳炉	Ipsen公司开发的FRVOQ（PC）-（FV）型三室低压离子渗碳和高压气淬炉，不仅可以施行低压离子渗碳、气淬、油淬，还可以施行离子碳氮共渗，低温、高温离子渗氮，工具钢、马氏体不锈钢的高浓度渗碳以及所有真空条件下于500～1300℃的各种热处理
低压渗碳高压气淬链接式生产线	德国ALD公司开发的Modul　Therm型链接式多室渗碳高压气淬生产线，适合于大批量零件的渗碳淬火处理

7.4.5　密封箱式多用炉和连续式渗碳炉

在密封箱式多用炉和连续式渗碳炉两种炉型中施行的无氧化加热、渗碳、碳氮共渗工艺都采用各种保护气氛和可控气氛，生产过程中排出气体中虽然含有CO、间或有HCN，但在排气口点燃可使其残留程度达到无害程度，不会形成大气污染。由于工件在油中淬火的过程，是在无氧条件下进行的，淬火油不会燃烧，因其蒸发形成的烟雾有限，也不会造成污染。通过对工件经碱水清洗后浮在液面的油脂进行分离回收，排出的水可以达到排放要求。因此，密封箱式多用炉、连续式渗碳炉、可控气氛滚底式炉、振底式炉和网带式炉等都属于少无污染热处理设备。

表7-13为爱协林公司生产的几种先进的密封箱式多用炉和连续式渗碳炉。

表7-13　先进的密封箱式多用炉和连续式渗碳炉

设备名称	特　点
水、油槽可控气氛密封多用炉生产线	可以实现可控气氛保护加热油淬、可控气氛保护加热水淬、可控气氛渗碳油淬、可控气氛渗碳气冷、可控气氛渗碳缓冷操作
先进的推杆式连续渗碳淬火生产线	采取了一系列技术创新，加强了密封，节省了气氛，各区相对独立，避免了相互干扰，提高了炉气碳势控制精度和渗速，改善了渗层显微组织，加热采用底装料装置，无需火帘，节约能源，不污染环境，此结构密封性好，炉气损失小，碳势波动小，不易积炭黑；采用潜泳底部出料淬火油槽，油槽完全密封，工件在气氛保护下淬火，工件和料盘冷透后，在油槽内用横（向）推（移）装置潜泳至出料口升降台上出料，淋油后运至油槽外。出口无火帘，气氛不逸出，减少气体消耗，对环境无污染

（续）

设备名称	特　点
带有一套底装料和底出料三排推盘式炉	与一般的气体渗碳相比，在渗碳淬火有效硬化层深度为 0.80mm 条件下，工艺气体消耗节约 40%，能耗节约 50%

7.4.6　高压气淬密封箱式炉和高压气淬推杆式连续渗碳炉生产线

高压气淬密封箱式炉和高压气淬推杆式连续渗碳炉生产线是常规密封箱式炉和推杆式连续渗碳炉的改进型，解决了常规渗碳设备存在的一些缺点，进一步提高了产品质量（畸变小），节能减排效果明显。

（1）高压气淬密封箱式炉　高压气淬密封箱式炉后室为密封箱式炉结构，前室进行高压气淬。工件在后室保护气氛中无氧化加热或在渗碳气氛中渗碳，在前室进行无氧化光亮气体淬火。后室炉衬为氧化铝和保温陶瓷纤维构成，发热元件为卧式并联电热辐射管，炉顶内部设置热风循环风机，保护气氛可采用甲醇或氮气；前室中部为工件气淬室，下部为进气管道，上部为冷却回风热交换器。前室外侧安装变频

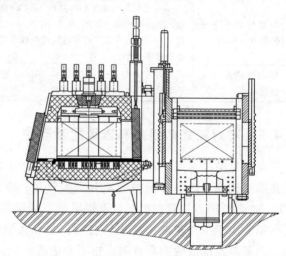

图 7-4　Ipsen 公司 TQG 密封渗碳高压气淬炉

调速大功率风机，通过氮气或氦气的快速循环使工件冷却淬火，淬火冷却速度可通过调节风机速度控制。经高压气淬后的工件无氧化，表面呈银灰色，畸变小，避免了油淬后所需的清洗工序，节能减排。

Ipsen 公司开发的在普通气体渗碳密封多用炉上采用高压气淬的 TQG 系列设备，其结构示意如图 7-4 所示。

（2）高压气淬推杆式连续渗碳炉生产线　为发挥高压气体淬火畸变小、清洁环保等优点，爱协林公司将高压气淬技术与推盘式气体渗碳炉生产线相结合，该生产线综合了推盘式可控气氛自动生产线和高压气淬的优点，具有以下特点：

生产能力大，达到 400kg/h（有效硬化层深度 1.4mm，550HV）；避免了油淬时的油气污染，实现了清洁生产；省去了后清洗；生产成本可降低 20% 左右；减少齿轮等零件淬火畸变。

7.4.7　激光热处理设备

激光热处理设备属于清洁热处理设备。随着我国万瓦级大功率 CO_2 多模激光器的发展，用激光就可以实现多种形式的表面处理（如激光淬火、激光表面熔覆、激光表面合金化）。目前在国内以武汉大族金石凯激光系统有限公司为代表的企业已经生产出系列激光热处理成套设备，例如用于汽车制造业的 HANSGS-W6000 型低阶模横流 CO_2 激光器和 HANSGS-RM 型大型模具激光热处理成套设备等。表 7-14 为几种典型激光热处理设备。

表 7-14　几种典型激光热处理设备

设备名称	组成	热处理技术参数
齿轮激光热处理成套设备	6kW 横流 CO_2 激光器 1 台,专用配套 6 万大卡水冷机组 1 套,数控加工机床 1 台,光路系统 1 套等	淬硬层深度 0.4~1.2mm,淬火硬度(58±3)HRC
大型模具激光热处理成套设备	6kW 横流 CO_2 激光器、激光功率显示仪、导光系统、数控激光加工机床、多功能控制台、6 万大卡水冷机组等组成	熔覆及热处理聚焦头光斑直径:2~5mm
轴类轧辊激光热处理和熔覆成套设备	6kW 横流 CO_2 激光器 1 台、专用配套 6 万大卡水冷机组、大型六轴四联动数控激光加工机床、飞行光路系统等组成	硬化带宽度:3~8mm(窄带),10~40mm(宽带)。硬化带深度:0.4~2.0mm

7.4.8　真空及超声波清洗设备

零件清洗所采用的中性清洗剂的超声波（真空）清洗设备、碳氢溶剂型真空清洗设备、不含氟氯烃溶剂（如戊烷）清洗设备等都是无污染的高级环保热处理设备。

真空溶剂清洗机使用碳氢化合物清洗剂，其溶剂类型为第四类第 3 石油类碳氢化合物。该清洗剂对油污的渗透性能强，洗涤效果好，无毒性，无气味，可再生利用，对环境没有影响，是一种环保高效的清洗剂。

表 7-15 为热处理用典型清洁清洗设备。

表 7-15　热处理用典型清洁清洗设备

设备名称	组成与特点	设备型号及应用
超声波清洗设备	1)主要由清洗槽(安装加热及温控装置。底部粘接超声波换能器)、换能器(超声波发生器,可将电能转换成机械能)、电源(为换能器提供所需电能)组成 2)采用中性清洗剂的超声波清洗设备是无污染的清洁热处理设备	1)TEA-7096T 型全自动超声波清洗系统,可用于飞机发动机等精密零件的清洗 2)TSQX 型汽车摩托车零部件专用超声波清洗机等

(续)

设备名称	组成与特点	设备型号及应用
超声波真空清洗机	1)主要由清洗室、贮液槽、喷淋系统、真空系统、超声波发生系统、油水分离控制系统组成 2)通过超声波振荡加真空吸附方式可以迅速彻底清除残留在工件表面、沟槽、螺纹、盲孔及狭小细缝等处的污垢。能源消耗少、无污物排放、节能、环保	超声波真空清洗机属于高级清洁、环保设备。用于真空热处理过程清洗,渗氮前清洗,零件淬火后的清洗等
碳氢溶剂型真空清洗机	1)主要由洗净机、预洗污液槽、冷凝装置、蒸气发生器、真空系统、再生装置、过滤器、FNAM(中和剂)供给装置组成 2)采用纯净碳氢有机溶剂,对油脂类物质、盲孔类零件清洗效果好。安全与环保,无有害气体、污液排放。平均耗电仅为普通清洗机的50%左右。生产效率高,清洗周期时间在30min左右	如VCH-400、600、1000型。用于真空热处理过程清洗,渗氮前清洗,淬火后的清洗等
真空水基清洗机	1)前后双室结构,在前室采用温水浸泡和喷淋,在后室进行最终清洗和真空干燥,另有油水分离装置、真空清洗室、搅拌风扇、推拉车等 2)可用于工件热处理前后清洗。对形状复杂及油易附着的工件清洗效果好,油水分离后水循环使用,使用成本低廉,不使用有机溶剂,环保,节能,可与多种热处理设备组成自动化生产线	如VCE-400、600、1000型水系真空清洗机,清洗温度在200℃以下,可利用清洗加热代替低温回火,节省回火用电能

7.4.9　清洁冷却设备

　　属于清洁冷却设备范畴的有水槽、盐水槽、烟气处理的油槽、聚合物水溶液槽、喷雾冷却装置、空气缓冷坑、气流循环冷却装置、流态化淬火槽、真空高压气淬室等。

7.4.10　气氛(气体)回收技术系统

　　热处理工艺材料回收和再利用技术是热处理节能环保技术的重要内容之一。

　　1)美国ARI公司开发的气氛回收技术系统,能够回收和重新利用90%以上的热处理气氛,经计算该系统可使热处理节能25%左右。该技术的开发和应用将为可控气氛技术进一步发展开辟了新的道路。

　　2)德国易普森公司开发的渗碳气氛回收与再生装置与渗碳方法,它是将渗碳炉内排出的气体回收与催化再生后,再送回热处理炉中用于生产,渗碳淬火炉的工艺气体消耗量可节省高达90%。该设备现已应用于实际热处理生产。参见

第 8 章 8.14.4 节内容。

3）真空高压气淬处理中 N_2、He 等用量很大，若淬火后自然逸散，则生产成本大增。因此，国外对这类气体的回收技术十分重视，并开发出了几种淬火气体的回收利用系统。奥地利爱协林（Aichelin）公司开发的 N_2 回收装置由真空气淬炉、调节阀组、储罐、N_2 瓶和净化装置组成，日本石川岛播摩公司开发了 He 回收精制系统。

第8章 热处理污染的治理

目前，大气污染、水污染、土地污染等已经危害了我们的生活，损害了公众的健康和生态环境。为此，国家陆续出台了相关法律法规，如《中华人民共和国大气污染防治法》《中华人民共和国水污染防治法》《中华人民共和国环境噪声污染防治法》等。

热处理作为耗能和污染大户，在生产过程中如不注意环境保护，将会产生较严重的"三废"污染。热处理污染治理，应遵循"预防为主，防治结合"的原则，从源头开始控制，使污染物尽可能不产生或少产生。

在目前情况下，对热处理排放物的无害化技术处理也是清洁热处理技术发展的重要内容。

在确保有效的"三废"处理、不污染环境的前提下，对热处理排放物进行有效的回收利用，也是热处理节能减排的重要一环。

8.1 概论

针对热处理行业产生的废水、废气和固体废物等对操作者造成危害和对周围环境造成污染的问题。国家和行业陆续颁布了一系列有关热处理有害物质排放的限制、无害化处理、管理的标准、规定。

目前，国际上普遍采用的工业有害废物处理方法有焚化法、填埋法、化学处理法、固化法、生物降解法和投弃海洋法等。其中化学处理法是处理和处置有害废弃物的最终方法。最普遍采用的化学处理法为酸碱中和法、氧化和还原法、化学沉淀法等。

须经处理才可排放的热处理废物有：高温和中温盐浴的含钡盐渣，等温分级淬火和回火盐浴的含亚硝酸盐盐渣，盐浴渗碳、碳氮共渗、氮碳共渗、硫氮碳共渗的含氰盐渣；工件盐浴热处理后含有以上有害盐的清洗水、工件油淬后含油清洗液和漂洗水；工件在油中淬火和回火时产生的油烟等。以上废物都须经过无害化处理达标后才可以排放。

对有些不得不采用的非清洁工艺和非清洁工艺材料，要进行全封闭生产，并在密闭系统中进行处理，实现无公害排放。处理的渣物要研究予以再生或做特殊处理。

热处理污染的治理可以采用以下措施：

1）认真贯彻执行现有国家热处理环境保护法律、法规与标准。

2）完善热处理环境保护的法律、法规与标准。

3）淘汰和杜绝严重污染环境的热处理工艺、装备和生产方式。如逐步淘汰 $BaCl_2$ 盐浴炉和杜绝采用剧毒氰盐的液体渗碳和碳氮共渗工艺。热处理铅浴炉及氯化钡盐浴炉对环境污染严重，能源浪费大。因此，在 2005 年国家发展和改革委员会发布的《产业结构调整指导目录（2005 年本）》中，其被列为淘汰落后工艺和设备目录第 1 条。

4）对目前尚不能被淘汰的落后的热处理工艺、装备和生产方式，要进行改造。如 $BaCl_2$ 盐浴炉，要实行封闭生产，使其对环境的影响降到最低限度；对盐浴有害固体废物进行无害化处理和回收利用；对热处理车间有害气体和废水经处理达标后排放等。

5）加强环境保护体制建设，完善环境保护管理机制，增强环境保护管理力度，建立严格的奖罚制度。

8.2 热处理有害物排放的限制

目前，热处理有害物排放的限制主要包括废气、废水、固体废物、噪声及辐射限制。国家及行业都制订了相关的标准，要求对热处理排放的有害物经治理达标后才能排放，严格限制排放的有害物的污染。

8.2.1 废气排放的规定

1. 废气排放的限制

热处理排放废气的限制应达到 JB 8434《热处理环境保护技术要求》的规定，具体如下：

1）废气中三种有害物质的最高容许排放量见表 8-1。

表 8-1 废气中三种有害物质的最高容许排放量　　（单位：kg/h）

有害物质	排气筒高度/m				
	10	15	20	25	30
二氧化硫	8	10	14	20	25
氮氧化物（以 NO_2 计）	4	5	7	10	13
一氧化碳	58	75	95	120	160

注：排放源高度大于 30m 的排放标准按相关标准的规定执行。

2）废气中其他有毒、有害物质的集中排放应符合表 8-2 的规定。

表 8-2　废气中其他有毒、有害物质的最高容许排放浓度

序号	有害物质	标准值/[mg/m³（标态）]
1	氰化物	20
2	氨	150
3	硫化氢	80
4	氯	150
5	氯化氢	80
6	氟化物	25
7	苯类	150
8	二甲基甲酰胺	150
9	烟尘及粉尘	150

3）凡不通过排气筒的废气排放均属于无组织排放（排气筒高度小于 10m 者，按无组织排放处理），其排放源周围大气中所承受的该项有害物质浓度应符合 GB 3095《环境空气质量标准》和其他相关标准的规定。

2. 热处理炉排放废气限制

1）热处理炉的排放废气应达到 GB 9078《工业炉窑大气污染物排放标准》中二级标准的规定，具体限值指标见表 8-3。

表 8-3　热处理炉排放废气中有害物的排放限制

项目	排放限值/(mg/m³)
烟（粉）尘浓度	200
烟气黑度（林格曼级）	1 级
无组织排放烟（粉）尘浓度	5
二氧化硫	850
氟及其化合物（以 F 计）	6
铅	0.10
汞	0.010
铍及其化合物（以 Be 计）	0.010
沥青油烟	50

2）热处理炉排气筒最低允许高度为 15m。自 1997 年 1 月 1 日起新建、改建、扩建的排放烟（粉）尘和有害污染物的热处理炉，其排气筒最低允许高度除应达到排放标准外，还应按批准的环境报告书要求确定。当排气筒周围半径 200m 距离内有建筑物时，除应达到排放标准，排气筒还应高出最高建筑物 3m 以上。

各种热处理炉排气筒高度达不到以上任何一项规定时，其烟（粉）尘或有害污染物最高允许排放浓度应按排放标准值的 50% 执行。

3. 热处理车间空气中有害物质的限制

1）GB/T 27946《热处理工作场所空气中有害物质的限值》规定的有害物质容许浓度列于表 8-4 和表 8-5。

表 8-4　热处理工作场所空气中有害物质的容许浓度（化学物质）

序号	有害物质	职业接触限值 OELs/（mg/m³）			超限倍数	备注
		最高容许浓度 MAC	时间加权平均容许浓度 PC-TWA	短时间接触容许浓度 PC-STEL		
1	氨	—	20	30	—	
2	钡及其可溶性化合物（按 Ba²⁺ 计）	—	0.5	1.5	—	
3	苯	—	6	10	—	皮①,G1②
4	甲苯	—	50	100	—	
5	二甲苯（全部异构体）	—	50	100	—	
6	丙酮	—	300	450	—	
7	二甲基甲酰胺	—	20	—	2.0	皮①
8	二氧化氮	—	4.5	9	—	
9	二氧化硫	—	5	10	—	
10	氟化物（不含氟化氢）（按 F⁻ 计）	—	2	—	2.5	
11	甲醇	—	2.5	50	—	皮①
12	氯	1	—	—	—	
13	氯化氢及盐酸	7	—	—	—	
14	氢氧化钾	2	—	—	—	
15	氢氧化钠	2	—	—	—	
16	氰化氢及氰化物（按 CN⁻ 计）	1	—	—	—	皮①
17	三氯乙烯	—	30	—	2.0	
18	一氧化碳	—	20	30	—	
19	二氧化碳	—	9000	18000	—	
20	油雾	—	5	10	—	

① 表示即使化学物质浓度低于 PC-WTA 时，通过皮肤接触也可引起全身效应。应符合相关法律、法规的规定。

② 为引入 G1、G2B 致癌物质分级标识，作为职业病危害预防的参考。应符合相关法律、法规的规定。

表 8-5　热处理工作场所空气中有害物质的容许浓度（粉尘）

序号	有害物质	职业接触限值 OELs/（mg/m³）		超限倍数	备注
		时间加权平均容许浓度 PC-TWA			
		总粉尘	呼吸性粉尘		
1	矽尘 10% ≤游离 SiO₂ 含量（质量分数）≤50% 50% <游离 SiO₂ 含量（质量分数）≤80% 游离 SiO₂ 含量（质量分数）>80%	1 0.7 0.5	0.7 0.3 0.2	2.0	G1② （结晶型）
2	石墨粉尘	4	2	2.0	—
3	炭黑粉尘	4	2	2.0	G2B②
4	其他粉尘①	8	—	2.0	—

① 为游离 SiO₂ 含量（质量分数）低于 10% 不含石棉和有害物质，而尚未制定容许浓度的粉尘。

② 为引入 G1、G2B 致癌物质分级标识，作为职业病危害预防的参考。应符合相关法律、法规的规定。

2）热处理场所空气中有害物质的处理及排放，应符合相关法律、法规的规定。排气装置排出的浓度超标的有害物质应净化处理，达标后方可向大气排气。

3）对剧毒物质的发生源应采取有效措施，合理安装通风装置，不得采用循环空气作为空气调节。

4）有害物质的发生源，应布置在工作地点机械通风设备的下风侧。

5）工作场所内应设事故排风装置，以排除车间内可能突然产生的过量的有害物质。

6）气体渗碳、气体渗氮、气体碳氮共渗、气体氮碳共渗等排气应点燃，并充分燃烧。

8.2.2 废水排放的规定

1. GB 8978《污水综合排放标准》中有关废水排放的规定

（1）标准分级　按 GB 3097《海水水质标准》和 GB 3838《地表水环境质量标准》中排入各类海（水）域的污水的规定分别执行：

1）排入 GB 3838 规定的Ⅲ水域（划定的保护区和游泳区除外）和排入 GB 3097 规定的一类海域的污水执行一级标准。

2）排入 GB 3838 规定的Ⅳ、Ⅴ类水域和排入 GB 3097 规定的三类海域的污水执行二级标准。

3）排入设置二级污水处理厂的城镇排水系统的污水执行三级标准。

4）排入未设置二级污水处理厂的城镇排水系统的污水必须根据排水系统出水受纳水域的功能要求，分别执行1）、2）的规定。

（2）GB 8978 规定的污染物排放标准值　该标准将排放的污染物按其性质及控制方式分为两类：

1）第一类污染物（见表8-6）不分行业和污水排放方式，也不分受纳水体功能类别，一律在车间或车间处理设施排放口采样。其最高允许排放浓度必须达到该标准要求。

2）第二类污染物（见表8-7）在排污单位排放口采样。其最高允许排放浓度必须达到该标准要求。

该标准按年限规定了第一类污染物和第二类污染物最高允许排放浓度，其必须同时符合表8-6和表8-7的规定。建设（包括改、扩建）单位的建设时间，以环境影响评价报告书（表）批准日期为准划定。

表 8-6　第一类污染物最高允许排放浓度

序号	污染物	最高允许排放浓度/（mg/L）
1	总汞	0.05
2	烷基汞	不得检出
3	总镉	0.1

（续）

序号	污染物	最高允许排放浓度/（mg/L）
4	总铬	1.5
5	六价铬	0.5
6	总砷	0.5
7	总铅	1.0
8	总镍	1.0
9	苯（a）并芘	0.00003
10	总铍	0.005
11	总银	0.5
12	总 α 放射性	1Bq/L
13	总 β 放射性	10Bq/L

表 8-7　第二类污染物最高允许排放浓度　　（单位：mg/L）

序号	污染物	1997 年 12 月 31 日前 建设的单位			1998 年 1 月 1 日后 建设的单位		
		一级 标准	二级 标准	三级 标准	一级 标准	二级 标准	三级 标准
1	pH 值	6~9	6~9	6~9	6~9	6~9	6~9
2	色度（稀释倍数）	50	80	—	50	8	0
3	悬浮物（SS）	70	200	400	70	150	400
4	五日生化需氧量（BOD_5）	30	60	300	20	30	300
5	化学需氧量（COD）	100	150	500	100	150	500
6	石油类	10	10	30	5	10	20
7	总氰化物	0	0.5	1.0	0.5	0.5	1.0
8	硫化物	1.0	1.0	2.0	1.0	1.0	1.0
9	氨	15	25	—	15	25	—
10	苯胺类	1.0	2.0	5.0	1.0	2.0	5.0
11	硝基苯类	2.0	3.0	5.0	2.0	3.0	5.0
12	四氯化碳	—	—	—	0.03	0.05	0.5
13	三氯乙烯	—	—	—	0.3	0.6	1.0

2. 热处理排放废水规定

热处理排放废水应达到 GB 8978《污水综合排放标准》中二级标准和 JB 8434《热处理环境保护技术要求》规定，具体限值指标如表 8-8 所示。

表 8-8　废水中有害物质的最高容许排放浓度

序号	有害物质	最高容许排放浓度/（mg/L）
1	pH 值	6~9
2	悬浮物	150
3	化学需氧量（COD）	150
4	氰化物（以 CN^- 计）	0.5
5	硫化物（以 S 计）	1.0
6	氟化物（以 F 计）	10
7	锌	3.0
8	铅	1.0

（续）

序号	有害物质	最高容许排放浓度/(mg/L)
9	锰	2.0
10	钒	1.0
11	钡	5.0
12	氨氮	25
13	石油类	10

8.2.3　固体废物排放的规定

热处理生产过程有害固体废物主要是盐浴废渣（如钡盐渣、硝盐渣及氰盐渣）。针对其污染的危害性，国家与行业陆续颁布了以下标准：JB/T 6047《热处理盐浴有害固体废物无害化处理方法》、JB/T 7519《热处理盐浴（钡盐、硝盐）有害固体废物分析方法》、JB 9052《热处理盐浴有害固体废物污染管理的一般规定》、GB/T 27945.1《热处理盐浴有害固体废物的管理　第1部分：一般管理》、GB/T 27945.2《热处理盐浴有害固体废物的管理　第2部分：浸出液检测方法》和 GB/T 27945.3《热处理盐浴有害固体废物的管理　第3部分：无害化处理方法》等，热处理企业盐浴废渣的无害化处理、排放及管理应按照相关标准执行。

GB/T 279451.1 及 JB 9052 规定的盐浴固体废物浸出毒性鉴别标准值见表8-9。JB 8434 规定的热处理固体废物（包括盐浴固体废物及其他固体废物）浸出毒性鉴别标准见表8-10。

表 8-9　盐浴固体废物浸出毒性鉴别标准值

序号	有害物质	浸出液有害物质浓度限值/(mg/L)
1	钡及其化合物(以 Ba^{2+} 计)	100
2	氰化物(以 CN^- 计)	1.0
3	亚硝酸盐(以 NO_2^- 计)	100

表 8-10　热处理固体废物浸出毒性鉴别标准

项目	浸出液有害物质浓度限值/(mg/L)
钡及其化合物(以 Ba^{2+} 计)	100
氰化物(以 CN^- 计)	1.5
亚硝酸盐(以 NO_2^- 计)	100
铅及其化合物(以 Pb 计)	3.0
铜及其化合物(以 Cu 计)	50
锌及其化合物(以 Zn 计)	50
钒及其化合物(以 V 计)	50
氟化物(以 F 计)	50

8.3 热处理盐浴有害固体废物无害化处理

我国热处理行业至今仍大量使用盐浴炉，每年要产生各种盐浴废渣几万吨。其中相当部分未加处理，只做一般废渣或垃圾随意丢弃，遇水溶解，造成对水体或地下水、土壤的污染。据专家预测，在相当长时间内盐浴炉仍将使用，还无法完全由真空炉等取代。三类盐浴废渣——钡盐渣、硝盐渣、氰盐渣依然是热处理行业的主要污染源之一。

对高速钢刃具淬火仍采用 $BaCl_2$ 盐浴时，盐浴有害固体废物和含 $BaCl_2$ 废水须经无害化处理达标后才允许排放，德国已采用专门技术和装置来解决。

针对热处理盐浴固体废物无害化处理的重要性和迫切性，我国陆续颁布了以下标准：JB/T 6047《热处理盐浴有害固体废物无害化处理方法》和 GB/T 27945.3《热处理盐浴有害固体废物的管理 第3部分：无害化处理方法》等。

利用盐浴三类废渣中有害成分易溶于水的特性，先按图 8-1 所示制成浸出液，按 GB/T 27945.1 的规定鉴别浸出液的有害毒性，将有害毒性的浸出液按 8.3.2～8.3.4 所述的方法进行无害化处理，达到排放标准（GB/T 279451.1）后即可排放。

8.3.1 盐浴有害固体废物处理工艺流程

盐浴有害固体废物处理工艺流程如图 8-1 所示，按 GB/T 27945.1 的规定鉴别浸出液的有害毒性。

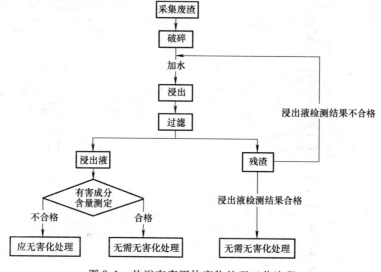

图 8-1 盐浴有害固体废物处理工艺流程

8.3.2 含 BaCl₂ 废盐渣的无害化处理

1. 钡盐渣处理原理

按 GB/T 27945.3 的规定,钡盐渣处理采用沉淀法。加入沉淀剂硫酸钠或碳酸钠 + 硫酸,将可溶性钡盐转变成难溶于水的硫酸钡沉淀。其化学反应式:

$$BaCl_2 + Na_2SO_4 \longrightarrow BaSO_4 \downarrow + 2NaCl$$

或

$$BaCl_2 + Na_2CO_3 + H_2SO_4 \longrightarrow BaSO_4 \downarrow + 2NaCl + CO_2 \uparrow + H_2O$$

2. 钡盐渣浸出液处理工艺流程

先按图 8-1 所示制成浸出液,按 GB/T 27945.1 的规定鉴别浸出液的有害毒性,将有害毒性的浸出液按以下两种方法进行无害化处理。

(1) 沉淀剂为硫酸钠的钡盐渣浸出液处理工艺流程 按 GB/T 27945.1 的规定,沉淀剂为硫酸钠的钡盐渣浸出液处理工艺流程如图 8-2 所示;钡及其化合物(以 Ba^{2+} 计)< 100mg/L 时,即达到环保标准。

(2) 沉淀剂为碳酸钠 + 硫酸的钡盐渣浸出液处理工艺流程 按 GB/T 27945.1 的规定,沉淀剂为碳酸钠 + 硫酸的钡盐渣浸出液处理工艺流程如图 8-3 所示;钡及其化合物(以 Ba^{2+} 计)< 100mg/L 时,即达到环保标准。

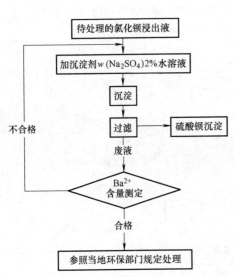

图 8-2　沉淀剂为硫酸钠的钡盐渣浸出液
处理工艺流程

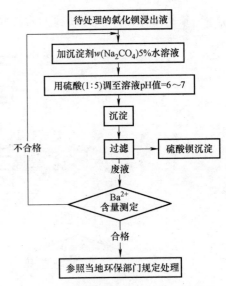

图 8-3　沉淀剂为碳酸钠 + 硫酸的钡盐
渣浸出液处理工艺流程图

8.3.3 含硝盐和亚硝酸盐废盐渣的无害化处理

1. 硝盐渣处理原理

按 GB/T 27945.3 的规定，硝盐渣处理采用氧化法。加入氧化剂次氯酸钠，将易溶于水的亚硝酸盐氧化成硝酸盐溶液。其化学反应式：

$$NaNO_2 + NaClO \longrightarrow NaNO_3 + NaCl$$

2. 硝盐渣浸出液处理工艺流程

先按图 8-1 所示制成浸出液，按 GB/T 27945.1 的规定鉴别浸出液的有害毒性。按 GB/T 27945.3 的规定，硝盐渣浸出液处理工艺流程如图 8-4 所示；亚硝酸盐（以 NO_2^- 计）< 100mg/L 时，即达到环保标准。

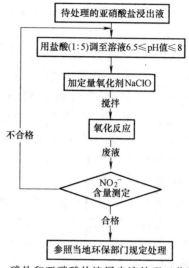

图 8-4 硝盐和亚硝酸盐渣浸出液处理工艺流程

8.3.4 氰盐盐渣的无害化处理

氰盐剧毒，人在 $0.3mg/m^3$ 的 HCN 浓度的空气中就会致命。原则上使用氰盐的液体渗碳、碳氮共渗和氮碳共渗以及通过反应产生 CN^- 的盐浴炉应该禁止使用。对不得不使用的企业，氰盐渣应经无害化处理，按 GB/T 27945.1 的规定，氰化物（以 CN^- 计）< 100mg/L 时，即达到环保标准。

1. 亚硫酸铁法

（1）处理原理 按 GB/T 27945.3 的规定，采用络合法 + 沉淀法。加入硫酸亚铁，先将 CN^- 络合成亚铁氰化盐，再加入氯化铁将亚铁氰化盐转变为铁氰化盐沉淀。其化学反应式：

$$6NaCN + FeSO_4 \longrightarrow Na_4Fe(CN)_6 + Na_2SO_4$$
$$3Na_4Fe(CN)_6 + 4FeCl_3 \longrightarrow Fe_4[Fe(CN)_6]_3 \downarrow + 12NaCl$$

（2）氰盐渣浸出液处理工艺流程 先按图 8-1 所示制成浸出液，按 GB/T 27945.1 的规定鉴别浸出液的有害毒性。按 GB/T 27945.3 的规定，氰盐渣浸出液处理工艺流程如图 8-5 所示。

2. 化学处理法

采用氰化物碱液氧化法。其原理是通过在碱液中加氯、次氯酸钠或次氯酸钙（漂白粉），用碱液使氰化物氧化。选用氯还是漂白粉取决于需要处理的氰化物量。对于含少量氰化物的液体，用次氯酸盐比用氯（气）方便。以氯（气）为氧化剂的反应如下：

$$2NaCN + 4NaOH + 2Cl_2 + 2H_2O \Longrightarrow (NH_4)_2CO_3 + Na_2CO_3 + 4NaCl$$

根据此反应式可计算出，处理 1kg 的 NaCN 需要 1.42kg 氯气和 1.6kg 的 NaOH。为了补偿某些副反应，实际需要 2kg 氯气。使用次氯酸盐时，可按其实际含有效氯量来计算出漂白粉需要量。由反应式可见，生成的是无毒的碳酸盐和氯化钠，故此无害化处理相当彻底。

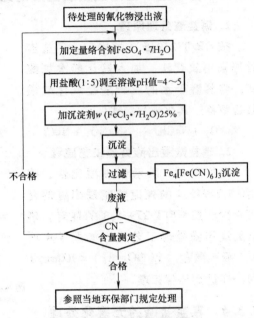

图 8-5　氰盐渣浸出液处理工艺流程

3. 电化学处理法

新开发的电化学处理法能破坏游离氰化物，其效率和经济性都比化学处理法优越。由此法处理时，将含氰水溶液在电化学反应器中循环，在反应器上施加的直流电压可使游离氰化物和氰酸盐氧化。其反应如下：

$$2CN^- + 8(OH^-) \longrightarrow 2CO_2 + N_2 + 4H_2O + 10e^-$$

$$2CNO^- + 4(OH^-) \longrightarrow 2CO_2 + N_2 + 2H_2O + 6e^-$$

游离氰化物和氰酸盐转变为无毒的 CO_2 和 N_2。当 CN^- 浓度高时，将其浓度降至 $1 \times 10^{-4}\%$（质量分数）的处理时间需 $100 \sim 150h$。这是因为 CN^- 浓度在 $200 \times 10^{-4}\%$（质量分数）以下时，其进一步深度处理的反应速度很慢。因此，经常把电化学处理法和化学处理法结合使用，先用电化学处理法把 CN^- 降到 $200 \times 10^{-4}\%$（质量分数），然后再用化学处理法将 CN^- 降到 $10^{-4}\%$（质量分数）以下，以达到排放要求，这样，可节省许多时间。

8.4　热处理盐浴有害固体物污染管理

热处理盐浴炉熔盐在使用过程中，会产生一些固体废弃物。从盐浴炉捞出的废渣含有氯化钡、亚硝酸盐和氰化钠等有害或有毒物质，是热处理行业的主要污染源之一。

国家与行业颁布了 JB 9052《热处理盐浴有害固体废物污染管理的一般规定》、GB/T 27945.1《热处理盐浴有害固体废物的管理　第 1 部分：一般管理》等标准。

8.4.1 盐浴固体有害废物种类和来源

按照 JB 9052 和 GB/T 27945.3 的规定，盐浴固体有害废物种类和来源见表 8-11。

表 8-11 盐浴有害固体废物种类和来源

序号	种类	来　源
1	钡盐渣	高、中温盐浴
2	氰盐渣	碳氮共渗、渗碳、氮碳共渗、硫氮共渗、硫氮碳共渗、碳氮硼共渗等盐浴
3	硝盐渣	等温、分级淬火和回火等盐浴

8.4.2 盐浴固体有害废物的管理

在 GB/T 27945.1 中关于热处理盐浴有害废物的规定如下：

（1）盐浴有害废物　在施行盐浴热处理生产时，属于盐浴有害废物的来源列于表 8-11。

（2）对盐浴固体废物的急性毒性、浸出毒性和腐蚀性进行鉴别，凡具有一种或多种上述特性的有害固体废物应进行无害化处理。

1）急性毒性。一次或 24h 内多次给实验动物染毒化学物质所致的中毒效应。

2）浸出毒性。固态废物遇水浸沥，浸出的有害物质迁移转化并污染环境，这种危害特性称为浸出毒性。

3）腐蚀性。符合下列条件之一的固体废物即被认为具有腐蚀性：

按 GB/T 15555.12 的规定，制备的浸出液 pH 值≤2.0 或 pH 值≥12.5；按 GB 5058.1 的规定，在 55℃条件下对 GB/T 699 规定的 20 钢的腐蚀速率≥0.635cm/a，则这种废物即具有腐蚀性。

4）盐浴固体废物浸出毒性的鉴别。按照 GB/T 27945.1 的规定，盐浴固体废物浸出液中任何一种有害成分的浓度超过表 8-9 所列的浓度限值时，该固体废物被定为有害固体废物。

（3）盐浴固体有害废物的管理　按照 GB/T 27945.1 的规定如下：

1）盐浴有害固体废物的申报登记管理，应按照国家现行的有关规定执行。

2）热处理盐浴使用单位应对产生的盐浴固体废物尽可能加以利用。

3）应对暂时不利用的盐浴固体废物按国家有关规定贮存，安全分类存放和管理。

4）应对不能利用的盐浴固体废物按 GB/T 27945.3 的规定进行无害化处理。对热处理盐浴使用单位无能力处理的有害固体废物，应委托有资质的部门处理。

处理单位应有处理过程、处理结果和排放批准的记录并保存。处理单位应接受当地环保部门的检查、监督和管理。

5）收集、贮存、运输和处置固体废物的单位和个人，应采取防扬散、防流失、防渗漏或者其他防止污染环境的措施，不得擅自倾倒、堆放、丢弃和遗撒固体废物。盐浴有害固体废物贮存、处置设施和场所环境保护图形标志应符合 GB 15562.2《环境保护图形标志 固体废物贮存（处置）场》的规定。

8.5 喷砂与喷丸粉尘的处理

目前热处理企业使用的喷砂、喷丸机（抛丸机）主要用于表面清理与强化，不少喷砂、喷丸机（抛丸机）简陋，维修不及时，密封、除尘效果不好，喷砂粉尘（主要 SiO_2）、喷丸金属粉尘和钢丸四处飞溅，噪声很大，影响车间和周围环境，对操作者的健康和人身安全不利，空中漂浮的 SiO_2 粉尘、金属氧化物粉尘等对环境造成污染。

（1）喷砂机 喷砂设备应优先利用湿法喷砂设备。

1）现代化高压水射流喷砂机具有如下特点：①不用压缩空气，直接采用高压水为动力，从理论上消除了粉尘污染，从根本上解决了对操作者健康和周围环境的危害，故环保性好；②清理速度快，去除力强，同等功率下较风喷砂机提高工效 2~3 倍；③表面清理干净彻底，油、盐、锈等附着物一次性清除；④磨料自动回收与分选，磨料反复利用，水循环使用，节材、节水、节能。

2）设备规格。液体喷砂机可分为转台式（自动）液体喷砂机、滚筒式液体喷砂机、箱式手动液体喷砂机等。表 8-12 为热处理用高压水射流喷砂机规格及技术参数。

表 8-12 热处理用高压水射流喷砂机规格及技术参数

分类	电动机功率/kW	工作压力/MPa	清理能力/（m²/h）	应用范围
零件喷砂机	20~40	22~30	70kg/min	小型零件，大批量清理
	20~40	22~30	15~30	中型零件，大批量清理
	18.5	22~30	10~15	中小型零件，小批量清理
	20~40	22~30	15~30	短杆状零件，大批量清理
	18.5	22~30	10~15	大型零件清理
专用喷砂机	20~90	25~30	1 件/5s	汽车传动轴全自动清理

（2）喷丸设备的除尘系统 喷丸设备应有良好的除尘系统。几种常用除尘设备见表 8-13。

表8-13 几种常用除尘设备及其特点

设备名称	工作原理	特点
袋式除尘器	滤袋采用纺织的滤布或非纺织的毡制成,利用纤维织物的过滤作用对含尘气体进行过滤,当含尘气体进入袋式除尘器内,颗粒大、比重大的粉尘,由于重力的作用沉降下来,落入灰斗,含有较细小粉尘的气体在通过滤料时,粉尘被阻留,使气体得到净化	适用于捕集细小、干燥、非纤维性粉尘,价格便宜;体积庞大;除尘效果较差;金属粉尘粘到布袋上难于清理,清理时劳动强度大,易造成二次污染;在清理金属粉尘时易引起火灾
湿式除尘器	它是使含尘气体与液体(水)密切接触/结合,利用水滴和颗粒的惯性碰撞及其他作用捕集颗粒或使粒增大,因重力作用而下沉塔底,净化的气体通过脱水器去除夹带的细小液滴后由顶部排出	设备体积小,除尘效果好,处理后的金属粉尘容易清理,且清理时不会造成二次污染,尤为重要的是彻底消除了火灾的隐患
旋风式除尘器	利用旋转的含尘气体所产生的离心力,将粉尘从气流中分离出来	除尘效率不高,结构简单,价格低,体积小,维修方便,运行费用低
滤筒式脉冲反吹除尘器	含尘气体由进风口进入除尘器箱体内,细小尘粒因滤筒的多种效应作用而被阻止在滤筒外壁上,滤筒表面吸附的粉尘通过脉冲仪控制打开电磁阀,利用压缩空气喷射滤筒,使其抖落而进入灰斗	净化率高(高达99%),体积小,运行费用低。根据喷丸机工作时间,定期清理灰尘或更换滤芯,即可保证除尘效果,维护方便

8.6 燃烧产物粉尘的处理

燃料炉燃烧产物含有 SO_x、NO_x、CO、烟尘等,直接排放时数量大,会污染环境。过去只对排烟烟囱高度有规定,按目前要求这是远远不够的。如能合理选用燃料,控制燃烧比和不过分预热空气,燃烧产物中 SO_x、NO_x 一般不会超过环保规定,其主要有害成分是炭黑和微尘。燃烧产物必须经无害化处理达标后才可排入大气。

燃烧废气的无害化处理措施主要有离心沉积法、静电吸收法和喷水沉淀法等。市场上有专用的处理设施销售。收集的烟尘、微粉还可回收,用来制造文化、生活、工业用途的炭黑,参见本章8.7.3节内容。

8.7 淬火油烟尘的处理

热处理车间的淬火油槽、回火炉、油炉、淬火压床等在使用过程中都产生大量油烟,其中含醛类、酮类、烃、脂肪酸等化合物,以及芳香族化合物和杂环化合物等，其实质是含有各种复杂成分的微小粒子，可长时间悬浮于空气中，自然沉降速度慢。

淬火油烟含 CO、C_mH_n、炭黑和微尘，不排出室外将危害操作者身体健康，不经处理直接排放到室外将对周围环境产生污染。淬火油烟必须经无害化处理达标后才可排入大气。

热处理淬火油烟与其他油烟不同，主要表现为：高温工件直接进入淬火油内，废气瞬间膨胀性强、冲击力大；淬火时，油烟量大、浓度高、温度高，有的伴有很大的火焰产生；油烟品种繁多、成分复杂，含有炭黑、烟尘，以及伴有苯并芘、苯并蒽、咔唑等多芳烃。但淬火油烟的主要有害成分是炭黑和微尘等。

各种淬火油槽和回火油炉等都应安装油烟收集与净化装置，达标后排放。

8.7.1 淬火油烟常用处理方法

淬火油烟可采用油烟净化器等装置处理后达标排放。油烟净化器主要有惯性分离、洗涤、过滤法、吸附法、静电沉积、热氧化焚烧及催化剂净化器等。表8-14 为几种常用油烟净化器及其特点比较。

表 8-14　几种常用油烟净化器及其特点比较

设备名称	工作原理	特点
惯性分离净化器	通过气流方向的改变所产生的惯性，将烟雾中颗粒物从气流中分离出来	设备简单,价格低,压降小,但净化率不高(一般为 50% ~ 70%),一般可与其他方法结合使用
洗涤净化器	它是用吸收液吸收烟气中污染物,通过气液接触使污染物从气相向液相转移的简单喷淋方式	净化效果良好,若在水中添加活性去油剂,净化率会更高。若增加水循环回收系统,可避免二次污染
过滤法净化器	利用吸烟性的高分子复合材料等,将油烟中的颗粒污染物截流下来	净化率高,运行稳定可靠,但滤料易堵塞,需定期更换,压降大,设备价格较贵
静电沉积净化器	它是将油烟引入高压电场,使油烟气中颗粒物带上电荷,在电场作用下向集尘极运动,并沉积下来从油烟中脱除	设备结构紧凑,占地面积小,净化率高(可达 90%),压降较小。但长期使用后电极表面沉积油垢,形成油膜层,阻碍电场放电,且不易清洗,导致处理能力下降,设备价格较高
吸附法净化器	采用吸附介质(活性炭)将油烟中的污染物吸附脱除	设备结构简单,净化率高。但吸附介质达到吸附过量后需更换,导致运行费用提高,设备价格较贵

表 8-15 为某公司生产的油烟净化器主要规格。其 NJ-1 型旋风水膜油烟净化器技术指标：净化率 >98%，烟尘排放浓度 <100mg/m³，除油率 >98%，SO_2 排放浓度 <200mg/m³，林格曼黑度 <1，烟气含湿量 <6%（质量分数），进口烟气温度 150 ~ 500℃，排出的烟气温度 60 ~ 70℃，除尘器的运行阻力 <1200Pa。

表 8-15　油烟净化器主要规格

型号	NJ-1	NJ-2	NJ-4	NJ-6	NJ-15	NJ-20	NJ-30
处理烟气量/（m³/h）	3250	6500	12000	18000	45000	60000	90000
净化率（%）	>98%						
运行阻力/Pa	<1200						

　　某机械研究所集多项专利技术研发生产的 W（L）RY 系列热处理专用油烟收集与净化系统，可用于热处理淬火、回火时油烟收集与净化。其主要特点：结构紧凑；具有防火功能；收集的淬火油可循环利用，油烟净化机吸附的淬火油微粒聚集后流入集油槽内，可以再次应用于热处理生产。油烟净化机规格及主要参数列于表 8-16。

表 8-16　油烟净化机规格及主要参数

	型号	处理量/（m³/h）	额定功率/kW	净化率（%）	噪声/dB
卧式	WRY-Ⅰ	2000	0.95	≥95	52
	WRY-Ⅱ	4000	2.3	≥95	60
	WRY-Ⅲ	8000	4.6	≥95	63
	WRY-Ⅳ	15000	10.7	≥95	68
立式	LRY-Ⅰ	2000	0.95	≥95	52

8.7.2　全封闭车间热处理油烟的收集与净化技术

　　全封闭车间厂房不允许设置专用烟道将油烟排外到室外。厂房顶部仅设置了换气风机进行厂房的整体换气，其设计的理念是达不到环保要求的气体即使是室外也不能排放。

　　（1）静电净化方法　其是采用电晕放电的方法将空气电离，使空气中油烟雾粒子带上电荷，并通过电场使带电离子在库伦力的作用下向放电极板运动，放电后聚集成油滴而回收。

　　（2）油烟的收集　图 8-6 所示是回火炉的油烟收集罩结构示意。收烟罩设置在炉盖之上，沿炉盖环形设置，炉盖盖上后，从炉盖溢出的油烟就会被处于负压下的收烟罩吸入，再通过管路送到净化机内净化。图 8-7 所示是淬火油槽的油烟收集结构示意。为了实现淬火油烟的收集，在淬火油槽的上部预留了大于淬火件高度的空间，使淬火件在与油面接触之前上盖可

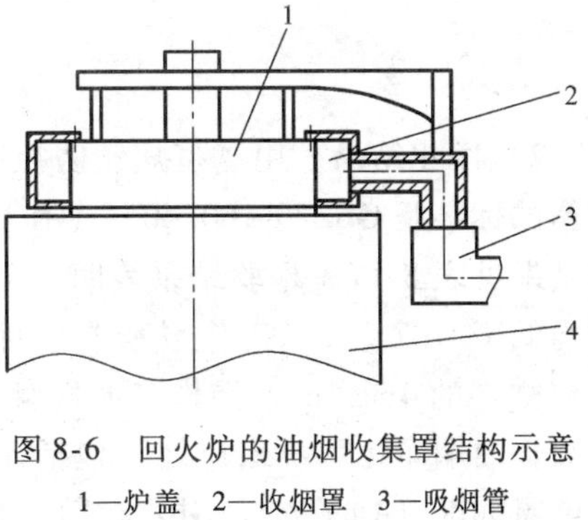

图 8-6　回火炉的油烟收集罩结构示意
1—炉盖　2—收烟罩　3—吸烟管
4—回火炉

以被盖上,这样也就可以保证最大限度地收集油烟。

油烟净化机、风机、回火炉和淬火油槽的平面布置如图8-8所示。

(3)油烟的净化

1)油烟净化系统结构。采用的净化系统由烟气收集罩1、粗过滤与降温板网2、风机3、静电净化器4、精密过滤网5、排气口6、集油槽7等部分构成,如图8-9所示。各部分的功能为:烟气收集罩和风机为系统提供足够的吸力,烟气收集罩用于有效收集热处理设备产生的烟气;粗过滤与降温板网的作用是通过分流板使油烟气流在进风口分散进入栅格,较大油污颗粒在气流与栅格作用下分离出来并积聚在栅格上,沿着栅格板流下后,经排油管道流进集油槽,在粗过滤的同时导热板也降低烟气的温度;静电净化器将粗过滤后的油烟气变成带电粒子,在电场的作用下向两电极移动并聚集在电极上,在重力的作用下流到

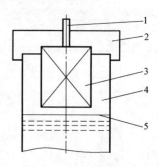

图8-7 淬火油槽的油
烟收集结构示意

1—吊钩 2—可旋转上盖
3—淬火件 4—淬火油槽
5—油面

集油槽;精密过滤网由活性炭网组成,可以对油烟进行最后的净化。

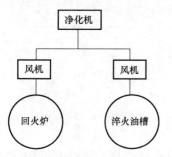

图8-8 净化机、风机、回
火炉和淬火油槽的平面布置

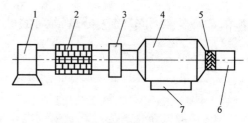

图8-9 净化系统组成示意

1—烟气收集罩 2—粗过滤与降温板网
3—风机 4—静电净化器 5—精密过滤网
6—排气口 7—集油槽

2)净化结果。由省疫病预防控制中心对该系统的净化效果进行检测,检测依据的标准是GBZ/T 160.40《工作场所空气中混合烃类化合物的测定方法》,检验结果见表8-17。检验结果表明,工作场所被检所有石蜡烟样品的短时接触浓度均低于GBZ 2.1《工作场所有害因素职业接触限值 第1部分:化学有害因素》规定的$4mg/m^3$,操作工人接触石蜡烟的时间加权平均浓度低于$2mg/m^3$的标准,油烟净化系统出口处(包括淬火、回火)的接触浓度值$<0.24mg/m^3$,低于国家标准($4mg/m^3$,GBZ 2.1)。根据GB 18483《饮食业油烟排放标准》规定的方法计算的该油烟净化系统的净化率达到97%。

表 8-17　淬火油槽和回火炉的油烟检测结果

采样位置		短时接触容许浓度 /(mg/m³)	短时接触浓度实测值 /(mg/m³)	时间加权平均容许浓度/(mg/m³)	时间加权平均浓度实测值/(mg/m³)
淬火油槽附近		4	0.45	2	<0.24
		4	0.45	2	<0.24
回火炉附近	炉温<400℃	4	0.45	2	<0.24
		4	0.45	2	<0.24
	炉温>400℃	4	0.45	2	<0.24
		4	0.45	2	<0.24
净化机出口	淬火	4	<0.24	2	<0.24
	回火	4	<0.24	2	<0.24
		4	0.45	2	<0.24

8.7.3　"碳捕获和利用（CCU）"技术及用天然气燃烧排放的废气制备纯炭黑

20 世纪末，美国航空航天科学家认为大气中的 CO_2 浓度安全下限应为 $658mg/m^3$，目前人类面临的气候问题已经非常严重，空气中 CO_2 的当量浓度达到 $780mg/m^3$。气候问题成为关系人类生存的核心问题，解决办法就是发展低碳经济。

（1）"碳捕获和储存（CCS）"技术与"碳捕获和利用（CCU）"技术

1）"碳捕获和储存（CCS）"技术。联合国政府间气候变化专门委员会（IPCC）对"碳捕获和储存（CCS）"技术的定义是：碳捕获与储存是将 CO_2 从工业或能源相关的源头中分离，再通过远距离输送到存储地点并与大气长时间隔离的过程。它是减少大气温室气体的诸多方法中的一种。

据统计，我国 CO_2 排放总量的三分之一来自电力（特别是煤电）行业，而整体煤气化联合循环发电技术（IGCC）已成为全球公认的洁净煤发电技术，IGCC＋CCS 将成为我国煤电行业减少碳排放的一条重要技术路线。

热处理行业是耗电大户，热处理生产节约用电无疑是减少碳排放与污染的重要举措。

2）"碳捕获和利用（CCU）"技术。其是将 CO_2 作为一种资源，在低能耗、低成本条件下，利用 CO_2 矿化，转化联产高附加值化工产品，真正实现 CO_2 的高效利用。现举例如下：

例1，利用氯化镁矿化 CO_2 联产盐酸和碳酸镁。盐酸是重要的化工原料，而碳酸镁则可以作为耐火材料、锅炉和管道的保温材料，以及食品、药品、化妆品等的添加剂。

例2，利用固废磷石膏矿化 CO_2 联产硫基复合肥。目前，四川大学与中石化联合成立了研究院，即将在四川达州进行中试和示范工程建设。

（2）用天然气燃烧排放的废气制备纯炭黑　Atlantic Hydrogen 公司开发的技术，被称作为"碳捕获和利用（CCU）"技术，利用该项技术可将热处理用天然气燃烧排放的废气（主要是 CO_2）进行收集、存储并制备成纯炭黑。与常规"碳捕获和储存（CCS）"技术比较，该技术具有节能、减排、再利用效果，还可以减少天然气的碳排放。

8.8　化学热处理及氰盐浴废气的处理方法

化学热处理如碳氮共渗、氮碳共渗、渗氮等，其废气中残存 HCN、CO 和 NH_3 等必须进行无害化处理。氰盐浴蒸发产生的废气中含有 HCN 有毒气体，也必须进行无害化处理，达标后才能排放。

8.8.1　碳氮共渗及氮碳共渗废气处理

采用气体碳氮共渗和氮碳共渗的井式炉和密封箱式炉、连续式渗碳/碳氮共渗炉等，对工件进行碳氮共渗和氮碳共渗时，由于气体反应可能生成 HCN，废气中还有残存的 CO 和 NH_3，如不经处理直接排放到大气，将严重污染环境。对此，必须进行无害化处理。

（1）燃烧处理法　处理这些有害气体的办法很简单，就是把气体在排气口点燃，充分燃烧，即可使其转化为 CO_2、H_2O、N_2 等无害成分。

（2）利用湿法过滤机处理法　湿法过滤机工作过程是，将用管道输送至机内的热处理炉产生的废气，在机内同循环水幕进行交换，除掉有害物质达标后再排放到空气中。湿法过滤机对净化空气，保护环境十分有益，而且，设备的购置成本和运行成本都不高。该法可满足更高的环保要求。

8.8.2　渗氮炉废气（尾气）的环保排放

气体渗氮介质是 NH_3，由于炉中的 NH_3 分解不完全，排出的废气中含有残留 NH_3。工作环境空气中有过多的 NH_3 会强烈刺激人的咽喉、眼睛和呼吸道，在含 $3500mg/m^3$ 以上 NH_3 的空气中，人停留 30min 将会导致致命危险。对此，必须进行无害化处理。

（1）燃烧处理法　渗氮、氮碳共渗炉中排出的废气中含有残留 NH_3 和微量 HCN，在渗氮操作规程中有硬性规定：必须将排出的气体点燃，并充分燃烧，形成无毒的 H_2O 和 N_2。

（2）利用水箱溶解处理法　渗氮、氮碳共渗期间产生的废气（主要是残留 NH_3）抽到室外的密封水箱中溶解，水中加有消除毒物的无毒化学药品，经处理后的废水无毒、无污染，可以达到排放标准。

（3）利用废气裂解炉处理法 渗氮炉工作时产生的废气直接排放会对大气产生污染，利用废气（尾气）裂解炉，对渗氮炉排出的废气进行再次裂解，将残余废气中的 NH_3 转化为 H_2 和 N_2，从废气出口燃烧排放。废气排放口的烧嘴在渗氮炉使用状态下保持点燃状态，如果火焰熄灭将有故障显示报警。

（4）热处理废气二次利用 可以经炉子废气二次处理，实现环保排放或二次利用，符合节能减排要求。

8.8.3 氰盐浴废气的处理

氰盐剧毒，人在 $0.3mg/m^3$ 的 HCN 浓度的空气中就会致命。使用氰盐时，首先保证工作场地要有良好的通风条件；另外，要全部采用水幕抽风的方法进行处理，即抽风管道抽出的废气须通过水（幕）处理达标后才能排向大气，含氰气体的 HCN 最高允许（GB/T 27946）排放浓度是 $1mg/m^3$。

8.9 清洗液的油水分离和油的回收

热处理前清洗、中间清洗过程中，清洗液中含有一定量的切削润滑油、淬火油、回火用油等，直接排放不仅污染水体，而且浪费资源。对此，必须采取措施进行油水分离、回收，废清洗液达标后方可排放。

8.9.1 油的回收

1. 日本清洗机油水分离回收装置

热处理工件前清洗和中间清洗后，液面会漂浮大量油脂，后者可回收利用。通常在清洗机液槽边设有毛刷刀片刮油器，使油流入另一容器收集待用。日本中外炉公司的清洗机上设有加压浮上式油水分离装置（见图8-10）其用压缩空气泡将清洗液中的油带出浮上液面进入专设的废油罐内，油水分离效率高。

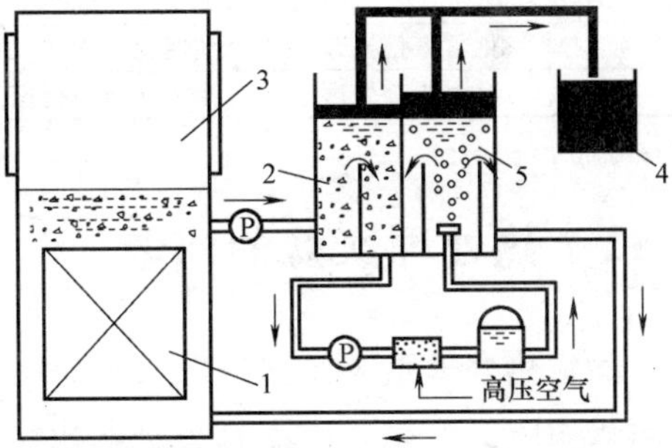

图 8-10 加压浮上式油水分离装置

1—工件 2——次分离槽 3—水系洗净装置

4—废油储罐 5—二级分离槽

2. 采用高塔溢流回收装置

对含油清洗废水采用高塔溢流回收装置处理时，其中废油会自动飘浮到高塔上方，慢慢溢出，高塔下部的水没有废油污染，可以抽回清洗槽再次用于清洗，循环利用。与传统刮油方法相比，该方法溢出废油量少并且废油中的水分较少，容易处理后再利用。

8.9.2 含油清洗液处理

目前，在热处理车间对工件的清洗，较多采用碱性清洗剂 [$w(Na_2CO_3)$ 为 5% 左右的水溶液]，部分采用专用金属清洗剂等。碱性清洗剂虽然无毒，但用过的清洗液中含油脂，不可以直接排放，应把油分离回收。废碱液经专门处理排放的设备进行中和处理后即可排放。还可以采用电解法和混凝法对清洗乳化油废液直接进行处理，处理后的废水色度、悬浮物和 pH 值等指标达标后即可排放，可以满足更高的水质要求。对于一些专用金属清洗剂，如润湿剂和醇类物质的专用清洗剂，能和水无限互溶，其渗透性和去污力很强。此清洗剂不含亚硝酸盐等有毒的化学物质，但用后要除油，并进行回收。

8.10 热处理废油的再生处理

热处理淬火严重老化油，或者回收的热处理淬火油，可以进行再生处理，表 8-18 为废油的再生处理流程。

表 8-18 热处理废油的再生处理流程

处理步骤		内容说明
待处理的淬火油		热处理淬火严重老化油，或回收的热处理淬火油
1	粗脱水处理	用溢流、分离、沉淀等方法利用重力脱去绝大部分水分
2	过滤处理	以约 $12\mu m$ 的过滤精度，除去油中碳化物等固体颗粒
3	细脱水处理	用抽真空或离心的办法，使油中水分减少到 $50 \times 10^{-4}\%$（质量分数）以下
4	化学净化处理	利用化学方法，除去油中细小碳粒、酸份，残留水分等
5	检测调整处理	检测冷速等指标，调整和补加，使其达到或接近新油指标

8.11 热处理废盐的回收

盐浴热处理用 KCl、NaCl、Na_2CO_3 等属于中性盐，无毒，溶入淬火液（水）后可以回收，采用这些盐热处理排出的水对环境无害。但 $BaCl_2$ 进入人体后有毒，含过量 $BaCl_2$ 的清洗用水排入江河湖海会污染水体。目前，在工具行业中硬性规定禁止使用 $BaCl_2$ 尚不现实，但必须规定和遵守排放标准（GB/T 27945.3 等），含钡盐废水和废盐渣必须经无害化处理（GB/T 27945.3 等）后达标排放，才能避免 $BaCl_2$ 等对环境影响。

采用硝盐浴进行等温淬火时，亚硝酸盐有毒，但废盐渣和废液经处理（GB/T 27945.3 等）后可达标后安全排放。

（1）常规回收方法　工件在盐浴炉中加热淬火时，其表面和沟槽附着、带出的盐大部分落入淬火液中。如果淬火液是水或无机盐水溶液，带出的盐可以通过加热蒸发水的方式回收。

盐浴脱氧后捞出的盐渣可放在锥顶部朝下的锥形容器中。把锥顶杂质多的部分盐除去，剩下的盐较纯，可以回收再用。含杂质的硝盐回收后可用作农田肥料等。

（2）盐清洗废水采用浓缩加热分离法　对于盐清洗废水采用浓缩加热分离法（见图8-11），将废水中的盐加热蒸馏脱水，变成固态盐，放回盐溶淬火槽重复使用。而这种废液中的水蒸发冷却后变成纯净水，可重新用于清洗，同时水蒸气还可用于清洗水的加热，如图8-11所示还实现了余热回收利用，基本达到零排放。

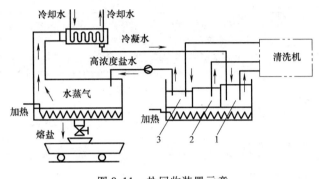

图 8-11　盐回收装置示意

1——级水槽　2—二级水槽　3—三级水槽

8.12　电磁环境控制限值

GB 8702—2014《电磁环境控制限值》规定了电磁环境中控制公众暴露的电场、磁场、电磁场（1Hz～300GHz）的场量限值、评价方法和相关设施（设备）的豁免范围。

（1）电磁环境　其是指存在于给定场所的所有电磁现象的总和。

（2）公众暴露　其是指公众所受的全部电场、磁场、电磁场照射，不包括职业照射和医疗照射。

（3）公众暴露控制限值　感应热处理设备常用频率范围：高频100～1000kHz；中频0.5～10kHz；超音频20～100kHz；工频50Hz。为了控制电场、磁场、电磁场所致公众暴露，保护环境，保障公众健康，热处理感应设备工作环境中电场、磁场、电磁场场量参数的方均根值应满足表8-19的要求。

表 8-19　公众暴露控制限值（摘取部分 GB 8702—2014）

频率范围	电场强度 E /（V/m）	磁场强度 H /（A/m）	磁感应强度 B （μT）	等效平面波功率密度 S_{eq}/（W/m²）
0.025～1.2kHz	200/f	4/f	5/f	—

（续）

频率范围	电场强度 E /（V/m）	磁场强度 H /（A/m）	磁感应强度 B （μT）	等效平面波功率密度 S_{eq}/（W/m²）
1.2 ~ 2.9kHz	200/f	3.3	4.1	—
2.9 ~ 57kHz	70	10/f	12/f	—
57 ~ 100kHz	4000/f	10/f	12/f	—
0.1 ~ 3MHz	40	0.1	0.12	4
3 ~ 30MHz	67/$f^{1/2}$	0.12/$f^{1/2}$	0.21/$f^{1/2}$	12/f

注：1. 频率 f 的单位为所在行中第一栏的单位。电场强度限值与频率变化关系见 GB 8702—2014 中图 1，磁感应强度限值与频率变化关系见 GB 8702—2014 中图 2。

2. 对于 0.1MHz ~ 300GHz 频率，场量参数是任意连续 6min 内的方均根值。

3. 对于 100kHz 以下频率，须同时限制电场强度和磁感应强度；对于 100kHz 以上频率，在远场区，可以只限制电场强度或磁场强度，或等效平面波功率密度，在近场区，须同时限制电场强度和磁场强度。

8.13　工业企业厂界环境噪声排放限值

GB 12348—2008《工业企业厂界环境噪声排放标准》具体规定了工业企业和固定设备厂界环境噪声排放限值及测量方法。

1）厂界。其是指由法律文书（如土地使用证、房产证、租赁合同等）中确定的业主所拥有使用权（或所有权）的场所或建筑物边界。各种产生噪声的固定设备的厂界为其实际占地的边界。

2）工业企业厂界环境噪声。其是指工业生产活动中使用固定设备等产生的、在厂界处进行测量和控制的干扰周围生活环境的声音。

3）工业企业厂界环境噪声排放限值。工业企业厂界环境噪声不得超过表8-20规定的排放限值。

表 8-20　工业企业厂界环境噪声排放限值　　[单位：dB（A）]

厂界外 声环境功能区类别 ＼ 时段	昼　　间	夜　　间
0	50	40
1	55	45
2	60	50
3	65	55
4	70	55

4）夜间频发噪声的最大声级超过限值的幅度不得高于10dB（A）。

5）夜间偶发噪声的最大声级超过限值的幅度不得高于15dB（A）。

热处理车间的鼓风机、空气压缩机、起重机、机械式真空泵、气体燃料燃烧器、通风机、喷砂机、喷丸机等发出的噪声都应满足表 8-20 中类别 3 的规定，即昼间 65dB（A）、夜间 55dB（A）。

8.14 典型节能减排热处理技术与装备

8.14.1 热处理清洗方法及其环保控制技术

清洗可以提高热处理生产效率及热处理质量，与热处理有关的环保清洗属于清洁热处理范畴。机械加工后送到热处理车间的零件表面可能带有切削油、乳化液、润滑剂、颜料、研磨膏、磁粉检测油迹等，如不预先清洗直接装炉加热，作业现场将产生油烟等，污染周围环境。同时，在油中淬火零件如不进行中间清洗，直接进行回火，也将产生油烟污染。对此，所有经机械加工、热处理前的零件以及用油淬火的零件在进入回火炉前必须清洗。

（1）清洗的工艺要素 为了保证零件的清洗质量，应严格控制清洗工艺要素，其中包括：了解热处理前道工序和前道工序在工件表面形成的污物；根据污物类型选择清洗剂；清洗剂的使用，不应在回火时因其在零件表面的残留物而形成烟雾，不应使零件迅速生锈，不应使零件变色等。

（2）工件表面污物的类型及清洗方法选择 工件表面污物的类型是选择清洗剂的重要依据，也是确定清洗条件的重要依据。

1）机加工切削液。用合成清洗剂和碱性清洗剂能够轻易去除可溶性油、合成切削液和乳化切削液。用碱性清洗剂难于去除含硫和含氯化合物，有时必须用溶剂或乳化溶剂。含脂肪酸的切削液容易和碱性清洗剂反应，从而得到良好的清洗效果。

2）研磨膏。研磨时会发热，导致零件表面附着的研磨膏难以去除。通常要使用高清洗力和溶解力的清洗剂。

3）锈蚀、氧化皮和油漆。轻度锈蚀和硝基漆可用苛性碱清洗剂。重度氧化皮必须用酸蚀或喷砂方法去除。清除铝和锌金属表面上的漆必须添加洗漆剂。

（3）清洗剂 可根据污物的类型和采用的清洗工艺（喷射、浸洗、超声等）选取合适的清洗剂。通常，碱性清洗剂用来清除带腐蚀性污物；中性清洗剂用在有缓蚀要求的工件和清除缓和性能的污物，淬火油通常被认为是缓和污物；乳化清洗剂的选用通常取决于下道工序，要求含防锈剂的油膜随后能保留在工件上；要求特别清洁的零件可选用溶剂清洗剂。出于对环境影响，氟氯烃等溶剂的使用越来越少。

JB/T 4323.1《水基金属清洗剂》规定的水基液体金属清洗剂包括液体、粉状和膏状产品，分为高效型、防锈型、低泡型和常温型。对金属清洗剂的技术要求：

产品应对人体无害，无强烈刺激性气味；产品使用浓度不大于5%（质量分数）。

常用清洗剂有水溶性清洗剂、有机溶剂类清洗剂及碳氢类清洗剂等。为达到环保要求，应优先选用高效环保的清洗剂。表8-21为常用热处理清洗剂。

表8-21　常用热处理清洗剂

清洗剂名称	分类与特定
水溶性清洗剂	碱性清洗剂。这是一种使用最广泛的清洗剂，由增洁剂和活化剂的碱土金属盐混合配制而成。要求清洗剂的 pH 值保持在 7 左右。能够去除可溶性油脂、切削液及带腐蚀性的脏物，其价格相对低廉
	合成清洗剂。是一种按 pH 值区分的碱性清洗剂，也是一种含有胺基化合物的有机碱性清洗剂。可用来进行中等难度的清洗，如清除工件表面的淬火油和聚合物溶液
	水基型金属清洗液。如金属油脂低泡（沫）清洗液和免漂洗水基清洗液等，可对各种工件的油污进行彻底清洗，可用于超声波清洗
真空清洗用高效环保清洗剂	LCX 系列中的水基清洗剂。具有较强的去油污能力，洗涤性能好，能够代替汽油、丙酮、四氯乙烯等有机溶剂。该清洗剂无毒，且具有一定的防锈能力。如热处理用 LCX-52 型常温除油水基清洗剂
	真空油基清洗剂。利用轻质溶剂油对淬火油、切削油等重质油污的溶解能力，将其清洗干净；利用真空负压和 150℃ 以下的低温进行干燥。可以达到三氯乙烯等有机溶剂同样的清洗效果。其清洗介质经回收后，反复使用，没有废水废液排放问题
	真空清洗用碳氢化合物溶剂。具有良好的洗净能力及环保性能，克服了常规清洗的缺点。如 SN200 型强力碳氢清洗剂，适用于热处理前、后的真空清洗，对淬火油、回火油具有强的清洗能力。保证清洗质量，对环境无污染，主要用于多级式真空超声波清洗机
可溶性乳化清洗剂	通常含有泥土、溶剂、乳化剂、增洁剂、缓蚀剂和少量水。该清洗剂除了可以溶解工件表面污物，还可以在表面留下防锈膜

表8-22为某公司生产的多种热处理用商品清洗剂。

表8-22　热处理用商品清洗剂

清洗剂型号与名称	用途	特性
KR-200 型水基金属清洗剂	用于热处理前后以及机加工工序间的清洗，适用于清洗金属表面的淬火油、切削油、磨削油、拉拔油、防锈油等各类油污	低泡高效，清洗能力强，防锈能力较强，不含亚硝酸盐、磷酸盐等危害水体的物质，安全环保，对工件及清洗设备无腐蚀
KR-F300 型多用炉专用清洗剂	属于水溶性的碱性低泡型水基金属清洗剂，适合于具有溢流装置的多用炉清洗设备	油水分离性好，具有防乳化能力，不影响化学热处理效果，不含亚硝酸盐、磷酸盐等危害水体的物质，安全环保
KR-F400 型齿轮专用清洗剂	用于齿轮热处理前后的清洗	不影响齿轮化学热处理质量，具有较好的油水分离性和防锈性能，低温回火不出现锈斑，不含亚硝酸盐、磷酸盐等危害水体的物质，安全环保

（续）

清洗剂型号与名称	用途	特性
KR-FJ200 型重质油垢清洗剂	用于清洗机加工、热处理等工序过程中所使用到的切削油、淬火油、防锈油、研磨膏等	清洗后金属表面低残留、易漂洗,在某些工艺下,可代替汽油、煤油、柴油的清洗,不含亚硝酸盐、磷酸盐等危害水体的物质,安全环保
KR-L200 型网带式炉专用清洗剂	适合于网带式炉清洗机的水溶性的碱性低泡型金属清洗剂,用于热处理工件的淬火前后清洗	低泡高效,具有一定的油水分离性,废水处理容易,防锈性能较好,清洗后短期存放不需防锈处理,不含亚硝酸盐、磷酸盐等危害水体的物质,安全环保
KR-R 型溶剂金属清洗剂	是一种安全高效的碳氢溶剂金属清洗剂,适用于各种金属工件的擦洗、浸洗和喷淋,对油脂、炭黑等污物具有极好的溶解能力,可用于碳氢溶剂型真空清洗机	闪点高、安全性好,无毒性,对矿物油污垢有极佳的溶解去污能力,清洗后金属表面无残留,对工件及清洗机无腐蚀,安全环保

（4）工件表面残油的清洗方法　热处理清洗主要是对机械加工时工件表面附着的切削油和热处理油中淬火后工件表面残油的清洗。表 8-23 为工件表面残油的常用清洗方法。

表 8-23　工件表面残油的常用清洗方法

清洗方法	内　　容	特点
碱水清洗法	1)最简单的碱水清洗设备是直接加热或间接加热式的清洗槽,清洗液是质量分数为 5% ~ 8% 的 Na_2CO_3 或 NaOH 水溶液,液温 60 ~ 80℃。工件清洗量大时,可使用输送带式连续清洗机,工件碱液清洗可采取喷淋和浸泡方式,然后用热清水漂洗,最后利用工件的自身余热进行干燥 2)环保要求。对碱水清洗产生的废水进行中和处理,并进行油水分离、回收废油,达到相关环保要求方可排放	主要缺点是清洗效果不太好,尤其工件的盲孔和凹槽部易有残液,在清洗添加了各种活性剂、增效剂的高黏度淬火油时,易有污斑和残留物。另外,清洗液的浓度难以控制
采用金属清洗剂清洗方法	1)一般要求零件的清洗液浓度为 2% ~ 3%(质量分数),清洗重垢零件的浓度为 5%(质量分数),清洗齿轮及轴类件的浓度为 3% ~ 4%(质量分数),或按要求配制,液温一般控制在 50 ~ 80℃,将工件在溶液中浸泡 15 ~ 20min,然后用热水漂洗。金属清洗剂可加入清洗机中使用 2)环保要求。废液应达标排放,并进行油水分离、回收废油	清洗剂价格较贵,应使用不含亚硝酸盐、磷酸盐等危害环境的环保型金属清洗剂
有机溶剂清洗方法	1)使用三氯乙烷、三氯乙烯等有机溶剂,清洗效果极佳,但在常压下以浸泡或喷淋方式清洗淬火工件时,有机溶剂的挥发和飞溅污染环境 2)环保要求。采用真空蒸馏方法回收溶剂和油,使回收后的油中溶剂含量由体积分数20%降至4%以下,清洗结束,打开真空清洗机密封盖时,溶剂蒸汽浓度在 10×10^{-4}%(体积分数)以下,低于规定的 50×10^{-4}%(体积分数)	清洗效果佳,但易对环境造成污染,目前出现了密封型减压溶剂清洗方法

（续）

清洗方法	内容	特点
燃烧脱脂法	1）机械加工件在进入热处理工序之前，需要清洗掉表面油类。对此，可把工件在脱脂炉内加热到 450~500℃，使油脂汽化或燃烧，以达到工件去油的目的 2）仅适用于热处理前的工件清洗 3）环保要求。燃烧油脂产生的废气应进行环保处理后达标排放	可清洗掉切削油、防锈油等轻质、低黏度及低沸点油类。像高黏度、高沸点的重质淬火油燃烧后会有大量残留物和炭黑附着在工件表面，达不到清洗效果
真空及超声波真空清洗法	1）对真空热处理件通常需要采用高级环保清洗设备，如采用真空清洗机、超声波真空清洗设备等 2）可彻底去除残留在复杂零件表面、沟槽、螺纹、盲孔及狭缝等处的污垢，确保后续处理对工件表面的质量要求	使用碳氢溶剂等环保型清洗剂，无污染，对环境友好，并可达到很高的清洁度
石油溶剂清洗法	1）常用的石油溶剂清洗液主要有汽油、煤油、轻质柴油及乙醇、丙酮等 2）主要用于清洗油脂、污垢和一般粘附性的杂质。适用于钢铁及非金属工作的表面清洗	清洗效果较好，但操作环境不佳，易产生火灾危险，有环保要求
超声波清洗技术	1）它是利用超声波在液体中的空化作用、加速度作用及直进流作用等对液体和污物直接、间接的作用，使漂浮污物分散、乳化、剥离而达到清洗目的 2）清洗工艺。如采用喷淋→超声波清洗→喷淋工艺的组合，超声波清洗工艺参数主要包括功率密度（一般 0.5W/cm^2）、频率（常用 20~30kHz）、清洗温度（一般 30~40℃）和清洗时间（根据工件的复杂程度定）	此种工艺组合采用设备结构比较简单，工艺流程短，清洗成本低，清洗较好，采用环保型中性清洗剂，无污染问题

（5）清洗设备　真空清洗机（如碳氢溶剂型真空清洗设备、水剂真空清洗设备）和超声波清洗（使用中性清洗剂）机等是精密零件热处理常用的环保类清洗装备。碳氢溶剂型真空清洗机、超声波清洗机等参见 7.4.8 节内容。

8.14.2　渗氮过程中废氨气排放及热能再利用

金属热处理在渗氮过程中，会产生大量的废 NH_3。NH_3 具有很大的刺激性气味，有毒性。大量排放未经处理的渗氮炉排出的废 NH_3 会严重污染环境。

（1）废 NH_3 的产生　渗氮时常用 NH_3 作为气体渗氮剂，将 NH_3 不断通入 500~600℃ 的渗氮炉罐中，炉内部分 NH_3 在工件及炉罐壁的触媒作用下发生反应，分解出的部分活性氮原子被工件表面吸附，剩余的很快结合成 N_2、H_2。这些 N_2、H_2 及未分解的残 NH_3 一起作为废气排出炉外。若渗氮温度为 520℃，此时 NH_3 分解率也不过 30% 左右，所以大量的剩余 NH_3 排出炉外，如果渗氮废气处理不好，将会造成环境严重污染。

（2）渗氮废气的处理　目前，大多热处理企业对渗氮废气的处理方法是采用点火燃烧或经抽风装置排入大气中。即一般情况下，炉温 480℃ 以上时，在炉子的排气口点火；480℃ 以下时，经抽风装置直接排入大气中，这将造成大气污染。

1）设计与制造一台 NH_3 分解炉，将所用渗氮炉排出的废气通过密封管道收集到 NH_3 分解炉中，加热到540℃，废气将分解成 N_2 和 H_2。H_2 在排放口点燃。燃烧将废气中的有害气体变成无害气体，保证废气排放达到国家环保要求。

2）为了解决出炉时炉内残留 NH_3 污染工作环境的问题，在工件出炉前10min停止输入 NH_3，通入 N_2，将炉内残留 NH_3 置换干净后工件再出炉。这样既防止了炉内工件的氧化，又可以保证出炉时没有 NH_3 的污染。

3）对于渗氮连续作业情况时，NH_3 分解炉的燃烧火焰24h不断地燃烧，设计制造一套热水加热装置及热水循环系统。加热的热水收集到保温箱内，可以用于职工洗澡，以及用于液氨储罐房内供暖。因冬季室内温度过低，液氨挥发效果不好，导致 NH_3 压力过低，影响渗氮质量，利用余热供暖，利于液氨挥发，并节省 NH_3，图8-12为渗氮废气处理及热能再利用的系统图。某公司经过2年运行，所排废气经环保部门检测完全达到空气质量要求。

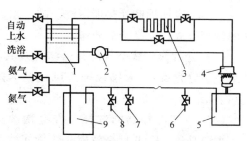

图8-12　废氨气排放和热能再利用系统
1—热水保温箱　2—热循环泵　3—取暖装置
4—热水加热器　5—废氨气分解炉　6—11号渗氮炉
7—3号渗氮炉　8—2号渗氮炉　9—1号渗氮炉

8.14.3　采用空气冷却器实现淬火液及冷却水零排放的方法

空气冷却器作为节能和清洁生产技术产品收录于工信部《关于印发聚氯乙烯等17个重点行业清洁生产技术推行方案的通知》（工信部节〔2010〕104号），同时被纳入《热处理行业节能和清洁生产先进技术与装备目录（2009）》。

下面为某公司热处理车间采用空气冷却器实现淬火液及冷却水零排放的方法。

（1）原淬火油冷却系统　其主要是由一个 $70m^3$ 地下冷却水池，一个 $100t/h$ 玻璃钢冷却水塔和一个 LTI20-610/800 型螺旋板式换热器（换热面积 $20m^2$）组成，主要用于双排连续式渗碳炉生产线等。此冷却系统属于传统式的水池、开式水塔和螺旋板式换热器组成的结构模式（以下简称水冷却系统，或称水-油冷却系统）。

1）螺旋板式换热器特点。价格低，冷却效果好；但结构内部易生水垢，安全性低，容易产生渗漏现象，冷却水进入淬火油中，严重时容易引发爆炸及火灾事故。

2）冷却水塔特点。耗水量大，需要经常补充水。整个水冷系统消耗功率较大。

（2）高效空气冷却器 高效空气冷却器（或称高效节能空气冷却器、真空热管风冷换热器及空气换热器等，简称空气冷却器），采用了一种先进的气-液强化传热技术，使总传热系数比传统换热器的提高了 30% ~ 40%，其具体优势如下：安全性高，采用空气冷却，不存在漏水问题；节水，采用封闭结构，节水高达 99%；节电，高达 37% 以上；维修费用低，仅为水冷系统的 20% ~ 30%；环保，不须定期拆卸换热器清洗，减少水、油的污染，淬火油温可控，减少淬火油的油烟排放，提高产品质量。

（3）翅片热管式空气冷却器结构及其特点 其主要由热管管束（由单根热管组成热管管束）、大风量轴流风机、本体以及温度自动控制箱等几部分组成（其内部结构见图 8-13）。

（4）空气冷却器的选择 在此次改造中，主要采用 GK-Ⅱ型高效翅片热管式空气冷却器。其换热能力为 250kW，三台风机，每台功率 2.2kW，设计流量（要求淬火油流量）为 45m³/h。图 8-13 所示为 GK-Ⅱ型高效空冷冷却器示意。该设备工作温度 60 ~ 120℃，可用于连续性工作。

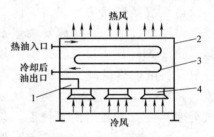

图 8-13 GK-Ⅱ型空冷冷却器示意
1—温度自动控制箱 2—本体
3—热管 4—轴流风机

（5）节能减排效果

1）节能。原淬火油冷却系统采用水冷却，配备了一台 7.5kW 和 2 台 5.5kW 离心清水泵，冷却水塔上安装一台 1.0kW 的冷却风扇电动机，合计功率 19.5kW。采用由空气冷却器组成的冷却系统，省去了循环水动力系统，只要三台 2.2kW 的轴流风机，合计功率 6.6kW，故节能 50% 以上，每年可节省电费 10 万元以上。

2）节水。原冷却系统采用开式水池和开式水塔，冷却水塔热水及水池水蒸发及损失量大，对一个 70m³ 水池，平均每月需要补充水约 50t。而空气冷却器采用空气冷却，不需要用水冷却，没有排放问题，每年可节约用水约 1500t。

采用空气冷却器后，淬火冷却介质（淬火油）和冷却水均为封闭循环，实现零排放，不仅节约大量冷却水，而且减少对环境的污染。

8.14.4 工艺气体消耗近于零的气体渗碳法

易普森（Ipsen）公司研发的新的渗碳方法，是将渗碳炉内排出的气体催化再生后，再送回热处理炉中。采用该方法后，渗碳淬火炉的工艺气体消耗量可节省高达90%。因此,该方法也被称为工艺气体消耗近于零的气体渗碳法(HybirdCarb),现已应用于实际热处理生产。

(1) 常规气体渗碳方法缺点

1) 碳利用率。常规气体渗碳方法应称为"换气渗碳",也就是说这种方法要向炉内不断通入一定量的保护气氛,再从排气口排出烧掉。这种方法的缺点一是保护气氛燃烧导致的热损耗大;二是排气口烧掉的气氛要通过通入新的保护气来补充,工艺气体消耗大。

在生产实践中,一般按炉膛体积每立方米通入 $2m^3/h$ 的载气足以实现稳定渗碳。对大型多用炉一般应通入 $15 \sim 25 m^3/h$ 的载气;大型推盘式连续式炉需要 $30 \sim 40 m^3/h$ 的载气;而开放式的网带式炉需要更大的载气量,约 $50 m^3/h$ 以上。

连续换气的载气一般从炉子的淬火室排出烧掉,这就导致碳的利用率极低。比如由载气和富化气通入炉内的碳量为100g,而实际渗入工件表面的碳量只有2g,即2%,也就是说98%的碳流经炉子最后在排气口白白地烧掉了。

此外,排放的气氛要带走5kW左右的热量,再考虑气氛中 H_2 和 CO 的热值,总热量约35kW,相当于炉子周围的环境被35kW的热源不断地加热。

2) CO_2 排放。以易普森RTQ-17型热处理炉为例,其一年的 CO_2 排放量约64t,相当于42辆大众 GOLF 轿车一年的 CO_2 排放量(按15000km/a计算)。

(2) 一种全新的渗碳方法——工艺气体消耗近于零的气体渗碳法(HybridCarb)

1) 新工艺特点。其工艺特点之一是,保护气氛不会以废气的形式烧掉,而是由气氛循环系统送入一个中间调节室(准备室,再生单元),在这里低碳势气氛通过添加极少量富化气(如天然气)使碳势升高到所需值(高碳势气氛采用加入空气的方式使碳势降低到所需值),再送回加热室内供渗碳使用,如图8-14所示。

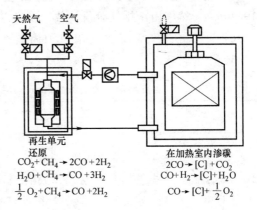

图 8-14 再生单元与渗碳炉连接简图

2) 工业应用及其效果。图 8-15 所示为 RTQ-17 型多用炉和再生单元实物。典型的 RTQ-17 型多用炉的装料实例为:装炉量 2t,渗碳层深度 2.5mm。

图 8-15　与 RTQ-17 型
多用炉相连的再生单元

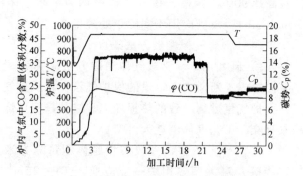

图 8-16　2t 的炉料及 2.5mm 渗层深度打
印出的工艺曲线

图 8-16 所示为 RTQ-17 型多用炉的工艺曲线，其温度、碳势及 CO 值与常规的吸热式气氛渗碳无差异，32.5h 的工艺周期对 2.5mm 的渗层来说也在正常范围内。

可以看出，尽管在整个工艺过程中长时间没有排气烧掉，但所处理的工件却无大的差异。在 32.5h 的处理周期中，其中 29h 无气体排出，也就是说 89% 的时间是由气氛再生系统在工作，从而节省了大量的气体。

同时，渗碳结果如表面碳含量、碳浓度梯度、渗碳层深度、有效硬化层深度、表面硬度以及显微组织都与设定值相同。

再生系统最大的优点是省气。在整个 32.5h 的工艺过程中，仅消耗了 19.76m³ 天然气用于排气阶段的载气制备以及再生阶段维持炉压；此外，消耗了 3.9m³ 天然气，作为富化气用于炉内碳势控制，这样整个工艺周期共消耗了 23.66m³ 的天然气，见表 8-24。

表 8-24　渗层深 2.5mm 采用再生法所消耗的天然气

工艺时间/h	再生室消耗量/m³	炉子消耗量/m³	总消耗量/m³
32.5	19.76	3.9	23.66

若采用吸热式气氛，则载气消耗约 18.8m³/h，32.5h 共消耗 611m³ 的吸热式气氛，制备这些吸热式气氛以及富化气总需约 154.4m³ 的天然气，也就是说相当于再生法耗量的 6 倍，或者说对这种深层的渗碳周期，再生法可节约 84.7% 的工艺气体。

表 8-25 汇总了不同装炉量、不同层深的渗碳及光亮淬火工艺的气体消耗数据。从表 8-25 可以看出，与吸热式气氛相比，对渗碳来说，HybirdCard 法可以节省工艺气体 80%～90%；对于像光亮淬火这样极短的热处理周期，也可节省工艺气体 75% 左右，同时，降低 CO_2 排放达 80%～90%，故该工艺具有显著的

环保效果。

　　该技术除了用于多用炉外，也可以用于其他密封炉，如井式炉或推盘式连续式炉等。

表 8-25　TQ/RTQ-17 型炉采用不同装炉量、不同工艺时的天然气耗量

工艺	硬化层深度 /mm	装炉量 /kg	处理时间 /h	一个周期消耗的气体		节省率(%)
				吸热式气体和富化气/m³	HybirdCarb 法/m³	
渗碳	2.5	2000	32.5	154.4	23.6	84.7
渗碳	1.7	1500	18.7	89.1	11.0	87.7
渗碳	1.0	450	9.5	52.0	6.2	88.1
渗碳	0.7	1850	9.1	43.9	8.3	81.1
淬火	—	615	2.3	10.5	2.7	74.3
淬火	—	1000	3.1	14.6	3.4	76.7

第9章 热处理节能减排法律法规、政策和标准

节能减排是我国经济和社会发展的一项长远战略方针，也是当前一项极为紧迫的任务。由于热处理是耗能大户，也是污染控制重点行业，因此国家与行业陆续颁布了相关节能与减排的法律法规、政策和标准，以推动热处理企业节能与减排工作。

针对国家对环境保护提出的更高要求，并为实现对环境少无污染的目标，热处理行业除采用清洁热处理技术、装备、材料及采取相关环保措施外，完善管理制度与措施也非常重要。其中首要的是制订必要的法律法规，并完善监督机制。与此同时，严格执行已经制订的强制性标准和鼓励执行相关的推荐性标准。

热处理生产企业也应认真贯彻实施 ISO14000 环境管理系列标准，建立、实施并保持环境管理体系；达到国家（或行业）有关环保指标的规定标准；达到强制性标准 GB 15735《金属热处理生产过程安全卫生要求》的规定等。

9.1 国家颁布的环保法律和规定

鉴于环境保护的重要性和我国环境污染问题的严重性，我国从 20 世纪 70 年代末就开始了环境保护工作，在 1979 年颁布了《中华人民共和国环境保护法（试行）》，明确规定环境保护是现代化建设中一个基本保证条件和战略任务，是一项基本国策，使我国环境保护工作开始进入了法制阶段。从此，我国陆续颁布了一系列法律、法规、条例和规定，环保立法迅速发展，部分环保法律和规定见表 9-1。

表 9-1 国家颁布的环保法律和规定（部分）

序号	法律、法规名称	发布时间	发布部门
1	中华人民共和国海洋环境保护法	1982	全国人民代表大会常务委员会
2	中华人民共和国环境保护标准管理办法	1983	城乡建设环境保护部
3	国务院关于环境保护工作的决定	1984	国务院
4	中华人民共和国水污染防治法	1984	全国人民代表大会常务委员会
5	中华人民共和国海洋倾废管理条例	1985	国务院
6	中华人民共和国大气污染防治法	1987	全国人民代表大会常务委员会
7	中华人民共和国水法	1988	全国人民代表大会常务委员会

（续）

序号	法律、法规名称	发布时间	发布部门
8	中华人民共和国噪声污染防治条例	1989	国务院
9	中华人民共和国环境保护法	1989	国务院
10	中华人民共和国环境噪声污染防治法	1996	全国人民代表大会常务委员会
11	中华人民共和国清洁生产促进法	2002	全国人民代表大会常务委员会
…	…	…	…

9.2 热处理相关环保法律法规、政策和标准

1. 热处理相关环保技术政策

1）2005 年，国家发展和改革委员会发布了《产业结构调整指导目录（2005年本）》。其所含目录由鼓励、限制和淘汰三类目录组成。

鼓励类：主要是对社会发展有重要促进作用，有利于节约资源、保护环境、产业结构优化升级，需要采取政策措施予以鼓励和支持的关键技术、装备及产品。热处理鼓励技术与装备有：可控气氛及大型真空热处理技术开发及设备制造。

限制类：主要是工艺技术落后，不符合行业准入条件和有关规定，不利于产业结构优化升级，需要督促改造和禁止新建的生产能力、工艺技术、装备及产品。

淘汰类：主要是不符合有关法律法规规定，严重浪费资源、污染环境，不具备安全生产条件，需要淘汰的落后工艺技术、装备及产品。热处理淘汰工艺装备有：热处理铅浴炉；热处理氯化钡盐浴炉（高温氯化钡盐浴炉暂缓淘汰）。

2）2010 年，国家工业和信息化部发布了《关于印发聚氯乙烯等 17 个重点行业清洁生产技术推行方案的通知》（工信部节〔2010〕104 号），其中包括"热处理行业清洁生产技术推行方案"。

3）2010 年，国家工业和信息化部发布《工业和信息化部节能机电设备（产品）了推荐目录（第二批）》，其中列入 12 项热处理节能装备；2011 年，国家工业和信息化部发布了《工业和信息化部节能机电设备（产品）推荐目录（第三批）》，其中列入 9 项热处理节能装备；2012 年，国家工业和信息化部发布了《工业和信息化部节能机电设备（产品）推荐目录（第四批）》，其中列入 6 项热处理节能装备；2014 年，国家工业和信息化部发布了《工业和信息化部节能机电设备（产品）推荐目录（第五批）》，其中列入 3 项热处理节能装备。

2. 热处理相关环境保护的国家及行业标准

热处理相关环境保护的国家及行业标准见表 9-2。

表 9-2　热处理相关环境保护的国家及行业标准

序号	标准编号	标准名称
1	GB 15735—2012	金属热处理生产过程安全、卫生要求
2	GB 16297—1996	大气污染物综合排放标准
3	GB 9078—1996	工业炉窑大气污染物排放标准
4	GB 8978—1996	污水综合排放标准
5	GB 12348—2008	工业企业厂界环境噪声排放标准
6	GB 3095—2012	环境空气质量标准
7	GB 8702—2014	电磁环境控制限值
8	GB/T 27945.1—2011	热处理盐浴有害固体废物的管理　第 1 部分:一般管理
9	GB/T 27945.2—2011	热处理盐浴有害固体废物的管理　第 2 部分:浸出液检测方法
10	GB/T 27945.3—2011	热处理盐浴有害固体废物的管理　第 3 部分:无害化处理方法
11	JB 8434—1996	热处理环境保护技术要求
12	GB/T 30822—2014	热处理环境保护技术要求
13	JB 9052—1999	热处理盐浴有害固体废物污染管理的一般规定
14	JB/T 6047—1992	热处理盐浴有害固体废物无害化处理方法
15	JB/T 5073—1991	热处理车间空气中有害物质的限值
16	JB/T 7519—1994	热处理盐浴(钡盐、硝盐)有害固体废物分析方法
17	GB 15562.2—1995	环境保护图形标志　固体废物贮存(处置)场
18	GB/T 27946—2011	热处理工作场所空气中有害物质的限值
19	GB/T 20106—2006	工业清洁生产评价指标体系编制通则
20	GB/T 24001—2004	环境管理体系　要求及使用指南

9.3　国家颁布的节能法律和规定

　　当前,国家已将节能工作提升到国家战略地位,并作为一项基本国策长期贯彻实施,国家陆续颁布了一系列节能法律和规定,促进了节能工作,取得了明显的效果。表 9-3 为国家颁布的节能法律和规定(部分)。

表 9-3　国家颁布的节能法律和规定(部分)

序号	法律法规名称	发布时间	发布部门
1	节约能源管理暂行条例	1986 年	国务院
2	中华人民共和国节约能源法	1997 年	全国人民代表大会常务委员会
3	重点用能单位节能管理办法	1999 年	国家经济贸易委员会
4	节约用电管理办法	2000 年	国家经济贸易委员会、发展计划委员会
…	…	…	…

9.4　热处理节能标准

　　标准化是实现热处理节能的技术基础和前提,是全面推进热处理节能的有效途径。积极贯彻落实表 9-4 所列相关热处理标准等,熟悉热处理炉用电基本要求、热处理工件电耗定额，以及热处理节能的途径，改善能源管理，合理组织生产及进行热处理炉节能监测和改进，热处理企业将获得显著的节能效果。

热处理相关节能标准见表9-4。

表9-4 热处理相关节能标准

序号	标准号	标准名称
1	GB/Z 18718—2002	热处理节能技术导则
2	GB/T 17358—2009	热处理生产电耗计算和测定方法
3	GB/T 19944—2005	热处理生产燃料消耗定额及其计算和测定方法
4	GB/T 21736—2008	节能热处理燃烧加热设备技术条件
5	GB/T 24562—2009	燃料热处理炉节能监测
6	GB/T 15318—2010	热处理电炉节能监测
7	GB/T 10201—2008	热处理合理用电导则
8	JB/T 50162—1999	热处理箱式、台车式电阻炉能耗分等
9	JB/T 50163—1999	热处理井式电阻炉能耗分等
10	JB/T 50164—1999	热处理电热浴炉能耗分等
11	JB/T 50182—1999	箱式多用热处理炉能耗分等
12	JB/T 50183—1999	传送式、震底式、推送式、滚筒式热处理连续电阻炉单耗分等

参 考 文 献

[1] 杨申仲,李秀中,崔凡,等.节能减排工作成效 [M].北京:机械工业出版社,2011.

[2] 杨申仲,杨炜,姜勇,等.企业节能减排管理 [M].北京:机械工业出版社,2011.

[3] 杨申仲,杨炜,朱同裕,等.行业节能减排技术与能耗考核 [M].北京:机械工业出版社,2011.

[4] 史捍民,尚邦懿,庄树春,等.企业清洁生产实施指南 [M].北京:化学工业出版社,1997.

[5] 陶雪荪,王鸿志,黎竹勋,等.机械工业企业环保管理指南 [M].北京:中国环境科学出版社,1997.

[6] 樊东黎,徐跃明,佟晓辉.热处理技术数据手册 [M].2 版.北京:机械工业出版社,2006.

[7] 樊东黎,潘健生,徐跃明,等.热处理技术手册 [M].北京:化学工业出版社,2009.

[8] 金荣植.模具热处理及其常见缺陷与对策 [M].北京:机械工业出版社,2014.

[9] 中国机械工程学会热处理学会.热处理手册:第 2 卷典型零件热处理 [M].4 版修订版.北京:机械工业出版社,2013.

[10] 金荣植.齿轮热处理实用技术 500 问 [M].北京:化学工业出版社,2012.

[11] 王振东,牟俊茂.钢材感应加热快速热处理 [M].北京:化学工业出版社,2012.

[12] 金荣植.齿轮热处理畸变、裂纹与控制方法 [M].北京:机械工业出版社,2014.

[13] 黄拿灿,胡社军.稀土表面改性及其应用 [M].北京:国防工业出版社,2007.

[14] 蔡珣.表面工程技术工艺方法 400 种 [M].北京:机械工业出版社,2007.

[15] 金荣植.齿轮热处理常见缺陷分析与对策 [M].北京:化学工业出版社,2014.

[16] 樊东黎,徐跃明,佟晓辉,等.热处理工程师手册 [M].3 版.北京:机械工业出版社,2011.

[17] 沈庆同,梁文林.现代感应热处理技术 [M].2 版.北京:机械工业出版社,2015.

[18] 中国热处理行业协会,机械工业技术交易中心.当代热处理技术与工艺装备精品集 [M].北京:机械工业出版社,2002.

[19] 姜江,彭其凤.表面淬火技术 [M].北京:化学工业出版社,2006.

[20] 阎承沛.真空与可控气氛热处理 [M].北京:化学工业出版,2006.

[21] 齐宝森,陈路宾,王忠诚,等.化学热处理技术 [M].北京:化学工业出版社,2006.

[22] 熊剑.国外热处理新技术 [M].北京:冶金工业出版社,1990.

[23] 潘邻.表面改性热处理技术与应用 [M].北京:机械工业出版社,2006.

[24] 杨满.热处理工艺参数手册 [M].北京:机械工业出版社,2013.

[25] 雷廷权,傅家骐.金属热处理工艺方法 500 种 [M].北京:机械工业出版社,1998.

[26] 朱培瑜,胡景川,张安全.热处理节能的途径 [M].北京:机械工业出版社,1986.

[27] 李华泉.热处理技术 400 问解析 [M].北京:机械工业出版社,2002.

[28] 金荣植.现代汽车工业中的清洁热处理技术与环境保护措施 [J].汽车工艺与材料,2007 (8):12-16.

[29] 金荣植. 热处理清洗方法及其环保控制技术 [J]. 热处理技术与装备, 2011, 32 (5): 47-52.

[30] 金荣植. 热处理节能技术与生产应用 [J]. 金属加工 (热加工), 2014 (增刊2): 95-105.

[31] 金荣植. 汽车齿轮热处理车间环保、安全防火防爆的设计与安装 [J]. 汽车工艺与材料, 2009 (7): 34-38.

[32] 金荣植. 齿轮在连续炉上的稀土快速渗碳技术 [J]. 金属加工 (热加工), 2014 (13): 14-18.

[33] 金荣植. 齿轮激光热处理技术与应用 [J]. 汽车工艺与材料, 2012 (4): 49-53.

[34] 金荣植. 先进的齿轮感应热处理工艺与装备 [J]. 汽车工艺与材料, 2011 (11): 21-29.

[35] 金荣植. 汽车零部件热处理工艺与装备 [J]. 现代零部件, 2013 (8): 48-53.

[36] 金荣植. 新型重型汽车驱动桥锥齿轮材料17Cr2Mn2TiH钢 [J]. 汽车工艺与材料, 2008 (9): 46-49.

[37] 金荣植. 联合收割机内齿轮热处理工艺的改进 [J]. 机械工人 (热加工), 2000 (2): 35.

[38] 金荣植. 稀土快速渗碳工艺 [J]. 金属热处理, 2004, 29 (4): 44-46.

[39] 朱伟成. 汽车制造技术发展研究 (二) [J]. 汽车工艺与材料, 2008 (9): 2-3.

[40] 吴光治. 关于热处理节能和环保若干问题的思考 [J]. 热处理技术与装备, 2006, 27 (2): 1-3.

[41] 姜聚满, 王莎莎, 杨秀成. PAG水溶性淬火冷却介质与淬火油分析比较 [J]. 金属热处理, 2011, 36 (7): 131-133.

[42] 左训伟, 陈乃录, 张为民, 等. 全封闭恒温车间内热处理油烟的收集与净化 [J]. 金属热处理, 2006, 31 (11): 94-96.

[43] 吴光治. 热处理的节能减排 [J]. 热处理技术与装备, 2008, 29 (3): 5-8.

[44] 周海, 曾少鹏, 袁石根. 感应加热淬火技术的发展及应用 [J]. 热处理技术与装备, 2008, 29 (3): 9-15.

[45] 刘宗昌, 李文学, 任慧平. 高效节能退火新工艺 [J]. 热处理技术与装备, 2008, 29 (3): 29-39.

[46] 佟晓辉. 加快热处理行业转型升级、为满足高端装备制造奠定工艺基础 [J]. 金属加工 (热加工), 2012 (1): 16-18.

[47] 刘振乾, 崔利辉. 流态粒子炉的特点和应用 [J]. 金属加工 (热加工), 2009 (1): 37-39.

[48] 吕德隆. 兵器工业的热处理节能技术现状和展望 [J]. 热处理技术与装备, 2012, 33 (1): 1-9.

[49] 马录, 李鲜琴. 氮-甲醇和吸热式渗碳气氛的应用和比较 [J]. 热处理技术与装备, 2012, 33 (1): 18-20.

[50] 廖波, 肖福仁. 热处理节能与环保技术进展 [J]. 金属热处理, 2009, 34 (1): 1-5.

［51］ 何加群，何全陆．节能热处理技术和设备在轴承行业的应用［J］．金属热处理，2009，34（1）：8-10.

［52］ 樊东黎．材料热处理新技术集锦［J］．金属热处理，2009，34（1）：108-117.

［53］ 雍岐龙，董瀚，刘正东，等．先进机械制造用结构钢的发展［J］．金属热处理，2010，35（1）：2-8.

［54］ 樊东黎．现代热处理节能技术和装备［J］．金属加工（热加工），2008（3）：38-42.

［55］ 韩伯群．BBHG-5000大型预抽真空多用炉及其精密控制系统［J］．金属热处理，2012，37（4）：132-134.

［56］ 陈鹭滨，孙希泰．机械助渗的基本规律及其发展前景［J］．金属热处理，2004，29（2）：25-28.

［57］ 闫满刚．清洁热处理的生产实践［J］．金属热处理，2004，29（3）：70-72.

［58］ 陈德华，王志明，谢维立，等．非调质钢推广应用中的强韧化工艺研究［J］．金属热处理，2010，35（6）：76-79.

［59］ 刘晔东．HybrdCarb——一种新的可控气氛渗碳方法［J］．金属热处理，2010，35（6）：124-126.

［60］ 张珀，马柏辉．齿轮齿廓淬火与同步双频感应技术［J］．金属热处理，2010（6）：127-129.

［61］ 吴华锋，张金根．高性能球墨铸铁在汽车底盘轻量化中的应用［J］．金属热处理，2012，37（12）：121-125.

［62］ 高殿奎，孙洪胜，乔海军，等．W6Mo5Cr4V2刀片刃口太阳能加热强韧化处理［J］．金属热处理，2008，33（6）：107-108.

［63］ 巨英东．日本金属热处理未来发展路线图概述［J］．金属热处理，2012，37（1）：14-20.

［64］ 吴培桂，陈莹莹，张光钧．绿色热处理工艺——激光热处理［J］．金属热处理，2012，35（12）：30-33.

［65］ 顾剑锋，潘健生．智能热处理及其发展前景［J］．金属热处理，2013，38（2）：1-8.

［66］ 宗国良，陈焰恺，方华，等．高温渗碳炉复合炉衬的设计及传热计算［J］．金属热处理，2014（2）：138-140.

［67］ 胡月娣，沈介国．节能高效渗碳复合热处理工艺［J］．金属热处理，2010，（11）：76-78.

［68］ 姜聚满，熊孝经，王学军，等．水溶性淬火冷却介质在H13钢淬火中的应用［J］．金属热处理，2010（11）：106-108.

［69］ 刘志刚，鞠海朝，朱峰，等．大型支承辊感应加热差温立式淬火机床的设计及应用［J］．金属热处理，2011（10）：116-118.

［70］ 樊东黎．热处理技术进展［J］．金属热处理，2007，32（4）：1-14.

［71］ 贺小坤，白云岭．汽车齿轮的锻造余热等温退火工艺［J］．金属热处理，2014，39（11）：128-131.

［72］ 孙枫，佟小军，李国庆，等．超高强度钢制螺栓的短时回火工艺［J］．金属热处理，

2014，39（7）：89-92.

[73] 王桂茂，李宾斯，陈志强，等．底装料立式多用炉的节能减排［J］．金属热处理，2012，37（9）：132-136.

[74] 徐宾士．再制造工程与自动化表面工程技术［J］．金属热处理，2008，33（1）：9-14.

[75] 林信智．高效节能的感应热处理工艺［J］．金属加工（热加工），2012（增刊2）：6-11.

[76] 王志明．齿轮同时双频感应淬火［J］．金属加工（热加工），2012（增刊2）：56-57.

[77] 侯世璞，赵鹏，王辉，等．频谱谐波振动时效在水轮发电机转子支架上的应用［J］．金属加工（热加工），2012（增刊2）：197-199.

[78] 陈希原．42CrMo汽车前轴锻热淬火工艺［J］．金属加工（热加工），2013（增刊1）：92-97.

[79] 张俊恩．锻造余热热处理技术应用［J］．金属加工（热加工），2013（增刊1）：98-101.

[80] 杨慧萍．齿轮件余热等温退火工艺应用［J］．金属加工（热加工），2013（增刊1）：102-103.

[81] 陈枝钧，彭坤，许建芳，等．Cr12MoV工作辊感应淬火新工艺［J］．金属加工（热加工），2013（增刊1）：117-119.

[82] 潘明，孙世伟．热处理防氧化简易方法［J］．金属加工（热加工），2013（增刊1）：196-197.

[83] 赵程，刘肃人．活性屏离子渗氮技术基础及应用研究现状［J］．金属加工（热加工），2013（增刊1）：200-203.

[84] 张波，张高社．热处理车间的节能管理［J］．金属加工（热加工），2014（增刊2）：8-10.

[85] 赵昌盛．节能减排重在热处理工艺创新［J］．金属加工（热加工），2014（增刊2）：15-17.

[86] 吴广治，吴越，刘忠国，等．热处理炉节能环保技术研讨［J］．金属加工（热加工），2014（增刊2）：29-33.

[87] 黄培．中国热回收型热处理炉的创新和发展［J］．金属加工（热加工），2014（增刊2）：42-46.

[88] 莫楚威，罗国敏，李福运．模具钢淬火冷却介质选择及其对节能减排的影响［J］．金属加工（热加工），2014（增刊2）：76-83.

[89] 朱会文．热处理节能和适用技术［J］．金属加工（热加工），2013（13）：23-28.

[90] 樊东黎．热处理技术发展的首要途径——少无污染［J］．金属热处理，2006，31（增刊）：11-22.

[91] 朱祖昌，徐雯，王洪．国内外渗碳和渗氮工艺的新进展（一）［J］．热处理技术与装备，2013，34（4）：1-8.

[92] 朱祖昌，徐雯，王洪．国内外渗碳和渗氮工艺的新进展（三）［J］．热处理技术与装备，2013，34（6）：1-8.

[93] 王柏昕，张国良，刘成友．稀土渗氮机理浅析［J］．热处理技术与装备，2013，34（6）：64-69．

[94] 吕德龙，曾国屏．节能减排的环保型新工艺——化学镀镍-磷合金［J］．热处理技术与装备，2011，32（3）：6-11．

[95] 魏仕勇，刘克明，胡强，等．低碳经济与热处理节能环保新技术浅谈［J］．热处理技术与装备，2011，32（6）：46-50．

[96] 朱法义，林东，刘志儒．活塞销的稀土低温渗碳直接淬火新工艺［J］．金属热处理，1997（9）：27-28．

[97] 周霖．客车三臂亚温淬火［J］．金属热处理，1998（12）：35．

[98] 钟厉，韩西，周上祺，等．循环氮势快速离子渗氮［J］．金属热处理，1998（10）：9-11．

[99] 丁志敏，王学芝，阎颖，等．高强度接头螺栓亚温淬火及自回火工艺的研究［J］．金属热处理，1998（1）：8-10．

[100] 姚福苍，王业才，张潮海．活塞销铸态淬火工艺［J］．金属热处理，1998（12）：37-42．

[101] 陈涛，陈彬南．加压气体渗氮和氮碳共渗研究［J］．金属热处理，1998（3）：5-8．

[102] 赵萍．快速渗氮工艺［J］．金属热处理，1998（4）：40-41．

[103] 苏大任．改进正火工艺降低能耗［J］．金属热处理，1997（10）：34-35．

[104] 韩伯群，邓乔枫，姬俊祥．BBH-T-240通过式预抽真空高温多用炉［J］．热处理技术与装备，2014，35（5）：50-53．

[105] 佟晓辉．中国热协代表团赴美国好富顿公司考察访问报告［J］．热处理技术与装备，2014，35（3）：7-11．

[106] 潘诗良．包装热处理［J］．热处理技术与装备，2014，35（3）：46-47．

[107] 宋国平．轴承锻件节能型双层连续等温退火炉［J］．金属加工（热加工），2011（21）：31-32．

[108] 雒向东，刘德才．自预热式燃气烧嘴在大型箱式调质生产线的应用［J］．金属热处理，2012，33（4）：53-54．

[109] 惠稳庆．热处理加热工艺节能探讨［J］．机械工人（热加工），1998（9）：19-21．

[110] 李治岷，魏玉文．工业加热炉窑节能的新途径——黑体强化辐射传热节能的新机理［J］．热处理技术与装备，2008，29（2）：36-39．

[111] 刘晔东．工艺气体消耗近于零的气体渗碳法［J］．热处理技术与装备，2014，35（1）：45-49．

[112] 管根笙．热处理电炉的节能技术［J］．热处理技术与装备，2007，28（2）：58-60．

[113] 黄宏涛．C/C复合材料［J］．热处理技术与装备，2005，26（3）：47-48．

[114] 孙希泰，付建设，徐英，等．机械助渗铝的研究［J］．金属热处理，2000（7）：21-23．

[115] 刘宗昌，孙久红．特殊钢热循环新工艺［J］．金属热处理，2003（7）：41-44．

[116] 熊爱明，包辉，陈辉明．70m/minPC钢棒生产线［J］．金属热处理，2003（7）：

61-63.

[117] 张庆辉，王满社 . T9 钢丝通电加热淬火 [J]. 金属热处理，2003（1）：74.

[118] 杨仁杰 . 弹簧钢快速加热 [J]. 金属热处理，2000（10）：32.

[119] 庞少军 . 前桥销轴热处理工艺改进 [J]. 金属热处理，2002（11）：50.

[120] 孙希泰，徐英，孙毅 . 机械助渗新技术的开发研究 [J]. 机械工人（热加工），2002
（4）：17-18.

[121] 谭红旗 . 弹条的余热淬火工艺及其设备开发 [J]. 机械工人（热加工），2004（8）：
64-66.

[122] 阎承沛 . 高温空气燃烧技术燃（天然）气热处理技术设备研究开发探讨 [J]. 机械工
人（热加工），2001（10）：2-4.

[123] 李治岷，魏玉文 . 强辐射传热技术——工业加热炉大幅度节能的新方法 [J]. 机械工
人（热加工），2004（4）：24-27.

[124] 陈金荣 . 转向齿条齿面高频感应电阻加热淬火自回火工艺研究 [J]. 机械工人（热加
工），2003（12）：15-16.

[125] 韩继成 . 高温远红外涂料在箱式炉中的应用及节能效果 [J]. 机械工人（热加工），
2001（5）：51-53.

[126] 周杰 . 38MnVTi 非调质钢汽车半轴的试制 [J]. 机械工人（热加工），2003（7）：
26-27.

[127] 刘广明，郦剑 . 坚持技术进步、提高管理水平 [J]. 机械工人（热加工），2004（9）：
54-56.

[128] 赵九根，缪勇，唐新民，等 . 非调质钢汽车前轴的开发研究 [J]. 机械工人（热加
工），2000（5）：30-31.

[129] 唐新民，赵九根，刘桂灵，等 . 非调质钢转向节的开发研究 [J]. 机械工人（热加
工），2000（12）：24-25.

[130] 杨秀成 . 连杆锻件锻造余热淬火热处理的应用 [J]. 机械工人（热加工），2003（6）：
47-48.

[131] 宋国平 . 电加热网带炉与燃气加热网带炉的分析比较 [J]. 金属加工（热加工），
2012（9）：28-30.

[132] 樊东黎 . 再谈节能热处理设备（上）[J]. 金属加工（热加工），2009（5）：15-18.

[133] 樊东黎 . 再谈节能热处理设备（中）[J]. 金属加工（热加工），2009（7）：43-47.

[134] 樊东黎 . 再谈节能热处理设备（下）[J]. 金属加工（热加工），2009（9）：32-35.

[135] 顾勇 . 材料选用对凸轮轴组织和硬化层深度的影响 [J]. 金属加工（热加工），2009
（11）：28-30.

[136] 樊东黎 . 改变能源结构、挖掘热处理节能潜力 [J]. 机械工人（热加工），2005（2）：
2-5.

[137] 李治岷，魏玉文 . 工业加热炉的节能关键技术 [J]. 机械工人（热加工），2005（2）：
24-26.

[138] 李永真，王仕杰，郭婷婷 . 热处理的节能降耗措施 [J]. 金属加工（热加工），2011

（21）：19-21.

[139] 沈庆同，张宗杰，黄志．节能工艺的节能途径 [J]．金属加工（热加工），2011（21）：22-26.

[140] 宿新天．燃气钢瓶调质炉余热回收的实践 [J]．金属加工（热加工），2011（21）：27-29.

[141] 张琪锋．缩短加热时间、降低热处理能耗 [J]．金属加工（热加工），2010（7）：43-45.

[142] 张云江，吴玺．适用于任何盐浴炉的自激快速启动技术 [J]．金属加工（热加工），2011（9）：26-27.

[143] 卯石刚，宿新天，王伟．淬火液及冷却水实现零排放的新工艺 [J]．金属加工（热加工），2011（1）：20-22.

[144] 姜生远．工业炉的现状与发展前景 [J]．机械工人（热加工），2005（2）：9-11.

[145] 段承轶，杨君旋，詹卢刚．辐射管加热辊底式炉在中厚板热处理中的应用 [J]．金属热处理，2013，38（7）：129-132.

[146] 药树栋，石文．淬火钢的高温快速回火工艺 [J]．金属热处理，2009，34（2）：93-94.

[147] 隋少华，宋天革，蔡玮玮，等．Cr12 模具钢快速预冷球化退火工艺 [J]．金属热处理，2005，30（9）：56-58.

[148] 樊雄，闫列雪，刘义阳，等．游标卡尺振动时效装置的研制与开发 [J]．金属热处理，2013，38（6）：137-140.

[149] 陈希原．35 钢轮套热挤压余热淬火技术的应用 [J]．金属热处理，2009（6）：94-97.

[150] 徐培荣，朱金平，余国华．一个热处理专业厂的节能实践及探讨 [J]．金属热处理，2009（6）107-109.

[151] 徐跃明，邵周俊，贾洪艳．欧洲热处理技术考察报告 [J]．金属热处理，2004，29（1）：88-93.

[152] 陈金荣．小齿轮氮-甲醇气氛碳氮共渗工艺 [J]．金属热处理，2004，29（5）：55-56.

[153] 廖兰．重庆市热处理行业的环境影响现状及评价 [J]．金属热处理，2004，29（5）：74-78.

[154] 田野，刘训良，温治，等．蓄热式辐射管的国内外专利情况及其发展趋势 [J]．金属热处理，2011，36（3）：85-90.

[155] 于铁生，李学东，闫均，等．高温可控气氛循环渗碳工艺实践 [J]．热处理技术与装备，2012，33（6）：25-31.

[156] 陈希原，沈长安．38CrMoAl 主驱动齿轮低真空变压气体渗氮 [J]．热处理技术与装备，2012，33（3）：30-34.

[157] 潘明，刘锦昆．浅谈如何降低热处理用电费用 [J]．热处理技术与装备，2012，33（3）：63-64.

[158] 于铁生，瞿秋明，曹明宇，等．高温可控气氛多用炉及生产实践 [J]．金属热处理，

2007，32（12）：112-114.

[159] 王伯昕，唐宏伟，王洪春．用稀土渗氮缩短合金结构钢渗氮时间的研究［J］．热处理技术与装备，2009，30（6）：35-38.

[160] 陈贺，叶晓飞，刘臻．快速气体渗氮工艺：高温渗氮和稀土催渗［J］．金属加工（热加工），2012（7）：9-10.

[161] 樊东黎．美国热处理技术发展路线图概述［J］．金属热处理，2006，31（1）：1-3.

[162] 安峻岐，刘新继，何鹏．渗碳与碳氮共渗催渗技术的发展与现状［J］．金属热处理，2007，32（5）：78-82.

[163] 刘杨泰，陈侃，崔本全，等．精密零件的气体多元共渗［J］．金属热处理，2011，36（4）：46-49.

[164] 薄鑫涛，周珊珊．UCON E 型淬火冷却介质在大模块工件上的应用［J］．金属热处理，2006，31（9）：87-90.

[165] 张恒．低碳马氏体在模具中的应用［J］．金属热处理，2004，29（10）：7-10.

[166] 韩立峰，高殿奎，齐凤平．钢板打字模具的太阳能淬火［J］．金属热处理，2006，31（5）：83-84.

[167] 胡明霞，赵世鑫．天然气＋空气直生式渗碳气氛在连续渗碳炉中的应用［J］．金属热处理，2006，31（5）：80-82.

[168] 孙满寿．网带式等温正火设备的研制与应用［J］．金属热处理，2011，36（5）：136-137.

[169] 廖兰，刘先斌．振动时效与热时效工艺的环境影响综合评价［J］．金属热处理，2008，33（9）：105-107.

[170] 陈希原．42CrMo 平衡轴锻件的锻造余热淬火［J］．金属热处理，2008，33（3）：94-96.

[171] 张伟．国内外轴承热处理装备现状及展望［J］．金属热处理，2004，29（7）：9-12.

[172] 张万红，方亮．奥贝球铁齿轮的等温淬火热处理［J］．金属热处理，2005，30（1）：83-87.

[173] 韩家学，王勇刚．45 和 40Cr 钢曲柄锻造余热调质工艺［J］．金属热处理，2009，34（9）：75-77.

[174] 沈明堂，于铁生，瞿秋明，等．SCM415 高温渗碳和常规渗碳的组织与性能［J］．金属热处理，2009，34（9）：88-90.

[175] 朱永新．齿轮低压真空热处理技术［J］．金属加工（热加工），2014（11）：18-19.

[176] 吴光治，吴越．节能可控渗氮的技术［J］．热处理技术与装备，2009，30（5）：32-34.

[177] 刘冬日，车京剑，相承志，等．渗氮过程中废氨气排放及热能再利用［J］．热处理技术与装备，2009，30（5）：43-44.

[178] 马永杰．热处理燃料炉的节能分析［J］．热处理技术与装备，2009，30（5）：45-47.

[179] 远立贤．稀土快速渗氮催渗技术［J］．热处理技术与装备，2009，30（5）：63-65.

[180] 樊东黎．热处理企业节约电费的窍门［J］．热处理技术与装备，2010，31（4）：

63-64.

[181] 姚春臣，刘赞辉，彭德康，等．增压气体氮碳共渗工艺及应用［J］．热处理技术与装备，2012，37（2）：149-151.

[182] 姚新．异形套筒零件振动去应力处理［J］．金属热处理，2010，35（3）：122-123.

[183] 朱桂英，朱天军，刘振生．汽车发动机挺杆火焰淬火设备［J］．金属热处理，2004，29（4）：65-66.

[184] 汪炜，张先彬，宋加兵．非调质钢活塞锻后余热处理的组织和性能［J］．金属热处理，2007，32（2）：90-92.

[185] 赵新卫，程智真，陆春来，等．推杆式燃气等温退火生产线设计和应用［J］．金属热处理，2005，30（7）：88-90.

[186] 张伟．轴承热处理节能技术［J］．金属热处理，2003，28（12）：36-40.

[187] 王秀梅，张恒，温新林，等．低碳马氏体技术与应用［J］．金属热处理，2008，33（8）：160-164.

[188] 郭世敬，化三兵，白瑶瑶．焊接结构件时效处理方法及研究进展［J］．热处理技术与装备，2011，32（5）：4-6.

[189] 周鼎华．工艺布局中的节能减排措施和废水回用［J］．热处理技术与装备，2009，30（2）：64-66.

[190] 刘中阳．余热控温淬火的研发与应用［J］．金属加工（热加工），2011（11）：48-51.

[191] 郭建春．八角锤头锻后余热淬火及自回火在生产中的应用［J］．机械工人（热加工），2000（2）：30-32.

[192] 牟俊茂，褚荣祥．35CrMo钢管中频感应加热调质技术［J］．金属加工（热加工），2012（19）：43-44.

[193] 宋湛苹，史竟．工业炉的节能与环保［J］．机械工人（热加工），2006（4）：7-10.

[194] 沈庆通，张家雄．俄罗斯感应热处理技术在齿轮加工行业的进展［J］．金属加工（热加工），2010（17）：5-8.

[195] 常曙光．我国齿轮行业新材料新工艺的创新［J］．金属加工（热加工），2010（17）：9-11.

[196] 刘久成，李丽元，郭卫民，等．多用炉废气燃烧余热利用［J］．金属加工（热加工），2014（15）：59.

[197] 樊东黎．1995年第六届全国热处理大会论文集［C］．北京：兵器工业出版社，1995.

[198] 唐在兴，薄鑫涛，何燕山，等．有关UCON E淬火冷却介质的使用及对环境影响的讨论［J］．热处理技术与装备，2010，31（3）：56-59.

[199] 伊新．材料表面铸渗技术的应用与发展［J］．热处理技术与装备，2008，29（6）：9-10.

[200] 刘俊平，尚利平．42CrMoA钢曲轴的形变调质［J］．金属热处理，2015，40（3）：201-204.

[201] 朱佳伟．空压机余热利用及节能效益分析［J］．汽车实用技术，2015（3）：111-113.

[202] 李慧平．企业能源信息管理系统的建立与节能管理［J］．节能，2014（4）：9-11.

［203］ 陈乃录，张伟民．数字化淬火冷却控制技术的应用 ［J］．金属热处理，2008，33
（1）：57-61.

［204］ 刘海涛，覃希治，朱清红．低碳马氏体钢在轴类零件上的应用 ［J］．金属热处理，
2010，35（12）：136-137.

［205］ 陈春怀．淬火冷却介质的环保问题分析和对策建议 ［J］．金属加工（热加工），2015
（增刊2）：160-170.